中国能源革命与先进技术丛书

新型双凸极电机及转矩脉动抑制技术

刘爱民　娄家川　张红奎　著

机 械 工 业 出 版 社

双凸极电机具有结构简单、调速范围宽、成本低和可靠性高等优点，是一种极具市场竞争力的驱动电机。但因其特有的双凸极结构以及脉冲式绕组供电方式导致电机运行时会产生较大的转矩脉动，这也是扩大此类电机应用领域的主要障碍。本书分别从双凸极的新结构设计、理论分析、多参数本体算法优化以及控制策略等方面入手，系统地提出抑制电机转矩脉动的方案，获取一些有价值的创新和结论。

希望本书在双凸极电机新型拓扑、基础理论以及抑制转矩脉动技术等方面的研究成果，可为电机领域相关技术人员提供一定的理论支持，加深对双凸极电机的理解与认识。同时，也希望能进一步挖掘双凸极电机的优势与应用潜力，为新能源汽车、船舶推进等电机驱动系统发展提供新的选择与参考。

图书在版编目（CIP）数据

新型双凸极电机及转矩脉动抑制技术/刘爱民，娄家川，张红奎著. —北京：机械工业出版社，2023. 3

（中国能源革命与先进技术丛书）

ISBN 978-7-111-72759-0

Ⅰ. ①新…　Ⅱ. ①刘…　②娄…　③张…　Ⅲ. ①凸极式发电机-控制系统　Ⅳ. ①TM31

中国国家版本馆 CIP 数据核字（2023）第 042844 号

机械工业出版社（北京市百万庄大街 22 号　邮政编码 100037）

策划编辑：付承桂　　　　责任编辑：付承桂　闫洪庆

责任校对：潘　蕊　陈　越　　封面设计：鞠　杨

责任印制：单爱军

北京虎彩文化传播有限公司印刷

2023 年 6 月第 1 版第 1 次印刷

184mm×260mm · 16. 5 印张 · 2 插页 · 397 千字

标准书号：ISBN 978-7-111-72759-0

定价：128. 00 元

电话服务　　　　　　　　　网络服务

客服电话：010-88361066　　机　工　官　网：www. cmpbook. com

010-88379833　　机　工　官　博：weibo. com/cmp1952

010-68326294　　金　书　网：www. golden-book. com

封底无防伪标均为盗版　　机工教育服务网：www. cmpedu. com

前言

Preface

本书为顺应现阶段双凸极电机的发展趋势，并依据国家自然科学基金项目多年的研究成果，从电机结构设计与转矩脉动抑制技术两方面进行编写，旨在提出一种高可靠性、高性能的双凸极电机，扩大双凸极电机的应用领域。同时，希望本书对新型拓扑结构电机的探索以及所提出的转矩脉动抑制技术可为电机领域相关技术人员提供一种新思路。

本书共分8章，首先介绍了双凸极电机的种类、现有控制方法和转矩脉动产生机理；其次阐述了线圈辅助励磁双凸极电机的结构、原理及转矩特性，通过非线性建模、算法优化实现电机参数设计与优化，并提出单神经元自适应PID与直接瞬时转矩控制相结合的方法进一步抑制转矩脉动；最后介绍研制电机样机、搭建控制系统实验平台、测试电机性能方面的内容。在第8章中，对新结构双凸极电机高速化进行了理论分析、计算机仿真以及实验研究。

本书由沈阳工业大学刘爱民、安徽理工大学娄家川和中煤科工集团沈阳研究院张红奎共同编写。刘爱民编写第1、2章，娄家川编写第3~6章，张红奎编写第7、8章。全书由娄家川统稿、刘爱民主审。

目录
Contents

前言

第1章　导论 …………………………… 1

1.1　双凸极电机研究背景与意义 …… 1

1.2　双凸极电机发展历程及研究现状 ……………………………… 2

1.2.1　开关磁阻电机的历史沿革 ………………………… 2

1.2.2　永磁双凸极电机的发展方向 ………………………… 5

1.2.3　电励磁双凸极电机的发展方向 ………………………… 12

1.2.4　混合励磁双凸极电机的研究进展 ………………………… 14

1.3　新结构线圈辅助励磁双凸极电机 ……………………………… 15

1.3.1　线圈辅助励磁双凸极电机研究目的及意义 ……………… 15

1.3.2　线圈辅助励磁双凸极电机特点 ………………………… 17

1.3.3　线圈辅助励磁双凸极电机与其他双凸极电机拓扑比较 ………………………… 17

1.4　双凸极电机转矩脉动抑制技术研究现状 …………………………… 19

1.4.1　本体优化设计对转矩脉动抑制影响分析 ………………… 19

1.4.2　控制策略对转矩脉动抑制影响研究现状 ………………… 21

1.5　双凸极电机的应用 ……………… 23

1.5.1　在航空器中的应用 ……………… 23

1.5.2　在风力发电机中的应用 …… 25

1.5.3　在电动汽车中的应用 ……… 28

1.6　本章小结 ………………………… 33

参考文献 ………………………………… 34

第2章　双凸极电机拓扑结构及转矩脉动产生机理 ……………………… 40

2.1　双凸极电机的拓扑结构 ………… 40

2.1.1　三相开关磁阻电机 ………… 40

2.1.2　双凸极电机的典型结构 …… 41

2.1.3　混合励磁双凸极电机的典型结构 ……………………………… 42

2.1.4　开关磁阻电机工作原理 …… 43

2.1.5　永磁双凸极电机工作原理 ……………………………… 45

2.1.6　电励磁双凸极电机工作原理 ……………………………… 49

2.1.7　混合励磁双凸极电机工作原理 ……………………………… 52

2.2　双凸极电机的数学模型 ………… 53

2.2.1　机-电回路模型 ……………… 53

2.2.2　电感线性及非线性模型 …… 59

2.2.3　磁路分析模型 ……………… 61

2.2.4　有限元分析模型 …………… 61

2.3　双凸极电机常用控制策略 ……… 65

2.3.1　传统控制策略 ……………… 65

2.3.2　变结构控制 ………………… 67

2.3.3　智能控制 …………………… 70

2.3.4　转矩分配函数控制策略 …… 74

2.3.5　直接转矩控制与直接瞬时转矩控制 ……………………… 78

2.3.6　自抗扰控制策略 …………… 83

2.4　双凸极电机转矩脉动产生机理及抑制技术 …………………………… 85

2.4.1　转矩脉动产生机理 ………… 85

2.4.2 优化电机定转子结构参数抑制脉动的方法 …… 87
2.4.3 相电流模糊补偿控制减小转矩脉动 …… 89
2.4.4 关断角对有效输出转矩和转矩脉动的影响 …… 91
2.5 本章小结 …… 93
第3章 线圈辅助励磁双凸极电机结构、原理及转矩特性 …… 94
3.1 线圈辅助励磁双凸极电机拓扑结构及原理 …… 94
3.1.1 电机拓扑结构 …… 94
3.1.2 工作原理 …… 95
3.2 基本数学模型 …… 96
3.2.1 发电机数学模型 …… 96
3.2.2 电动机数学模型 …… 98
3.3 有限元分析及磁场分布 …… 101
3.3.1 有限元求解和分析 …… 101
3.3.2 磁密分布特性 …… 107
3.4 线圈辅助励磁双凸极电机系统构成 …… 109
3.4.1 新拓扑电机调速系统的主要构成 …… 109
3.4.2 中央励磁电流调节励磁特性 …… 112
3.5 线圈辅助励磁双凸极电机转矩特性 …… 113
3.5.1 中央辅助励磁线圈的重要特性 …… 113
3.5.2 电机的两种转矩特性各自正负性关系 …… 115
3.6 线圈辅助励磁双凸极电机转矩脉动 …… 116
3.6.1 双凸极结构及绕组供电方式导致转矩脉动 …… 116
3.6.2 改善电感特性及调节气隙磁场抑制转矩脉动 …… 119
3.7 本章小结 …… 121
参考文献 …… 121
第4章 线圈辅助励磁双凸极电机参数设计与优化 …… 122
4.1 线圈辅助励磁双凸极电机参数设计 …… 122
4.1.1 算例电机技术指标与设计方案 …… 122
4.1.2 电机参数设计 …… 123
4.1.3 初始设计方案 …… 127
4.1.4 关键结构参数对转矩性能的影响 …… 128
4.2 线圈辅助励磁双凸极电机磁路解析法非线性建模 …… 131
4.2.1 不对齐位置磁化曲线计算 …… 131
4.2.2 临界对齐位置磁化曲线计算 …… 136
4.2.3 对齐位置磁化曲线计算 …… 137
4.2.4 半对齐位置磁化曲线计算 …… 139
4.2.5 非线性模型 …… 141
4.3 线圈辅助励磁双凸极电机多参数低转矩脉动本体优化 …… 146
4.3.1 优化目标、变量、条件 …… 146
4.3.2 天牛须搜索算法 …… 147
4.3.3 遗传算法 …… 150
4.3.4 粒子群优化算法 …… 153
4.3.5 BAS算法、GA和PSO算法全局参数优化对比分析 …… 156
4.3.6 BAS算法电磁方案 …… 157
4.4 本章小结 …… 158
参考文献 …… 159
第5章 线圈辅助励磁双凸极电机电磁性能及拓扑结构特性分析 …… 160
5.1 辅助线圈励磁磁场对转矩特性的影响 …… 160
5.1.1 静态场调磁能力分析 …… 160
5.1.2 稳态性能分析 …… 161

5.2 新结构性能特征对比分析 …… 163
5.2.1 不同的 i_f 条件下线圈辅助励磁双凸极电机的转矩仿真 …… 163
5.2.2 电励磁双凸极电机与永磁双凸极电机转矩特性分析 …… 164
5.2.3 电励磁双凸极电机与永磁双凸极电机产生转矩脉动的原因 …… 164
5.2.4 线圈辅助励磁双凸极电机与同容量三相 6/4 极和 8/6 极 SRM 转矩性能对比分析 … 166
5.3 线圈辅助励磁双凸极电机模态分析及振动预测方法 …… 169
5.3.1 DSCEM 振动分析研究方法 …… 169
5.3.2 DSCEM 模态分析 …… 170
5.3.3 DSCEM 振动预测方法 …… 172
5.4 本章小结 …… 174
参考文献 …… 174
第 6 章 线圈辅助励磁双凸极电机控制策略及转矩脉动抑制 … 176
6.1 基于感应电动势的无位置传感器控制策略 …… 176
6.1.1 无位置传感器控制简介 … 176
6.1.2 无位置传感器控制策略 … 181
6.1.3 无位置传感器控制联合仿真 …… 182
6.2 抑制转矩脉动控制策略 …… 186
6.2.1 径向基函数神经网络结构及其原理 …… 186
6.2.2 径向基函数神经网络学习算法及辨识系统 …… 187
6.2.3 单神经元自适应 PID 在线补偿直接瞬时转矩控制 … 189
6.3 线圈辅助励磁双凸极电机控制系统动态仿真 …… 195
6.3.1 控制系统模型搭建 …… 195
6.3.2 动态仿真结果分析 …… 200
6.4 本章小结 …… 205
第 7 章 线圈辅助励磁双凸极电机控制系统平台设计与试验 …… 206
7.1 电机系统硬件设计 …… 207
7.1.1 DSP 控制器 …… 207
7.1.2 功率逆变电路及其驱动电路 …… 211
7.1.3 电流采集单元 …… 214
7.1.4 速度及转矩采集单元 …… 215
7.2 系统软件设计 …… 215
7.3 试验验证 …… 216
7.4 本章小结 …… 219
第 8 章 新结构双凸极电机高速化研究 …… 220
8.1 HSM-CR 结构与工作原理 …… 220
8.2 HSM-CR 设计与电磁场分析 … 222
8.2.1 HSM-CR 设计 …… 222
8.2.2 HSM-CR 电磁场仿真分析 … 225
8.3 HSM-CR 振动噪声与转子应力分析 …… 231
8.3.1 HSM-CR 定子模态分析 … 231
8.3.2 不同转子结构应力分析 … 232
8.3.3 HSM-CR 的谐响应分析 … 233
8.3.4 HSM-CR 噪声分析 …… 234
8.4 HSM-CR 高速运行损耗特性研究 …… 236
8.4.1 铁耗的计算 …… 236
8.4.2 绕组铜耗的计算 …… 240
8.4.3 机械损耗的计算 …… 242
8.4.4 杂散损耗的计算 …… 242
8.5 HSM-CR 高速运行温升研究 … 242
8.5.1 热源分布 …… 242
8.5.2 对流换热系数 …… 243
8.5.3 流体场基本方程 …… 243
8.5.4 温升分析 …… 244
8.5.5 热流耦合温升模型的建立 … 244
8.5.6 热流耦合温升计算 …… 245

8.6 HSM-CR 无位置传感器控制技术研究 ······ 248
8.6.1 三种无位置传感器模型搭建 ······ 248
8.6.2 三种无位置控制方法仿真结果对比 ······ 249
8.7 HSM-CR 样机研制与硬件驱动平台搭建 ······ 254
8.7.1 实验平台设计 ······ 254
8.7.2 加载实验 ······ 254
8.8 本章小结 ······ 256

Chapter 1
第1章 导　论

1.1 双凸极电机研究背景与意义

双凸极电机通常指定/转子均为凸极结构的电机，这类电机原理上均利用或涉及其凸极效应引起的磁阻特性来产生电磁转矩，因此双凸极电机都隶属于磁阻类电机[1]。其中最为典型的是开关磁阻电机（Switch Reluctance Motor，SRM），电枢绕组电流一方面提供气隙基础励磁磁场，另一方面用于产生有效的电磁转矩。SRM 于 1838 年由苏格兰学者 Davidson 提出，但由于当时电力电子器件发展落后，所提的驱动系统可靠性低且效率低下。20 世纪 60 年代后，伴随着电力电子器件的高速发展，特别是晶闸管器件的使用，SRM 开始发展。1980 年，英国学者 P. J. Lawrenson 及其同事在国际电机会议上系统地介绍了 SRM 的运行原理以及设计特点，得到了国内外专家的认可并奠定了现代 SRM 的国际地位[2]。

双凸极电机在定/转子结构上与 SRM 相似，不同的是双凸极电机定子上装有永磁体或励磁绕组，因此双凸极电机系统兼具了交、直流两类电机驱动系统的调速性能优势。双凸极电机继承了 SRM 定/转子结构的特点，相比于传统的交流电机和直流电机，双凸极电机具有以下优点[3]：

1）结构简单、制造成本低。转子上不存在任何绕组，可有效避免转子加工难以及运行过程中断条等问题。同时，高机械强度的转子结构有助于电机运行于超高速场合。

2）驱动电路简单可靠。其驱动转矩与各相绕组导通顺序有关，可以实现单向电流驱动，根据这一特点，用于驱动系统的变换器有多种拓扑结构，针对特定的系统可以做出最优的设计方案，实现最佳的控制效果。

3）各相之间相互独立工作，容错性高。双凸极电机每相都在一定范围内产生驱动转矩，当其中一相绕组或者所在的驱动电路发生故障时，电机在断相状况下仍然可以实现低负载运行。

4）起动转矩大。适合需要重载起动和重载运行的应用场合，同时，电机起动电流小，起动过程中电流冲击小，非常适合应用于一些需要频繁起停以及正反向转换运行的场合。

5）可控参数多，电机的控制更加灵活。比如绕组的端电压、相电流、开通角以及关断角等，可以针对具体的运行工况，采取不同的控制策略，最大化电机运行性能。

6）效率较高，可以在宽速度范围和不同负载状况下高效运行。可以在很宽的速度范围和不同负载状况下实现高效控制。

在 SRM 的基础上，国内外学者提出了众多 SRM 的拓扑结构类型电机，其中大致可以分为开关磁阻电机（SRM）、永磁双凸极电机（Doubly Salient Permanent-Magnetic Motor，DSPM）、电励磁双凸极电机（Doubly Salient Electro-Magnetic Motor，DSEM）、混合励磁双凸极电机（Doubly Salient Hybrid Excitation Motor，DSHEM）[4,5]。

其中，DSPM 利用高性能永磁体建立气隙磁场，具有更高的转矩密度。由于不需要单独 d 轴电流建立气隙磁场，其效率和功率因数均较高。该电机保留了与 SRM 相同的转子结构，使其同样具有结构简单、加工制造方便、可靠性高、适合高速运行等优点。DSEM 由绕励磁绕组装置进行励磁，相比于用永磁体产生励磁磁场，DSEM 能够较好地弥补励磁磁场恒定不可调节以及无法故障灭磁的问题。通过调节励磁绕组中的电流可实现电机气隙磁场控制。此外，与 DSPM 相比，DSEM 制造成本更低，可控性更好，在高温恶劣条件下高效运行能力更强，适用于航空航天、交通等领域。DSHEM 采用永磁体和直流励磁绕组共同励磁，两者在气隙中合成，调节直流励磁电流即可调节气隙磁场。相较于传统的 DSPM，DSHEM 有着更高的空间利用率，研究结果表明，所提出的电机不仅具有更高的转矩密度，而且具有更好的磁通调节能力。

上述优势可使双凸极电机成为电驱动系统动力源的优选方案。目前，双凸极电机已经在工业领域内获得广泛发展，并已经应用于各种家用电器、通用工业、伺服与调速系统、牵引电机以及高转速电机应用场合[6,7]。但其特有的双凸极结构以及绕组供电方式使得此类电机仍存在着亟待解决的问题。

首先，双凸极电机的结构特点以及绕组脉冲式供电方式使得每极磁动势均是沿着定子圆周步进运行，磁路局部饱和、相电流的非线性影响，导致电机转矩输出波动较大，这很大程度上限制了双凸极电机的应用领域，尤其在电动汽车等讲究舒适性和平稳输出的众多新兴行业中难以得到推广与应用。同时，转矩脉动也是双凸极电机振动、噪声较大的主要原因之一。

其次是高性能控制策略的研究，虽然双凸极电机参数较多，但在实践工程中实施控制却较为复杂。磁路严重的非线性导致电机在运行时涉及的物理过程十分复杂，磁链、转矩是相电流和转子机械位置角的非线性函数，所以传统控制方法很难实现双凸极电机系统较为理想的控制效果[8]。

解决上述两大问题，尤其是抑制转矩脉动可进一步拓展双凸极电机的应用范围、提高双凸极电机的竞争力，促进双凸极电机调速系统的推广与应用。因此，围绕双凸极电机的转矩特性及先进控制策略展开研究，具有重要的学术意义与应用价值。

1.2 双凸极电机发展历程及研究现状

1.2.1 开关磁阻电机的历史沿革

开关磁阻电机（Switched Reluctance Motor，SRM）具有结构简单、制造成本低、调速范围宽、可容错运行等特点[9]，在工业驱动中具有较大的应用潜力。SRM 的雏形出现于第一次工业革命时期的英国。1842 年英国的 Aberdeen 和 Davidson 用两个 U 形电磁铁制造了蓄电池，用它给电动车供电，其工作原理与现在的SRM很相似。由于当时功率半导体器件还没有出现，只能采用机械开关的方式对蓄电池进行控制，因此这一发明在应用便捷性和性能方面存在很大问题，在功率半导体开关器件出现前并没有得到重视。20世纪60年代，大功率晶闸管开始在工业中应用，采用功率开关器件作为驱动的SRM在易用性和可靠性方面得到了较大提升，迎来了其第一个高速发展阶段。S. A. Nasar在1969年正式提出了“switched reluctance motor”一词，并定义了SRM的基本特征：①开关性，即电机通过连续的开关动作进行连续运转；②磁阻性，即SRM具有双凸极结构，定、转子间磁路的磁阻随转子位置的变化而变化，转子倾向于向最小磁阻的位置转动。1974年，福特汽车公司研发出最早的SRM控制器，开启了SRM的工程应用。1980年，英国利兹大学的Lawrenson等发表论文[10]，系统地阐述了SRM的原理及设计特点，引发了SRM的研究热潮。英国TASC Drives公司是世界上第一家生产SRM及其驱动系统产品的公司，于1983年推出了第一台商品化SRM传动系统（7.5kW，1500r/min）。SRM鲜明的特点引起了大批学者的研究兴趣，日本、英国、美国、中国等国家都开展了相应的研究工作。

理论研究和实际应用表明，由于SRM采用了独特的结构和相应的控制策略，其单位体积出力完全可以与异步电动机相媲美，甚至还略占优势，更可贵的是在整个调速范围内系统效率都可维持在较高水平。1989年，Harris教授将SRM与异步电动机做了详细的比较，结论表明，SRM在效率、单位体积出力等方面均是优胜者。各国学者将SRM调速系统与各类调速系统进行了系统比较，结果表明，SRM调速系统具有极强的竞争力。经过多年的发展，SRM的研究工作已经取得了很大进展，其产品在电动汽车、风力发电、资源开采、航空航天、家用电器等领域得到了广泛应用，功率范围为10W~5MW，转速高达100000r/min。

从20世纪70年代末开始，随着现代功率电子技术、计算机技术等高速发展，也促进了SRM的迅速发展。欧美等经济发达国家对SRM驱动系统的研究比较早，并且取得了一些显著成果，其所研发的驱动产品已广泛应用于交通、航空和国防等领域。图1.1为比利时公司研制的装有SRM驱动系统的公交汽车，其动力是由两台12/8极SRM和一台柴油发动机提供的，这种设计无需齿轮传动机构，驱动系统可与车轮直接耦合。与传统柴油动力公交汽车相比，这种架构设计使得动力系统可在较宽的负载范围内获得较高的效率，同时可节省燃料30%，减少二氧化碳排放25%~40%。图1.2为英国威尔公司生产的SRM驱动水泵，该水泵可在任意工况下实现频繁快速起停操作，与传统驱动方案相比节省空间60%。其独特的设计消除了齿轮箱、连接器、软起动器和控制阀等多种部件，简化了系统结构。

图1.1　SRM驱动的公交汽车

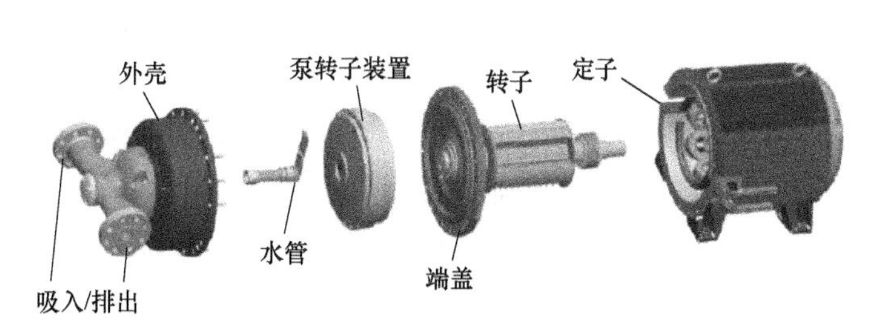

图1.2　SRM水泵的组装图

从1984年开始，我国许多单位先后开展了SRM的研究工作，如北京纺织机械研究所（即中国纺织总会纺织机电研究所）、华中理工大学、南京航空航天大学、东南大学、福州大学、华南理工大学及浙江大学等，且SRM被列入中小型电机“七五”科研规划项目。在借鉴国外经验的基础上，我国SRM的研究进展很快，对电机的控制、仿真、设计理论和电磁场数值分析等都做了许多工作，在国际、国内刊物和会议上发表了许多篇论文。1988年11月在南京航空航天大学召开了首届SRM研讨会。1991年9月，在华中理工大学召开了第二届SRM研讨会。参加人员来自全国高校、研究所和工厂等25个单位，大会上成果交流表明，我国SRM的理论研究和应用已经取得了较大的进展，参加研制的单位有了显著的增加。1993年12月，北京开关磁阻电机调速系统工业应用研讨会上，在中国电工技术学会中小型电机专业委员会领导下，正式成立了SRM学组。多年来，我国已研制了50W~30kW、20多个规格的工业产品样机，在纺织机械、毛巾印花机、贝宁格-泽尔浆纱机、多功能蒸煮联合机以及轻型龙门刨床和食品加工机械等方面的应用中取得了良好的效果。但应该看到，目前我国SRM的理论研究和实际应用都存在较大的不足和差距。

由于SRM特殊的双凸极结构，在各相绕组换相过程中，绕组突然关断导致相电流变化率较大，磁场迅速变化，从而导致电机定子所受径向力不平衡程度增大，引起定子变形。SRM的径向磁吸力和转矩脉动相较于传统的永磁交、直流电机和异步电机都要高，由径向磁吸力和转矩脉动带来的振动和噪声，已成为阻碍SRM应用及发展的一个重要问题。为此，国内外众多专家学者针对SRM的振动和噪声抑制问题开展了大量的研究工作。

对于SRM减振主要从电机振动机理出发，一类是采用控制电路，使电机换相过程变得缓慢，最大限度地降低关断过程中电磁力变化率的最大值，或者控制径向电磁力来减小振动。另一类从电机的本体结构入手，重点集中在提高电机低阶固有频率，改变电机电磁场的走势，使得结构改变对径向电磁力的影响程度高于切向电磁力，达到削减径向电磁力的目的。

SRM振动主要是由电机电压下降沿瞬时变化引起的，电压在开通瞬间并不会对电机振动造成影响，为了改变电压瞬变导致电磁力瞬变的负面影响，Wu和Pollock提出了两步换相法，在电压关断正负峰值之间嵌入固有频率周期一半的零电位，降低了换相过程中电磁力变化率的最大值。诸自强、刘旭等通过对这类主动减振方法进行深入的研究，理论推导出了该方法的最大减振效果，证明了该类减振方法存在的局限性[11]。参考文献[12]采用数字PWM（脉宽调制）的控制方式实现了两步换相法的主动式减振策略，实验表明，该方法具有很好的减振效果，而且降低了电机的损耗，使转矩脉动等性能得到了提高。

从电机的本体结构出发进行减振，是目前通用性比较好的方式之一，Sun J和Zhan Q等对电机定子外壳的形态进行研究，得出具有向外辐射式形状的钢制导条结构能够显著地提高电机的固有频率，具有很好的减振效果[13]。参考文献[14，15]采用扭曲定转子的方法，延展了定子凸极表面，减小了单位面积内定子凸极表面的电磁力，该方法较之于传统电机具有很好的减振效果。参考文献[16]考虑了电机的极对数对电机电磁力的分配的影响，得出适当增加电机极对数有利于降低径向电磁力的合力，但会增加制造成本。张鑫、王秀和等对转子侧开槽后电机径向电磁力进行分析计算，得出该方法对径向电磁力具有一定抑制作用，但会对电机的转矩输出有一定的影响[17,18]。参考文献［19］分析了绕组和端盖对固有频率的影响。参考文献［20］在此前转子加窗的基础上进行了优化设计，采用有限元分析的方法对定子开窗进行了设计，转子开窗、定子开窗与传统的电机相比减小了径向电磁力，但同时减小了输出转矩。上述从电机本体结构进行的减振研究也会不同程度地影响输出转矩。

近20年来，SRM的研究在国内外取得了很大的发展，但作为一种新型调速驱动系统，研究的历史还较短，其技术涉及电机学、微电子、电力电子、控制理论等众多学科领域，加之其复杂的非线性特性，导致研究的困难性。在电机理论、性能分析和设计等方面都还不够成熟、完善，存在大量的工作需进一步研究，如铁心损耗、转矩波动和噪声的理论研究，SRM磁场的二维有限元分析，电机优化设计及控制参数的优化，电机测试，无位置传感器控制技术，新结构SRM的开发等。

1.2.2 永磁双凸极电机的发展方向

定子永磁型电机是由SRM发展而来。SRM是一种典型的双凸极结构，其转子结构简单，仅由硅钢片叠压而成，定子上仅有集中绕组。因此，SRM具有结构简单、可靠性高、制造成本低、适合高速运行等优点。但是，SRM仅能在磁链上升区间产生输出转矩，其转矩密度较低；同时，为了获得较高的气隙磁密，SRM铁心一般工作在较饱和工况，从而造成转矩波动大、噪声高、振动强等问题[21-24]。为提高SRM转矩密度，改善其转矩性能，相关学者通过直流励磁绕组建立气隙磁场，以增强气隙磁密。该方法虽能在一定程度上提高SRM的转矩密度，但其工作原理并未发生本质变化，仅在磁链上升区间产生输出转矩，转矩密度仍然较低。

1992年，美国电机专家T. A. Lipo教授在SRM的基础上提出了一种新结构磁阻电机，在电机定子轭上嵌入一套永磁体，即永磁双凸极电机（DSPM）。电机定/转子仍呈双凸极结构，图1.3为6/4极结构DSPM，图1.4为12/8极结构DSPM。经过大量的分析与研究，学者们发现结合永磁特性与双凸极结构优势的DSPM具有结构简单坚固、速度响应快、转矩密度高和效率高的特点。同时T. A. Lipo教授也提出了此种电机相应的控制方式，在电感上升区间（$\mathrm{d}L(\theta)/\mathrm{d}\theta>0$）通入正向电流，在电感下降区间（$\mathrm{d}L(\theta)/\mathrm{d}\theta<0$）通入反向电流。在一个电感周期内产生对称的正、负磁阻转矩，并相互抵消，电机最终输出的是永磁转矩，该控制方式提升了电机材料利用率。DSPM同样会产生较大的转矩脉动，且永磁场几乎是恒量励磁磁场，无法灵活有效地调节气隙磁场[25,26]。

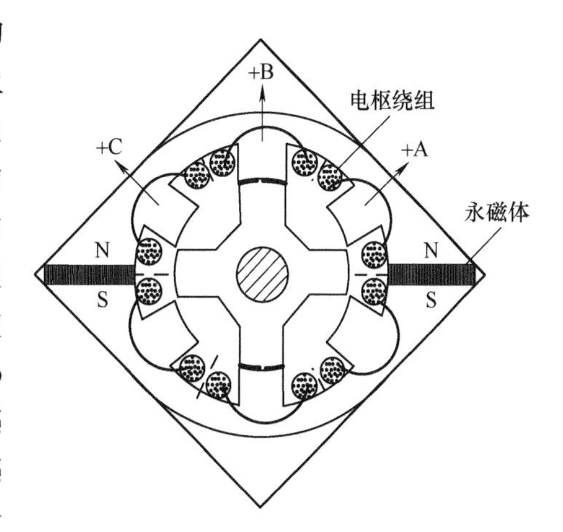

图1.3 6/4极DSPM的结构图

因永磁场的不可调节性，DSPM作为发电机时励磁调磁、调压非常困难，也不具备故障

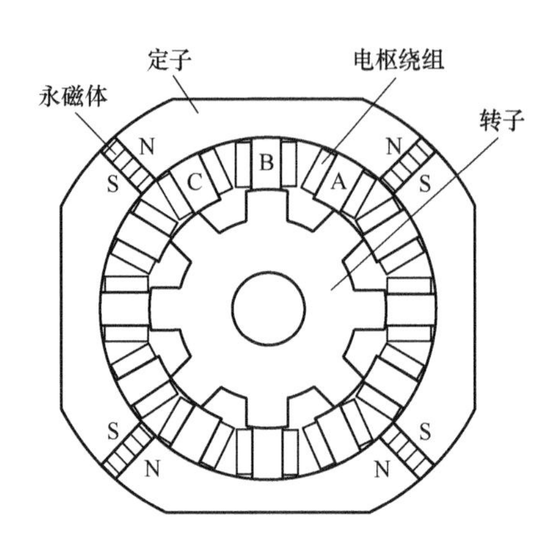

图 1.4 12/8 极 DSPM 结构图

灭磁能力，所以此种电机结构不太适合用于发电系统。基于上述考虑，学者们为实现 DSPM 气隙磁场的可调节性，对嵌入永磁体的电机本体结构进行了深入研究，相继提出了两种机械调磁的 DSPM，如图 1.5 所示，其中图 a 为旋转式机械调磁 DSPM，图 b 为直线式机械调磁 DSPM。这两种电机的永磁体仍嵌于定子上，但可通过机械结构移动永磁体位置以实现调节气隙磁场。永磁体靠近励磁磁极时永磁场分流，气隙磁场减弱；永磁体远离励磁磁极时气隙磁场增强。但这两种 DSPM 制作工艺过于复杂，削弱了 SRM 固有的成本低、可靠性高的优势，特别是在高温环境下永磁体存在高温退磁的风险[27]。

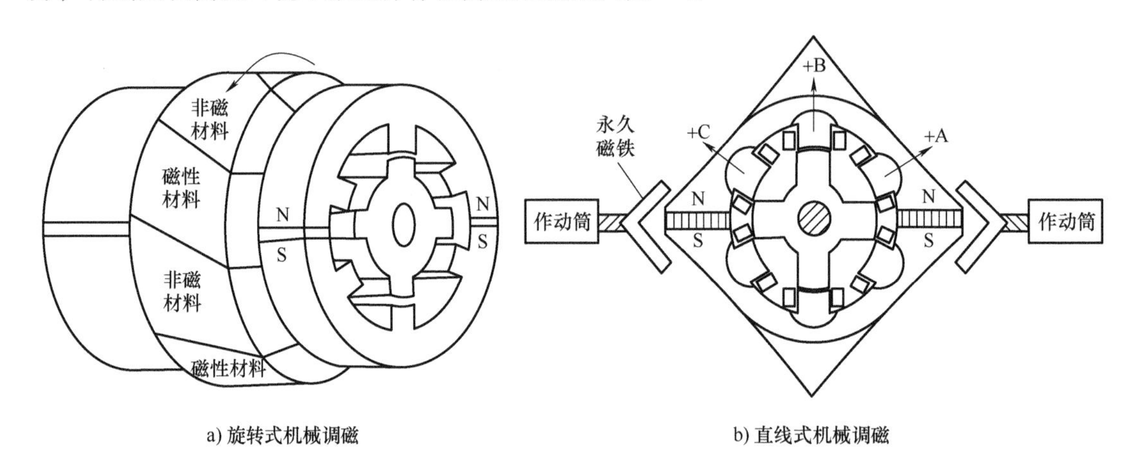

a) 旋转式机械调磁　　b) 直线式机械调磁

图 1.5 旋转式机械调磁和直线式机械调磁的 DSPM

国内学者对 DSPM 的关注也较早，相继开展了其本体结构优化、控制方法方面的研究，取得了较多的成果。例如，南京航空航天大学的严仰光教授和东南大学的程明教授对本体结构进行了深入研究，结果表明，与 6/4 极结构相比，8/6 极结构和 12/8 极结构在功率密度和电机性能方面都具有优越性，并提出了多种结构形式的 DSPM，为双凸极电机的进一步发展奠定了基础[28,29]。

近几年来，国内外学者对 DSPM 进行了大量研究，相关研究可概括为以下两类：电磁特性分析和新型拓扑结构研究。其中，电磁特性分析采用的主要方法包括有限元法、解析法、简单磁路法和变网络磁路模型等；新型拓扑结构主要围绕提升转矩密度、降低转矩波动、改善弱磁性能等方面进行。

1. 电磁特性

（1）有限元法与解析法

有限元法以电机电磁场分布为基础，综合考虑电机材料和磁路的非线性等因素，对电机电磁特性进行细致分析。然而，由于需要对电机模型进行网格剖分或采用特殊动态网格剖分技术，其求解区域较大、计算单元众多，存在计算量大、耗时长等缺点。解析法是从电机基本理论出发，通过理想化假设将电机近似看作线性系统，从而推导其电磁参数（磁链、电感、转矩和功率等）与主要设计参数（热负荷、磁负荷、主要结构参数等）之间的关系，进而对电机电磁性能进行分析。由于铁心饱和等多方面非线性因素的影响，解析法准确度相对较差。因此，在对DSPM电磁特性进行分析时，一般将解析法和有限元法进行结合。

参考文献［30］通过相关理论推导分析了一台三相6/4极转子永磁型DSPM（见图1.6）的工作原理和基本控制策略，并通过建立线性数学模型分析了其静态特性。参考文献［31］提出了两种计算DSPM电感的方法，该方法能够在一定程度上考虑永磁体和电枢反应对电感的影响。参考文献［32］基于有限元法分析了6/4极DSPM（见图1.7）的空载磁链、自感、互感等静态特性，并利用参考文献［33］所述电感计算方法分析了其电感。参考文献［34］提出了一种橄榄型四相8/6极DSPM，如图1.8所示。通过相关理论分析，推导了其尺寸方程，为电机初始方案的确定提供了参考；同时，基于有限元法分析了其空载磁链、反电动势和电感等特性。参考文献［35］设计了一台转子斜极的12/8极DSPM，如图1.9所示，并基于有限元法和相关理论推导，分析了电机的空载磁链、反电动势、电感和转矩特性。参考文献［36］提出了一种外转子12/8极DSPM，推导了其尺寸方程，建立了稳态和动态模型，并对电机的磁链、反电动势、电感和输出功率等进行了分析。

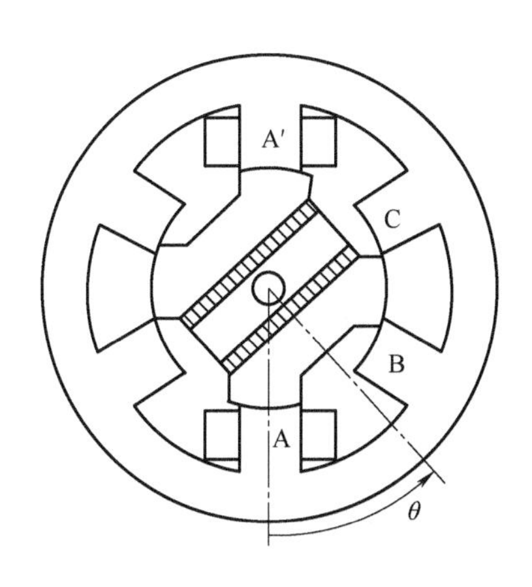

图1.6 6/4极转子永磁型DSPM

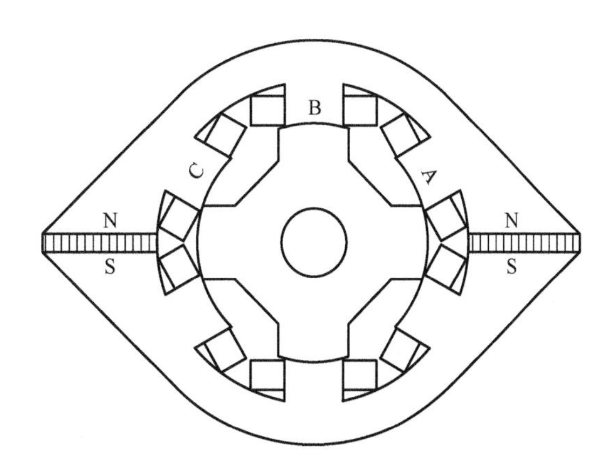

图1.7 6/4极DSPM

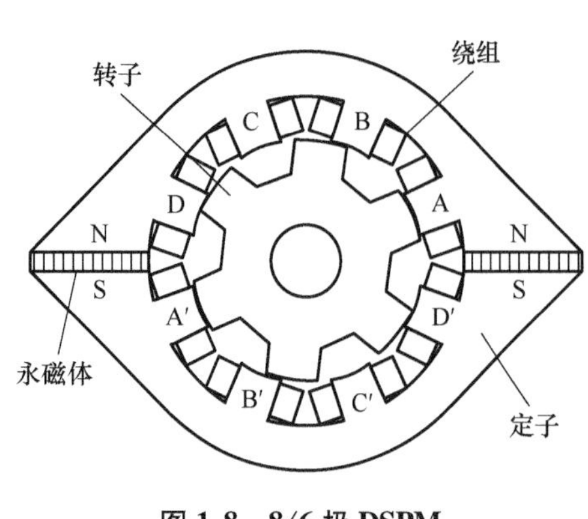

图 1.8　8/6 极 DSPM

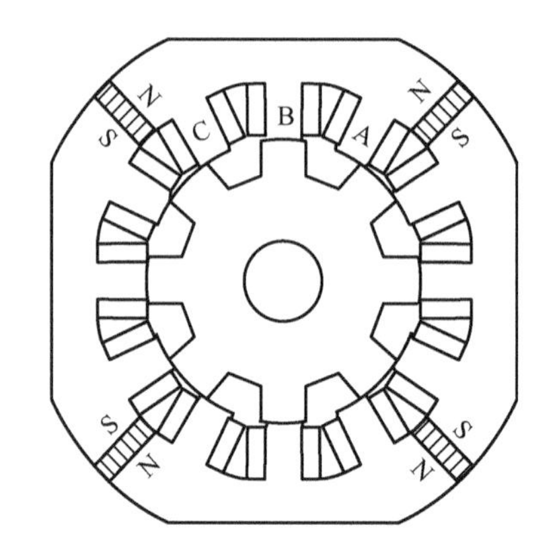

图 1.9　12/8 极 DSPM

（2）简单磁路法

简单磁路法通过理想化假设（忽略铁心饱和等非线性因素影响）将电机简化为线性系统，根据电机基本理论得到简单等效磁路模型，进而对气隙磁通、电感、绕组磁链和反电动势等特性进行分析。由于忽略铁心饱和等因素影响，其误差相对较大，仅可对电机电磁特性进行近似计算。参考文献［37］通过建立空载工况下 12/8 极混合励磁 DSPM 简单等效磁路模型（见图 1.10），推导了最大气隙磁通表达式，进而分析了直流励磁绕组磁动势和铁心磁桥对电机调磁能力的影响。

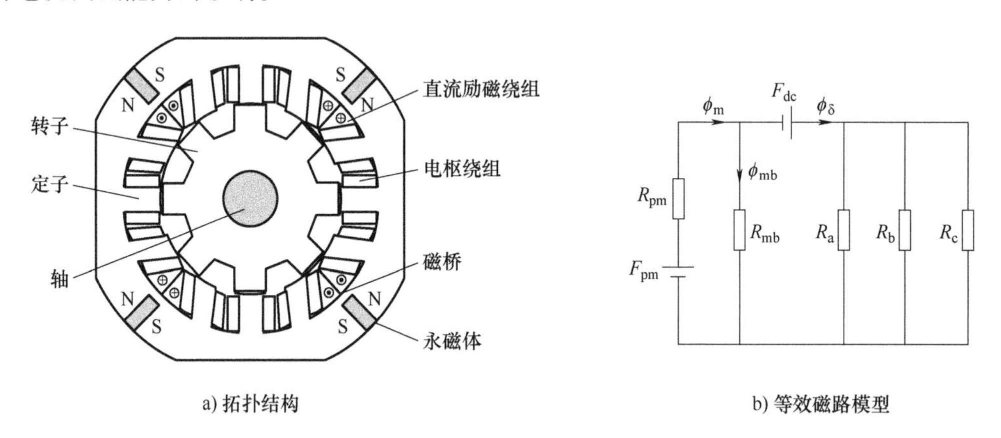

a) 拓扑结构　　b) 等效磁路模型

图 1.10　12/8 极混合励磁 DSPM 及等效磁路模型

相关分析结果表明，引入铁心磁桥，可极大地提高直流励磁绕组的磁场调节能力。参考文献［38］提出了一种无轴承 12/8 极 DSPM，该电机通过一套悬浮绕组产生悬浮力，如图 1.11所示。该文通过建立电机简单磁路模型推导了电机悬浮力表达式，并通过有限元法分析验证了相关分析。

（3）变网络磁路模型

变网络磁路模型基本思想为：基于电机电磁场基本理论，将永磁体磁动势和电机各部分磁路磁阻通过公式表示出来，通过搭建电机等效磁网络模型，建立磁网络方程，并采用电路理论相关知识求解该方程，以得到各部分磁路磁通，进而对电机气隙磁密、电感、磁链、反

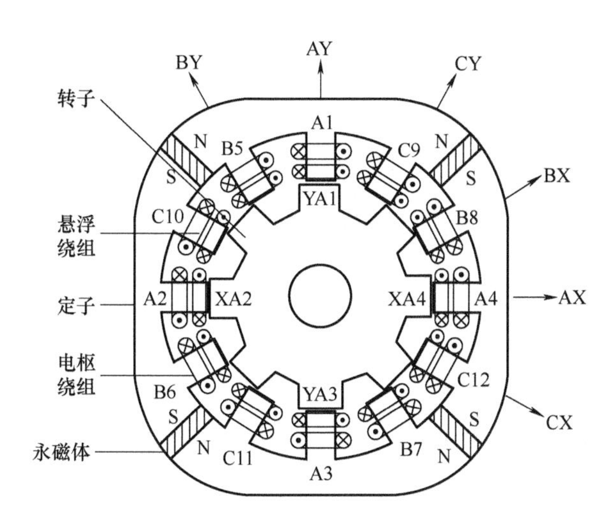

图1.11 无轴承12/8极DSPM

电动势等电磁参数进行分析。同时，当转子位置发生变化时，可对磁网络模型各支路气隙磁阻进行调整，进而可计算不同转子位置处的电磁特性。该方法具有求解速度快、计算量小等优点。但是，由于电机气隙磁路复杂（难以准确计算）、磁路饱和等因素的影响，该方法求解精度较有限元法差，需要根据经验引入相关修正系数（加大了分析难度），以满足工程需求。

参考文献［39］研究了6/4极和12/8极DSPM的非线性变网络磁路模型，该模型能在一定程度上考虑铁心饱和对电机静态特性的影响。参考文献［40］研究了48/64极DSPM磁网络模型的建立方法，并与有限元法进行了对比分析。通过该方法计算的电机空载磁链、反电动势、电感以及转矩等电磁参数均与有限元法分析结果较接近，从而提高了电机分析和优化设计效率。由于定子和转子均为双凸极结构，DSPM气隙磁导非常复杂，且难以准确计算；同时，该方法需要结合有限元法结果进行校核修正，以确保其精度，当电机结构发生变化时，所用修正系数可能发生变化。因此，采用该方法对电机进行优化时，其准确度相对较差，难以获得较好的效果。

2. 新型拓扑结构

（1）提升转矩密度

传统6/4极或12/8极DSPM绕组磁链为单极性，磁链变化幅度相对较小，为了获得双极性磁链的DSPM，进而改善其转矩输出性能，国内外学者进行了大量研究。参考文献［41］提出了一种图1.12a所示的单相4/6极DSPM，该电机电枢绕组为整距绕组，并采用阶梯气隙结构。文中对该电机的工作原理、数学模型及基本控制方式进行了探讨，表明该电机可获得双极性磁链，并能够实现自起动。参考文献［42］提出了图1.12b所示采用整距绕组的单相DSPM，其采用方形定子铁心结构，可放置更多永磁体，因而转矩密度得以进一步提高。文中对该电机的空载磁链、反电动势、电感以及转矩等电磁特性进行了分析，并与传统采用集中绕组结构的DSPM进行了对比。研究表明，该电机能获得与传统采用集中绕组的DSPM相当的转矩密度，但具有铜耗更小、效率更高等优点。

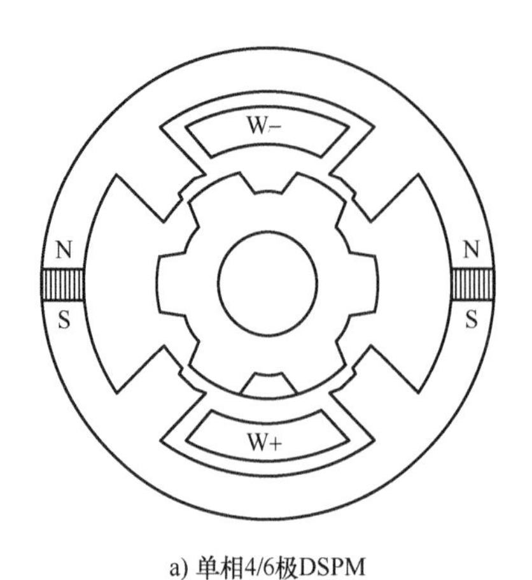

a) 单相4/6极DSPM

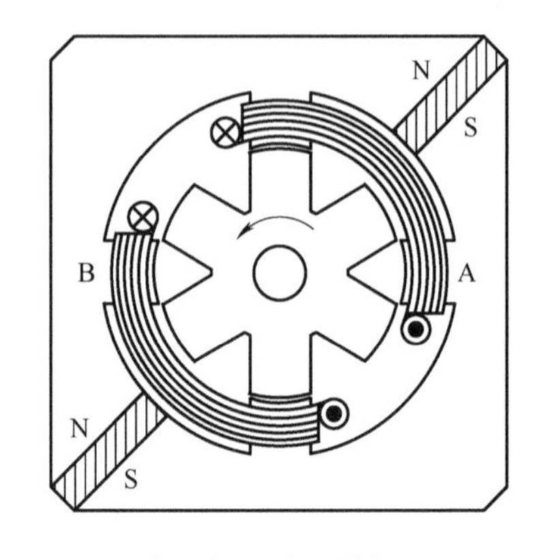

b) 整距绕组4/6极的单相DSPM

图 1.12　单相 DSPM

（2）降低转矩波动

DSPM 为定子和转子均开槽的双凸极结构，其齿槽转矩和转矩波动相对较高。为了减小 DSPM 的转矩波动，国内外相关学者进行了大量的研究。参考文献［43］通过理论分析推导了 6/4 极 DSPM 转矩波动表达式，并深入分析了影响转矩波动的关键因素，进而提出转子斜槽和优化开通关断角的方法，以减小电机转矩波动。参考文献［44］提出了定子分段式新型 12/10 极 DSPM 以降低电机转矩波动，如图 1.13 所示。但该结构永磁体漏磁较大，其利用率相对较低。此外，也有相关学者通过改进控制方式来降低 DSPM 转矩波动。例如，参考文献［45］通过对 6/4 极 DSPM 的定转子极弧进行优化，并结合转子斜槽和六状态换流控制模式，极大地降低了电机的转矩波动。参考文献［46］通过基因遗传算法对 6/4 极 DSPM 开通关断角进行优化控制，进而降低了电机转矩波动。

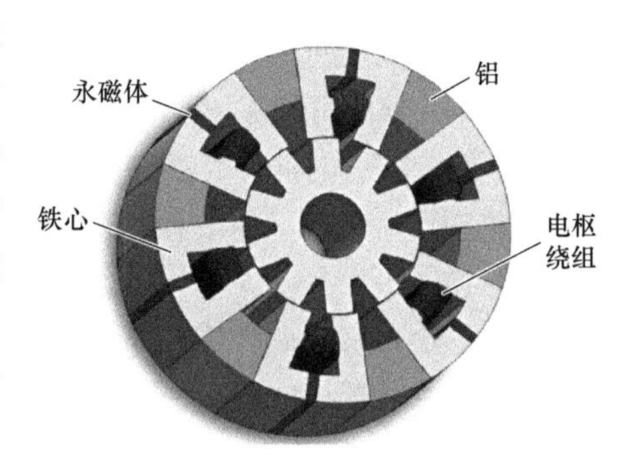

图 1.13　定子分段式新型 12/10 极 DSPM

（3）改善弱磁性能

由于 DSPM 气隙磁场仅由永磁体建立，存在气隙磁密难以调节等缺点。当电机运行于较高转速时，电枢绕组中将产生较高的反电动势，如果反电动势达到变频器能提供的最高电压（一般为电机的额定工作电压），能量则无法再从变频器输入到电机，从而限制其转速的进一步提升。因此，DSPM 一般难以获得较宽的恒功率运行范围（弱磁扩速能力较差）。同时，为了获得低速大转矩特性，DSPM 的气隙磁密一般设计在较高的水平，从而进一步降低了其弱磁扩速能力，即 DSPM 难以同时获得低速大转矩和宽调速范围的运行特性。为了解决 DSPM 弱磁扩速能力较差的问题，国内外相关学者提出了混合励磁双凸极电机（Doubly Salient Hybrid Excitation Machine，DSHEM）。通过控制直流励磁绕组中电流的大小和方向，DSHEM 可方便调节气隙磁密大小，从而能够获得较强的弱磁扩速能力。同时，也能保证 DSHEM 在低速时具有较高的转矩密度。

根据直流励磁绕组和永磁体磁路的特点，可将 DSHEM 分为串联式、并联式和混合式。其中，串联式表示直流励磁绕组磁路通过永磁体；并联式表示直流励磁绕组磁路不通过永磁体；混合式表示直流励磁绕组磁路部分通过永磁体。国内外学者对以上三种结构的 DSHEM 均开展了大量研究。参考文献［47，48］将 SMC（软磁复合）材料应用到 DSHEM 中（见图 1.14），从而减少了永磁体用量，并获得了一定弱磁扩速能力。但是，该电机结构复杂，加工制造困难，且 SMC 材料饱和磁密较低，使得转矩密度较低和磁场调节能力较弱。

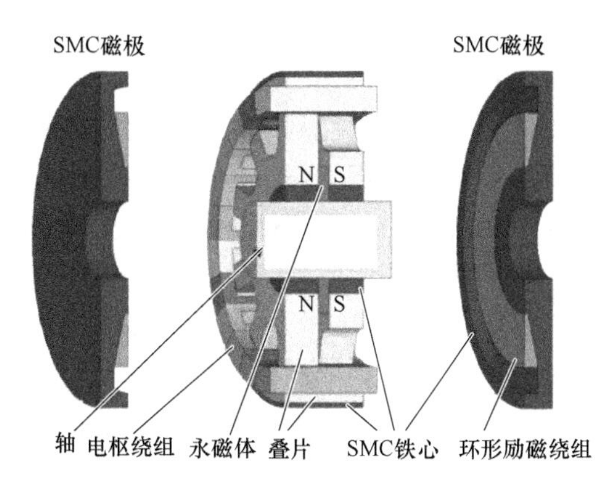

图 1.14　SMC 双转子 DSHEM

参考文献［49］提出了一种并联式 12/8 极 DSHEM，该电机由一台 DSEM 与一台 DSPM 同轴连接组成，从而能够获得较大的磁场调节能力，但其体积较大、功率和转矩密度较低。参考文献［50］提出了一种永磁体位于槽间的 12/10 极 DSHEM（见图 1.15），该结构电机能够获得较高的转矩密度和磁场调节能力，但永磁体中存在较高的涡流损耗，会导致电机效率偏低。参考文献［51］提出了一种 6/4 极 DSHEM（见图 1.16），并基于等效磁路法分析了气隙磁场调节系数与励磁电流之间的关系。研究表明，该结构能够获得较强的气隙磁场调节能力，但是永磁体存在较大漏磁，导致电机材料利用率和转矩密度偏低。

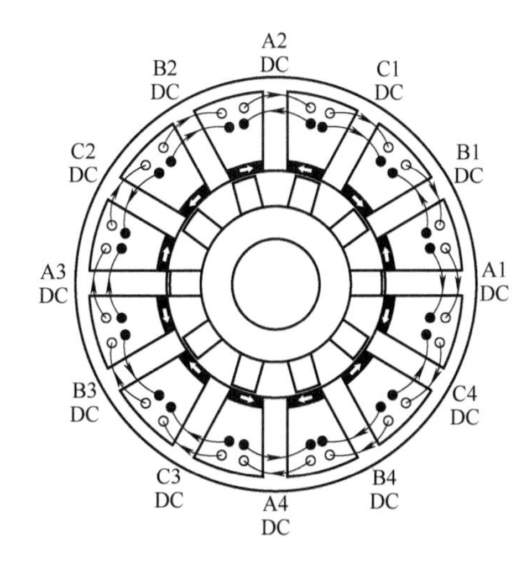

图 1.15　12/10 极 DSHEM

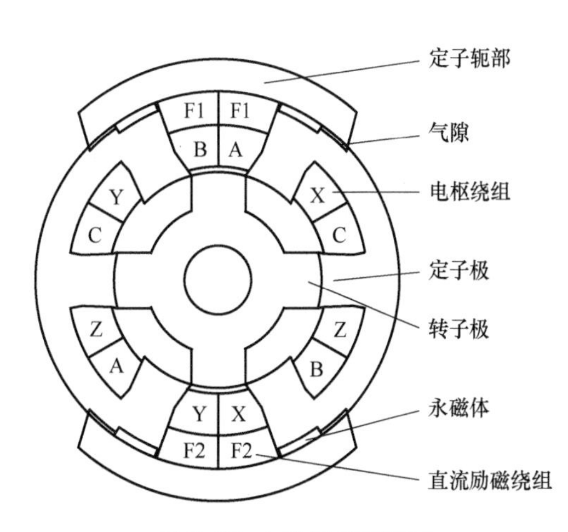

图 1.16　6/4 极 DSHEM

1.2.3 电励磁双凸极电机的发展方向

1. 电励磁双凸极电机的结构

1998 年由南京航空航天大学研发了一种新型励磁源的双凸极电机，即电励磁双凸极电机（DSEM），并申请了国家发明专利[52,53]。在定子齿上施加一套绕励磁绕组装置，相比于用永磁体产生励磁磁场，DSEM 能够较好地弥补励磁磁场恒定不可调节以及无法故障灭磁的问题。与 DSPM 相比，DSEM 制造成本更低，在高温恶劣条件下高效运行能力更强，适用于航空航天、交通等领域。

目前，国外学者对 DSPM 的研究工作较多，主要集中在电机结构参数优化设计，磁链、电感特性分析，以及在各种功率变换器下的控制策略。国内的东南大学对 DSPM 进行了大量研究工作，主要研究内容包括电感特性分析、弱磁扩速能力、电机变结构设计等。南京航空航天大学对 DSPM、DSEM 及 DSHEM 这三种双凸极电机的结构原理与设计、等效磁路建模方法和控制规律等方面进行了深入研究，并取得了一定成果。

研究表明，DSEM 具有下列特点：①不存在电刷和集电环；②转子上没有绕组，转子结构简单坚固，可高速运行；③发电运行时，不需要位置传感器和可控功率变换器，通过调节励磁电流即可实现输出电压的调节，断开励磁电路灭磁，可实现电机系统故障保护；④电动运行时，励磁转矩大于磁阻转矩，且与电枢电流成正比，在励磁绕组与电枢绕组间互感的上升区与下降区分别通以正负电流时，电机均产生正转矩，电机双边出力；⑤电动机可在四象限内运行。

2. 电励磁双凸极发电机的整流方式

DSEM 的气隙磁通可以通过调节励磁电流来实现控制，故发电运行时仅需要外接不可控二极管整流电路。现有的 DSEM 的发电方式对应的整流电路如图 1.17 所示，主要包括开关磁阻发电机（Switched Reluctance Generator，SRG）发电方式[54]、第一种双凸极发电机（Doubly Salient Generator 1，DSG1）发电方式、第二种双凸极发电机（Doubly Salient Generator 2，DSG2）发电方式、第三种双凸极发电机（Doubly Salient Generator 3，DSG3）发电方式四种发电方式。

其中 SRG 是电机相绕组与半波整流电路连接，整流二极管的阴极连接在一起，如图 1.17a 所示，电机转子滑出定子极时对应相绕组通过二极管向负载供电，产生增磁电枢反应，这种方式最为简单，励磁功率最小。DSG1 发电方式中的二极管方向与 SRG 中的相反，整流二极管的阳极连接在一起，如图 1.17b 所示，这种连接方式仅在转子极滑入定子极时对应相电枢绕组输出电能，产生去磁电枢反应，该方式需要励磁电流较大，发电输出功率较低。DSG2 发电方式中，相绕组与桥式整流电路相接，如图 1.17c 所示，转子极滑出和滑入定子极时相绕组均输出电能，同一时刻两相绕组串联输出电压。DSG3 发电方式对应着串联和并联单相桥两种整流电路，如图 1.17d 所示，串联单相桥适用于高压输出场合，并联单相桥适用于大电流的输出。

3. 电励磁双凸极发电机的容错技术

航空航天、新能源等领域的发展对电机的可靠性提出了更高的要求，余度是增强电机系统可靠性和安全性的重要方式，是指使用一套以上的设备来完成任务，最常用的是双余度电

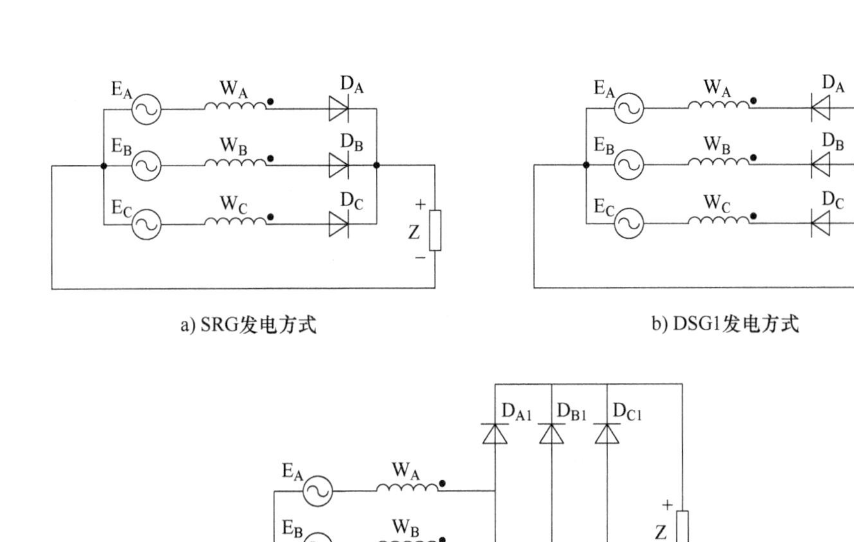

a) SRG发电方式

b) DSG1发电方式

c) DSG2发电方式

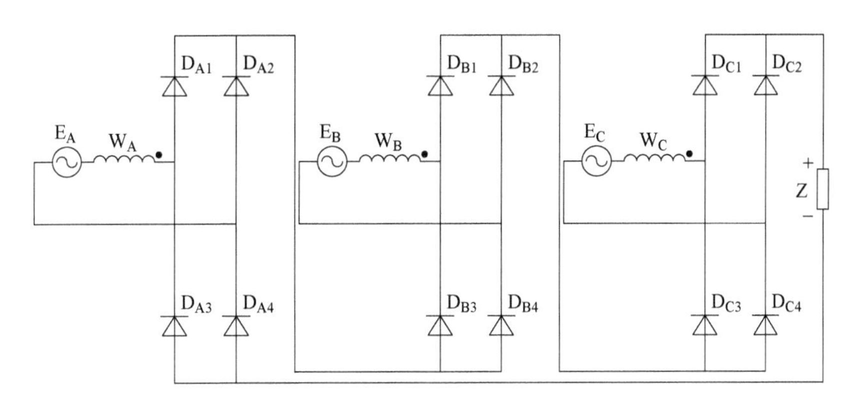

d) DSG3并联发电方式

图 1.17　四种 DSEM 发电方式

机系统，可以工作在冷备份和热备份两种形式，热备份的余度形式因能够提高电能装置的效率而最为常用。余度电机控制系统有两套相互独立的电机绕组和驱动器，它们互为备份，增加了系统的可靠性，实现了容错控制。双余度电机系统结构简单，控制容易，但存在着绕组的利用率低、所占空间较大、结构复杂、电流不均衡等问题。为解决双余度电机系统的种种缺陷，用一套设备增强电机系统的可靠性显得尤为重要。

电机系统的可靠性还可以通过本体设计和控制方法设计两方面来实现。通过本体设计使得当电机发生故障时，故障相能够被立刻隔离，即电机绕组发生开路或者短路故障时，故障相绕组不会对其他正常相绕组的运行产生影响，发生故障时电机输出功率降低较少，由此达到容错的目的。容错控制方法是指在电机发生开路或短路等故障时，通过改变控制策略使得电机性能降低较少，保持与正常运行时类似的输出特性，依然具有输出额定转矩的能力。DSEM 发电运行时不可控，无法通过控制算法实现容错。DSEM 各相绕组在并联外接单相桥整流方式下独立向负载输出电能，具有容错能力。参考文献［55］针对新型的五相 DSEM 的结构特点和工作原理，在二维磁场有限元非线性计算分析的基础上，对电机在外接单相桥整流发电方式下发生二极管短路故障时的容错特性进行了理论分析和仿真验证。分析表明，外接单相整流桥的五相 DSEM 在发生二极管短路故障时仍有一定的输出，不会由于短路相的影响发生系统崩溃，同时可通过增加励磁电流保证正常时的输出功率。参考文献［56］以一台四相 DSEM 样机为研究对象，对电机在相绕组端部发生短路故障和二极管发生短路故障时的负载特性进行了研究。参考文献［57］对三相 DSEM 工作在外接并联单相桥方式下发生单相开路故障的运行特性进行了研究，故障时输出压降小于 10%。DSEM 发电运行时不可控，无法通过控制算法实现容错。增加相数是实现电机容错的重要方式，参考文献［58］对一种用于直驱式风力发电机的五相容错 DSEM 进行了研究，该电机带有容错极，通过有限元仿真对开路故障及理想短路故障进行了分析研究。

1.2.4 混合励磁双凸极电机的研究进展

DSPM 和 DSEM 均存在各自的优点，也存在各自的缺陷，DSPM 的永磁体一旦充磁，励磁不可调节，无法调节气隙磁场。作为发电机运行时，调压困难。作为电动机运行时，弱磁较难。而 DSEM 励磁损耗的存在和外特性较软限制了其在很多场合的应用。近几年来，将 DSPM 与 DSEM 进行合理的有机结合，综合两者的优点，避免各自的缺陷，从而最大限度地发挥两者优势成为十分迫切的研究课题，混合励磁双凸极电机（DSHEM）正是由此而提出来的。

俄罗斯学者首先提出了磁动势并联式的混合励磁发电机，该电机电励磁部分为爪极结构，附加气隙长，电励磁和永磁磁路耦合较强，控制复杂，而且漏磁较大[59]。T. A. Lipo 等在 DSPM 的基础上提出了一种条形磁钢结构 DSHEM，如图 1.18 所示，可通过改变励磁绕组中的电流调节气隙磁场强度，实现电机弱磁扩速[60]。参考文献［61］提出一种磁桥式 DSHEM，通过对该电机的定量分析与研究，该课题组又提出了新型混合励磁无刷电机，此电机既可实现电动运行，也可作为发电机运行。参考文献［62］提出在镶嵌有永磁体的定子外部环绕着由导磁材料和非导磁材料交错放置构成的短路环，当非导磁材料与永磁体接触时，由于非导磁材料磁阻很大，永磁磁链将像正常情况那样穿过气隙，与绕组耦合；而当导磁材料与永磁体接触或完全接触时，永磁体被短路，永磁磁链将部分通过导磁材料闭合。因此通过旋转短路环，就可以实现电机弱磁扩速。参考文献［63］提出了一种 12/10 极 DSHEM，如图 1.19 所示。该电机以传统的 DSPM 为基础，采用次级定子来容纳励磁绕组，新结构有着更好的空间利用率，并对不同转子极数

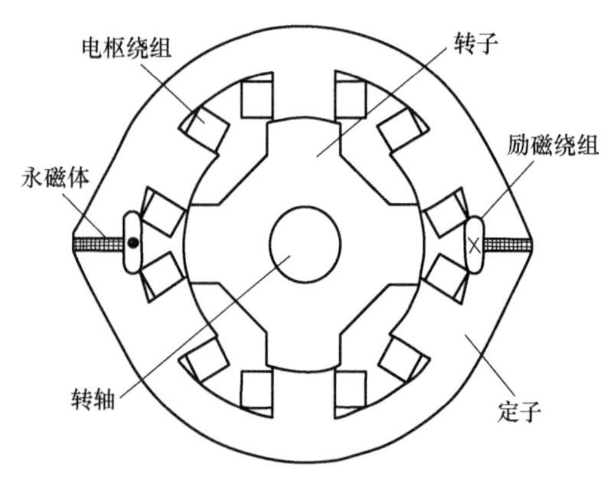

图 1.18 条形磁钢结构 DSHEM

的 DSHEM 进行了对比分析，研究结果表明，所提出电机不仅具有更高的转矩密度，而且具有更好的磁通调节能力。

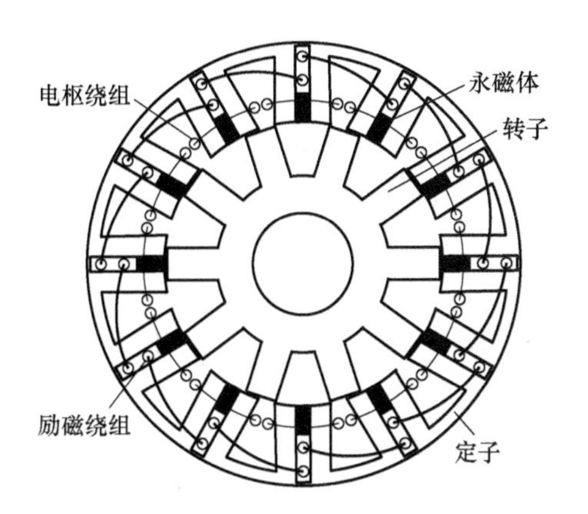

图 1.19 12/10 极结构 DSHEM

参考文献［64］提出一种新型电动车用 16/10 极 DSHEM，并与 8/6 极 SRM 进行仿真与实验对比分析，所提出电机输出转矩较高、转矩脉动更小。参考文献［65］提出一种新结构 DSHEM，该电机永磁体与励磁绕组处于周向同一角度位置，永磁体下端设置饱和磁桥，通入合理的直流电流可增强或减弱气隙磁通，从而有效地调节电磁转矩和感应电动势。总体上 DSHEM 在结构上相比于其他两种双凸极电机更复杂，同时存在磁场强耦合的问题。

南京航空航天大学陈海镇教授在“九五”期间，提出了一种磁路独立式混合励磁同步发电机的结构，并完成了软件设计，研制了试验样机。该电机结构是对俄罗斯学者方案的改进，减少了永磁和电励磁磁路的耦合，但该电机电励磁部分也为爪极结构，有附加气隙多、输出功率受转子直径的制约等不足。因此在研究现有混合励磁电机结构的基础上提出新的结构类型是十分迫切的。

混合励磁电机较永磁电机，多了一个电机性能参数现场可控的环节，使它具有比现有永磁式和电磁式电机更优越的特性，它与电力电子变换器和数字控制器相结合，形成一类新的高效率电机系统。混合励磁发电机既可在飞机、舰船和车辆中作为独立的发电系统用，也可并网运行。混合励磁电动机适合作节能驱动使用，而其中的宽调速系统可以在电动车辆、机床驱动和武器设备等高要求场合应用，其优越的技术性能是其他类型电机所不具备的。因此，混合励磁电机及其控制系统的研究与开发不仅具有重要的理论意义，而且具有重要的工程应用价值。

1.3 新结构线圈辅助励磁双凸极电机

1.3.1 线圈辅助励磁双凸极电机研究目的及意义

随着电机行业和永磁材料的应用和发展，体积小、寿命长并且效率高的永磁无刷直流电机（PM-BLDCM）在调速领域有非常明显的优势，且控制方式灵活。随着永磁材料和传感器技术的不断创新和发展，以及在本体和控制上的技术也在不断进步，PM-BLDCM 随之也成为各方研究学者的热点研究对象，并且在家用电器、电动汽车、船舶、机车牵引和数控机床等场合获得了广泛的应用，这些场合都要求电机有高控制精度和高可靠性。21 世纪以来，通过减少转子损耗和温升、抑制转矩脉动、无传感器转子位置检测等来提高电机控制精度并扩大应用范围成为研究 PM-BLDCM 的专家学者新的研究方向。但永磁体的加入不仅增加了电机的成本，而且高温或者大的反向磁动势都可能使永磁体退磁，电机的恒功率范围和调速范围还被其产生的不可控的永磁磁通所限制，另外，永磁体与转子轭之间的装配强度也会影响电机的高速性能，永磁体这些固有的缺陷限制了 PM-BLDCM 或者其他带有永磁体的电机在许多领域中的应用。

由于双凸极电机定子上采用集中绕组，转子上没有绕组和永磁体，以及双凸极结构和步进式旋转，导致电机的磁链和电枢绕组的电感呈强非线性，不仅加大了电机控制系统的难度，还导致了转矩波动大，运行不稳定。这又引起了电机的振动以及噪声等问题，阻碍了电机的发展，限制了电机的应用领域。目前，国内外学者针对双凸极电机抑制转矩脉动的方法主要分为两个方向：

1）优化电机本体设计参数，改变电机结构。双凸极电机由于它的特殊结构和强非线性导致较大的转矩脉动，因此电机结构优化有利于削弱转矩脉动。例如，优化设计定子结构，用两段式的非均匀气隙代替传统的均匀气隙，又或者是将转子齿改成 T 形带极靴结构，通过减小径向力波积分面积减小电机的转矩脉动。

2）在电机结构已经确定的情况下，采用合理的控制方法和智能算法抑制电机转矩脉动。当电机的基本参数确定后，可以通过合理的电机控制方法来有效抑制电机的转矩脉动，常用的抑制电机转矩脉动的控制方法有两种，分别是转矩分配函数控制和直接转矩控制。转矩分配函数控制适用于低速电机，该方法根据转矩分配函数将期望总转矩分成三相期望转矩，转矩分配函数的作用是优化各相电流和磁链，使合成后的三相总转矩保持稳定，达到抑制转矩脉动的效果。

在永磁电机和 SRM 的研究基础上提出了一种新型无刷直流电机，即线圈辅助励磁双凸极电机（Doubly Salient Coil-Assisted Excitation Motor，DSCEM），通过引用辅助线圈的方式替代永磁体，从而避免出现永磁体退磁的现象。相比于 SRM，DSCEM 引入的辅助线圈，能一定程度上扩展电机的调速范围和恒功率范围。避免了电刷对使用环境的限制，具有机械结构单一、成本低以及不易受外界影响的优点，可应用于众多行业。用励磁线圈产生的辅助磁场起到无刷直流电机中转子永磁体的作用。励磁线圈的加入，产生了可调的磁场，更加有利于对电机转速和转矩的精确控制，新型轴向 DSEM 不仅与传统 SRM 和无刷直流电机有类似的优点，而且作为一种新型的双凸极电机，与传统的无刷直流电机和 SRM 相比具有以下的技术优势：

1）转矩-重量比大。该电机结构紧凑，在相同体积和重量情况下可以产生更大的转矩。

2）运转平稳、噪声小、可靠性高。通过调节电流来调节磁场使转速更加平稳，并且可以抑制电机的转矩脉动，减小噪声，永磁体退磁的风险也不复存在，还提高了电机运行的可靠性。

3）控制精度高。由于双套绕组的存在，使得各个变量更可控，提高了控制精度，有利于减小控制系统误差。

4）不存在永磁体退磁现象，辅助线圈产生的磁场可进行调节，可以在高温等恶劣环境下工作。

该电机的起动转矩大，可实现重载软起动，适合应用在提升机械、运输机械、采煤机械等需要大转矩的设备中，还可与其他直流电机一样应用于电动车辆、家用电器、伺服控制、航空等通用工业，或将成为电机领域的一个具有广阔应用前景和极具研究价值的方向。

1.3.2　线圈辅助励磁双凸极电机特点

不同于传统 SRM 的偶数极定转子齿，DSCEM 为奇数齿 9/6 极三相电机，定转子均用硅钢片叠压而成，定子凸极齿与电机机壳相连接，转子凸极经导磁材料固定在转轴上，这样的结构更加简单、结实、耐用且适应性强。与 8/6 极电机相比，DSCEM 定子采用 9 个齿，增加了定子凸极与转子凸极的重叠区域，从而在提高电机的最大输出转矩的同时还可以减小转矩脉动。

不同于传统 SRM 的径向导磁，DSCEM 采用轴向导磁。在电机运行时，控制系统根据电机转子的位置对绕组进行通电，通过磁拉力实现电机的旋转。电机磁通由左侧定子铁心穿过转子铁心，经电机转轴上覆盖的导磁材料传导到转子铁心，穿过与之相对的右侧定子铁心，再由电机机壳传回左侧定子铁心，形成闭合磁路，电机根据最小磁阻原理运行。

DSCEM 工作时电枢绕组与中央线圈辅助绕组共同励磁，两种磁场相互叠加。中央线圈产生与电枢绕组磁路并行的磁路，改变中央辅助线圈电流幅值来调节气隙磁场强度，从而提高电机可控性。一方面可调节电机磁场，增强电机转速、转矩的调节效果，提高电机的容错能力，同时又起到一定的节能作用；此外，励磁线圈可避免永磁材料在高温下的退磁风险，使电机结构更为简单，易于加工和维修。

1.3.3　线圈辅助励磁双凸极电机与其他双凸极电机拓扑比较

1. 线圈辅助励磁双凸极电机拓扑结构

DSCEM 的结构如图 1.20 所示，DSCEM 采用定子电枢绕组与中央线圈辅助绕组两套绕组相结合的方式。中央辅助线圈放置于转轴中央，用于调节电机气隙磁场强度。定转子均为

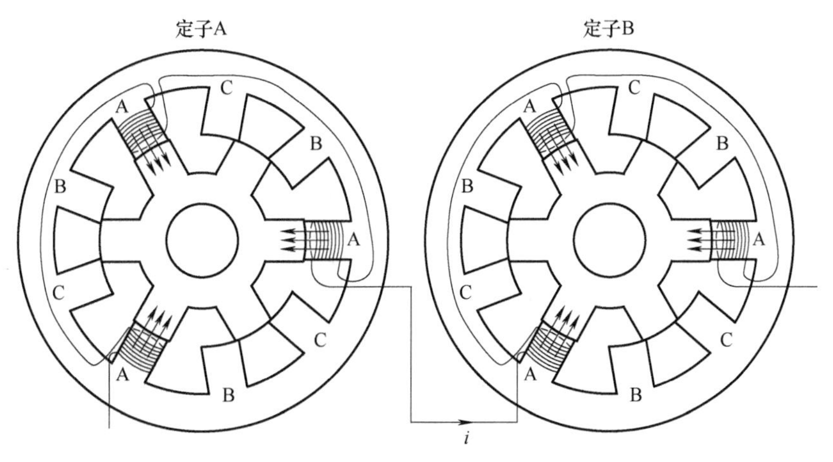

图 1.20　三相 9/6 极 DSCEM 结构图

双凸极结构，其中定子极数设置为 9 个，均缠绕着线圈构成主励磁绕组。转子极数设置为 6 个，结构与 SRM 转子相似，既无线圈、又无永磁体，结构简单坚固，能在恶劣环境中持续可靠运行。

DSCEM 的电枢绕组为三相集中绕组，缠绕在定子极上，提供电机工作时的励磁磁场，以 A 相为例，左侧的三个线圈与右侧的三个线圈绕组同方向串联为一相。B、C 两相绕组的绕线方式与 A 相完全相同。励磁绕组通直流电，此时两侧定子极中产生励磁磁场的方向在气隙处相反，磁场通过定子、转子、机壳、转轴及气隙构成闭合磁通路径，这样的连接方式是为更好实现轴向导磁。

2. 永磁双凸极电机拓扑结构

以三相 6/4 极 DSPM 为例，定子为永磁型结构，其截面如图 1.21 所示。定转子均为凸极齿槽结构，定转子铁心均由硅钢片叠压而成，转子无绕组。定子槽内放置集中绕组，空间相对的定子齿上绕组串联构成一相，形成三相绕组，星形联结。在定子齿部和定子轭部之间嵌入永磁体，两块永磁体中间用不导磁物体隔开。

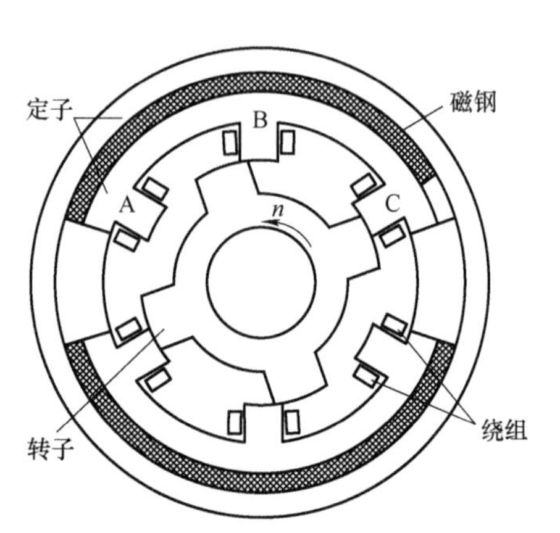

图 1.21　三相 6/4 极 DSPM 结构图

DSPM 的结构设计，有以下两个特点：

1）定子齿顶宽设计为定子齿距的一半，这样就可以保证一个极下转子齿与定子齿的重叠角之和恒等于转子齿顶宽，而与转子位置无关，做线性考虑时合成气隙磁导为一常数，磁铁工作点将不随转子位置角改变。

2）为保证电流换向有充分的时间，设计时转子齿顶宽稍大于定子极弧。

3. 电励磁双凸极电机拓扑结构

图 1.22 为一台三相 12/8 极 DSEM 结构图，与 SRM 不同的是，DSEM 多了一套直流励磁绕组，并将定子齿从径向齿变为平行齿，从而保证励磁槽有足够的空间安放励磁绕组，通过

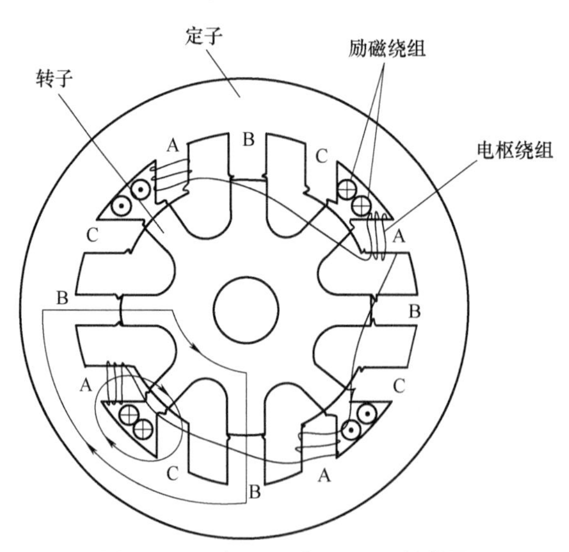

图 1.22　三相 12/8 极 DSEM 结构图

调节励磁绕组中的电流可实现电机气隙磁场控制。从图1.22中可看出，每个励磁绕组都横跨3个定子槽，运行时励磁绕组匝链三相电枢绕组的磁路不同，例如，励磁绕组与A、C两相绕组的距离较近，磁路相同；但励磁绕组匝链B相绕组的磁路较长。DSEM在作为发电机运行时，可以通过调节励磁电流改变电机在发电状态下的励磁磁场，实现发电系统稳压输出，并且发电系统具有良好的动态性能与稳态性能。

在12/8极的DSEM中，转子旋转一圈是8个电周期，所以一个电周期对应的机械角度周期为360°/8=45°，电角度的值即为机械角度值的8倍。DSEM工作时，为了保证励磁绕组自感基本维持不变，随着转子的位置变化，一套励磁绕组所围的定子和转子重合角保持不变。

1.4　双凸极电机转矩脉动抑制技术研究现状

双凸极电机独特的双凸极结构、非线性的气隙磁路使得转矩脉动成为应用及推广的局限，并且电机在低速时，转矩脉动更为明显。转矩脉动除引起转速脉动以外，也是造成振动、噪声的原因之一。转矩脉动已经成为双凸极电机难以推广应用的重要原因。目前，对于双凸极电机转矩脉动的抑制主要是以下两方面：

1）优化双凸极电机本体定转子极弧形状、结构参数，从而改善其相电感的分布特性，使得边缘磁通量和转矩脉动降低；改变其励磁方式，如电励磁、混合励磁、永磁体励磁。

2）优化SRM控制参数与控制策略。

1.4.1　本体优化设计对转矩脉动抑制影响分析

双凸极电机本体优化设计抑制转矩脉动主要从两点考虑：一是电机基本结构改变及结构参数优化，如改变气隙及绕组配置、铁心长度、定转子极弧、转子外径等参数；二是励磁方式的选择，如可施加永磁体励磁、电励磁，以及混合励磁。双凸极电机本体优化设计抑制转矩脉动的方式如图1.23所示。

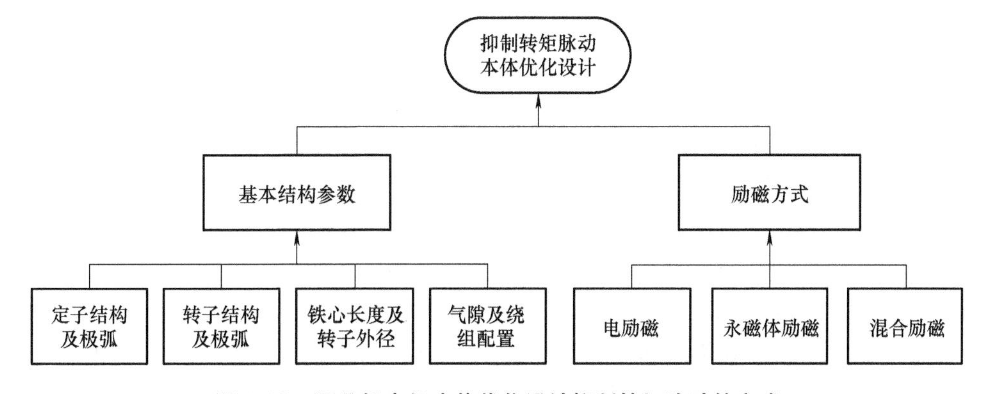

图1.23　双凸极电机本体优化设计抑制转矩脉动的方式

一般而言，三相双凸极电机的齿数采用6N/4N组合方式，四相双凸极电机的齿数采用8N/6N组合方式。双凸极电机不同的定转子极数组合和励磁方式对电机转矩脉动有着很大的影响。参考文献［66］设计了一种转子斜槽式 DSEM，验证了采用斜槽结构可以有效地减小转矩脉动，但斜槽式设计会使电机的反电动势变小，一定程度上降低了电机的功率密度。参考文献［67］将 DSEM 设计成双定子结构，起动时两台相差一定角度的子电机输出的转矩相互叠加，该方法既可以像斜槽结构一样减小转矩脉动，又不会像斜槽结构那样造成电动运行时反电动势减小。参考文献［68］提出了一种转子分段结构的 DSEM，可以有效减小电机的转矩脉动，但是需要复杂的制造工艺且成本较高。为了有效消除由磁路不对称造成的转矩脉动，提升电机的输出性能，目前许多研究人员将注意力集中到磁路更加对称的分布式励磁 DSEM 上。参考文献［69，70］对不同定、转子极配合下的分布式励磁 DSEM 的绕组结构和转矩特性进行了分析，得出当定子为 12 极、转子为 10 极时，转矩密度最高，转矩脉动最小的结论。参考文献［71］提出一种分布式励磁的 12/10 极 DSEM，通过将反电动势相差 180°的两相反向串联，构造出一种磁路对称型的低转矩脉动三相 DSEM，这种设计还使得电枢绕组电感变为常数，消除了磁阻转矩对输出的影响。参考文献［72］设计了一种具有各相对称相电压和较小转矩脉动的多极分布式励磁 DSEM，并探究了转子极形状对电机输出转矩的影响，为优化分布式励磁 DSEM 的性能提供了方向。参考文献［73］提出了转子斜槽结构的双凸极电机设计方案，分别建立了直槽与斜槽结构的电机模型，分析得出斜槽结构有助于减小转矩脉动的结论，然而该方法所提出的斜槽电机加工难度较大，且会降低电机有效转矩和效率。参考文献［74］分析了磁阻转矩对双凸极电机转矩脉动的影响，通过选取合适的定转子极弧系数及配置磁钢参数减小了磁阻转矩的影响，该方法对电机磁钢材料要求较高，增加了电机的制造成本，而且对转矩脉动的改善效果有限。在控制算法方面，参考文献［75］提出采用谐波消去法得到消除转矩脉动的理想电流波形，利用该理想电流来抑制定子双馈电双凸极电机的转矩脉动，但是该方法只适用于斜槽电机，而且理想电流的求取过程相对较复杂。对于双凸极结构电机的气隙定义，一般包括气隙、第二气隙、第三气隙。参考文献［76］研究 DSPM 在发电状态下，不同转子极弧宽度对电机静磁场分布和输出特性的影响，分析说明双凸极发电机第三气隙与转子极弧的关系，进而验证第三气隙最大时，双凸极发电机功率输出最大，而电压输出纹波最小。部分文献就 DSPM 本体结构提出改进的新型定、转子结构。参考文献［77］提出的 DSPM 转子结构采用分块结构后能够有效削弱电机转矩脉动，但该结构会使电机后期制造工艺变复杂，增加铸造成本。参考文献［78］采用电机转子斜槽结构，经仿真实验后得到减小转矩脉动的结论。参考文献［79］提出一种新设计原则，通过改变电枢绕组的连接方式使电机电感的变化得到补偿，使得 DSPM 磁场特性对称，自感变化率保持恒定，从而削弱电机转矩脉动。对于分布式 DSEM，与传统 DSPM 和 SRM 相比，其定、转子组合更为宽泛，当电机定子极数为 8 时，转子极数取 7 或 9 时电机能够得到正弦度更高的反电动势波形。而奇数转子极数能够消除电机不对称磁场力，从而提高电机功率密度、降低转矩脉动[80]。参考文献［81］主要工作内容是研究转子极数对双凸极磁阻结构电机电磁性能的影响。通过对优化后的 4、5、7、8 转子极的 6 定子极电机的磁链、反电动势、转矩能力、不平衡磁力以及气隙磁通密度的调节能力进行了研究和比较得出：5、7 转子极电机上均能获得正弦反电动势和磁链波形。而在 4、8 转子极电机，反电动势中含有高偶数次谐波。在 4、8 转子极电机中，显著的高次谐波会导致较高的转矩脉动。在转矩密度方面，5 转子极电机因磁通路径短而表现出最高的转矩密度，而 8 转子极电机则表现出最高的转矩密度。

对于同步磁阻电机，其转矩脉动严重的原因来自电机绕组磁动势产生的谐波含量和转子凸极结构。为了削弱电机转矩脉动，相关文献采取相关措施。参考文献［82］通过分析定转子磁动势之间的作用规律和产生电磁转矩的原理，发现每相绕组位于每个磁极下所占有的槽数为奇数时，能够实现高次谐波磁动势作用产生的转矩脉动。参考文献［83］针对多段转子结构的同步磁阻电动机，考虑定子槽与电机转矩脉动有关，然后基于定子齿形引起的 d、q 轴间的磁相互作用，并考虑偏斜效应，建立了分析模型，给出了转子分段特性对减小转矩脉动的影响。参考文献［84］对于内置式永磁电机通常情况下每个磁极设计有两个或多个磁通屏障。而这种磁通屏障的形式会直接影响到电机的平均转矩和转矩纹波，对于Machaon 结构主要包括不同形状的磁通屏障，其形状取决于电机转子极数、转子槽数、绕组排列和永磁体体积。该文中通过采用一种优化技术来确定磁障的最佳形状，以获得较高的平均转矩，同时减小电机转矩脉动。参考文献［85］通过设计一台 24 槽四极同步磁阻电机，采用有限元分析的方法，对磁极跨距角、磁阻角等非对称磁阻的尺寸进行了优化，同时使用一个或两个以上带有不对称磁通屏障的轴向叠层转子来降低转矩脉动，但不降低同步磁阻电机的平均转矩。最后分析了电流角对平均转矩和转矩脉动的影响，采用阶梯叠片来削弱非对称磁通，从而进一步减小转矩脉动。

1.4.2 控制策略对转矩脉动抑制影响研究现状

目前双凸极电机调速系统中，减小转矩脉动的控制策略主要有以下 4 种控制方式，如图 1.24所示。

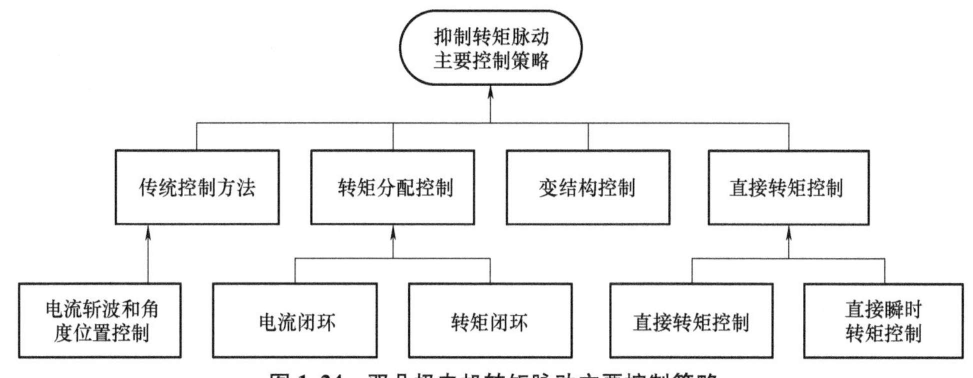

图 1.24 双凸极电机转矩脉动主要控制策略

（1）电流斩波和角度位置控制

传统控制下的转矩脉动抑制 DSPM 的驱动控制，传统的控制方法一般为电流斩波和角度位置控制。而电流斩波控制的实现原理一般有脉宽调节、电流幅值钳位、电流限值与关断时间调节等方法。在 DSPM 一相导通区间内将电流的有效值钳制在某一电流值附近。角度位置控制与前者相比，主要是采用调节开通角的大小来实现电机高速运行时的转速控制，而此刻DSPM 一般处于恒功率运行特性区。针对单幅斩波控制存在的缺点，参考文献［86］就其转子斜槽式 DSPM 在传统的单幅斩波 PWM 方式的基础上进行改进，采用轮换单斩，该方法在降低转矩脉动上起到一定作用，但相间转矩过渡是否平滑未考虑，不过可避免传统单斩控制造成的局部过热问题，且对电机运行系统的效率和可靠性都有提升。

（2）变结构控制

变结构控制因其精准识别、响应迅速的控制过程被广泛应用在各工业控制领域。该方法在电机控制领域应用一般选取转矩抖动量作为扰动量，而电机的强耦合模型视为增益差，不需要事先对电机的运行原理进行分析就可解决 DSPM 转矩脉动，其控制原理如图 1.25 所示。与传统控制对比，变结构控制对电机性能有良好的改善作用，系统对于参数的变化造成的干扰不灵敏，而且电机控制简单。但控制的前提是处于 DSPM 磁线性区，未考虑电机内部耦合性饱和现象。

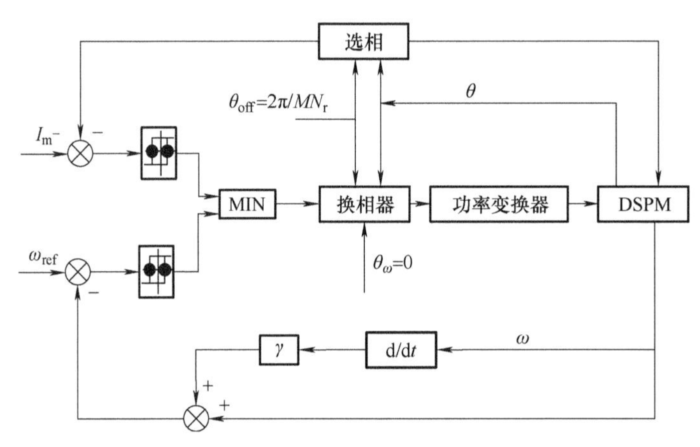

图 1.25　DSPM 变结构控制系统

参考文献［87］试图消除 SRM 的转矩脉动问题。为了实现控制力脉动，选择相电压作为控制变量，通过滑模控制来选择合适的相电压，以便为每个相产生预先定义的参考转矩。该文中通过仿真分析不同滑模函数选择下电机的性能，说明选择合适的误差函数导数可以有效地消除转矩脉动。参考文献［88］针对 SRM 提出了一种基于滑模变结构法的转矩脉动最小化方法，先通过控制器并依据转速误差得到电机总参考转矩，再获得期望相转矩。通过转矩分配函数，计算出期望相转矩与实际电磁转矩之间的偏差，然后经 PI 调节器得到期望相电流，最后在电流滞环控制下，实际相电流可以精确地跟踪期望相电流。仿真结果表明，电机低速、高速运行时转矩脉动系数均降低。

（3）转矩分配控制

参考文献［89］提出了一种离线 TSF（转矩分配函数）用于降低 SRM 宽转速范围内的转矩脉动。离线 TSF 由两个具有 Tikhonov 因子的目标函数构成，即最小化相电流（铜耗）的 2 次方和参考电流的导数（磁链变化率）。该文中将具有不同 Tikhonov 因子的 TSF 与传统的线性、3 次方和指数 TSF 进行了比较，分析了它们的磁特性在线性区和饱和区工作时的效率和转矩-转速性能。然后，依据设计标准通过权衡铜耗和转矩速度性能要求来选择 Tikhonov 因子。通过对三相 2.3kW、12/8 极 SRM 的仿真和实验来验证离线 TSF 的性能。结果表明，在不增加铜耗的情况下，该文提出的离线 TSF 能够显著降低 SRM 的转矩脉动。参考文献［90］提出了一种新的 TSF 来减小 SRM 的转矩脉动。其中关于 TSF 的优化准则主要包括最小铜耗和最大磁链变化率。此外，该文中还提及了一种新的 TSF 方法，即以最佳的

TSF 满足次要目标。同时，基于 Matlab/Simulink 来建立动态仿真模型。其结果表明，与低速控制相比，高速控制下的转矩脉动可以更明显地减小。转矩分配控制策略原理如图 1.26 所示。

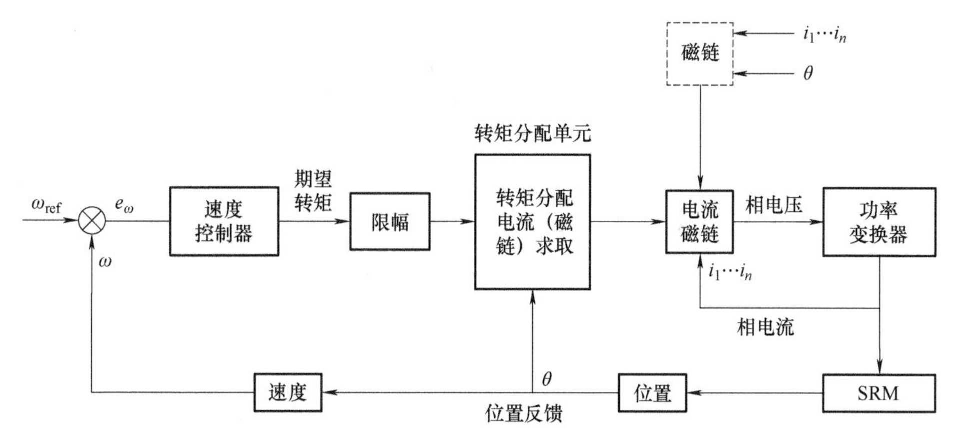

图 1.26 SRM 转矩分配控制策略原理图

（4）直接转矩控制

由于 SRM 在运行时存在较大的转矩脉动，有鉴于交流电机的直接转矩控制，有学者提出了直接转矩控制思想，其将磁链的大小和旋转速度作为控制量，进而实现 SRM 的直接转矩控制。由于 SRM 的转矩脉动本身较大，而直接转矩控制策略可以将转矩脉动限制在一定的范围内，从这一点来说，直接转矩控制方法可以有效地减小电机的转矩脉动。但由于缺乏对 SRM 导通角度的限制，使得运行时部分相电流进入电感下降区域，导致负转矩的产生，造成运行效率降低。直接瞬时转矩控制策略取消了磁链闭环，将期望转矩与瞬时转矩进行比较，依据其误差与给定开关角度来选择合适的电压矢量，对电机的所有激励相施加开关信号，达到抑制转矩脉动的目的。

1.5 双凸极电机的应用

1.5.1 在航空器中的应用

早在 1990 年，美国空军就提出将飞机上的液压和机械设备逐步用电力设备取代。这就是多电飞机（More Electric Aircraft，MEA）的概念[91]。目前没有一个衡量 MEA 的标准，MEA 技术还在不断发展中。MEA 的一些基本特征已经从 A380、B787 和 F-35 这三种典型的飞行器中表现出来，如图 1.27 所示[92]。

图 1.27 MEA 技术在飞行器中的应用

第一，MEA 发电系统的容量明显扩大。A380 飞机装有 4 台 150kVA 主交流发电机，2 台 120kVA 辅助动力装置（Auxiliary Power Unit，APU）发电机，1 台 70kVA 应急冲压空气涡轮发电机，总容量达 910kVA。B787 飞机装有 4 台 250kVA 主交流发电机，2 台 225kVA APU 发电机和 1 台 10kVA 应急冲压空气涡轮发电机，总容量达 1460kVA。F-35 是单座单发动机战斗机，主发电机容量为 250kW，APU 发电机容量也达到 250kW。

第二，不需要提取发动机压气机压缩后的空气用于机翼防冰和座舱环控系统，发动机结构简化，效率提高，飞机管路减少，燃油消耗量减少[93]。

第三，取消了集中式液压能源系统，降低了该系统高发热量和液压油泄漏的概率，提高了飞行安全性[94]。

第四，采用起动/发电机，取消了燃气涡轮或空气涡轮起动机，简化了发动机附件机匣，降低了发动机起动设备成本[95-97]。

由此可见，MEA 是一种用电能代替气压能和液压能的新型飞机，MEA 促进了航空科技的迅速发展，是电气科技对航空科技的重要贡献。

发电技术是 MEA 电源系统中的重要技术环节，飞机主电源是由主发电机及其控制部件组成[98]。双凸极电机作发电机应用时由于输出电压波形非正弦，往往与二极管整流桥配合作为无刷直流发电机使用，也适合作为高速可调速的驱动电动机使用。组成的发电系统，主发电机是由航空发动机直接或间接传动的。飞机主电源的发展经历了 28V 低压直流电源、400Hz 恒速恒频交流电源、变速恒频交流电源、270V 高压直流电源及 360～800Hz、115/200V 变频交流电源等阶段[99]。

著名的洛克希德马丁公司成功将 SRM 用在了 F-35 的起动/发电系统中[100]。SRM 转子上无绕组和永磁体，适合恶劣环境下高速运行，有较强的可靠性，非常适合于起动/发电场合的应用。SRM 定子上只有一套绕组，起动和发电时都需要可控功率器件，同时需要检测位置信息[101,102]。

可见，研究无刷化、高可靠性、高功率密度的发电机系统必然成为未来飞机发电系统的重要方向。目前，我国在航空发电技术上与国外依旧存在着不小的差距。研究高可靠性的无刷直流发电系统，提高系统的环境适应能力和功率密度，对现有飞机的无刷发电系统进行优化研究，这必将有利于我国航空工业的发展。

喷气发动机应用后，飞机发电机均改为起动/发电机，该电机作电动机用于起动航空发动机，发动机正常工作以后反过来驱动电机发电。起动/发电机的应用消除了专用的起动机，简化了飞机发动机及其附件。21 世纪初，美国试飞的 F-35 战斗机，不仅采用了高压直流电源，而且是第一架多电型军用飞机。该单发动机战斗机的主电源是 250kW 的开关磁阻起动/发电机，由航空发动机直接驱动，该电机的功率变换器为 125kW 的双通逆结构。由于 SRM 和双凸极电机一样，转子上没有磁钢和线圈，有高的可靠性，而两台相互独立的功率变换器互为冗余，显著地提高了电源可靠性。MEA 的特点是用电能代替集中式液压能、气压能，从而提高了飞机的可靠性、维修性，降低了机载设备重量和全周期费用。主电源功率的加大部分主要是用于向飞机和发动机控制用的电液和机电作动机构供电，向电动燃油供给系统、飞机环境控制系统和飞机舱门及起落架操纵机构供电。

在 F-35 飞机上，辅助电源和应急电源已组成一体，称为组合动力装置。组合动力装置是压气机、燃烧室、涡轮和起动/发电机的组合体，内部结构如图 1.28 所示。压气机、起动/发电机转子和涡轮同轴，整个转子用磁浮轴承悬浮起来，从而成为一种多电发动机。多电发电机没有附件机匣，不提取压缩后的空气，不需要润滑油润滑，结构简单，工作可靠，维护方便，节省燃油。但是对起动/发电机和磁浮轴承的要求十分高，它们必须在高速和高温环境下长期工作，工作环境温度在400℃左右。在这种情况下，目前只有 SRM 和 DSEM 能满足这个要求。

图 1.28 F-35 内部结构简图

双凸极电机构成的起动/发电机不仅可用于高压直流电源，还可用作 28V 低压直流电源，也可用于变速恒频电源的变频交流发电机。由双凸极电机构成的无刷直流电动机可作高转速和大功率的飞机驱动电动机。由于其转子上没有永磁磁钢和笼型导条，消除了永磁同步电动机和笼型异步电动机的缺陷。双凸极起动/发电机发电运行时不需要多管功率电子变换器，从而比开关磁阻起动/发电机更可靠[103]。

早期在航空领域大量应用的三相异步电机和直流有刷电机存在着功率和转速有限，效率较低等缺陷。而 SRM 与传统直流电机和异步电机相比，有着结构简单、可靠性高、成本低和起动转矩大等优点。2003 年，R. Krishnan 教授在 IEEE 工业电子学会年会上论述了 SRM 在航空领域的优势，并利用有限元软件分析和设计了一台四相电机。此外，美国国家航空航天局和美国空军也对 SRM 在高速航空燃油泵和滑油泵电机系统中的应用进行了研究。20 世纪 80 年代，我国将 SRM 列入中小型电机“七五”计划，由此国内众多研究单位开始了 SRM 的研究。从 1995 年开始，南京航空航天大学开始对 SRM 在航空领域的应用进行研究，并成功研发了多个型号的 SRM。上海交通大学研究了 SRM 作为发动机燃油泵的应用。航空工业成都飞机工业集团研究了采用模糊控制方法对 SRM 航空作动器的控制。SRM 凭借其高可靠性在航空领域获得了大量应用。

1.5.2 在风力发电机中的应用

能源对人类的进步具有深远的影响，也是实现经济发展的重要物质基础。能源问题已逐渐成为全球经济发展的瓶颈，在全球能源短缺的大环境下，各国的经济发展受到了极大的限制。目前，人类依赖的能源主要为煤、石油和天然气等不可再生的化石能源。伴随着不可再生能源储量的不断减少，大量开发化石能源所造成的环境恶化和温室效应却在逐步加剧。在当前能源危机和环境危机的背景下，开发和利用新的可再生能源来代替传统的化石能源，将会是解决人类当前困境的一条出路。在众多可再生能源技术中，风能因为其没有污染、储量巨大的特点，已经广泛成为各国的研究热点，风力发电技术已成为最具市场发展前景的可再生能源技术之一。风能的大力开发和利用将有助于人类摆脱长久以来对化石能源的依赖。因此，发展风能对于人类应对能源危机、减少环境污染、实现节能减排等目标具有重要意义。

发电机在整个风力发电系统中占有重要地位，其承担着风力发电系统中由机械能到电能的转换工作。发电机的工作情况直接影响到整个风力发电系统的运行效率、供电质量。因此，研究和选用适合于风力发电系统的发电机一直是风力发电系统的研究热点之一。从实际应用来看，目前应用较多的发电机主要是以下两种：双馈异步发电机（Doubly-Fed Induction Generator，DFIG）、永磁同步发电机（Permanent Magnet Synchronous Generator，PMSG）。除上述两种主流发电机外，相关学者对其他有风力发电应用潜力的发电机也进行了较多的研究，如开关磁阻发电机、永磁双凸极发电机、电励磁双凸极发电机（Doubly Salient Electro-magnetic Generator，DSEG）等。DFIG 定子侧直接与电网相连，转子采用双 PWM 变换器提供交流励磁。在进行最大风能跟踪的过程中，通过调节励磁电流的幅值、频率、相位实现发电机在宽转速范围内电能的恒频、恒压输出。由于变换器位于转子侧，因此变换器的容量仅为电机额定容量的 1/4~1/3 就能够实现工作风速范围内的励磁电流调节，降低了功率器件成本及控制复杂度。但 DFIG 的运行转速一般较高，无法与风轮实现直驱连接，需要安装齿轮增速机构，齿轮箱价格高昂，且其易损坏，降低了系统可靠性。此外，DFIG 转子带有电刷、集电环等机械结构，增加了系统故障率和维护成本。在 DFIG 的基础上，有学者提出了无刷双馈发电机，去掉了 DFIG 转子侧的电刷和集电环，增加了系统运行的可靠性，但该发电机结构复杂，理论研究有待进一步深入。永磁直驱式风力发电系统是当前风力发电研究的热点之一。风轮与 PMSG 直接相连，输出幅值和频率随风速变化的交流电能，通过全功率变换器，将频率、幅值变化的交流电能转换为恒频、恒压的交流电能馈入电网或者给交流负载供电。因采用风轮和发电机直驱连接方式，省掉了齿轮箱，降低了系统的体积成本，提高了机组的可靠性；而且 PMSG 无需励磁装置，减小了励磁损耗，发电机运行效率高。但直驱式 PMSG 体积大、成本高，且高温下永磁材料存在退磁风险，变换器容量为系统额定容量，进一步增加了系统体积成本。SRM 结构简单，控制可靠，但发电运行需要可控功率变换器与位置传感器。双凸极永磁发电机的结构与 SRM 类似，其定、转子均为凸极齿槽结构，转子上无绕组，由于其采用在定子上安装永磁体的励磁方式，因此与 PMSG 一样，其气隙磁场无法调节。DSEG 是一种新型的凸极类电机，与双凸极永磁发电机不同，DSEG 采用电励磁绕组代替永磁体作为励磁源，从而使其磁路特性和运行方式与双凸极永磁发电机存在差别。DSEG 的磁场强弱可以通过励磁电流调节实现，使其控制方式更加灵活。此外，当电机运行于发电状态时，无需位置传感器和可控功率变换器，外接不可控整流器即可实现输出直流电能，调节励磁电流可实现调压功能，可故障灭磁；当电机运行于电动状态时，控制方式与无刷直流电机相似，特性类似于直流电机。由于 DSEG 具有励磁电流、电枢电流均可调节的特性，使风力发电系统功率控制策略更加灵活。此外，与双馈发电机系统和 PMSG 系统相比，DSEG 结构简单，成本低，可靠性高，只需不可控整流器，降低了系统成本，因此，DSEG 在风力发电系统中具有广阔的应用前景。

作为一种重要的可再生能源，风能和太阳能一样具有良好的发展前景，2021 年全球新增风力发电装机容量为 93.61GW，过去 20 年复合增长率为 14.27%。2021 年中国新增风力发电装机容量约占全球的 50.91%，继续位列世界第一[104]。世界各国都在积极发展可靠性高、效率高、价格低的风力发电装置，图 1.29 为已经投入运行的风力发电机。

图 1.29 正在运行的风力发电机

目前，有两种风力发电系统的应用最为广泛。一种是变速恒频双馈异步风力发电系统，它是由风力机、齿轮箱、异步电机和背靠背 PWM 整流/逆变器构成的，如图 1.30 所示。该发电系统通过控制转子电流的频率、相位和幅值来调节系统的输出功率。其逆变器的额定容量仅占电机额定功率的 1/5~1/3，整个背靠背 PWM 变换器的额定容量是电机的 2/5~3/5。变换器的成本低，体积小，因而受到了广泛的应用。可是变速齿轮箱增加了双馈异步风力发电机系统的复杂程度，降低了可靠性。同时转子上的电刷和集电环进一步增加了系统的复杂性，转子上的绕组增加了系统的发热与损耗。

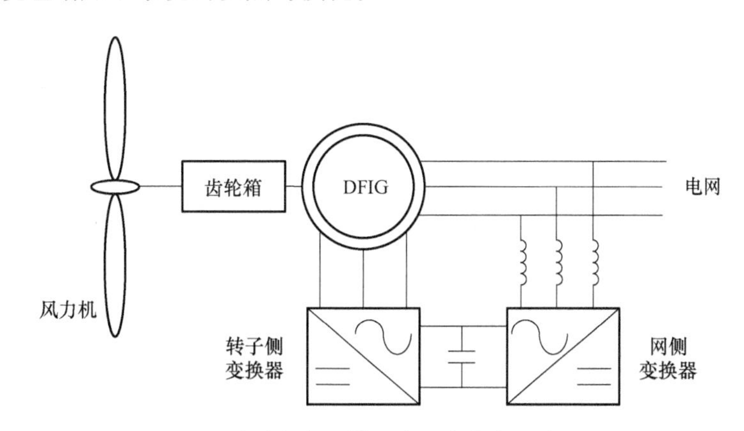

图 1.30 变速恒频双馈异步风力发电系统原理图

另一种是永磁直驱式风力发电系统，它是由风力机、永磁发电机、PWM 整流器和 PWM 逆变器构成的，如图 1.31 所示。该系统不需要变速齿轮箱，能够较好地捕获风能，转子上没有绕组，不需要集电环和电刷，寿命长，可靠性高。永磁材料钕铁硼的价格约为硅钢片的 40 倍，且长期在恶劣的环境下工作易于失磁，永磁电机磁场调节困难，负载和电机转速的改变会引起输出电压的变化。电机的输出端必须接 PWM 整流器，经过整流后再通过 PWM

逆变器转换为交流电送入电网，PWM 变换器的功率等同于发电机功率，成本较高，电机的制造难度大。

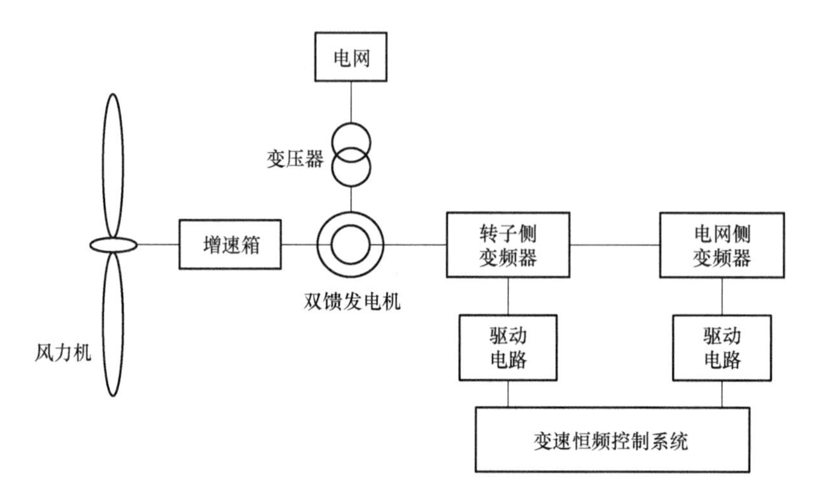

图 1.31　永磁直驱式风力发电系统原理图

DSEM 既能与风力机、齿轮箱、并网逆变器组成具有齿轮箱的双凸极风力发电机，又能与风力机、并网逆变器组成直驱式双凸极风力发电机，具有齿轮箱的双凸极风力发电机与双馈异步风力发电机相比，其转子结构简单可靠，制造方便，维护简单，系统结构显著简化，元器件总数大大减少。直驱式双凸极风力发电机与永磁直驱式风力发电机相比，省去了稀土永磁等高成本材料和 PWM 整流器。因此，双凸极直流发电机在风力发电场合同样具有应用潜力，但实际应用尚无先例，没有运行经验，特别是在大功率的兆瓦级直驱式风力发电机中的应用尚需进一步发展。参考文献［105，106］研究了 DSPM 在风力发电中的应用技术，从效率、成本及损耗方面来对比分析三种拓扑的串联型永磁双凸极风力发电机。近几年来，严仰光教授对 DSEM 在风力发电系统中的应用进行了研究[107-109]，并提出了一种直驱式电励磁双凸极容错风力发电机，该电机能在发生故障后正常工作，满足风力发电机的高可靠性要求，并进一步针对低速直驱式风力发电应用场合，研究了单匝绕组电动势和相绕组电动势与电机极数的关系。参考文献［110］以一台 2MW 直驱式电励磁双凸极风力发电机为实例进行计算，研究了不同气隙、不同发电方式下电机的有效材料重量、价格和损耗。参考文献［111］提出了一种应用于 DSEM 的单相桥整流发电电路，能把任一时刻电机相绕组感应的负电动势整流成大小相等的正电动势，其特点是各相绕组之间相互独立，换相时间短，提高了电机的容错和带载能力。

1.5.3　在电动汽车中的应用

自 1886 年发明了汽车以来，汽车就成为人们日常生活中不可缺少的代步和运输工具，因此缩短了人们之间的距离，改变了人们的生活方式，提高了人们的生活质量。由于汽车要消耗大量的石油资源，排放大量的废气，制造噪声和严重污染环境，这也是无法回避的负面影响。到了 20 世纪 90 年代，出于环境保护和节约资源的双重考虑，世界范围内又掀起了第三次电动汽车研究和开发热潮。

德国、日本、法国、美国等几个全球拥有汽车行业巨头的国家已分别研制出多个种类的电动车，这些电动车包括电动大、中、小型客车，电动轿车，电动摩托车。德国早在1972年就以“电动道路交通协会”为中心，在联邦政府的支持下开展了电动车的研发工作。日本也早于1972年成立了“日本电动汽车协会”，日本政府制定了鼓励电动汽车行业开发和应用的政策，并于1978年，为了促进电动汽车的推广和应用，日本电动汽车协会还制定了“电动汽车试用制度”，试用的电动汽车主要用于政府机构、公司、事务联络和服务车等，试用地区遍布日本各地，最典型的车型就是丰田的普锐斯。法国在很早的时候城市环卫部门就使用了电动汽车，并且目前巴黎市区已经有数百辆电动汽车在被使用，全法国则有上千辆电动汽车正在试运行。美国在电动汽车研发方面处于领先地位。美国主要采取了政府干预的手段，以美国能源部为主导在1989~1992年间先后投入了1亿多美元在电动汽车的研究和开发工作中，截至1995年有1万多辆电动汽车投入了使用，其中美国通用汽车公司推出了以电动为主的Chevy Volt混合动力汽车，Mini Cooper推出了其纯电动版。除了汽车工业比较发达的国家外，很多国家对电动汽车的开发都非常重视，如瑞典、韩国、加拿大、奥地利等都投入巨资研制新一代的电动汽车系统。目前电动汽车在全世界的使用量已接近4万辆。我国于20世纪80年代初就开始研究电动汽车，电动汽车的研究曾被列入国家“八五”规划，目前我国政府也非常重视电动汽车各项关键技术的研究进展，并先后把电动汽车列入了“九五”重大攻关项目以及“863”计划重大专项中。近些年，国内各大汽车公司纷纷研制出了各自型号的电动大巴、电动轿车。如比亚迪先后展示F6DM和F3DM双模电动汽车和F3e纯电动汽车。长安与加拿大绿色电池生产商合作，共同拓展加拿大新能源汽车市场，首推奔奔纯电动版。

现在，电动汽车的发展分为三大类：纯电动汽车（EV）、混合动力电动汽车（HEV）和燃料电池电动汽车（FCE）。电动汽车的发展是石油危机及人们对环境要求的必然产物。与内燃机汽车相比，电动汽车具有高效、方便、无污染、低噪声等优点。开发高性能且无废气排放的电动汽车得到各国政府、汽车制造商、科研院所的高度重视，纷纷制定电动汽车研制计划，从而在全球范围内掀起了电动汽车开发热潮。各种电动汽车样车频频涌现，并迅速推上市场。同时电动汽车是一个系统的工程，必须掌握各方面的技术并结合起来才能取得好的效果。

目前，电动汽车的驱动用电机正在向大功率、高转速、高效率和小型化方向发展。电动汽车首先需要稳定、安全运行，其次还应尽量减小运行时的噪声，并且要尽量做到调速简单、快速响应，而其能耗也越低越好，以满足节能减排的要求。所以，电动汽车对驱动系统的要求就相当高：

1）电动汽车驱动用电机需要具备频繁地起动/停车，加速/减速的能力，对转矩控制的动态性能要求也比较高，这一点对于目前已逐渐投入使用的电动和混合动力公交车而言尤其重要。

2）驱动系统需保证汽车在低速和爬坡时具有较高的转矩，而高速行驶时具有较低的转矩。

3）驱动用电机需要承受一定的过载，通常情况下，要求电机能够承受4~5倍过载。

4）驱动用电机的调速范围要尽量大，而且在整个调速范围内，还需要保持较高的运行效率。

5）由于在电动汽车中，电机的工作环境比较恶劣，所以，在电机的外部结构、环境适用度和可靠性等方面都要有所要求。

6）要考虑电机的经济成本、体积尺寸等方面。此外，驱动用电机的运行性能还与电动汽车的驾驶性能、约束性能以及车载电源的性能等有关。

电动汽车驱动系统的种类主要分为如下三种：

1）单电机方式：此种传动模式又可分为有传动系统、无传动系统及无差速系统。有传动系统的研制比较简单，只需用电动机代替汽车原有的发动机即可，其余系统均不做改变，无传动系统不采用传动装置和离合器，由一台电机驱动两个车轮旋转，虽没有传动装置与离合器引起的磨损，但存在差速器带来的损耗。其优点是可以继续沿用燃油汽车的传动装置，且只需要采用一组电动机和逆变器，使汽车的经济性大大增加。无差速系统连差速器也不采用，只利用一台电机来驱动汽车的两个车轮。

2）双电机方式：该方式分前后驱动、双轮毂式驱动两种，前者把两台电机由离合器连在同一轴上，在轻载和重载时分别用单电机和双电机驱动来改善效率，后者在一定程度上使曲线运动、防滑等优良性能得到实现，但电机及逆变器的造价都比较高。

3）四轮毂电机方式：汽车四个车轮安装独立的轮毂电机和逆变器，结构紧凑、车轮可以任意角度转向、横向行驶，且由于独立车轮可以任意进行转矩、制动和防滑控制等，使汽车的动态性能更加优越。缺点是在车轮大小的限制下，轮毂电机的大型化难以实现。

电动汽车技术包括四个方面的关键技术：蓄电池技术、电机及其控制技术、电动汽车整车技术以及能量管理技术。作为电动汽车驱动用电机，普通直流电动机已逐步被淘汰；异步电动机、交流永磁电动机被用来驱动电动汽车，它们各有自己的优势，但也有各自的弱点；虽然各种驱动电机早已研究得很成熟，但它们并不能直接适用于电动汽车，因为电动汽车有其特有的运行特点，所以所用的电动机必须满足这些特点才能获得良好的性能。各种电机要想在未来的电动汽车中占有一席之地，还需大胆尝试对电机本体结构进行优化与改进。

按转矩产生的机理，电机分为电磁式和变磁阻式两大类。电磁式电机是通过分别由定子和转子绕组产生的两组磁场的相互作用而产生电机运动的，直流电动机、感应电动机等属于此类；变磁阻式电机其各相磁路的磁阻随转子位置而变，电机的磁场能量也随转子位置而变，以磁能为媒介变换得到机械能。当定子线圈通电后，转子会根据磁阻最小原理改变两者之间的气隙大小，带动电机转子转动。此类电机包括同步磁阻电机、步进电机、SRM、双凸极电机等。

用作起动/发电系统的电机有以下几种：有刷直流电机、感应电机、电励磁同步电机、SRM、双凸极电机和永磁无刷电机。

（1）有刷直流电机

有刷直流电机当作起动/发电机使用时，与一般的直流电动机和直流发电机略有不同：起动时，以复励（串励为主）直流电动机方式工作，要求有足够的起动转矩和起动电流，起动结束后，串励绕组停用改为并励方式，作发电机运行。早期的起动/发电系统多采用有刷直流电机。德国 Tocher 公司开发的起动/发电/阻尼系统于 1997 年在轿车上装机试验，起动性能良好，控制电路简单。但由于存在电刷和换向器，需要经常维护，使用寿命短，发电功率和起动功率也受到很大限制。

（2）感应电机

目前在欧美国家将感应电机作为电动机使用时，主要用在电动汽车上。该机的设计制造已较为成熟，结构简单，体积较小，可靠性高，且坚固耐用。感应电机的数学模型精确可靠，作为起动/发电系统在建模时有较大优势。中科院电工研究所对基于感应电机的起动/发电系统的硬件构成进行了研究，对主功率模块、CPU 等进行了选型设计，构建了 42V 电气系统起动/发电控制器。但是感应电机的控制较为复杂，制造难度大；低速及低载运行时的效率低，高速时需要减速机构，容易发热。

（3）电励磁同步电机

电励磁交流同步电机作为发电机已经得到了广泛的应用，既可以用于变频恒速电源，也可以用于直流供电。只要在现有基础上研究其起动方案，就可以将其改造成起动/发电系统。现有研究主要是针对基于交流发电机的起动/发电装置的原理和控制方法。以轿车上的 14V 交流发电机为例，利用 AC/DC 变换器，起动时把蓄电池的直流电转化为起动/发电机所需用的三相交流电。这种结构可以充分利用现有电源装置，对系统改造较小，同步电机静止时无法得到励磁，因而要额外增加一套辅助起动绕组。

（4）SRM

SRM 起动/发电系统是目前研究的热点。SRM 作为 20 世纪 80 年代兴起的新型电机，与其他各种调速电机相比有较大优势，其转子是简单的叠片结构，坚固且经济；由于转子没有励磁绕组或永磁体，对温度不敏感，最高运行温度取决于绝缘系统，因此可在高速下运行，而且高温环境的运行能力良好。定子为集中绕组，工艺简单，制造成本低，冷却方便，尤其是在微型计算机控制下允许能量双向流动，既可以作电动机，又可以作发电机，在不改变硬件拓扑结构的情况下自如地实现起动、发电、助力等状态的切换。目前应用在混合动力汽车上的起动/发电系统多为 SRM。丰田汽车公司开发的应用于混合动力汽车的起动/发电系统，由发电机与电动机两台电机及动力分离装置组成一体化装置。该系统的运行原理为：发动机与行星齿轮的行星架相连，传递过来的动力经过行星轮系，一部分通过中心轮传给发电机，一部分通过外齿圈传给电动机以驱动车轮；采用复杂的控制策略，通过动力分离装置分配动力，实现了发电与驱动功能兼得。丰田汽车公司还专门开发了直流变压器，以便实现 500V 和 14V 的转换。但 SRM 转矩脉动大，电机存在严重的非线性，噪声和振动大，优化控制有较大的难度；且作为电动机和发电机时均需功率变换器，发电时的可靠性有所降低，成本也较高。

（5）双凸极电机

20 世纪 90 年代，著名电机专家 T. A. Lipo 教授发明了与 SRM 相似的 DSPM。国内外许多机构开展了 DSPM 调速系统的研究，包括电机设计、磁场计算、等效磁路模型、控制策略、PI 参数设计以及数字控制技术等。研究结果表明，DSPM 用于调速技术具有优越性。近几年来，在 DSPM 的基础上提出的 DSEM 成为用于起动/发电系统的研究重点。电励磁双凸极起动/发电机具有开关磁阻起动/发电机的优点，且发电控制更为简单方便，无需位置传感器，直接控制励磁电流即可控制输出电压，发电性能优良。电励磁双凸极起动/发电机工作于起动模式时，外接电源给电励磁电机的励磁绕组供电，控制器根据位置传感器检测到的位置信号，控制双向全桥变换器开关管的通断，给对应的相绕组供电，使电机产生固定方向的转矩，带动发动机旋转；当工作于发电模式时，发动机带动电励磁电机旋转，控制器封锁全桥变换器的开关管，励磁绕组由励磁机供电，电机三相电枢绕组的磁通发生变化，产生三相交变的感应电压，通过二极管整流后，输出直流电。若负载或转速变化时，可通过发电机调压器来调节励磁电流的大小，以维持电压恒定输出。但是目前双凸极起动/发电机的研究大多针对航空电源系统，经过改进也可用于汽车电源，但目前较少。

（6）永磁无刷电机

永磁无刷电机作为汽车发电机已经得到了一定的应用，只要在现有基础上研究其起动方案，就可以将其改造成起动/发电系统。这种方案可以充分利用现有电源装置，对系统改造较小。随着高性能电力电子器件和现代控制技术的发展，许多新型的高性能半导体功率器件相继出现，以及高磁能的钕铁硼稀土永磁材料的问世，为永磁无刷电机的广泛应用奠定了坚实的基础。稀土永磁电机可以明显降低电机的重量，减小体积，比功率大，能量密度大。永磁电机作为发电机时发电效率高，电能消耗少，低速供电性能好，输出电压调整率小，环境适应性强，噪声低，使用寿命长，具有很强的市场竞争力。基于以上优点，永磁无刷电机特别适合作为普通汽车用起动/发电一体化装置。

英国利兹大学和诺丁汉大学相继对SRM进行深入研究，并合作研制了一些样机，其研究结果表明，SRM成本明显低于同容量的异步电动机，而其单位输出功率和效率都高于同类的异步电动机驱动装置。电动汽车用电机要求结构简单、能够在恶劣环境下工作、维修方便且动态响应快，这些需求SRM都具备，这使其成为国家“863”计划中汽车驱动系统的备选电机之一。但其双凸极结构也给其转矩输出带来一些问题，主要表现在：首先，为了增加饱和度以提高开关磁阻电机出力，定转子间气隙较小，因此将产生噪声和振动问题；其次，电机只能在半周内出力，转矩脉动较大，材料利用率低；再次，电机的绕组电流中不仅包含有转矩分量，还有励磁分量，这样增大了绕组和功率变换器的伏安容量，会产生额外的附加损耗。

为了解决以上这些问题，充分利用双凸极结构的特点，20世纪90年代初，人们将永磁材料嵌入转子（或定子）体内，形成DSPM。该种电机定转子结构外形与SRM相似，呈双凸极结构，但它在转子（或定子）上放有永磁体，从而使运行原理和控制策略与SRM有区别。当定子极弧满足一定条件时，磁铁工作点不随转子位置角而改变，永磁磁链仅与该相磁导成正比；永磁转矩远大于磁阻转矩且与电流成正比，因此，在正、负半周分别通入正、负电流时，电机均产生正转矩，使该电机的单位体积出力增加。同时，由于转子（或定子）内嵌入低磁导率的永磁材料，一方面使磁场储能小，另一方面使电流迅速换向成为可能。

SRM结构简单、坚固耐用，无需电刷、集电环等装置；绕组端部短，用材较少；调速范围广、动态响应快；效率高，散热能力强。其应用于驱动系统的障碍是运行时的振动和噪声较大，而且这一缺陷是由其运行原理决定的，只能有限度地减小而不能根除。SRM的结构简单可靠，运行性能优良，适合于高速运行，且其电磁转矩仅与绕组电流的大小和电枢绕组电感的变化率有关，而与电流的方向无关，使得其控制电路可采用单向电流供电，因此其功率变换器的结构较为简单，系统工作可靠性也较高。近年来，越来越多的学者将磁阻式电机引入电动汽车的驱动系统，图1.32所示为一台装有SRM的新能源汽车，且取得了不错的效果。

图1.32 搭载SRM的新能源汽车

但是，随着研究工作的不断深入，SRM也不断展现出一些固有缺陷。人们将永磁电机和SRM结合起来，制成高功率密度、高效率、快速响应、高可靠性的DSPM。DSPM是磁阻电机和永磁电机的有机结合体，是SRM的创造性发展。国外研究显示，当外形尺寸基本相同时，DSPM的转矩/电流比和转矩/惯量比均高于感应电机。DSPM结合了SRM与永磁电机的优点，运用于驱动系统中，又克服了诸如制造成本高、材料利用率低以及控制复杂等缺陷，展现了其良好的运行性能。用作轮毂电机时，可以实现对车轮的直接驱动，并且可以引入控制系统对车速进行直接控制，提高了电动汽车的驱动效率和性价比，比较适合作为汽车的驱动电机。目前，国内外对DSPM的研究较为深入，而有关DSEM、DSHEM的文献则相对较少，且多针对发电机，对电励磁双凸极电动机的研究则更少。

1.6 本章小结

双凸极电机与SRM在定/转子结构上类似，因其具备结构简单可靠、制造成本低、控制灵活以及容错能力强等优点吸引了电机领域众多学者的兴趣。但其双凸极结构及绕组供电方式导致的较大转矩脉动这一关键科学问题限制了双凸极电机的应用领域，为顺应现阶段双凸极类电机的发展趋势，本章从双凸极电机的发展历程及提出的新型拓扑结构双凸极电机及其控制策略出发叙述其研究意义，并呈现从新型双凸极电机应用领域和凸显出来的转矩脉动这一关键技术问题进行展开研究的必要性。

本章为使读者对新型双凸极电机具有一个感性认识，以至到感兴趣，对DSPM、DSEM及DSHEM的研究发展历史和未来趋势进行了介绍，便于读者对比分析。

最后整理了当今双凸极电机的最热门应用领域，希望双凸极电机爱好者们将研究进行到底，对电动汽车、风力发电等行业的发展给予高度重视。

参考文献

[1] 尤哈·皮罗内，塔帕尼·约基宁，瓦莱里雅·拉玻沃兹卡，等. 旋转电机设计（原书第2版）[M]. 柴凤，裴宇龙，于艳君，等译. 北京：机械工业出版社，2018.

[2] P J Lawrenson，J M Stephenson，P T Blenkinsop，et al. Variable-speed switched reluctance motors [C]. IEEE Proceedings-Electric Power Applications，1980，127（4）：253-265.

[3] 孙庆国. 开关磁阻电机功率变换器设计优化与转矩波动抑制研究 [D]. 杭州：浙江大学，2019.

[4] 马长山. 永磁式双凸极电机新型驱动系统研究 [D]. 南京：南京航空航天大学，2007.

[5] 秦海鸿. 混合励磁双凸极电机基本性能研究 [D]. 南京：南京航空航天大学，2006.

[6] Li S，Zhang S，Habetler T G，et al. Modeling，design optimization，and applications of switched reluctance machines——a review [J]. IEEE Transactions on Industry Applications，2019，55（3）：2660-2681.

[7] Li G J，Ma X Y，Jewell G W，et al. Novel modular switched reluctance machines for performance improvement [J]. IEEE Transactions on Energy Conversion，2018，33（3）：1255-1265.

[8] 吴红星，孙青杰，黄玉平. 开关磁阻电机非线性建模方法综述 [J]. 微电机，2014，47（5）：83-92.

[9] 吴红星. 开关磁阻电机系统理论与控制技术 [M]. 北京：中国电力出版社，2010.

[10] Ray W F，Davis R M，Lawrenson P J，et al. Switched reluctance motor drives for rail traction：a second view [J]. Electric Power Applications，1984，131（5）：220-225.

[11] Zhu Z，Liu X，Pan Z. Analytical model for predicting maximum reduction levels of vibration and noise in switched reluctance machine by active vibration cancellation [J]. IEEE Transactions on Energy Conversion，2011，26（1）：36-45.

[12] Makino H，Kosaka T，Matsui N. Digital PWM control-based active vibration cancellation for switched reluctance motors [J]. IEEE Transactions on Industry Applications，2015，51（6）：4521-4530.

[13] Sun J，Zhan Q，Wang S，et al. A novel radiating rib structure in switched reluctance motors for low acoustic noise [J]. IEEE Transactions on Magnetics，2007，43（9）：3630-3637.

[14] Gan C，Wu J，Shen M，et al. Investigation of skewing effects on the vibration reduction of three-phase switched reluctance motors [J]. IEEE Transactions on Magnetics，2015，51（9）：1-9.

[15] Yang H Y，Lim Y C，Kim H C. Acoustic noise/vibration reduction of a single-phase SRM using skewed stator and rotor [J]. IEEE Transactions on Industrial Electronics，2013，60（10）：4292-4300.

[16] Kakishima T，Kiyota K，Nakano S，et al. Pole selection and vibration reduction of switched reluctance motor for hybrid electric vehicles [C]. IEEE Conference and Expo Transportation Electrification Asia-Pacific（ITEC Asia-Pacific），Beijing，China，2014.

[17] 张鑫，王秀和，杨玉波. 基于转子齿两侧开槽的开关磁阻电机振动抑制方法研究 [J]. 中国电机工程学报，2015，35（6）：1508-1515.

[18] 张鑫，王秀和，杨玉波. 基于改进磁场分割法的开关磁阻电机径向力波抑制能力解析计算 [J]. 电工技术学报，2015，30（22）：9-18.

[19] Cai W，Pillay P，Tang Z. Impact of stator windings and end-bells on resonant frequencies and mode shapes of switched reluctance motors [J]. IEEE Transactions on Industry Applications，2002，38（4）：1027-1036.

[20] Elamin M，Yasa Y，Sozer Y，et al. Effects of windows in stator and rotor poles of switched reluctance motors in reducing noise and vibration [C]. IEEE International Electric Machines and Drives Conference，Miami，

FL, USA. 2017：1-6.
[21] Tursini M, Villani M, Fabri G, et al. A switched reluctance motor for aerospace application：design, analysis and results [J]. Electric Power Systems Research, 2017, 142：74-83.
[22] 吴建华. 开关磁阻电机设计与应用 [M]. 北京：机械工业出版社, 2000.
[23] 王宏华, 许华. 开关型磁阻电动机调速系统的发展及现状 [J]. 电气传动, 2001 (5)：3-8, 15.
[24] Vijayakumar K, Karthikeyan R, Paramasivam S, et al. Switched reluctance motor modeling, design, simulation and analysis：a comprehensive review [J]. IEEE Transactions on Magnetics, 2009, 44 (12)：4605-4617.
[25] Li Y, Lipo T A. A doubly salient permanent magnet motor capable of field weakening [C]. IEEE Power Electronics Specialists Conference, 1995：565-571.
[26] Cheng M, Chau K T, Chan C C. Design and analysis of a new doubly salient permanent magnet motors [J]. IEEE Transactions on Magnetics, 2001, 37 (4)：3012-3020.
[27] 孟小利, 严仰光. 双凸极永磁电机的发展及现状 [J]. 南京航空航天大学学报, 1999, 31 (3)：330-335.
[28] Gong Y, Chau K T, Jiang J Z, et al. Design of doubly salient permanent magnet motors with minimum torque ripple [J]. IEEE Transactions on Magnetics, 2009, 45 (10)：4704-4707.
[29] Wang Y, Zhang Z, Yu L, et al. Investigation of a variable-speed operating doubly salient brushless generator for automobile on-board generation application [J]. IEEE Transactions on Magnetics, 2015, 51 (11)：1-4.
[30] 程明. 双凸极变速永磁电机的运行原理及其静态特性的线性分析 [J]. 科技通报, 1997, 13 (1)：16-20.
[31] Cheng M, Chau K T, Sun Q, et al. Inductance measurement of doubly salient permanent magnet motors [C]. Fifth International Conference on Electrical Machines and Systems, 2001：842-845.
[32] Cheng M, Chau K T, Chan C C. Static characteristics of a new doubly salient permanent magnet motor [J]. IEEE Transactions on Energy Conversion, 2001, 16 (1)：20-25.
[33] Cheng M, Chau K T, Chan C C. Design and analysis of a new doubly salient permanent magnet motor [J]. IEEE Transactions on Magnetics, 2001, 37 (4)：3012-3020.
[34] Zhang J Z, Cheng M, Zhu X Y. A novel three-phase doubly salient permanent magnet generator [C]. International Conference on Electrical Machines and Systems, 2005：407-411.
[35] Lin M Y, Cheng M, Zhou E. Design and performance analysis of new 12/8-pole doubly salient permanent-magnet motor [C]. Sixth International Conference on Electrical Machines and Systems, 2003：21-25.
[36] Harkati N, Moresu L, Zaiim M E, et al. Torque speed characteristic determination of an excited doubly salient machine [C]. International Conference on Electrical Sciences and Technologies in Maghreb (CISTEM), 2014：1-6.
[37] 朱孝勇, 程明, 花为, 等. 新型混合励磁双凸极永磁电机磁场调节特性分析及实验研究 [J]. 中国电机工程学报, 2008, 28 (3)：90-95.
[38] Cheng M, Chau K T, Chan C. Nonlinear varying-network magnetic circuit analysis for doubly salient permanent-magnet motors [J]. IEEE Transactions on Magnetics, 2000, 36 (1)：339-348.
[39] 程明, 周鹗, 黄秀留. 双凸极变速永磁电机的变结构等效磁路模型 [J]. 中国电机工程学报, 2001, 21 (5)：23-28.
[40] Alli S S, Bracikowski N, Morcau L. Reluctance network modeling of a low speed doubly salient permanent magnet machine [C]. 43rd Annual Conference of the IEEE Industrial Electronics Society, 2017：2138-2143.
[41] Bian D X, Zhan Q H. A novel single phase doubly salient permanent magnet motor [C]. International Con-

ference on Power Electronics and Drive Systems, 1999: 725-729.
[42] Zhang J Z, Cheng M, Zhang Y Q. Single phase doubly salient permanent magnet generator with full-pitched winding [C]. IEEE International Electric Machines and Drives Conference, 2009: 311-316.
[43] 孙强，程明，周鹗. 双凸极永磁电动机转矩脉动分析 [J]. 电工技术学报，2002，17 (5): 10-15.
[44] W Tai, M Tsai, Z Gaing, et al. Novel stator design of double salient permanent magnet motor [J]. IEEE Transactions on Magnetics, 2014, 50 (9): 1-4.
[45] 李永斌，龚宁，江建中. 双凸极永磁电机斜极转子设计和绕组换流模式研究 [J]. 电工技术学报，2005，20 (7): 70-75.
[46] Chau K T, Sun Q, Fan Y, et al. Torque ripple minimization of doubly salient permanent-magnet motors [J]. IEEE Transactions on Energy Conversion, 2005, 20 (2): 352-258.
[47] Kosaka T, Kano Y, Matsui N, et al. A novel multi-pole permanent magnet synchronous machine with SMC bypass core for magnet flux and SMC field-pole core with toroidal coil for independent field strengthening/weakening [C]. IEEE Conference on Power Electronic Application, 2005.
[48] Ozawa I, Kosaka T, Matsui N. Less rare-earth magnet-high power density hybrid excitation motor designed for hybrid electric vehicle drives [C]. IEEE Conference on Power Electronic Application, 2009.
[49] Chen Z H, Sun Y P, Yan Y G. Static characteristics of a novel hybrid excitation doubly salient machine [C]. International Conference on Electrical Machines and Systems (ICEMS), 2005: 718-721.
[50] Afinowi I, Zhu Z Q, Guan Y, et al. Hybrid-excited doubly salient synchronous machine with permanent magnets between adjacent salient stator poles [J]. IEEE Transactions on Magnetics, 2015, 51 (10): 1-9.
[51] Chau K T, Jiang J Z, Wang Y. A novel stator doubly fed doubly salient permanent magnet brushless machine [J]. IEEE Transactions on Magnetics, 2003, 39 (5): 3001-3003.
[52] 孟小利，王莉，严仰光. 一种新型电励磁双凸极无刷直流发电机 [J]. 电工技术学报，2005，20 (11): 10-15.
[53] 严仰光，孟小利，邓智泉. 双凸极无刷直流发电机: ZL. 99114250. 0 [P]. 2000-01-12.
[54] 沈大跃，倪志拓，陈志辉，等. 电励磁双凸极电机电动和发电功率的比较 [J]. 电机与控制应用，2015，42 (1): 36-41，56.
[55] 王娇艳，陈志辉，严仰光. 外接单相桥的电励磁五相双凸极容错发电机 [J]. 电工技术学报，2012，27 (4): 30-34.
[56] 陈志辉，杨志浩，谢淑玲. 电励磁双凸极电机并联桥短路故障的研究 [J]. 电机与控制学报，2014，18 (4): 11-16.
[57] Chen Z, Chen R, Chen Z. A fault-tolerant parallel structure of single-phase full-bridge rectifiers for a wound-field doubly salient generator [J]. IEEE Transactions on Industrial Electronics, 2013, 60 (8): 2988-2996.
[58] El-Refaie A M. Fault-tolerant permanent magnet machines: a review [J]. IET Electric Power Applications, 2011, 5 (1): 59-74.
[59] Ozawa I, Kosaka T, Matsui N. Less rare-earth magnet-high power density hybrid excitation motor designed for hybrid electric vehicle drives [C]. IEEE Conference on Power Electronic Application, 2009.
[60] Yue Li, Thomas A Lipo. A doubly salient permanent magnet motor capable of field weakening [J]. PESC, Atlanta, GA, USA, 1995: 565-571.
[61] Zhu X, Cheng M. A novel stator hybrid excited doubly salient permanent magnet brushless machine for electric vehicles [C]. International Conference on Electrical Machines and Systems, 2005 (1): 412-415.
[62] 林明耀，程明，周鹗. 新型12/8极双凸极变速永磁电机的设计与分析，东南大学学报（自然科学

版），2002，32（6）：944-948.

[63] Hao H，Zhu Z Q. Novel hybrid-excited switched-flux machine having separate field winding stator [J]. IEEE Transactions on Magnetics，2016，52（7）：1-4.

[64] 周追财. 弱混合动力车用分块开关磁阻 BSG 电机及其直接转矩控制研究 [D]. 镇江：江苏大学，2019.

[65] Zhu X，Cheng M，Zhao W，et al. A transient cosimulation approach to performance analysis of hybrid excited doubly salient machine considering indirect field-circuit coupling [J]. IEEE Transactions on Magnetics，2007，43（6）：2558-2560.

[66] 石恒星. 斜槽转子双凸极电励磁电机的有限元分析 [D]. 广州：华南理工大学，2012.

[67] 官文锋，陈志辉，陈明，等. 双定子电励磁双凸极电机的起动控制 [J]. 中国电机工程学报，2010，30（24）：88-94.

[68] Z H Chen，H Z Wang，Y G Yan. A doubly salient starter/generator with two-section twisted-rotor structure for potential future aerospace application [J]. IEEE Transactions on Industrial Electronics，2012，59（9）：3588-3595.

[69] Liu X，Zhu Z Q. Stator/rotor pole combinations and winding configurations of variable flux reluctance machines [J]. IEEE Transactions on Industry Applications，2014，50（6）：3675-3684.

[70] Liu X，Zhu Z Q. Winding configurations and performance investigations of 12-stator pole variable flux reluctance machines [C]. IEEE Energy Conversion Congress and Exposition，2013：1834-1841.

[71] 赵星，周波，史立伟. 一种新型低转矩脉动电励磁双凸极无刷直流电机 [J]. 中国电机工程学报，2016，36（15）：4249-4258.

[72] Fukami T，Matsuura Y，Shima K，et al. A multi-pole synchronous machine with non-overlapping concentrated armature and field windings on the stator [J]. IEEE Transactions on Industrial Electronics，2012，59（6）：2583-2591.

[73] Li Y B，Mi C C. Doubly salient permanent-magnet machine with skewed rotor and six-state commutating mode [J]. IEEE Transactions on Magnetics，2007，43（9）：3623-3629.

[74] 陈世元，郭建龙. 双凸极永磁电动机磁阻转矩和转矩脉动的关系研究 [J]. 中国电机工程学报，2008，28（9）：76-80.

[75] 孔祥新，程明，束亚刚. 定子双馈电双凸极电动机转矩脉动分析与抑制 [J]. 电工技术学报，2008，23（5）：18-23，28.

[76] 孙强，程明，周鹗. 新型双凸极永磁电机调速系统的变参数 PI 控制 [J]. 中国电机工程学报，2003（6）：117-122.

[77] 张卓然，周竞捷，严仰光. 电励磁双凸极发电机转子极宽对输出特性的影响 [J]. 中国电机工程学报，2010，30（3）：77-82.

[78] Y B Li，C Mi. Doubly salient permanent-magnet machine with skewed rotor and six-state commutation mode [J]. IEEE Transactions on Magnetics，2007，43（9）：3623-3629.

[79] Y Gong，K T Chau，J Z Jiang. Design of doubly salient permanent magnet motors with minimum torque ripple [J]. IEEE Transactions on Magnetics，2009，45（10）：4704-4707.

[80] X Liu，Z Q Zhu. Comparative study of novel variable flux reluctance machines with doubly fed doubly salient machines [J]. IEEE Transactions on Magnetics，2013，49（7）：3838-3841.

[81] X Liu，Z Q Zhu. Influence of rotor pole number on electromagnetic performance of novel variable flux reluctance machine with DC-field coil in stator [C]. 7th IPEMC，2012：1108-1115.

[82] S Han，T Jahns，W Soong，et al. Torque ripple reduction in interior permanent magnet synchronous machines

using stators with odd number of slots per pole pair [J]. IEEE Transactions on Energy Conversion, 2010, 25 (1): 118-127.

[83] A Fratta, G Troglia, A Vagati, et al. Evaluation of torque ripple in high performance synchronous reluctance machines [C]. Proceedings of the Industry Applications Society Annual Meeting, 1993.

[84] P Alotto, M Barcaro, N Bianchi, et al. Optimization of interior PM motors with machaon rotor flux barriers [J]. IEEE Transactions on Magnetics, 2011, 47 (5): 958-961.

[85] K Wang, Z Zhu, G Ombach, et al. Torque ripple reduction of synchronous reluctance machines, using asymmetric flux-barrier [J]. COMPEL: The International Journal for Computation and Mathematics in Electrical and Electronic Engineering, 2015, 34 (1): 18-31.

[86] 秦海鸿，黄伟君，王慧贞. 双凸极永磁电机两种斩波控制方式的比较 [J]. 电力系统及其自动化学报，2005 (4): 1-6.

[87] E Bizkevelci, K Leblebicioglu, H B Ertan. A sliding mode controller to minimize SRM torque ripple and noise [C]. 2004 IEEE International Symposium on Industrial Electronics, Ajaccio, France, 2004: 1333-1338.

[88] T Shi, L Niu, W Li. Torque-ripple minimization in switched reluctance motors using sliding mode variable structure control [C]. Proceedings of the 29th Chinese Control Conference, Beijing, China, 2010: 332-337.

[89] J Ye, B Bilgin, A Emadi. An Offline Torque sharing function for torque ripple reduction in switched reluctance motor drives [J]. IEEE Transactions on Energy Conversion, 2015, 30 (2): 726-735.

[90] Y Wei, M Qishuang, Z Poming. Torque ripple reduction in switched reluctance motor using a novel torque sharing function [C]. 2016 IEEE International Conference on Aircraft Utility Systems (AUS), 2016: 177-182.

[91] Cloyd J S. Status of the united states air force's more electric aircraft initiative [J]. IEEE Aerospace and Electronic Systems Magazine, 1998, 13 (4): 17-22.

[92] 严仰光，秦海鸿，龚春英. 多电飞机与电力电子 [J]. 南京航空航天大学学报，2014, 46 (1): 11-18.

[93] A Emadi. Aircraft power system: technology, tate of the art, and future trends [J]. IEEE AES Systems Magazine, 2000, 15 (1): 28-32.

[94] Woods E J, Rubertus C S, Mehdi I S. Advanced aircraft secondary power system design [C]. Energy Conversion Engineering Conference, 1990: 505-510.

[95] M J Provost. The more electric aero-engine: a general overview from an engine manufacturer [C]. International Conference on Power Electronics, Machines and Drives, 2002: 246-251.

[96] A J Mitcham, J A Cullen. Permanent magnet generator options for the more electric aircraft [C]. International Conference on Power Electronics, Machines and Drives, 2002: 241-245.

[97] M E Elbuluk. Potential starter/generator technologies for future aerospace application [J]. IEEE AES systems Magazine, 1996, 11 (10): 17-24.

[98] Elbuluk M E, Kankam M D. Potential starter/generator technologies for future aerospace applications [J]. IEEE Aerospace and Electronic Systems Magazine, 1997, 12 (5): 24-31.

[99] 严东超. 飞机供电系统 [M]. 北京：国防工业出版社，2010.

[100] Liqiu Han, Jiabin Wang, David Howe. Small-signal stability studies of a 270V dc more-electric aircraft power system [C]. IET International Conference on Power Electronics, Machines and Drives, Dublin, Ireland, 2006: 162-166.

[101] Ferreira C A, Jones S R, Heglund W S, et al. Detailed design of a 30-kW switched reluctance starter/generator system for a gas turbine engine application [J]. IEEE Transactions on Industry Applications, 1995, 31 (3): 553-561.

[102] Radun A V, Ferreira C A, Richter E. Two-channel switched reluctance starter/generator results [J]. IEEE Transactions on Industry Applications, 1998, 34 (5): 1026-1034.

[103] 王成君. 多电飞机电力系统结构优化与稳定性分析 [D]. 重庆: 重庆大学, 2018.

[104] 夏云峰. 2021年全球新增风电装机93.6GW [J]. 风能, 2022 (6): 6.

[105] Jian zhong Zhang, Ming Cheng, Xu Feng. Design and comparison of wind power permanent magnet generator with doubly salient structure and full pitched windings [C]. 2011 4th International Conference on Electric Utility Deregulation and Restructuring and Power Technologies, 2011: 1329-1334.

[106] Fan Y, Chau K T, Cheng M. A new three-phase doubly salient permanent magnet machine for wind power generation [J]. IEEE Transactions on Industry Applications, 2006, 42 (1): 53-60.

[107] Zhuo ran Zhang, Yang guang Yan, Yang yang Tao. Influence of winding inductance on output characteristic of low speed doubly salient wind power generator [C]. ICEMS 2009, 2010 (1): 1-4.

[108] 朱德明, 张卓然, 严仰光. 直驱式电励磁双凸极风力发电机的极数研究 [J]. 中国电机工程学报, 2009, 29 (18): 65-70.

[109] 朱德明, 周楠, 严仰光, 等. 直驱式电励磁双凸极容错风力发电机: CN101247065 [P]. 2008-08-20.

[110] 朱德明. 双凸极无刷直流发电机 [D]. 南京: 南京航空航天大学, 2008.

[111] 王娇艳, 严仰光, 陈志辉. 电励磁双凸极电机的单相桥整流发电电路: CN101951218A [P]. 2011-01-19.

Chapter 2

第2章 双凸极电机拓扑结构及转矩脉动产生机理

2.1 双凸极电机的拓扑结构

2.1.1 三相开关磁阻电机

SRM 中三相电机是最常见到的 SRM 结构，它的结构和工作原理与传统的交直流电机有很大的差别。常规的三相 6/4 极电机结构如图 2.1 所示，SRM 定转子均由普通硅钢片叠压而成，转子既无绕组也无永磁体，定子各极上绕有集中绕组，径向相对极的绕组串联，构成一组。图 2.1 中的 C 和 C′形成 C 相，当 C 相导通时，电源对绕组进行供电，则 C 相电流在电机中产生磁通，按照“磁阻最小原理”，转子受到电磁力使转子极与 C 相定子极重合，此后，给 A 相绕组通电，则转子极继续转动与 A 相定子极重合，再给 B 相绕组通电，依次循环，则电机一直按照逆时针方向旋转。当断电后，电流通过二极管 VD_1、VD_2 续流。

三相电机是具备正反方向自起动能力最少相数的常规结构 SRM。除了常见三相 6/4 极外，还有三相 6/2 极、6/8 极、12/8 极等结构。三相 6/2 极如图 2.2 所示，为减小转矩“死区”，转子采用了阶梯气隙。三相 6/8 极转子步进角比 6/4 极小，有利于减小转矩脉动，但是降低了对齐位置与不对齐位置电感比率，导致控制器伏安容量增加，由于开关频率上升，

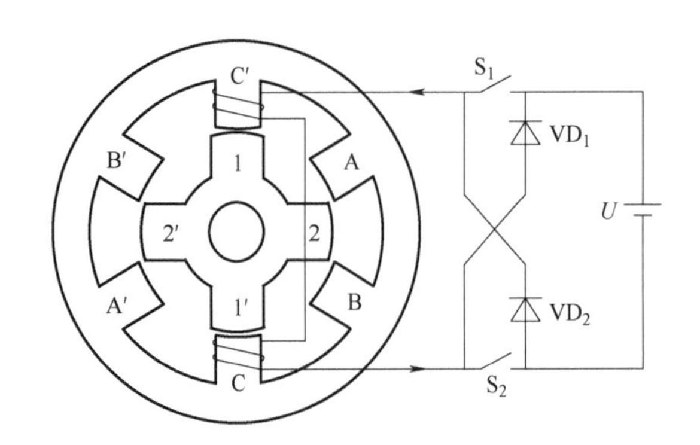

图 2.1 三相 6/4 极 SRM 结构原理

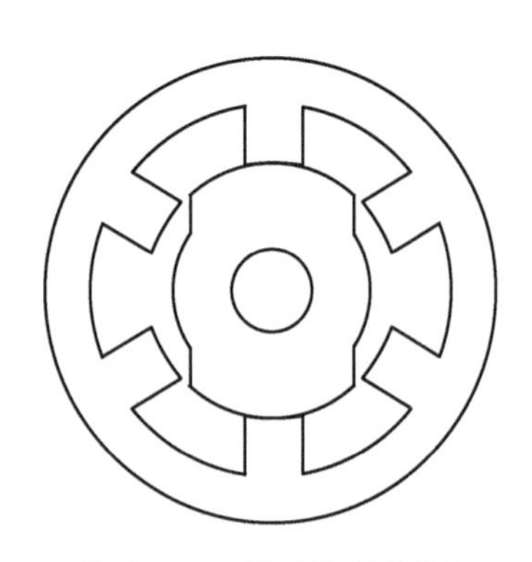
图 2.2 三相 6/2 极 SRM

也使铁心损耗增大，如图 2. 3 所示。三相 12/8 极电机，实际上为一种两重 6/4 极电机，每转 24 个步距，步进角为 15°，如图 2. 4 所示。

图 2. 3　三相 6/8 极 SRM

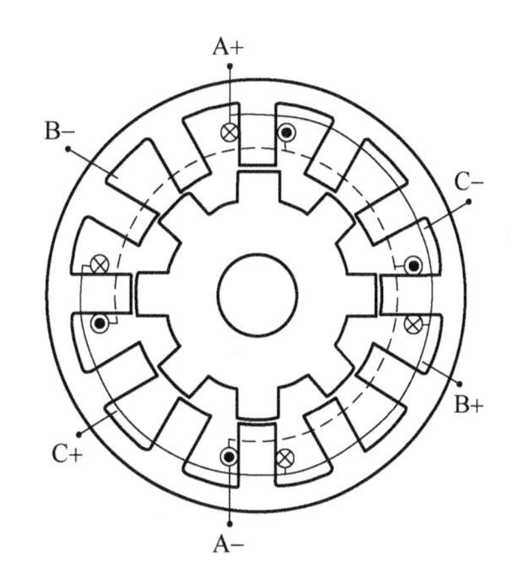

图 2. 4　三相 12/8 极 SRM

2. 1. 2　双凸极电机的典型结构

1. 永磁双凸极电机拓扑结构

以三相 6/4 极 DSPM 为例，定子为永磁型结构，其截面如图 2. 5 所示。定转子均为凸极齿槽结构，定转子铁心均由硅钢片叠压而成，转子无绕组。定子槽内放置集中绕组，空间相对的定子齿上绕组串联构成一相，形成三相绕组，星形联结。在定子齿部和定子轭部之间嵌入永磁体，两块永磁体中间用不导磁物体隔开。

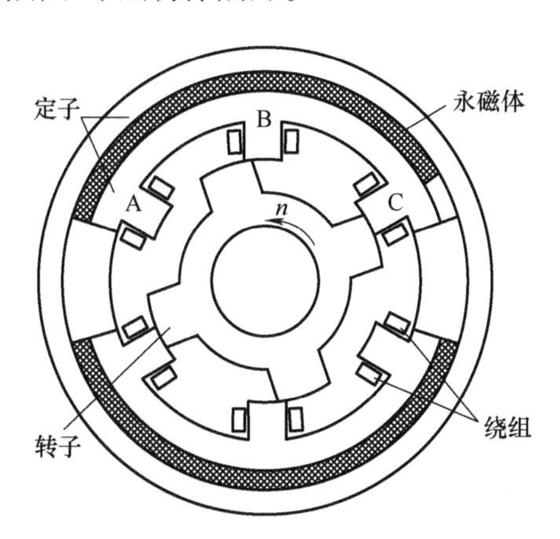

图 2. 5　三相 6/4 极 DSPM 结构图

DSPM 结构设计时，有以下两个特点：

1）定子齿顶宽设计为定子齿距的一半，这样就可以保证一个极下转子齿与定子齿的重叠角之和恒等于转子齿顶宽，而与转子位置角无关，做线性考虑时合成气隙磁导为一常数，永磁体工作点将不随转子位置角改变。

2）为保证电流换向有充分的时间，设计时转子齿顶宽稍大于定子极弧。

2. 电励磁双凸极电机拓扑结构

图 2.6 为一台三相 12/8 极 DSEM 结构图，与 SRM 不同的是，DSEM 多了一套直流励磁绕组，并将定子齿从径向齿变为平行齿，从而保证励磁槽有足够的空间安放励磁绕组，通过调节励磁绕组中的电流可实现电机气隙磁场控制。从图 2.6 中可看出，每个励磁绕组都横跨 3 个定子槽，运行时励磁绕组匝链三相电枢绕组的磁路不同，例如励磁线圈与 A、C 两相绕组的距离较近，磁路相同；但励磁线圈匝链 B 相绕组的磁路较长。DSEM 在作为发电机运行时，可以通过调节励磁电流改变电机在发电状态下的励磁磁场，实现发电系统稳压输出，并且发电系统具有良好的动态性能与稳态性能。

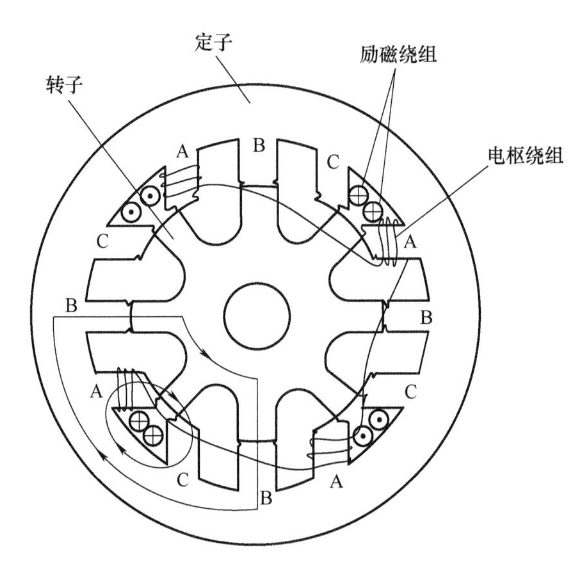

图 2.6 三相 12/8 极 DSEM 结构图

在 12/8 极 DSEM 中，转子旋转一圈是 8 个电气周期，所以一个电气周期对应的机械角度周期为 360°/8 = 45°，电角度的值即为机械角度值的 8 倍。DSEM 工作时，为了保证励磁绕组自感基本维持不变，随着转子的位置改变，一套励磁绕组所围的定子和转子重合角保持不变。

2.1.3 混合励磁双凸极电机的典型结构

图 2.7 为 6/4 极 DSHEM 的结构图，此种电机充分利用了 DSPM 与 DSEM 的构造特点。定、转子均为凸极齿槽结构，定子和转子铁心均由硅钢片叠压而成，转子上无绕组，为了方便组装电枢绕组以及励磁绕组，皆使用集中绕组绕制成型后安放在定子铁心凸极齿上，空间相对的两个定子齿上的电枢绕组采用Y联结方式串联或并联成为三相电枢绕组。定子轭部嵌入两块切向冲磁的永磁体，形成电机在无直流调磁时的气隙主磁场。与永磁体相邻的定子槽内放置电励磁绕组，用以调节电机气隙主磁场。定子极弧为定子齿距的 1/2，即 π/6 机械角，这样可以保证一个极（N 极或 S 极）下转子齿与定子齿的重叠角度之和恒等于转子极弧，而与转子位置角无关，从而使合成气隙磁导为一常数，永磁体工作点将不随着转子位置角的改变而变化，任一相电枢绕组所交链的励磁磁链（永磁磁链和电励磁磁链之和）仅与

该相磁导成正比。

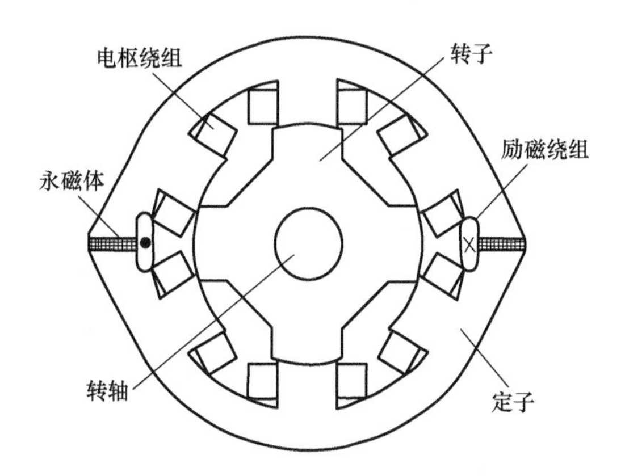

图 2.7　6/4 极 DSHEM 结构图

2.1.4　开关磁阻电机工作原理

SRM 的转矩是磁阻性质，其运行原理遵循“磁阻最小原理”——磁通总是要沿磁阻最小的路径闭合，因磁场扭曲而产生切向磁拉力，如图 2.1 所示，具体过程如下：当 C 相绕组电流控制开关 S_1、S_2 闭合时，C 相励磁，所产生的磁场力使转子旋转到转子凸极轴线 2-2′与定子极轴线 C-C′重合，此时 C 相磁阻最小，而 C 相电感最大，这时若继续给 C 相励磁，转子只受到径向磁吸力而不再转动；但若给 A 相励磁，转子受到切向磁拉力旋转到转子凸极轴线 1-1′与 A 相定子凸极轴线 A-A′重合的位置处，并使 A 相磁路磁阻最小而 A 相电感最大，显然，依次给 A→B→C 相通电，则转子即会逆着励磁顺序以逆时针方向连续转动；反之，若依次给 B→A→C 相通电，电动机则沿顺时针转动。在多相电机实际运行中，也常出现两相或两相以上绕组同时导通的情况。当 q 相定子绕组轮流通电一次，转子转过一个转子极距。设每相绕组开关频率（主开关管开关频率）为 f_{ph}，即转子极数为 N_r，则 SRM 的同步转速（r/min）可表示为

$$n=\frac{60f_{ph}}{N_r} \tag{2.1}$$

由于是磁阻性质的电磁转矩，SRM 的转向与相绕组的电流方向无关，仅取决于相绕组通电的顺序，这使得能够充分简化功率变换器电路。当主开关 S_1、S_2 接通时，C 相绕组从直流电源 U 吸收电能，而当 S_1、S_2 断开时，绕组电流通过续流二极管 VD_1、VD_2，将剩余能量回馈给电源 U。因此，SRM 具有能量回馈的特点，系统效率高。又由于磁路饱和所导致的非线性问题为 SRM 的一个重要特性，因此，其电磁转矩需根据磁储能或磁共能进行计算，即

$$T(\theta,i)=\left.\frac{\partial W'(\theta,i)}{\partial\theta}\right|_{i=\text{const}} \tag{2.2}$$

式中，θ 为转子位置角；W'为磁共能；i 为相绕组电流。

可见，磁共能 $W'(\theta,i)$ 的变化取决于转子位置角和绕组电流的瞬时值。由于磁路非线性的存在，式（2.2）的求解是比较复杂的，难以推导表述为解析形式。在对 SRM 性能作定

性分析时，若忽略磁路的非线性，则式（2.2）可简化为

$$T(\theta,i)=\frac{i^2}{2}\frac{\mathrm{d}L}{\mathrm{d}\theta} \tag{2.3}$$

双凸极电机主要有三种控制模式：单拍控制、双拍控制和半周控制模式。单拍控制模式是指任一时刻只有一相绕组导通，在永磁磁链的上升区间通入正电流，下降区间通入负电流；双拍控制模式在任一时刻总有两相绕组通电，一相通正电，一相通负电；半周控制模式是只在永磁磁链的上升区间通电，下降区间不通电。SRM 采用半周控制模式，图 2.8 所示为相电感、电流与转子位置角的关系曲线。上升阶段，开关管在电感较小时刻即 $\theta=\theta_{on}$ 时导通，且 $\mathrm{d}L/\mathrm{d}t\approx0$，相绕组电压几乎全部用于产生相电流，因此相电流线性增长，上升速率较快。维持阶段，在转子位置角达到相电流最大值的时刻后，电感不断增大，且 $\mathrm{d}L/\mathrm{d}t>0$，有旋转电动势产生，相电流不能继续增大，甚至出现下降趋势。续流阶段，转子位置角达到 $\theta=\theta_{off}$ 时，开关管关断，在反向电压作用下，相电流迅速下降，经续流二极管回到电源。

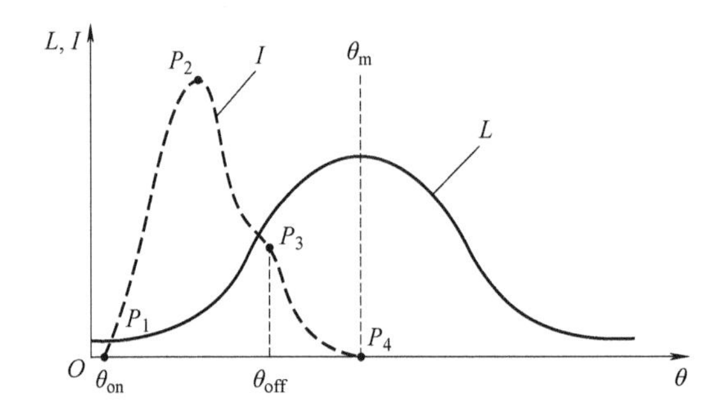

图 2.8 单相电流电感通电原理图

SRM 运行特性可分为三个区域：恒转矩区、恒功率区、自然特性区（串励特性区），如图 2.9 所示。在恒转矩区，由于电机转速较低，电机反电动势小，因此需对电流进行斩波限幅，称为电流斩波控制（CCC）方式，也可采用调节相绕组外加电压有效值的电压 PWM 控制方式；在恒功率区，通过调节主开关管的开通角和关断角取得恒功率特性，称为角度位置控制（APC）方式；在自然特性区，电源电压、开通角和关断角均固定，由于自然特性与

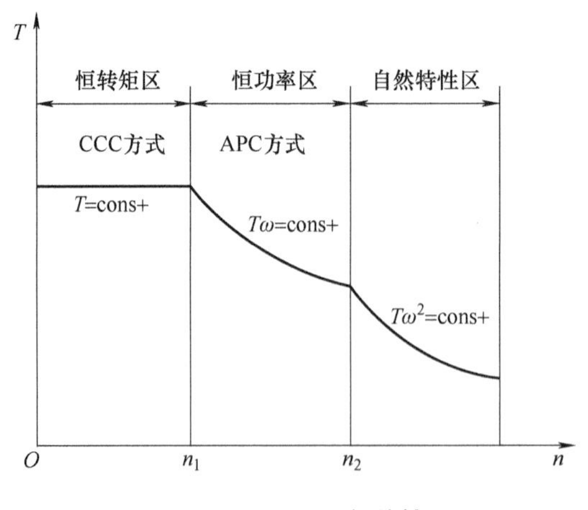

图 2.9 SRM 运行特性

串励直流电机的特性相似，故也称为串励特性区。转速 n_1、n_2 为各特性交接的临界转速，n_1 是 SRM 运行和设计时要考虑的重要参数。n_1 是 SRM 开始运行于恒功率特性的临界转速，定义为 SRM 的额定转速，也称为第一临界转速，对应功率即为额定功率；n_2 是能得到额定功率的最高转速，恒功率特性的上限，可控条件都达到了极限，当转速再增加时，输出功率将下降，n_2 也称为第二临界转速。

各种突出的优点，使 SRM 已成为交流电机驱动系统、直流电机驱动系统及无刷直流电机驱动系统的有力竞争者。由于 SRM 为双凸极结构，不可避免地存在转矩脉动，噪声是 SRM 存在的最主要缺点。但是，近年来的研究表明，采用合适的设计、制造和控制技术，SRM 的噪声完全可以达到高质量的 PWM 型异步电动机的噪声水平。图 2.10 为 132 号机座第二代 Oulton SRM（曲线所示）与逆变器供电的 4 极 7.5kW 异步电动机（黑点所示）的噪声比较。

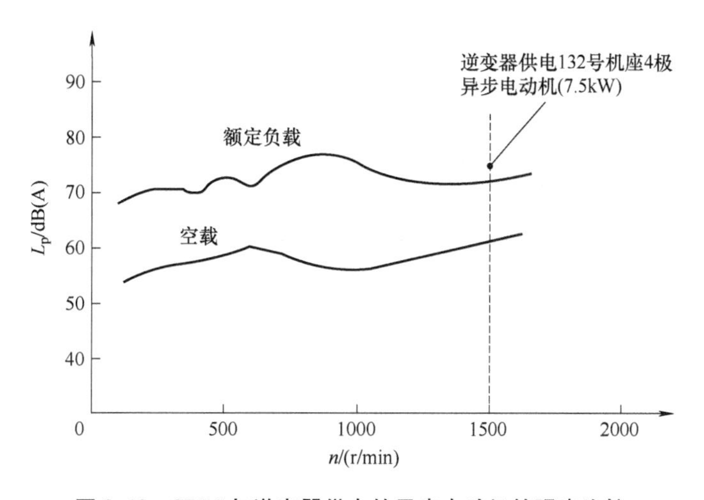

图 2.10　SRM 与逆变器供电的异步电动机的噪声比较

2.1.5　永磁双凸极电机工作原理

DSPM 的磁通由定子极上的永磁体产生，每当转子转过一个转子极距时，定子上的集中绕组所交链的磁链就产生一个周期的变化。规定图 2.5 中转子与 A 相定子极中心线对齐的位置是平衡位置，此时定子轭中无磁通，没有磁链交链相绕组；随着转子逆时针旋转，相绕组的磁链逐渐增加，当转子从平衡位置旋转到转子极与左边磁钢对齐的位置时，穿过相绕组的磁链达最大值；当它从第一个平衡位置达到第二个平衡位置，此时相绕组的磁链已减小到零；转子再逆转到另一转子极与相定子极下右边的磁钢对齐的位置时，相绕组的磁链又达最大值，方向相反，如图 2.11 所示。

DSPM 采用双拍控制模式，具体工作原理如图 2.12 所示，与其他两种控制模式相比，双拍控制模式出力大，电机利用率高。其控制规律称为标准角度控制，见表 2.1。从图 2.12 和表 2.1 可以看出，DSPM 任何时刻只有两相导通，一相为正，一相为负，6 个功率管分成 3 组，对于 6/4 极 DSPM，一个周期内每组导通 30°。根据电机制动或续流时是否向电源回馈能量，功率管可以采用斩单管或斩双管等工作方式。

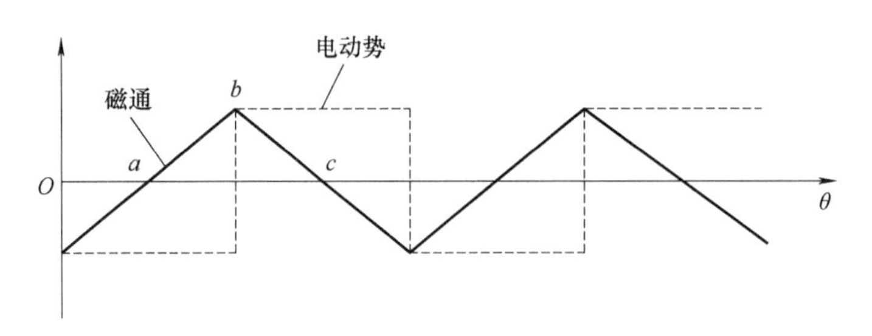

图 2.11　磁通和电动势相对于转子位置角的变化

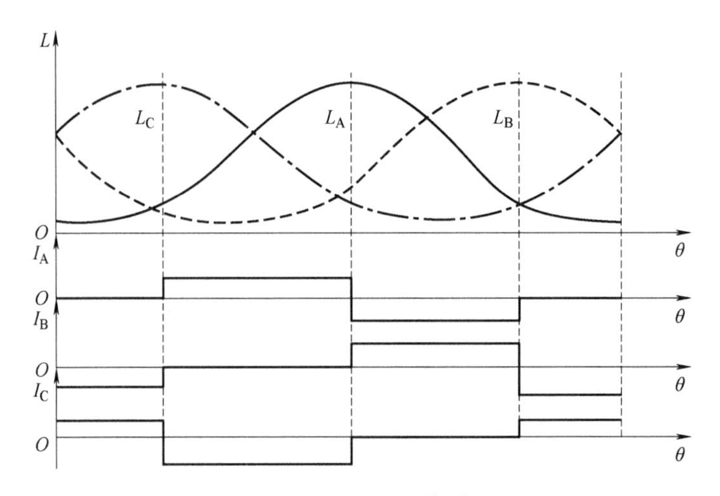

图 2.12　DSPM 工作原理

表 2.1　标准角度控制规律

转子区间	导通相
0°~15°	B 相、C 相
15°~45°	A 相、C 相
45°~75°	A 相、B 相
75°~90°	B 相、C 相

图 2.13 是 DSPM 顺时针转动一个电气周期的各个阶段。与 SRM 相比，DSPM 的一个明显的特点是，绕组的电流是交变的，如图 2.12 所示。显然交变电流有利于降低器件的 VA 等级（不过器件的数目一般要加倍）以及减小电阻上的焦耳热损耗。这就是永磁体的引入对提高电机效率的一方面贡献。另一方面贡献是消除了所谓的励磁惩罚，即电流的励磁分量（或者说励磁电流）在电阻上的焦耳热损耗。

DSPM 的工作原理可以用“增强、削弱”机制来解释。即对永磁体而言，不管转子的位置如何，磁路的磁阻总是恒定的。也就是说，电机不存在定位转矩。如图 2.5 所示的 DSPM，B—b 产生的顺时针转矩基本上与 A—a 产生的逆时针转矩抵消，虽然 B—b 中的磁通比较大，但 A—a 中的磁场在进入转子极时转矩较大，而 C—c 几乎不产生转矩。通常只需保证定、转子极重叠面积恒定即可。很容易从图 2.13b 中看出，定、转子极的重叠面积的

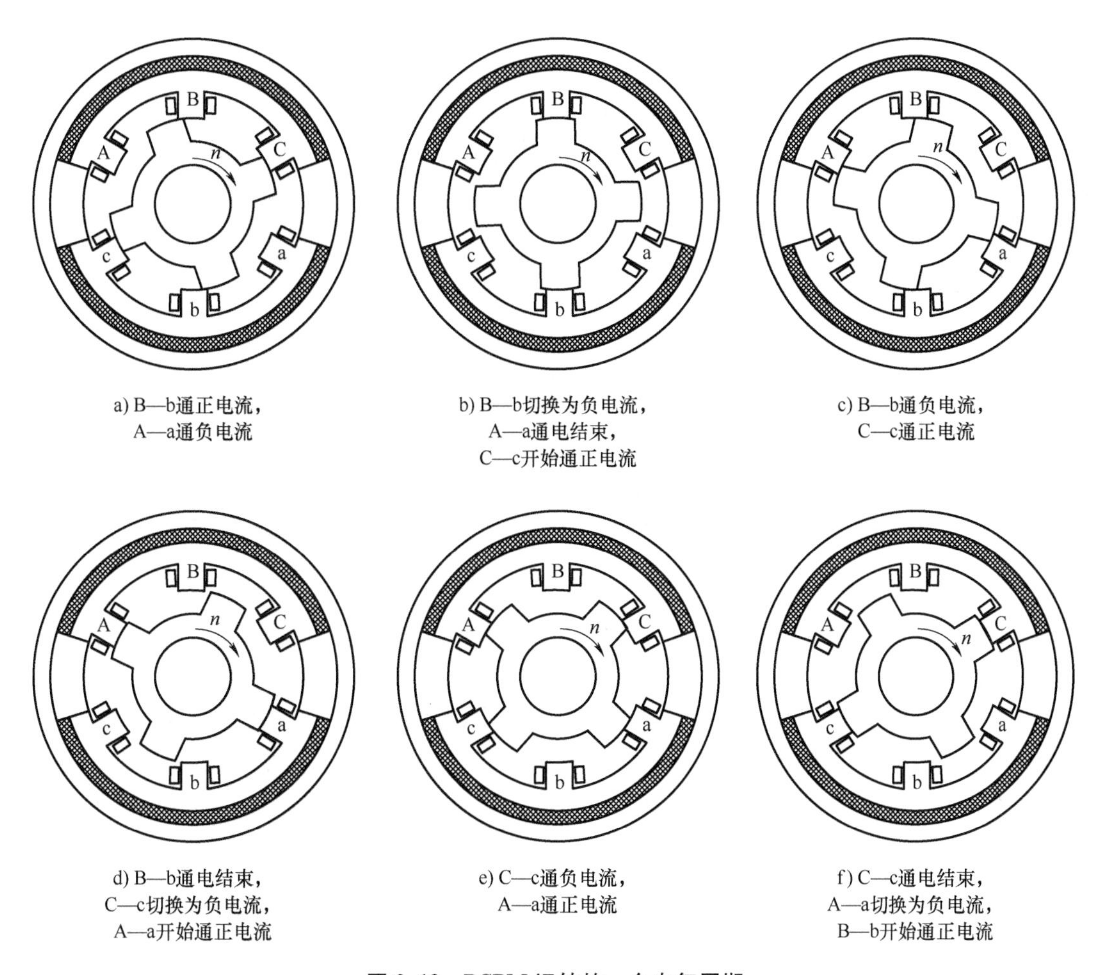

a) B—b通正电流，A—a通负电流

b) B—b切换为负电流，A—a通电结束，C—c开始通正电流

c) B—b通负电流，C—c通正电流

d) B—b通电结束，C—c切换为负电流，A—a开始通正电流

e) C—c通负电流，A—a通正电流

f) C—c通电结束，A—a切换为负电流，B—b开始通正电流

图 2.13　DSPM 运转的一个电气周期

确是恒定的。显然，当垂直方向的转子极移出重叠区一定角度时，水平方向的转子极将进入重叠区同样的角度。回到图 2.5 所示的 DSPM。如果给 B—b 通正电流，那么 B—b 中的磁通将增强，于是顺时针转矩将增大，结果是产生一个净顺时针转矩；如果给 A—a 通负电流，那么 A—a 中的磁通将削弱，于是逆时针转矩将减小，结果同样是产生一个净顺时针转矩。

电压平衡方程如下：

$$v=Ri+\frac{\mathrm{d}\psi}{\mathrm{d}t} \tag{2.4}$$

式中，v 是加在绕组两端的电压；ψ 是绕组的磁链。绕组磁链为两部分组成：一部分为永磁体激励（ψ_m）；一部分为绕组电流激励（ψ_i）。因此可以写成

$$\psi=\psi_i+\psi_m \tag{2.5}$$

式（2.5）中，ψ_m和ψ_i都同时是电流 i 和转子位置角 θ 的函数

$$\psi_m=\psi_m(i,\theta),\quad \psi_i=\psi_i(i,\theta)$$

而把式（2.5）代入式（2.4），得到

$$v=Ri+\frac{\mathrm{d}\psi_{\mathrm{i}}}{\mathrm{d}t}+\frac{\mathrm{d}\psi_{\mathrm{m}}}{\mathrm{d}t}$$
$$=Ri+\left(\frac{\partial\psi_{\mathrm{i}}}{\partial\theta}\omega+\frac{\partial\psi_{\mathrm{i}}}{\partial i}\frac{\mathrm{d}i}{\mathrm{d}t}\right)+\left(\frac{\partial\psi_{\mathrm{m}}}{\partial\theta}\omega+\frac{\partial\psi_{\mathrm{m}}}{\partial i}\frac{\mathrm{d}i}{\mathrm{d}t}\right) \tag{2.6}$$

式中，ω 是角速度。

假设一：磁路线性。

铁磁材料的未饱和区和高度饱和区都呈现很好的线性。因此，工作在未饱和区的铁心和工作在高度饱和区的永磁材料都可以认为是线性媒质。在这条假设下：

$$\frac{\partial\psi_{\mathrm{i}}}{\partial i}=L,\frac{\partial\psi_{\mathrm{i}}}{\partial\theta}=i\frac{\partial L}{\partial\theta}$$

假设二：假设永磁体的工作点不受绕组电流影响，或者说，忽略电枢反应。

这直接意味着$\frac{\partial\psi_{\mathrm{m}}}{\partial i}=0$。它是永磁电机设计的一个目标，即总是希望气隙磁通主要由永磁体建立；相对地，电流激励的磁通应该显得微不足道。必须提到，永磁体和绕组之间的影响其实是相互的，也就是互感。因此，既然绕组受到永磁体的影响，那么永磁体必然同时受到绕组的影响。然而，与互感概念不同，“影响”仅仅是指一方的磁链包含对方磁通的比重。因此，当互感双方的磁动势相差悬殊时，“影响”就显得是单方向的。所以，设计中增强永磁体而减少绕组的安匝数有利于这条假设的成立。另外，由于在非线性条件下，互感双方还会通过改变媒质的性质而互相耦合，因此第一条假设对保证第二条假设也有帮助。

于是式（2.6）化简为

$$v=Ri+L\frac{\mathrm{d}i}{\mathrm{d}t}+i\frac{\mathrm{d}L}{\mathrm{d}t}+\frac{\mathrm{d}\psi_{\mathrm{m}}}{\mathrm{d}t}$$
$$=Ri+L\frac{\mathrm{d}i}{\mathrm{d}t}+i\frac{\partial L}{\partial\theta}\omega+\frac{\partial\psi_{\mathrm{m}}}{\partial\theta}\omega \tag{2.7}$$

因此，功率平衡为

$$P_{\mathrm{e}}=vi=Ri^2+iL\frac{\mathrm{d}i}{\mathrm{d}t}+i^2\frac{\mathrm{d}L}{\mathrm{d}t}+i\frac{\mathrm{d}\psi_{\mathrm{m}}}{\mathrm{d}t}$$
$$=Ri^2+\frac{\mathrm{d}}{\mathrm{d}t}\left(\frac{1}{2}Li^2\right)+\left\{\frac{1}{2}i^2\frac{\partial L}{\partial\theta}+i\frac{\partial\psi_{\mathrm{m}}}{\partial\theta}\right\}\omega \tag{2.8}$$

式（2.8）指出，电源的能量一部分转化为热量（即第一项），一部分转化为磁场能量或相反（即第二项），其余的转化为机械能量或相反（即第三项）。

显然，转矩为

$$T=\frac{1}{2}i^2\frac{\partial L}{\partial\theta}+i\frac{\partial\psi_{\mathrm{m}}}{\partial\theta} \tag{2.9}$$

式中，第一项是磁阻转矩，它与电流的正、负无关，并且只朝向电感增大（磁阻减小）的方向，就像 SRM 中的情况一样；第二项是反应转矩，那是电枢电流在永磁体磁场中的受力，就像直流电机中的情况一样。

显然，我们期望的是反应转矩越大越好，磁阻转矩则越小越好。事实也是如此。由于 L

很小而 ψ_m 很大，因此，第一项磁阻转矩微不足道，而第二项反应转矩成为主导。

L 很小是由于永磁体的引入。这里，永磁体的作用表现在两个方面：一是隔断了定子铁心的磁路；二是由于取代了励磁绕组，使得绕组的匝数减少。根据 DSPM 的有限元计算结果，绕组电感在 10mH 数量级。这一数量级在中小型永磁电机中比较典型。如此小的电感足以保证磁阻转矩很小。不希望有磁阻转矩是因为它与反应转矩不同步，也就是说，它时而是动力，时而是阻力。不过，从控制的角度看，即使磁阻转矩与反应转矩同步，还是不希望有磁阻转矩。毕竟，同时控制两个转矩相当困难。

当电枢反应可以忽略时，ψ_m 完全由永磁体和电机的磁路结构决定。也就是说，存在唯一的 $\psi_m \sim \theta$ 曲线，它不依赖于电机的工作点。曲线 $\psi_m \sim \theta$ 当然决定了 $\frac{\partial \psi_m}{\partial i}$，因此 $\frac{\partial \psi_m}{\partial i}$ 同样不依赖于电机的工作点。于是，反应转矩只受电流的控制。

2.1.6　电励磁双凸极电机工作原理

当 DSEM 采用单拍控制模式，作为电动机运行时，励磁绕组通励磁电流，电机内部产生磁场，按照一定顺序给三相电枢绕组通电，转子则随着电机内部磁场的变化而转动。图 2.14 为理想状态下电机电感对应的相电流，转子极滑入定子极时为电感上升区间，定子极上需增磁，相绕组上通有持续不变的正电流；转子极滑出定子极时为电感下降区间，定子极上需去磁，相绕组上通有持续不变的与正电流相同幅值的负电流；定子极与转子槽相对时为电感不变区间，相绕组上电流为零，则电机输出持续不变的正转矩。三相合成磁阻转矩为零，励磁转矩为输出转矩的主要成分。

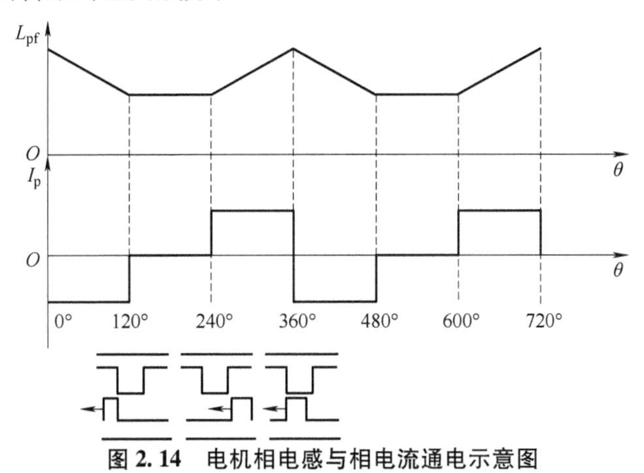

图 2.14　电机相电感与相电流通电示意图

当 DSEM 作为发电机运行时，励磁绕组通励磁电流，在电机内部建立磁场，电机转动时，电机内部磁场随着定转子极重合的角度不同而发生变化，产生的磁通经由定子轭→定子极→气隙→转子极→转子轭→转子极→气隙→定子极再回到定子轭形成闭合回路。电枢绕组匝链的磁链随之改变，从而产生三相交变感应电动势。通常三相电枢绕组连接整流电路作为直流发电机使用。负载电流对电机内部磁场也产生影响。

DSEM 是一种机电能量转换设备，符合电工理论的基本定律。电枢绕组和励磁绕组等效为电感，DSEM 的磁链可以表示为

$$[\psi]=[L][I] \tag{2.10}$$

$$[\psi]=\begin{bmatrix}\psi_a\\ \psi_b\\ \psi_c\\ \psi_f\end{bmatrix}\quad [L]=\begin{bmatrix}L_a & L_{ab} & L_{ac} & L_{af}\\ L_{ba} & L_b & L_{bc} & L_{bf}\\ L_{ca} & L_{cb} & L_c & L_{ff}\\ L_{fa} & L_f & L_f & L_f\end{bmatrix}$$

式中，$[\psi]$ 为三相绕组及励磁绕组所匝链的磁链，$[L]$ 为相绕组、励磁绕组自感及相绕组与励磁绕组间的互感，其中相绕组间的互感相对于其自感而言非常小，可忽略不计，$[I]=[i_a,i_b,i_c,i_f]^T$为三相绕组和励磁绕组的电流。以 A 相为例，A 相磁链 ψ_a包括两部分：励磁电流在 A 相所匝链的磁链 ψ_{af}和 A 相电流电枢反应在自身绕组所匝链的磁链 ψ_{aa}。

因此 ψ_a的表达式为

$$\psi_a=\psi_{aa}+\psi_{af}=L_a i_a+L_{af}i_f \tag{2.11}$$

根据电磁感应定律，DSEM 绕组相电动势的表达式为

$$[E]=-\frac{d[\psi]}{dt}=-[L]\frac{d[I]}{dt}-\frac{d[L]}{dt}[I] \tag{2.12}$$

E_a、E_b、E_c 分别表示 A、B、C 三相绕组和励磁绕组的感应电动势，感应电动势的频率 f 表达式为式（2.13），p_r为转子极数，n 为电机转速（r/min）。

$$f=\frac{p_r n}{60} \tag{2.13}$$

DSEM 作为发电机，根据发电机惯例定义相电动势和相电流正方向，根据基尔霍夫第二定律，电枢回路电压方程可以表示为

$$[E]=[U]+[I][R] \tag{2.14}$$

式中，$[U]=[u_a,u_b,u_c,u_f]^T$分别表示 A、B、C 三相绕组和励磁绕组的端电压，$[R]=[r_a,r_b,r_c,r_f]^T$分别表示 A、B、C 三相绕组和励磁绕组的内阻。

三相的电磁功率表达式为

$$P_e=[I]^T[E] \tag{2.15}$$

将式（2.12）代入式（2.15），整理得

$$\begin{aligned}P_e&=[I]^T[E]=-[I]^T\frac{d[\psi]}{dt}=-[I]^T\frac{d([L][I])}{dt}=-[I]^T[L]\frac{d[I]}{dt}-[I]^T\frac{d[L]}{dt}[I]\\ &=-[I]^T[L]\frac{d[I]}{dt}-\frac{1}{2}[I]^T\frac{d[L]}{dt}[I]-\frac{1}{2}[I]^T\frac{d[L]}{dt}[I]\\ &=-\frac{d}{dt}\left(\frac{1}{2}[I]^T[L][I]\right)-\frac{1}{2}[I]^T\frac{d[L]}{dt}[I]\\ &=-\frac{d}{dt}\left(\frac{1}{2}[I]^T[L][I]\right)-\frac{1}{2}[I]^T\frac{\partial[L]}{\partial\theta_r}[I]\frac{d\theta_r}{dt}\\ &=-\frac{d}{dt}W_m+T_e\omega_1\\ &=-\frac{d}{dt}W_m+\frac{d}{dt}W_{mech}\end{aligned} \tag{2.16}$$

$$T_e = -\frac{1}{2}[I]^{\mathrm{T}}\frac{\partial[L]}{\partial\theta_r}[I] \tag{2.17}$$

式中，W_m表示电机磁场储能；W_{mech}表示机械能；θ_r 表示电机转子位置角；T_e表示电磁转矩。

根据式（2.16），在 dt 时间内输出耦合场的净电能 dW_e可以表示为

$$\begin{aligned} \mathrm{d}W_e &= P_e\mathrm{d}t \\ &= [I]^{\mathrm{T}}[E]\mathrm{d}t \\ &= -[I]^{\mathrm{T}}\mathrm{d}\psi \\ &= -[I]^{\mathrm{T}}([L]\mathrm{d}[I]+\mathrm{d}[L][I]) \end{aligned} \tag{2.18}$$

在 dt 时间内耦合场吸收能量的增量 dW_m表示为

$$\begin{aligned} \mathrm{d}W_m &= \mathrm{d}\left(\frac{1}{2}[I]^{\mathrm{T}}[L][I]\right) \\ &= [I]^{\mathrm{T}}([L]\mathrm{d}[I]+\mathrm{d}[L][I])-\frac{1}{2}[I]^{\mathrm{T}}\mathrm{d}[L][I] \\ &= -[I]^{\mathrm{T}}\mathrm{d}\psi+T_e\omega_r\mathrm{d}t \end{aligned} \tag{2.19}$$

在 dt 时间内机械能的能量增量为

$$\mathrm{d}W_{mech} = -\frac{1}{2}[I]^{\mathrm{T}}\mathrm{d}[L][I] = T_e\omega_r\mathrm{d}t = \mathrm{d}W_m+\mathrm{d}W_e \tag{2.20}$$

式（2.20）表明，机械能的增量 dW_{mech}等于耦合场的磁能增量 W_m与输出耦合场的净电能增量 dW_e之和，从能量转化角度上即原动机提供的机械能转化为耦合场的储能和经耦合场转化输出的电能。DSEM 在 dt 时间内的磁场能量变化过程为：由磁链变化引起的磁能变化，在绕组中产生感应电动势，并使磁场储能释放出来转变为输出的电能；由位移引起的磁能变化，不断地从原动机输入的机械能中得到补充。在励磁电流建立的耦合场的作用下，原动机输入的机械能不断转化为电能，假设忽略磁滞和涡流损耗，则 DSEM 的能量转化过程如图 2.15 所示。

根据式（2.18），一个电气周期内发电机耦合场输出的净电能表示为

$$W_e = \int_{nT}^{(n+1)T} P_e\mathrm{d}t = -\int_{nT}^{(n+1)T}[I]^{\mathrm{T}}\frac{\mathrm{d}[\psi]}{\mathrm{d}t}\mathrm{d}t = -\int_{nT}^{(n+1)T}[I]^{\mathrm{T}}\mathrm{d}[\psi] \tag{2.21}$$

负号表示耦合场存储的磁场能转化为电能输出。以 A 相为例，$W_{et} = -\int_{nT}^{(n+1)T} i_a\mathrm{d}\psi_a$，一个电气周期内相电流与相磁链的关系曲线如图 2.16 所示，DSG2 发电方式下，相电流有正有负，ψ-i 曲线横跨第一、二象限，耦合场输出的净电能在数值上等于 ψ-i 曲线包络面积。

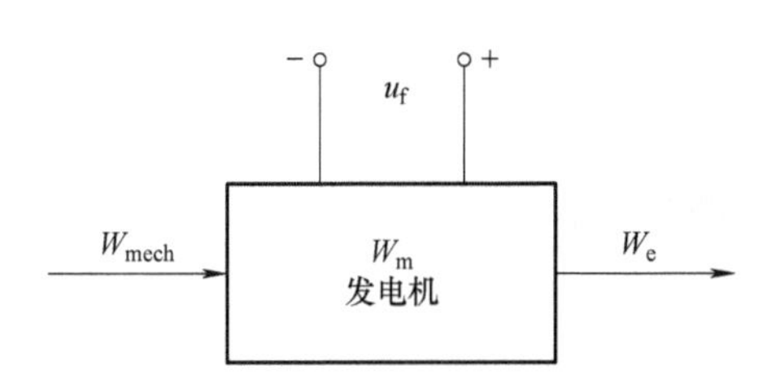

图 2.15　发电机机电能量转换示意图

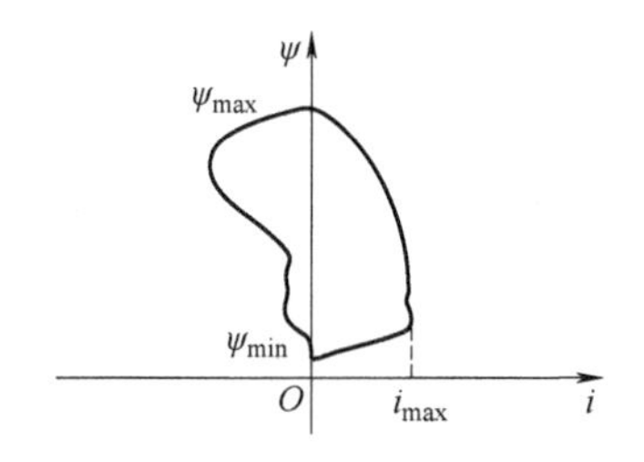

图 2.16　ψ-i 曲线（DSG2 方式）

2.1.7 混合励磁双凸极电机工作原理

三相并列结构 DSHEM 由 DSPM 和 DSEM 两个部分组成，两部分电机同轴，均采用 12/8极结构，定子极槽对齐，转子极槽对齐，两部分电机的定转子极槽宽度相同，励磁绕组不共用，电枢绕组共用。

图 2.17 为并列结构 12/8 极 DSHEM 的结构示意图。在 DSPM 电机的导磁壳体和定子冲

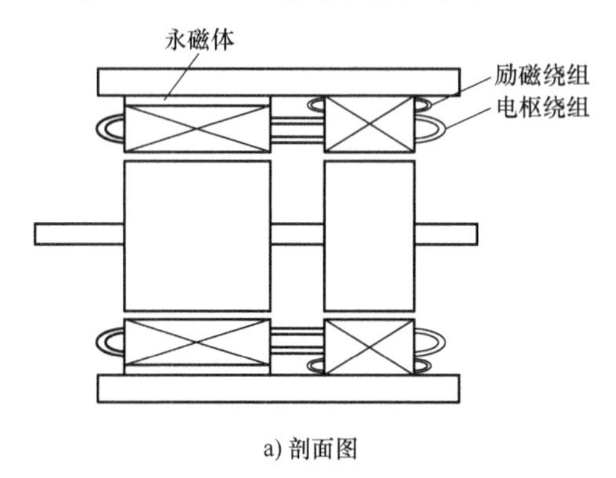

a) 剖面图

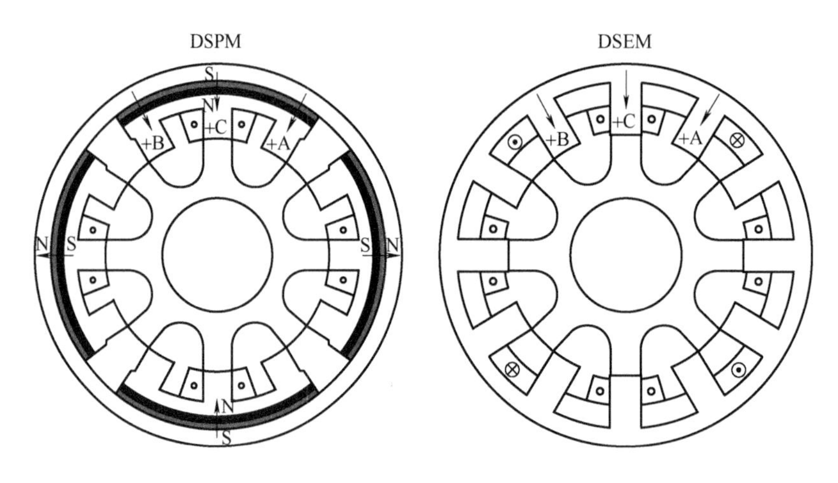

b) 截面图

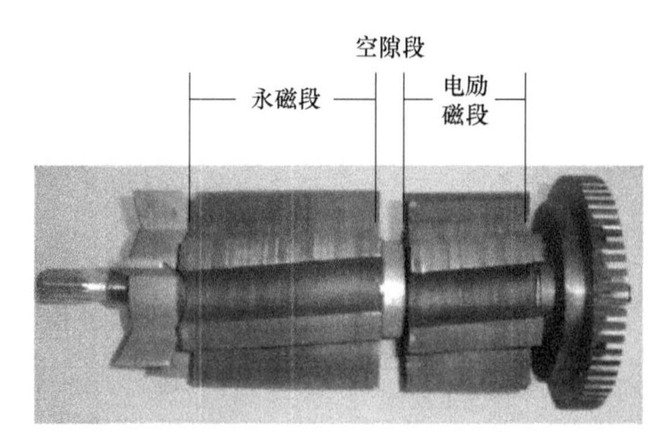

c) 转子结构

图 2.17 并列结构 12/8 极 DSHEM 的结构示意图

片之间装有四块瓦形永磁体，对称分布于电机圆周上。两部分电机的齿高不同，DSEM 的定子极高大于 DSPM，以放置 DSEM 的励磁绕组，转子上无绕组，转子极宽、齿高相同。图 2.17c 为 DSHEM 转子的外形照片。永磁部分与电励磁部分之间用气隙隔开一段距离，以放置励磁绕组，并使两部分电机磁动势建立的磁通互不关联，经各自的磁路闭合。由于并列结构 DSHEM 中电励磁与永磁两部分电机的磁路是分开的，两者间仅有电路的联系，因此 DSHEM 的磁链、感应电动势、电感均可由两部分电机的磁链、感应电动势和电感分别叠加而成。由于永磁体采用了最大磁能积、剩磁、最大矫顽力都较大的钐钴永磁材料，因而有高的功率密度。电励磁部分定子上的励磁绕组，起励磁调节的作用，它与一般的 DSEM 相比，励磁绕组的功率和损耗较小，同时还具有较小的励磁时间常数，可实现双向快速励磁电流控制。因此，DSHEM 继承了 DSPM 的优点，又增加了励磁可调的优点，结构简单，控制灵活，可高速运行。

2.2　双凸极电机的数学模型

由于双凸极结构，其气隙不均匀，在转子旋转时电机的磁链、电感、电流等参数都不是常数且近似为周期性变化，在电磁转换过程中存在边缘磁通，电机旋转时磁路存在饱和现象，因此很难用逻辑关系式将这些关键参数联系起来，但是双凸极电机在运行过程中仍满足电工理论中的基本原理和定律，如能量守恒原理、磁路基本定律、电压基本定律和牛顿运动定律等。

2.2.1　机-电回路模型

电机的机电能量转换时以磁场作为中间桥梁，将系统等效为互相耦合的二端口装置，当忽略绕组互感、磁滞和涡流时，将其简化为如图 2.18 所示，其中 B 为黏性摩擦系数，J 为转子转动惯量，T_L为电机负载转矩。

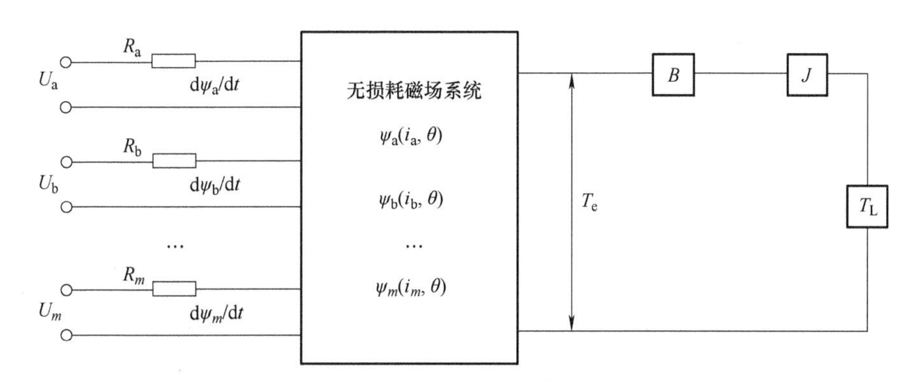

图 2.18　m 相 SRM 二端口网络示意图

1. 磁链方程

对于 12/8 极双凸极电机，电枢绕组中通以电流时，三相绕组中匝链的磁链可表示为

$$[\psi] = [\psi_f] + [L][I] \tag{2.22}$$

式中，$[\psi]$ 为各相绕组所匝链的磁链矩阵，

$$[\psi]=\begin{bmatrix}\psi_a\\ \psi_b\\ \psi_c\end{bmatrix} \tag{2.23}$$

其中，ψ_a、ψ_b、ψ_c分别为 a、b、c 相电枢绕组匝链的磁链；$[\psi_f]$ 为各相绕组所匝链的励磁磁链矩阵；$[L]$ 为绕组电感矩阵；$[I]$ 为绕组电流矩阵。

（1）DSPM 磁链方程

对于 DSPM，$[\psi_f]$ 为永磁磁链矩阵。

$$[\psi_f]=[\psi_{pm}]=\begin{bmatrix}\psi_{pma}\\ \psi_{pmb}\\ \psi_{pmc}\end{bmatrix} \tag{2.24}$$

$$[L]=[L_{pm}]=\begin{bmatrix}L_{aa} & L_{ab} & L_{ac}\\ L_{ba} & L_{bb} & L_{bc}\\ L_{ca} & L_{cb} & L_{cc}\end{bmatrix} \tag{2.25}$$

$$[I]=\begin{bmatrix}i_a\\ i_b\\ i_c\end{bmatrix} \tag{2.26}$$

式中，ψ_{pma}、ψ_{pmb}、ψ_{pmc}分别为 a、b、c 相电枢绕组匝链的永磁磁链，L_{aa}、L_{bb}、L_{cc}分别为 a、b、c 相的自感，L_{ab}、L_{bc}、L_{ca}分别为各相之间的互感，i_a、i_b、i_c分别为 a、b、c 相电枢绕组中的电流。

（2）DSEM 磁链方程

对于 DSEM，$[\psi_f]$ 为电励磁磁链矩阵。

$$[\psi_f]=[\psi_{em}]=\begin{bmatrix}L_{af}i_f\\ L_{bf}i_f\\ L_{cf}i_f\end{bmatrix} \tag{2.27}$$

式中，L_{af}、L_{bf}、L_{cf}分别为 a、b、c 相绕组与励磁绕组之间的互感，i_f为励磁电流。绕组电感矩阵 $[L]$ 和绕组电流矩阵 $[I]$ 分别与式（2.25）、式（2.26）在形式上相同。

（3）并列式 DSHEM 磁链方程

对于并列式 DSHEM，$[\psi_f]$ 为永磁磁链与电励磁磁链之和形成的磁链矩阵。励磁电流为正时，永磁磁链和电励磁磁链相加；励磁电流为负时，永磁磁链和电励磁磁链相减。因 DSHEM 中电枢绕组为永磁和电励磁两部分共用，因而电枢电流相同，从而总的绕组电感 $[L]$ 是永磁部分的电感与电励磁部分的电感之和，$[L_{he}]=[L_{pm}]+[L_{em}]$。在双凸极电机中，磁链是转子位置角和电流的函数，自感和互感也是转子位置角和电流的函数。

$$[\psi_f]=[\psi_{hem}]=[\psi_{pm}]+[\psi_{em}]=\begin{bmatrix}\psi_{pma}+L_{af}i_f\\ \psi_{pmb}+L_{bf}i_f\\ \psi_{pmc}+L_{cf}i_f\end{bmatrix} \tag{2.28}$$

2. 感生电动势

随着电机转动，各绕组所匝链的磁链发生变化，在绕组中产生感应电动势。

$$[e]=\frac{\mathrm{d}[\psi]}{\mathrm{d}t} \tag{2.29}$$

$$[e]=\begin{bmatrix} e_a \\ e_b \\ e_c \end{bmatrix} \tag{2.30}$$

式中，e_a、e_b、e_c分别为 a、b、c 相电枢绕组中感生的电动势。

（1）DSPM 感生电动势

对于 DSPM，[e] 对应永磁体作用后所产生的感生电动势。

$$[e_{pm}]=\begin{bmatrix} e_{pma} \\ e_{pmb} \\ e_{pmc} \end{bmatrix}=-\frac{\mathrm{d}}{\mathrm{d}t}\begin{bmatrix} \psi_{pma} \\ \psi_{pmb} \\ \psi_{pmc} \end{bmatrix} \tag{2.31}$$

（2）DSEM 感生电动势

对于 DSEM，[e] 对应励磁电流作用后所产生的感生电动势。

$$[e_{em}]=\begin{bmatrix} e_{ema} \\ e_{emb} \\ e_{emc} \end{bmatrix}=-\frac{\mathrm{d}}{\mathrm{d}t}\begin{bmatrix} L_{af}i_f \\ L_{bf}i_f \\ L_{cf}i_f \end{bmatrix}=-I_f\frac{\mathrm{d}}{\mathrm{d}t}\begin{bmatrix} L_{af} \\ L_{bf} \\ L_{cf} \end{bmatrix} \tag{2.32}$$

式中，励磁电流 i_f 为常数，$i_f=I_f$。

（3）并列式 DSHEM 感生电动势

对于并列式 DSHEM，感生电动势 e_{he}为永磁电动势 e_{pm}与电励磁电动势 e_{em}之和，[e_{he}] = [e_{pm}] + [e_{em}]。励磁电流为正时，DSHEM 的永磁电动势和电励磁电动势相加；励磁电流为负时，DSHEM 的永磁电动势和电励磁电动势相减。

3. 电压方程

根据基尔霍夫电压定律和电磁感应定律，绕组端电压等于感生电动势与内抗压降之差，即

$$[U]=[e]-[R][I]-[L]\frac{\mathrm{d}[I]}{\mathrm{d}t} \tag{2.33}$$

其中，

$$[U]=\begin{bmatrix} u_a \\ u_b \\ u_c \end{bmatrix},[R]=\begin{bmatrix} R_a & 0 & 0 \\ 0 & R_b & 0 \\ 0 & 0 & R_c \end{bmatrix} \tag{2.34}$$

式中，[U] 为绕组端电压，[R] 为绕组内阻，R_a、R_b、R_c分别为 a、b、c 相绕组电阻。

对于 DSHEM，[R] 可视为永磁部分所对应的电枢绕组电阻和电励磁部分所对应的电枢绕组电阻之和，有

$$[R]=[R_{pm}]+[R_{em}] \tag{2.35}$$

4. 电路方程

对于SRM的参数和结构是对称的，根据电路基本定律，单相电位平衡方程可以解耦分析。

$$U_k = R_k i_k + \frac{\mathrm{d}\psi_k(\theta, i)}{\mathrm{d}t} \tag{2.36}$$

式中，U_k、R_k、i_k、ψ_k分别是第k相绕组的电压、电阻、电流和磁链。

由于绕组磁链为电流和转子位置角的函数，因此，磁链可以表示为

$$\psi_k = \psi_k(\theta, i) \tag{2.37}$$

式中，线圈磁链ψ_k可转化为电感与电流的乘积，即

$$\psi_k = L(\theta, i_k) i_k(\theta) \tag{2.38}$$

考虑到SRM的绕组工作时为相继通断，每相绕组相互独立，其相互间干扰较小，可忽略绕组间的互感。将式（2.38）代入式（2.36）得到

$$\begin{aligned} U_k &= R_k i_k + \frac{\partial \psi_k}{\partial t}\frac{\mathrm{d}i_k}{\mathrm{d}t} + \frac{\partial \psi_k}{\partial \theta}\frac{\mathrm{d}\theta}{\mathrm{d}t} \\ &= R_k i_k + \left(L_k + i_k \frac{\partial L_k}{\partial i_k}\right)\frac{\mathrm{d}i_k}{\mathrm{d}t} + i_k \frac{\partial L_k}{\partial \theta}\omega \\ &= R_k i_k + e_{\mathrm{t}} + e_{\mathrm{m}} \end{aligned} \tag{2.39}$$

式中，ω为机械角速度，$\omega = \mathrm{d}\theta/\mathrm{d}t$。式中的旋转电动势的表达式可以体现电感的变化率影响电机产生的是输出转矩还是制动转矩。

5. 机械运动方程

当电磁转矩与负载转矩不一致时，根据力矩平衡方程将会产生一个加速度$\mathrm{d}\omega/\mathrm{d}t$，其转速会增大或减小，根据力学原理，此时的旋转电机的平衡方程表示为

$$T_{\mathrm{e}} = J\frac{\mathrm{d}\Omega}{\mathrm{d}t} + K_{\Omega}\Omega + T_{\mathrm{L}} \tag{2.40}$$

式中，T_{L}为电机所带负载的转矩；J是电枢转动惯量；K_{Ω}是气隙摩擦因数。

电磁转矩T_{e}用磁共能W表示为

$$T_{\mathrm{e}} = \frac{\partial W(i_1, i_2, i_3, i_4, \theta)}{\partial \theta} \tag{2.41}$$

6. 机电联系方程

机电联系方程描述了机电能量转换过程，电机的能量转换可以用磁链一个周期内的电流曲线轨迹来描述，由于电机的气隙不均匀，在工作时磁链是非线性的，且随电流和转子位置角周期性变化，在忽略绕组间互感时可用单相绕组进行分析，其磁链电流曲线如图2.19所示。

图2.19中两条磁化曲线分别为不对齐位置和对齐位置时的磁链曲线，当电机正常工作时，磁路处于饱和状态，其磁共能W'以及绕组储能W_{f}均为非线性变化。

$$W' = \int_0^i \psi(\theta, i)\,\mathrm{d}i \tag{2.42}$$

$$W_{\mathrm{f}} = \int_0^{\psi} i(\psi, \theta)\,\mathrm{d}\psi \tag{2.43}$$

由图 2. 19 可知，在一相绕组通电时电流上升，磁链曲线上升到 C 点，此时磁链处于最大值，随后开关管关断，绕组随之断电，电流迅速下降，电感中存储的能量随电路中的二极管续流到零，完成电机在一个周期内的能量转换，其磁共能的变化量 $\Delta W'$用式（2. 44）表示，绕组储能变化量 ΔW_f则用式（2. 45）表示。

$$\Delta W' = \oint_{\Omega}\psi(\theta,i)\,\mathrm{d}i = \int_0^{i_c}\psi_2\mathrm{d}i - \int_0^{i_c}\psi_1\mathrm{d}i = \int(\psi_2 - \psi_1)\,\mathrm{d}i \tag{2.44}$$

$$\Delta W_f = \oint_{\Omega}i(\psi,\theta)\,\mathrm{d}\psi = \int_0^{\psi_c}i_2\mathrm{d}\psi - \int_0^{\psi_c}i_1\mathrm{d}\psi = \int(i_2 - i_1)\,\mathrm{d}\psi \tag{2.45}$$

式中，Ω 是图 2. 19 中的 OBCDO 闭环曲线。

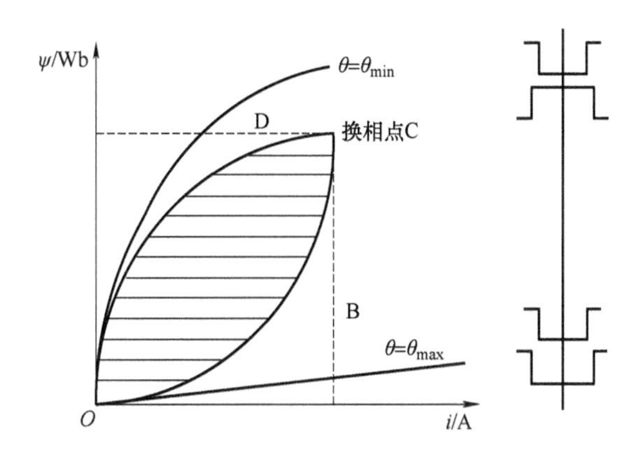

图 2. 19　SRM 磁链电流曲线

由式（2. 44）和式（2. 45）可知，磁共能与绕组储能的大小为图 2. 19 中曲线包围的阴影面积，但它们的值互为相反数。机械能的变化量可根据机电能量转换原理得到。

$$\Delta W_m = T_{avg}\Delta\theta \tag{2.46}$$

式中，$\Delta\theta$ 是转子位置角的变化量，T_{avg}是在转子旋转 $\Delta\theta$ 内的平均转矩。

由于电机的机械能和磁共能变化量相等，结合式（2. 46）可以得到在 $\Delta\theta$ 内平均转矩的表达式为

$$T_{avg} = \frac{\Delta W'}{\Delta\theta} = -\frac{\Delta W_m}{\Delta\theta} \tag{2.47}$$

对于图 2. 19 中闭环曲线 Ω 上的任何一点 α，代入式（2. 47）中进行求极限分析，可以求得该点处的瞬时转矩为

$$T_\alpha = \left.\frac{\partial W'}{\partial\theta}\right|_{i=\mathrm{const}} = -\left.\frac{\partial W_f}{\partial\theta}\right|_{\psi=\mathrm{const}} \tag{2.48}$$

考虑到电机的稳定输出，将式（2. 48）在一个变化周期内求平均值，求得电机的平均转矩为

$$T = \frac{mN_r}{2\pi}\int_0^{\frac{2\pi}{N_r}} T_\alpha(\theta,i(\theta))\,\mathrm{d}\theta \tag{2.49}$$

式中，m 是电机的相数，N_r是转子极数。

7. 转矩方程

转矩求解方程可以通过功率平衡原理得到。忽略三相电枢绕组电阻后，可推导得出双凸极电机的输出转矩为

$$T_e = T_f + T_{sr} + T_{mr} \tag{2.50}$$

式中，T_f为电枢绕组所匝链的励磁磁链随转子位置角变化而产生的转矩分量，称为励磁转矩；T_{sr}为电枢绕组中通入电流时，绕组自感随转子位置角变化而产生的转矩分量，称为自感磁阻转矩；T_{mr}为电枢绕组中通入电流时，绕组间互感随转子位置角变化而产生的转矩分量，称为互感磁阻转矩。自感磁阻转矩和互感磁阻转矩合称为磁阻转矩 T_r。

（1） DSPM 转矩方程

在 DSPM 中，励磁转矩为永磁转矩。

$$T_f = T_{pm} = i_a\frac{d\psi_{pma}}{d\theta} + i_b\frac{d\psi_{pmb}}{d\theta} + i_c\frac{d\psi_{pmc}}{d\theta} \tag{2.51}$$

自感磁阻转矩为

$$T_{sr} = \frac{1}{2}i_a^2\frac{dL_{aa}}{d\theta} + \frac{1}{2}i_b^2\frac{dL_{bb}}{d\theta} + \frac{1}{2}i_c^2\frac{dL_{cc}}{d\theta} \tag{2.52}$$

互感磁阻转矩为

$$T_{mr} = i_a i_b\frac{dL_{ab}}{d\theta} + i_b i_c\frac{dL_{bc}}{d\theta} + i_c i_a\frac{dL_{ca}}{d\theta} \tag{2.53}$$

永磁转矩是 DSPM 输出转矩的主要构成部分。

（2） DSEM 转矩方程

在 DSEM 中，励磁转矩为电励磁转矩。

$$T_f = T_{em} = i_a i_f\frac{dL_{af}}{d\theta} + i_b i_f\frac{dL_{bf}}{d\theta} + i_c i_f\frac{dL_{cf}}{d\theta} \tag{2.54}$$

自感磁阻转矩和互感磁阻转矩的表达式分别与 DSPM 中的式（2.52）、式（2.53）相同。电励磁转矩是 DSEM 输出转矩的主要构成部分。

（3） DSHEM 转矩方程

在并列式 DSHEM 中，T_f为永磁转矩和电励磁转矩之和，$T_f = T_{pm} + T_{em}$。励磁电流为正时，两部分电机分别产生的永磁励磁转矩 T_{pm}与电励磁励磁转矩 T_{em}互为增加，电枢电流不变的情况下，电机总的出力随励磁电流的增大而增大；励磁电流为负时，两部分电机分别产生的永磁励磁转矩 T_{pm}与电励磁励磁转矩 T_{em}互为削弱，电枢电流不变的情况下，电机总的出力随励磁电流幅值的增大而减小。磁阻转矩为两部分电机对应磁阻转矩之和。

综上所述，电压方程、机械方程、机电联系方程构成了双凸极电机的动态数学模型，从理论上阐明了电机内部能量间的关系，但无法确定某些变量使得对于电机的分析不能更加细致，因此在结合实际的条件下简化电机的数学模型，使其研究起来更加方便。

值得指出的是，上文中数学模型在电磁和力的产生方面做了详细的分析和计算，只是

由于 $L(\theta,i)$ 与 $i(\theta)$ 很难计算，没有精确解，一般只能求出近似的解，要具体电机具体分析，适当简化处理，所以能够利用线性数学模型、准线性数学模型和非线性数学模型的方法分析计算，线性模型对 SRM 进行定性分析，研究电机在运转时的整体运转状态以及其内部结构的各个变量之间的数学关系；而准线性数学模型本身就具有一部分的计算精度，故很多时候可用其研究分析和设计计算功率变换系统和确定具体系统的控制形式；而非线性数学模型，能精确计算 SRM 的性能和有限元仿真，这是电机设计中广泛应用的也是必要的手段。

目前，广泛使用有限元形式非线性数学模型来分析 SRM 各项性能，对于此类磁阻电机的设计计算也是十分有效果的。但关于 SRM 的动态运行性能和控制，就可将有限元计算和 Simulink 动态控制进行联合仿真，通过对有限元和控制电机之间的数据转移来对 SRM 整个体系的静、动态性能联合进行仿真。

2.2.2　电感线性及非线性模型

1. 线性模型

在线性模型中做如下假设：

1）忽略磁通边缘效应和磁路非线性，且磁导率 $\mu=\infty$，因此绕组电感 L 是转子位置角的分段线性函数。

2）忽略所有功率损耗。

3）功率管开关动作瞬时完成。

4）电机恒速运转。

在上述假设条件下的电机模型为理想线性模型，绕组电感与转子位置角的关系如图 2.20 所示。其中，θ_u 为不对齐位置或最小电感位置；θ_1 为临界重叠位置；θ_{hr} 为半重叠位置；θ_a 为对齐位置或最大电感位置；θ_2 为定子励磁极刚好与转子磁极完全重叠位置（假设转子磁极宽度大于或等于定子磁极宽度）；θ_3 为定子励磁极与转子磁极临界脱离完全重叠的位置；θ_4 为定子励磁极后极边与转子磁极后极边临界相离的位置，故绕组电感与转子位置角的关系可用函数表示为

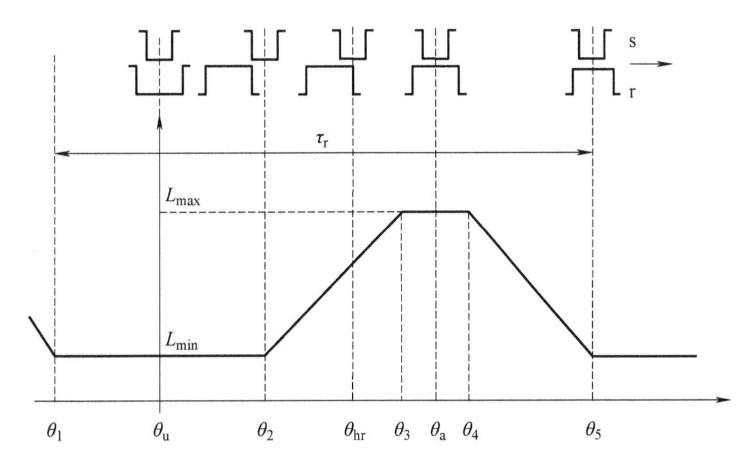

图 2.20　电感线性分析示意图

$$L(\theta)=\begin{cases} L_{\min} & (\theta_{-1}\leqslant\theta\leqslant\theta_1) \\ K(\theta-\theta_t)+L_{\min} & (\theta_1\leqslant\theta\leqslant\theta_2) \\ L_{\max} & (\theta_2\leqslant\theta\leqslant\theta_3) \\ L_{\max}-K(\theta-\theta_t) & (\theta_3\leqslant\theta\leqslant\theta_4) \end{cases} \tag{2.55}$$

式中，

$$K=\frac{L_{\max}-L_{\min}}{\theta_2-\theta_1}=\frac{L_{\max}-L_{\min}}{\beta_s}$$

β_s为定子磁极极弧。

2. 非线性模型

SRM 数学模型是分析电机性能，对电机进行优化设计的关键，其准确性关系到上述任务的顺利进行。SRM 结构简单、变量多、非线性严重，致使电机建模工作困难重重，其主要原因如下：

1）电机铁磁材料工作在饱和区。

2）磁链与绕组电流和转子角度存在复杂的耦合关系。

其中通过有限元得到的电机非线性电感曲线如图 2.21 所示。

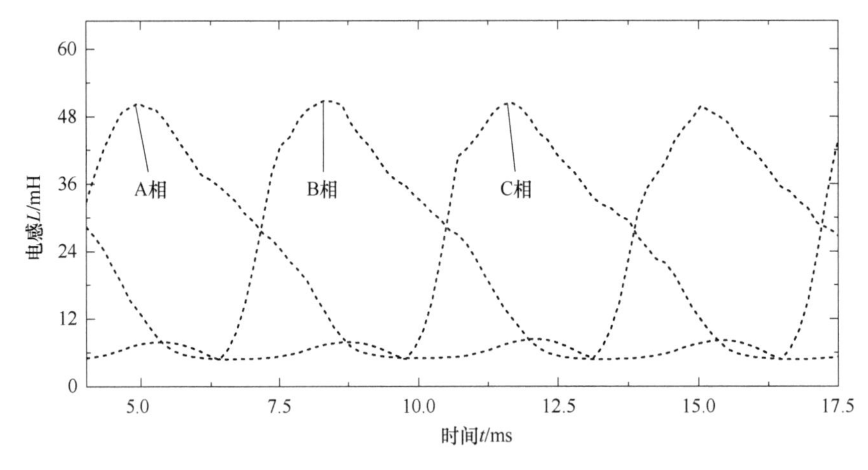

图 2.21　电感非线性示意图

但“准线性模型”对于非线性磁化曲线的分段线性化处理未能充分表征相磁链或相电感原有的非线性特性，故计算峰值电流和瞬时转矩的精度有限。为了实现 SRM 本体建模的精确性以及高精度控制，必须建立 SRM 的非线性模型。现在 SRM 非线性磁链非线性建模方法主要包括查表插值法、插值迭代法、函数解析法、快速仿真法等。其中查表插值法是在得到电机的磁链和转矩特性曲线之后，通过选取插值的方法建立精确的 SRM 非线性模型，该方法虽然是以 SRM 的非线性特性为基础，但对数据的精度要求较高，而且在插值的过程中，设定表格的大小也会对建模精度造成一定的影响，因此不被广泛采用；插值迭代法相比查表插值法而言，计算精度更高，而且无需计算微分系数，不足是计算繁琐且复杂，无法分析电机双相通电的情况；函数解析法是将电机的磁链和转矩特性用恰当的函数解析式去拟合，进而得到函数解析式，虽然将 SRM 的非线性特性考虑在内，但是其系数不容易确定；快速仿真法在建立电机模型的过程中，对磁链特性的完整性要求不高，而且计算精度高，建模时间短，因此在电机设计与控制方面有着广阔的前景。

2.2.3　磁路分析模型

基于磁路模型的电感参数计算如下：

通常为了简化计算，从磁路分析的角度把电机各部分的磁场简化成等效的各段磁路。图 2.22 所示为 SRM 磁路等效示意图。

根据图 2.22 中简化的等效磁路模型，可以近似计算电感为

$$L=N^2\left(\frac{1}{R_{gt}}+\frac{1}{R_{gf}}\right)=N^2\left(\frac{1}{R_{st}+R_g+R_{rt}}+\frac{1}{R_{gf}}\right) \tag{2.56}$$

式中，N 为定子绕组匝数；R_{gt}、R_g、R_{st}和 R_{rt}分别为电机等效磁路各部分的等效磁阻；边缘等效磁阻 R_{gf}为 $R_{gf1}//R_{gf2}$；$R_g=l_g/(\mu_0 A_g)$，$R_{rt}=l_{rt}/(\mu_r A_{rt})$、$l_g$、$A_g$和 l_{rt}、A_{rt}分别为气隙与转子凸极区域等效磁路长度和截面积；μ_0和 μ_r分别为空气和转子硅钢片材料的相对磁导率。

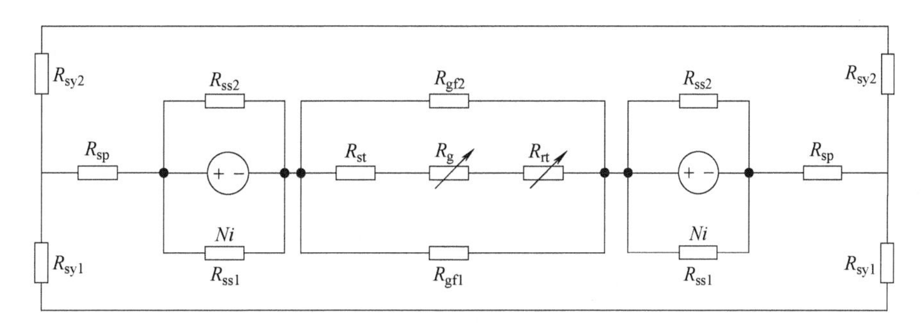

图 2.22　等效磁路模型

简化后，电感表示为

$$L=N^2\left(\frac{1}{R_{st}+\dfrac{l_g}{\mu_0 A_g}+\dfrac{l_{rt}}{\mu_r A_{rt}}}+\frac{1}{R_f}\right)=N^2\left(\frac{1}{k_2+k_3 l_g+\dfrac{k_4}{\mu_r}}+k_5\right) \tag{2.57}$$

式中，$k_2\sim k_5$与电机定转子凸极截面形状或μ_0有关，可以近似看成是常数。如图 2.22 所示，仅有 R_g 和 R_{rt}为可调磁阻。这样，计算电感只随几何变量 l_g和铁磁材料变量 μ_r变化，前者通常用来改变转子凸极外缘气隙长度。

2.2.4　有限元分析模型

由于 SRM 的结构和运行原理与传统交直流电机具有较大差别，加之其磁场的饱和特性，以路的观点进行电机性能的理论分析存在很大的局限性。相反，以场的观点，全面、系统地分析电机性能，以便进行电机设计、控制分析及仿真计算，显示出极大的优越性。基于电磁场理论和有限元法对 SRM 电磁场进行分析与计算，在此类电机的研究中占据十分重要的地位，也是整个电机设计和运行性能分析的基础部分。磁链-电流-转子位置角（ψ-i-θ）非线性特性曲线是 SRM 动态性能仿真分析的关键。通过这些非线性电磁参数，可以更加清楚地了解实际电机内部能量转换的方式、大小以及电机的磁饱和情况；同时，磁链特性曲线、数据

是电感、磁能、电磁转矩以及其他量的计算依据，也是SRM优化、协调设计与控制的参考。

目前，获得SRM的非线性电磁参数的方法主要有两种：有限元数值计算法和试验测量法。考虑到进行试验测量的对象主要是已经成型的SRM，因此不容易计及电机几何结构参数和电磁参数变化的影响。随着计算机技术的发展，有限元分析法已具有足够的计算精度，而且不用考虑测量仪器和线路布置，几乎不受环境干扰因素的影响，可以有效地降低成本、缩短试验周期。

有限元法是基于建立研究对象的数学模型，用现代数学方法求出有关微分方程定解问题的解，并对计算结果进行加工和解释。有限元电磁计算的目的是求解电气工程中各种设备或其某个部件中的电磁场分布问题。电磁场的分布规律在数学上为定解偏微分方程的求解问题。由于电磁场分布存在于复杂的结构及多种材料构成的场域中，并且往往还包含了非线性材料特性以及不同函数形式的外部激励等复杂情况，而有限元法非常适合于解决像电机这类由多种材料组成且具有复杂结构边界的问题。

1. 有限元法的发展概况

有限元思想最早是由Courant于1943年提出的。20世纪50年代初，在复杂的航空结构分析中最先得到应用。而有限元法（Finite Element Method，FEM）这个名称则由Clough于1960年在其著作中首先提出。有限元法以变分原理为基础，用部分插值的办法建立各自由度间的相互关系，把二次泛函的极值问题转化为一组多元代数方程组来求解。它能使复杂结构、复杂边界情况的定解问题得到解答。60多年来，有限元法因其理论依据的普遍性，作为一种声誉很高的数值分析方法已被普遍推广并成功地用来解决各种工程领域中的问题。1965年，Winslow首先将有限元法应用于电气工程问题，用以分析加速器磁铁的饱和效应。而电机内的电磁场问题的第一个通用非线性变分表述，则是由Silvester和Chari于1970年提出的。此后，有限元法得到了快速发展，被认为是电机工程领域内发展得最迅速的一种技术，并陆续应用于各种电工问题。1969年，首先在流体力学领域中，通过运用加权余量法导出的Galerkin法或最小二乘法同样得到了有限元方程，这样有限元法就不再局限于变分原理的导出基础，即不必要求待求场与泛函极值之间的对应关系，而可应用加权余量法直接导出任何微分方程形式的边值问题的有限元方程。20世纪80年代末提出的基于B样条函数构造基函数的B样条有限元法，不但保证了解的高精度，而且保证了与物理场特性相一致的场量数值解的连续性。在近20年，由于数值处理技术的提高，如采用不完全Cholesky分解法、ICCG法、自适应网格剖分等方法，使得有限元在电磁场数值计算中越来越占主导地位。目前，有限元法已经成为各类电磁场、电磁波工程问题定量分析与优化设计的主导数值计算方法。

2. 有限元法的主要特点

有限元法的主要特点如下：

1）系数矩阵对称、正定且具有稀疏性。

2）第二类齐次边界条件自动满足，对由多种材料组成的电机类系统非常适用。

3）几何剖分灵活，适合解决电机类几何形状复杂的问题。

4）能较好地处理非线性问题。

5）根据该方法编制的软件系统对于各类电磁计算问题具有较强的适应性。

3. 电磁场有限元分析的一般步骤

电磁场有限元分析的一般步骤如下：

1）从所考察的电磁场边值问题出发，利用变分原理，把问题转化为等价的变分问题，即能量积分函数的极值问题。

2）将求解区域剖分为一系列子区域，即区域离散。

3）选取分片光滑的插值函数去逼近整个求解区域内光滑的磁位函数（A_z）。

4）把磁位的插值函数代入能量积分，对变分问题进行离散化处理，得到以 n 个节点磁位为未知数的 n 阶线性代数方程组。

5）结合边界条件，求解线性代数方程组，得到节点磁位的数值近似解，由此通过后处理计算出各个节点和单元的磁感应强度值。

6）对于电机电磁场问题，可以通过后处理得到所需要的各电磁参量（如磁通、储能、力、转矩、电容及电感等）。

4. 条件变分问题及其求解

电机电磁场边值问题可等价于以下条件变分问题（泛函极值问题），可见

$$W(A)=\iint_{\Omega}\left(\int_0^B B\mathrm{d}B-J_zA\right)\mathrm{d}x\mathrm{d}y-\int_{\Gamma_2}(-H_\mathrm{t})A\mathrm{d}l=\min$$
$$\Gamma_1:A=A_0 \tag{2.58}$$

式中，$W(A)$ 为 A 的能量泛函；$B=\sqrt{\left(\frac{\partial A}{\partial x}\right)^2+\left(\frac{\partial A}{\partial y}\right)^2}$

条件变分问题可离散为代数方程组。首先将计算区域剖分为有限多个小单元，有限单元的种类有三角形、四边形等，在此使用一阶线性三角形单元进行网格剖分。

对单元构造插值函数，

$$A=N_iA_i+N_jA_j+N_mA_m \tag{2.59}$$

通常要求单元的三节点 i、j、m 按逆时针方向编号。

$$N_h=\frac{1}{2\Delta}(a_h+b_hx+c_hy)\quad(h=i,j,m) \tag{2.60}$$

式中，$a_j=x_my_i-x_iy_m$；$a_i=x_jy_m-x_my_j$；$a_m=x_iy_j-x_jy_i$；$b_i=y_j-y_m$；$b_j=y_m-y_i$；$b_m=y_i-y_j$；$c_i=x_m-x_j$；$c_j=x_i-x_m$；$c_m=x_j-x_i$；Δ 为三角形单元的面积。

$$\Delta=\frac{1}{2}\begin{vmatrix}1 & x_i & y_i\\ 1 & x_j & y_j\\ 1 & x_m & y_m\end{vmatrix}=\frac{1}{2}(b_ic_j-b_jc_i) \tag{2.61}$$

由于 Δ、a_h、b_h、c_h 都是仅与三角形三节点坐标有关的函数，故称 N_h 为形状函数，简称形函数。

将 A 对 x 和 y 分别求一阶偏导数，可得

$$\frac{\partial A}{\partial x}=\frac{1}{2\Delta}(b_iA_i+b_jA_j+b_mA_m) \tag{2.62}$$

$$\frac{\partial A}{\partial y}=\frac{1}{2\Delta}(c_iA_i+c_jA_j+c_mA_m) \tag{2.63}$$

对于二维电磁场分析，磁力线全部在 $x0y$ 平面内，磁场只有 x 轴和 y 轴方向的分量，即

$$B_x = \frac{\partial A}{\partial y}, B_y = -\frac{\partial A}{\partial x} \tag{2.64}$$

可见，一阶线性三角形单元中的磁通密度 B 为常数，当然，另外一个单元中的 B 为另一个常数，即一阶三角形单元离散使得场量不连续。为减小这种误差，需要采用较密的离散网格，或采用高阶插值单元。

将插值函数及其对 x、y 的一阶偏导数代入能量泛函中，变分问题转化为能量泛函 W 求极值的问题，从而得到节点函数的代数方程组。对一个单元分析的结果，写成矩阵的形式为

$$\begin{bmatrix} \frac{\partial W}{\partial A_i} \\ \frac{\partial W}{\partial A_j} \\ \frac{\partial W}{\partial A_m} \end{bmatrix} = \begin{bmatrix} k_{ii} & k_{ij} & k_{im} \\ k_{ji} & k_{jj} & k_{jm} \\ k_{mi} & k_{mj} & k_{mm} \end{bmatrix} \begin{bmatrix} A_i \\ A_j \\ A_m \end{bmatrix} - \begin{bmatrix} p_i \\ p_j \\ p_m \end{bmatrix} = 0 \tag{2.65}$$

式中，$k_{ii} = \frac{v}{4\Delta}(b_i^2 + c_i^2)$；$k_{jj} = \frac{v}{4\Delta}(b_j^2 + c_j^2)$；$k_{mm} = \frac{v}{4\Delta}(b_m^2 + c_m^2)$；$k_{ij} = k_{ji} = \frac{v}{4\Delta}(b_i b_j + c_i c_j)$；$k_{jm} = k_{mj} = \frac{v}{4\Delta}(b_j b_m + c_j c_m)$；$p_h = \frac{J_z \Delta}{3}$ $(h = i, j, m)$；$k_{mi} = k_{im} = \frac{v}{4\Delta}(b_m b_i + c_m c_i)$

将整个计算域上各单元的能量函数对同一节点磁位的一阶偏导数加在一起，并根据极值原理令其和为零，得到线性代数方程组为

$$\begin{bmatrix} k_{11} & \cdots & k_{1n} \\ \vdots & & \vdots \\ k_{n1} & \cdots & k_{nn} \end{bmatrix} \begin{bmatrix} A_1 \\ \vdots \\ A_n \end{bmatrix} = \begin{bmatrix} p_i \\ \vdots \\ p_n \end{bmatrix} \tag{2.66}$$

有限元方程的系数矩阵是对称、正定的，且具有稀疏性，通常用 ICCG 法结合非零元素压缩存储求解。但对于非线性问题，由于系数矩阵中的磁阻率是变量，得到的是一个非线性方程组，通常用牛顿-拉弗森（Newton-Raphson）迭代法来求解非线性方程组。

条件变分问题（能量泛函极值）对应的非线性有限元离散化方程组为

$$[k]\{A\} = \{p\} \tag{2.67}$$

令 $\{f(A)\} = [k]\{A\}$。

通过牛顿-拉弗森迭代法求解有限元离散后非线性代数方程组，经过适当次迭代后，解趋于收敛，从而可以得到场域中任意点的磁矢位 A 的值。

5. 电磁场量计算

根据求解得到的场内任意点的磁矢位 A，每相绕组的磁链为

$$\psi = \frac{1}{i}\int_V \boldsymbol{JA}\mathrm{d}V \tag{2.68}$$

通过有限元离散后，得到

$$\psi = \frac{Nl}{S}\sum_{k=1}^{n} A_k S_k \tag{2.69}$$

式中，l 为电机铁心的叠片长度（mm）；N 为每相绕组匝数；S 为相绕组区域面积（mm^2）；n 为求解域内有限单元个数。

磁共能为转子位置角 θ 和电流 i 的函数，可以通过下式积分得到。

$$W'(\theta,i)=\int_0^i \psi(\theta,i)\,\mathrm{d}i\bigg|_{\theta=\mathrm{const}} \tag{2.70}$$

当电流为常值时，电磁转矩 T 可以通过磁共能 $W'(\theta,i)$ 对转子位置角 θ 的偏导数求得。

$$T(\theta,i)=\frac{\partial W'(\theta,i)}{\partial\theta}\bigg|_{i=\mathrm{const}} \tag{2.71}$$

由式（2.71）可知，SRM 转矩为绕组电流 i 和定转子相对位置 θ 的函数。

2.3　双凸极电机常用控制策略

2.3.1　传统控制策略

SRM 使用控制策略对相电流、相电压、电机开通角、电机关断角等被控量进行控制，从而实现系统的平稳运行。在 SRM 调速系统中，将 SRM 能够获得最大电磁转矩时的最高角速度定义为基速，用 ω_b来表示。当角速度大于 ω_b时电机具有能够输出恒功率的特性，此时较常用的传统控制策略是角度位置控制（Angular Position Control，APC）；当角速度小于 ω_b时电机具有能够输出恒转矩的特性，通常选择电流斩波控制（Chopped Current Control，CCC）。

1. 电流斩波控制

电机运行在低速工况时，即转速在 ω_b以下，由电机的电动势平衡方程分析可得，旋转电动势在起动过程中产生的压降小，电流上升速度很快，这会引起大的电流波动，且相电流周期长、磁链及电流峰值大，从而导致功率开关器件被击穿，造成功率开关器件和电机的损坏。因此必须采取限流措施。在 $\theta=\theta_{on}$时，功率电路开关元件接通（称为相导通），绕组电流从零开始上升，当电流达到峰值（斩波电流上限值）时，切断绕组电流（称为斩波关断），绕组承受反压，电流快速下降。经一定时间，或电流降至规定值（斩波电流下限值）时，重新导通（称为斩波导通），重复上述过程，则形成斩波电流波形，直至 $\theta=\theta_{off}$时实行相关断，电流衰减至零，如图 2.23 所示。低速工作特别是起动时，多采用电流斩波控制，以限制电流峰值，该方式限制了电机相电流在一定范围内变化，使电机的机械特性呈现为恒转矩工作特性。电流斩波控制是在电机固定角度的情况下对电流进行斩波控制，而并不是对开通角、关断角进行控制实现的。

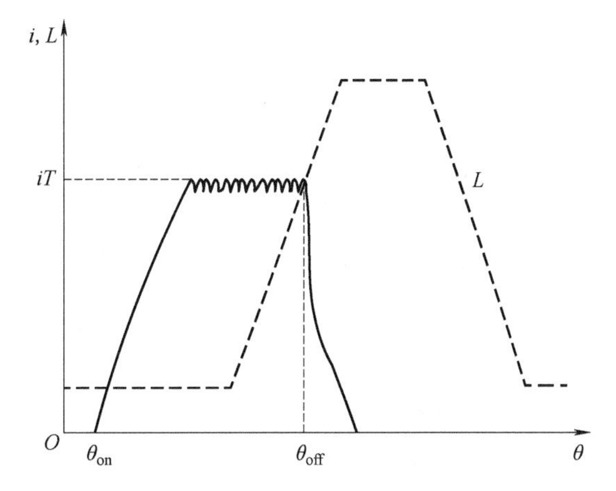

图 2.23　电流斩波控制下的相电流变化

电流斩波控制的特点如下：

（1）适用于低速和制动运行

电动机在低速运行时，绕组中旋转电动势小，电流增长快；在制动运行时，旋转电动势的方向与绕组端电压方向相同，电流比低速运行时增长更快。两种情况下，采用电流斩波控制方式能够限制电流峰值超过允许值，起到良好有效的保护和调节效果。

（2）转矩平稳

电流斩波时电流波形呈较宽的平顶状，产生的转矩也较平稳。合成转矩脉动明显比其他控制方式小。

（3）适合用于转矩调节系统

当斩波周期较小，并忽略相导通和相关断时电流建立和消失的过程（转速低时近似成立）时，绕组电流波形近似为平顶方波。平顶方波的幅值对应电动机转矩，转矩值基本不受其他因素的影响，可见电流斩波控制方式适用于转矩调节系统，如恒转矩控制系统。

（4）用作调速系统时，抗负载扰动性的动态响应慢

提高调速系统在负载扰动下的快速响应，除转速检测调节环节的动态响应快之外，系统自身的机械特性也十分重要。电流斩波控制方式中，由于电流峰值被限制，当电动机转速在负载扰动的作用下发生突变时，电流峰值无法自动适应，系统在负载扰动下的动态响应十分缓慢。

2. 角度位置控制

开通角 θ_{on} 和关断角 θ_{off} 是 SRM 最主要的控制参数，通过改变 θ_{on} 和 θ_{off} 可实现相电流性质（如电动和制动）、大小和波形的控制，从而可有效调节电动机的转矩、转速以及转向。

控制开通角 θ_{on} 和关断角 θ_{off}。在 θ_{on} 至 θ_{off} 之间，对绕组施加正向电压，建立和维持电流。在 θ_{off} 之后一段时间内，对绕组施加反向电压，使电流续流快速下降，直至消失。在实际控制过程中，一般采用经过精细调整的低时间常数的锁相倍频器对转子位置角基本信号实现高倍频，从而获得分辨率较高的角度细分控制。这样在不同的 θ_{on} 和 θ_{off} 控制下，可获得不同波形和幅值的相电流，达到电动机调控目的。

角度位置控制的特点如下：

（1）转矩调节范围大

若定义电流存在区间 t 占电流周期 T 的比例 t/T 为电流占空比，则角度控制下电流占空比的变化范围几乎为 0~100%。

（2）同时导通相数可变

同时导通相数多，电动机出力较大，转矩脉动较小。当电动机负载变化时，自动增加或减少同时导通的相数是角度控制方式的特点。

（3）电动机效率高

通过角度优化，能使电动机在不同负载下保持较高的效率。

3. 电压斩波控制

电压斩波控制是使功率开关管在脉冲宽度调制（Pulse Width Modulation，PWM）方式下工作，通过调节 PWM 占空比以调节加载到相绕组上的电压有效值，从而改变相绕组电流。电压斩波控制运行范围较大，通常与电流斩波控制和角度位置控制配合使用。

PWM 控制的具体工作原理为通过调节功率开关管占空比以调节电机相绕组的端电压，从而调节转子转速和输出转矩。采用较高频率的脉冲信号来控制功率开关管，能够减小电流波形毛刺、抑制电机转矩脉动及噪声，但提高了功率开关管工作频率，这会增加开关损耗，使得系统效率降低。

2.3.2　变结构控制

1. 滑模变结构的基本概念

变结构控制（Variable Structure Control，VSC）本质上是一类特殊的非线性控制，与其他控制的不同之处在于系统的“结构”并不固定，而是在动态过程中，根据系统当前的状态，有目的地不断变化，迫使系统按照预定“滑动模态”的状态轨迹运动，所以又常称为滑动模态控制（Sliding Mode Control，SMC），即滑模变结构控制。滑动模态是可以根据人们的思想进行设计，并且与控制对象参数以及外界的扰动没有关系，这就使得具有变结构控制的控制系统具有响应快、鲁棒性能好、无须系统在线跟踪、物理实现简单等优点。这种控制算法的缺点就是，当状态轨迹到达滑动模态面后，难以严格沿着滑动模态面向平衡点滑动，而是由于惯性原因不停地来回穿插，产生抖振现象。

2. 滑模变结构控制的原理

滑模变结构控制的原理为：在系统状态空间中创建一个超平面，利用切换函数在所创建的超平面两侧进行间断的控制，使系统沿着设定好的轨迹运动，使其最终能够收敛于平衡点或其邻域内。

滑动模态的定义如下：

一般情况下，对于非线性系统：

$$\frac{\mathrm{d}x}{\mathrm{d}t}=f(x,u,t)\quad x\in R^n\quad u\in R^m\quad t\in R \tag{2.72}$$

式中，x 为控制系统的状态变量，u 为控制系统的输出量。

在状态变量 x 的状态空间中，设定 $s(x)=(x_1,x_2,\cdots,x_n)=0$ 为超曲面，即为切换面，如图 2.24 所示，它将状态空间分为 $s(x)>0$ 和 $s(x)<0$ 的上下两部分。在切换面上运动的点分为以下三种情况：

1）通常点 A：状态变量运动到该点时，直接穿过滑模面继续运动。

2）起始点 B：状态变量运动到该点时，改变运动方向，朝背离切换面的方向运动。

3）终止点 C：状态变量运动到该点时，改变运动方向，并向切换曲面聚集。

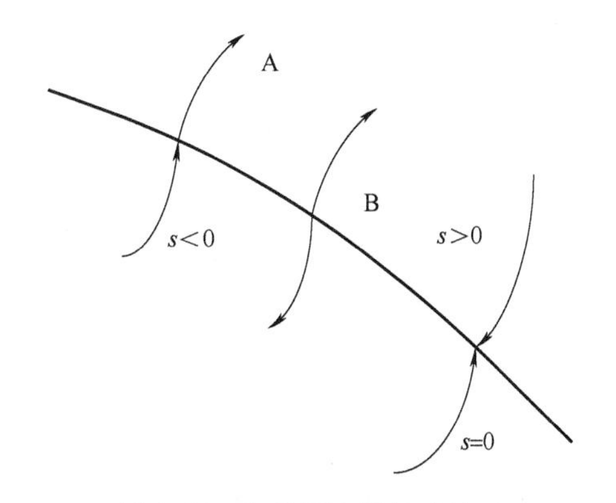

图 2.24　切换面点的运动情况

在滑模变结构控制的研究中，一般 A 点和 B 点无研究意义，我们只关注具有重要意义的终止点 C，在状态空间中的运动点在某一区域内聚集时，这里面的所有的运动点都是终止点，此时这个区域被人们称为滑模。

设切换函数为

$$s(x), s \in R^{m} \tag{2.73}$$

求解控制函数为

$$u=\begin{cases}u^{+}(x), s(x)>0 \\ u^{-}(x), s(x)<0\end{cases} \quad u^{+}(x) \neq u(x) \tag{2.74}$$

合格的滑模变结构控制需要满足存在性、可达性、稳定性，达到控制系统品质要求。

在滑模区域内系统的运动点到达临近切换面 $s(x)=0$ 附近时，两侧的终止点会向着切换面不断地聚拢，并且在切换面附近来回穿梭运动，且不会脱离切换面，必有

$$\lim_{s\to 0^{+}} \dot{s} \leqslant 0 \text{ 及} \lim_{s\to 0^{-}} \dot{s} \geqslant 0$$

上式还可以写成

$$\lim_{s\to 0} s\dot{s} \leqslant 0 \tag{2.75}$$

式（2.75）为滑模存在性的基本条件，但实际应用时，常写成

$$\lim_{s\to 0} s\dot{s}<0 \tag{2.76}$$

滑模动态的可达性就是确保系统中的运动点能够朝着滑模面运动。一般的系统并不能确保所有的运动点都在切换面的附近，在开始的时候，一些距离滑模面较远的运动点为了能够按时到达滑模面，一般地，当 $s>0$ 时，$\dot{s}<0$；而当 $s<0$ 时，$\dot{s}>0$，因此系统的可达性可表示为

$$s\dot{s}<0 \tag{2.77}$$

为了确保一些离切换面比较远的点能够在有效的时间内运动到切换面，将式（2.77）修改为

$$s\dot{s}<-\delta \tag{2.78}$$

式中，δ 是一个任意小的正数。

系统的稳定性是指在切换函数的控制下沿着切换曲面到达滑动模态的平衡状态，稳定性与系统的状态方程无关，只与切换函数的选择有关。

3. 滑模变结构控制存在的问题

滑模变结构控制是控制系统的一种综合方法，具有许多优点，主要体现在以下两个方面。

1）滑动模态对系统的干扰和参数摄动具有完全自适应性，这是滑模变结构系统最突出的优点，也是其得到重视的主要原因。实际系统都存在一些不确定性因素，例如，参数变化、数学模型的不准确性、受到外部环境的扰动及复杂系统的摄动影响等，这些摄动可能包括许多项，数学表达式复杂，但由于可以构造变结构控制，使得这样的摄动对滑动模态完全不影响，即滑动模态对摄动具有“完全自适应性”，保证系统具有很强的鲁棒性，这就是滑模变结构控制系统的独特之处。

2）实用性广。变结构控制作为一种控制系统的综合方法，既适用于线性系统，也适用于非线性系统。对于许多非线性系统而言，是无法进行线性化的，而滑模变结构系统对任何非线性系统都是适用的，不需要知道系统的精确数学模型，可以用来解决复杂的控制问题，如理想运动的跟踪问题、理想模型的跟踪问题、模型跟踪的自适应问题和不确定系统的控制

问题等。特别是近年来滑模变结构控制被用来解决许多实际问题，在机器人控制、飞机自适应控制、卫星姿态控制、电动机控制和电力系统控制等方面都有应用。

但滑模变结构控制也存在着一些问题。最突出的问题就是抖振问题。对于一个理想的滑模变结构控制系统，假设“结构”切换的过程具有理想开关特性（无时间及空间滞后），系统状态测量精确无误，控制量不受限制，则滑动模态总是降维的光滑运动并且渐近稳定于原点，不会出现抖振。但对于一个实际的滑模变结构系统，控制量总是有限的，从而使系统的加速度有限；另外，系统存在惯性，切换开关的时间空间滞后及状态检测的误差，特别是对于计算机采样系统，当采样时间较大时，形成的“准滑模”等，都将会在光滑的滑动模态上叠加一个锯齿形的轨迹，所以抖振是必定存在的。抖振是滑模变结构控制的一个突出缺点，它可能激发起系统的未建模高频特性，引起系统性能变差，甚至使系统不稳定，严重影响了变结构系统的实用性，制约着滑模变结构控制技术的发展，因此削弱和抑制抖振现象是一个重要问题。目前抑制抖振现象的方法有开关函数连续化方法、调整趋近律法、切换扇区法、观测器重构状态法，以及近年来研究的与智能控制方法相结合的一些方法。

在滑模控制中，系统在到达段，只是一般的反馈控制系统，不具有滑动段的特性，因而使系统在整个动态响应过程中的鲁棒性受到一定的限制，影响了系统的性能，这也是滑模变结构控制存在的一个问题。滑模控制虽然对系统的不确定性具有完全的自适应性，但保守的设计方法是把不确定性的上界值取得比较大来保证系统的稳定性，而在实际应用中，不确定性的上界值一般难以确定。近年来，许多学者提出了对全局滑模及变结构控制不确定性的研究。

4. 滑模变结构控制的发展现状

滑模变结构控制系统理论自 20 世纪 50 年代末产生以来经历了三个发展阶段。早期工作主要是由苏联学者完成的，1957—1962 年的初期阶段，主要研究的是二阶线性系统，以误差及其导数构成相平面坐标，研究的方法是相平面分析法。1962 年开始对任意阶的单输入单输出线性系统进行研究，仍以误差及其各阶导数构成状态空间，控制量是各个相坐标的线性组合，其系数按一定切换逻辑进行切换，所选的切换面都为规范空间中的超平面。但在实际应用中人们发现采用微分器获取误差的各阶导数信号会导致滑动模偏离理想状态，使系统性能变坏，因此这一阶段建立起来的变结构系统理论很少被采用。

20 世纪 60 年代末进入了滑模变结构控制理论研究的第二阶段，研究对象扩大到多输入多输出系统和非线性系统，切换面流形也不只限于超平面，特别是 Utkin 的专著《滑动模及其在变结构系统理论中的应用》出版后，西方学者对变结构控制产生了极大兴趣，在此期间也取得了相当多的研究成果，但仅限于理论研究阶段。20 世纪 80 年代以后，随着计算机、大功率电力电子变换器件、机器人及电机技术等的迅速发展，变结构控制理论的应用研究开始进入一个崭新的阶段，特别是以微分几何为主要工具发展起来的非线性控制思想极大地推动了变结构控制理论的发展，研究的对象扩展到离散系统、分布参数系统、广义系统、时滞系统、非线性大系统及非完整力学系统等许多复杂系统。国内学者也对这一控制方法广泛关注，其中高为炳著的《变结构控制理论基础》一书，是我国出版的第一部有关变结构控制理论与应用的书籍。近年来，为了充分发挥滑模变结构控制的优点，抑制其缺点，滑模变结构控制与自适应控制、模糊控制、神经网络、遗传算法、微粒群算法、支持向量机等相结合正成为滑模控制领域研究的一大热点。

变结构控制理论虽然取得了一定的研究成果，但仍然有许多理论问题尚未解决，在应用研究方面对象有待扩大，特别是上面提到的滑模变结构控制与智能技术等的结合还处于研究的起步阶段，大多数研究局限于数字仿真或实验室阶段，迫切需要开展系统的应用研究开发工作，这都是研究工作者们以后努力的方向。

2.3.3 智能控制

2.3.3.1 智能控制的基本概念

智能控制是一个新兴的学科领域，目前有关智能控制的定义、理论、结构等尚无统一的系统描述。下面仅就它的研究对象、智能控制系统的主要特征做简要的介绍。

2.3.3.2 智能控制的研究对象

智能控制是控制理论发展的高级阶段。它主要用来解决那些用传统方法难以解决的复杂系统的控制问题。其中包括智能机器人系统、计算机集成制造系统（CIMS）、复杂的工业过程控制系统、航空航天控制系统、社会经济管理系统、交通运输系统、环保及能源系统等。具体地说，智能控制的研究对象具备以下一些特点：

1. 不确定性的模型

传统的控制是基于模型的控制，这里的模型包括控制对象和干扰模型。对于传统控制通常认为模型已知或者经过辨识可以得到。而智能控制的对象通常存在严重的不确定性。这里所说的模型不确定性包含两层意思：一是模型未知或知之甚少；二是模型的结构和参数可能在很大范围内变化。无论哪种情况，传统方法都难以对它们进行控制，而这正是智能控制所要研究解决的问题。

2. 高度的非线性

在传统的控制理论中，线性系统理论比较成熟。对于具有高度非线性的控制对象，虽然也有一些非线性控制方法，但总的来说，非线性控制理论还很不成熟，而且方法比较复杂。采用智能控制的方法往往可以较好地解决非线性系统的控制问题。

3. 复杂的任务要求

在传统的控制系统中，控制的任务或者是要求输出量为定值（调节系统），或者是要求输出量跟随期望的运动轨迹（跟踪系统）。因此，控制任务的要求比较单一。对于智能控制系统，任务的要求往往比较复杂。例如，在智能机器人系统中，它要求系统对一个复杂的任务具有自行规划和决策的能力，有自动躲避障碍运动到期望目标位置的能力。再如，在复杂的工业过程控制系统中，它除了要求对各被控物理量实现定值调节外，还要求能实现整个系统的自动启停、故障的自动诊断以及紧急情况的自动处理等功能。

2.3.3.3 智能控制系统

智能控制系统是实现某种控制任务的一种智能系统。所谓智能系统是指具备一定智能行为的系统。具体地说，若对于一个问题的激励输入，系统具备一定的智能行为，它能够产生合适的求解问题的响应，这样的系统便称为智能系统。例如，对于智能控制系统，激励输入是任务要求及反馈的传感信息等，产生的响应则是合适的决策和控制作用。从系统的角度，智能行为也是一种从输入到输出的映射关系，这种映射关系并不能用数学的方法精确地加以描述，因此它可看成是一种不依赖于模型的自适应估计。G. N. 萨里迪斯（Saridis）给出了另一种定义，通过驱动自主智能机来实现其目标而无需操作人员参与的系统称为智能控制系统。这里所说的智能机指的是能够在结构化或非结构化、熟悉或不熟悉的环境中，自主地或有人参与地执行拟人任务的机器。上面的定义仍然比较抽象，下面给出一个通俗但并不严格的定义：在一个控制系统中，如果控制器完成了分不清是机器还是人完成的任务，称这样的系统为智能控制系统。

2.3.3.4　智能控制系统的主要功能特点

1. 学习功能

关于什么是学习，人们有许多争议，下面给出 G. N. 萨里迪斯给出的一个定义：一个系统，如果能对一个过程或其环境的未知特征所固有的信息进行学习，并将得到的经验用于进一步的估计、分类、决策或控制，从而使系统的性能得到改善，那么就称该系统为学习系统。

具有学习功能的控制系统也称为学习控制系统，它主要强调其具备学习功能的特点。学习控制系统可看成是智能控制系统的一种。智能控制系统的学习功能可能有低有高，低层次的学习功能主要包括对控制对象参数的学习，高层次的学习功能则包括知识的更新和遗忘。

2. 适应功能

这里所说的适应功能比传统的自适应控制中的适应功能具有更广泛的含义。它包括更高层次的适应性。正如前面已经提到的，智能控制系统中的智能行为实质上是一种从输入到输出之间的映射关系。它可看成是不依赖模型的自适应估计，因此它具有很好的适应性能。当系统的输入不是已经学习过的例子时，由于它具有插补功能，从而可给出合适的输出，甚至当系统中某些部分出现故障时，系统也能够正常工作。如果系统具有更高程度的智能，它还能自动找出故障甚至具备自修复的功能，从而体现了更强的适应性。

3. 组织功能

它指的是对于复杂的任务和分散的传感信息具有自行组织和协调的功能。该组织功能也表现为系统具有相应的主动性和灵活性，即智能控制器可以在任务要求的范围内自行决策、主动地采取行动；而当出现多目标冲突时，在一定的限制下，控制器可有权自行裁决。

2.3.3.5　智能控制的基本类型

由于智能控制所涵盖的学科领域不尽相同，智能控制的基本类型有专家控制、神经网络控制、模糊控制等。而神经网络控制和模糊控制是一种基本上不依赖于模型的控制方法，它比较适用于那些具有不确定性或高度非线性的控制对象，并具有较强的适应和学习功能，因而神经网络控制是智能控制的一个重要分支领域。本节就 RBF（Radial Basis Function，径向基函数）神经网络和模糊控制进行一下简略介绍。

1. RBF 神经网络

（1）RBF 神经网络的概述

RBF 神经网络是由 Moody 和 Darken 等人在 20 世纪 80 年代末提出的一种具有单隐层的三层前馈神经网络，具有局部逼近能力，只要结构得当，能以任意精度逼近任意连续函数，且具有全局最优和最佳逼近性能，这在一定程度上克服了传统 BP（Back Propagation，反向传播）神经网络的缺点。因此，近年来，RBF 神经网络在非线性系统的建模、预测、分析等方面得到了广泛的研究和应用。

RBF 神经网络的产生具有很强的生物学背景。在人的大脑皮层区域中，局部调节及交叠的感受野（Receptive Field）是人脑反应的特点，RBF 神经网络正是模拟了人脑中局部调整、相互覆盖接收域的神经网络结构，通过隐层节点中的作用函数（基函数）对输入信号在局部产生响应，而网络的输出则是对隐层单元输出的线性加权和。从总体上看，网络的输入到输出的映射是非线性的，而输出参数对可调参数而言又是线性的，这样就大大加快了学习速度，同时可避免局部极小问题。典型的 RBF 神经网络如图 2.25 所示。

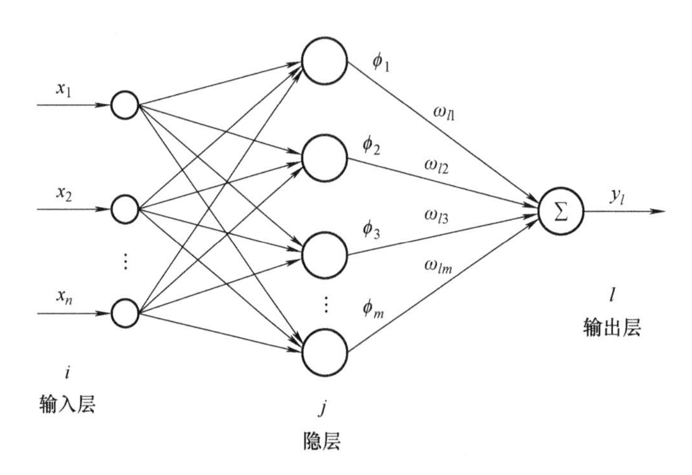

图 2.25　RBF 神经网络结构图

（2）RBF 神经网络的数学模型

RBF 神经网络的函数表达式为

$$y_l = \sum_{j=1}^{m} \omega_{lj}\phi(\|X - C_j\|, \sigma_j) \quad 1 \leqslant l \leqslant L \tag{2.79}$$

式中，y_l为网络的第 l 个输出量；$\phi(\cdot)$ 为径向基函数，一般取为非线性函数，ϕ_j为第 j 个隐层节点的输出；$\|\cdot\|$为欧几里得范数；ω_{lj}为第 j 个隐层节点到输出层的连接权值；$X=[x_1,x_2,\cdots,x_n]^{\mathrm{T}}$为输入向量，$n$ 为输入向量维数；C_j为第 j 个隐层节点的中心，σ_j为该隐层节点的宽度；m 为隐层节点个数；L 为输出向量维数。常用的径向基函数 $\phi(\cdot)$ 有以下几种形式：

$$f(x) = \exp^{-(x/\sigma)^2} \tag{2.80}$$

$$f(x) = 1/(\sigma^2 + x^2) \quad \alpha > 0 \tag{2.81}$$

$$f(x) = (\sigma^2 + x^2)^{\beta} \quad \alpha < \beta < 1 \tag{2.82}$$

以上这些函数都是径向对称的，但最常用的是高斯函数

$$\phi(x) = \exp\left(\frac{\|x-c\|^2}{2\sigma^2}\right) \tag{2.83}$$

式中，x 为输入值；c 为节点中心；σ 为节点宽度。在 RBF 神经网络中需要确定的参数有隐层节点数、隐层节点的中心值和宽度、隐层到输出层的连接权值。其中，隐层节点数和其中心值的选取很大程度上决定了网络的逼近能力和推广能力。

确定 RBF 神经网络中心的方法主要有以下几种：

1）随机选取 RBF 中心：RBF 的中心在输入样本数据中随机选取，且中心固定，这样隐层单元的输出是已知的，网络的连接权就可通过求解线性方程组来确定，这种方法适合于给定样本数据具有代表性的情况。

2）自组织学习选取 RBF 中心：RBF 中心通过自组织学习确定其位置，而输出层的线性权值通过有监督学习规则计算。这是一种混合的学习方法，自组织学习部分是在某种意义上对网络的资源进行分配，学习的目的是使 RBF 的中心位于输入空间重要的区域，常用的方法一般是基于聚类的方法，如 K 均值聚类、C 均值聚类等。

3）有监督学习选取 RBF 中心：RBF 中心以及网络的其他自由参数都是通过非线性优化方法，如梯度下降法、共轭梯度法或 BFGS 法等有监督的方法来确定的。

4）正交最小二乘法（OLS）选取 RBF 中心：这是目前训练 RBF 神经网络应用较多的一种方法。这种方法的优点是简单易行、运行速度快，但是不适合递推运算，而且基函数中心的确定需要进一步研究。

5）Givens 迭代算法确定 RBF 中心：该方法由 S. Chert 等人提出，适合递推运算，但运算的存储量大、运算速度慢，对实时运行有一定影响。

2. 模糊控制

（1）模糊控制的概述

1965 年美国控制理论教授 L. A. Zadeh 提出模糊控制理论，对控制系统的模糊性第一次用“隶属度函数”来描述，并且定义了模糊集合的控制理论，为模糊理论打下了坚实的基础。模糊逻辑将专家构造语言转化为控制策略，能处理很多复杂的且难以建立精确模型的系统，可以说模糊控制是一种专门解决不精确或者非线性系统的控制方法。模糊控制自提出以来，引发了越来越多学者的关注，其成果也显而易见。英国教授 E. H. Mamdani 是最早将模糊控制运用在实际问题中的，他在锅炉和蒸汽机控制系统中引入了模糊控制，带来了优越的性能，展现出了美好的发展未来。模糊控制的发展日益成熟，在电子、机械、化工等行业中尤为突出。

模糊控制器的主要目的就是将清晰地输入量转化为模糊的输入量。一般情况下，通常将模糊输入变量设为误差，及其误差变化率 $e = \mathrm{d}e/\mathrm{d}t$。模糊规则最重要的一步就是模糊控制器的设计。模糊逻辑中常用的模糊逻辑规则为如果 x 是 A，y 是 B，则 z 是 C。一般情况下，模糊规则由专家经验来制定，需要经过试凑，并不断调整，最后才能得到模糊规则表。虽然此方法具备一定主观性，但是并不是所有控制规则都可由专家的知识经验归纳得出。

模糊系统由以下四部分构成：

1）模糊化：模糊化含义为将清晰化的输入值转化为语义式的模糊信息。

2）模糊规则库：对所用规则进行存储，对系统输入输出进行详细描述。

3）模糊推理：以人的思维方式来进行推理与思考，从而解决系统所存在的问题。

4）解模糊化：解模糊化是最后一步，因为现在所得的变量仍是模糊化变量，在实际问题中，对控制量一般要求清晰化，这样才能对系统进行有效控制。解模糊化的主要任务就是把模糊信息转变为清晰信息，一般情况下，解模糊方法有三种，分别为加权平均数法、最大隶属度法、中位数法。这三种方法中最大隶属度法精度较差、信息不全，但是易于实现；中位数法信息较全面，但是计算复杂，在实际应用中较少；加权平均数法（重心法）精确度较高，应用较广泛。

（2）模糊控制的基本原理

模糊控制是模糊逻辑理论在控制领域中的应用，它是一种有效的智能控制技术。它是以模糊集合化、模糊语言变量及模糊逻辑推理为基础的一种数字控制，也是一种非线性控制。模糊控制核心为模糊推理，它同样是根据人的控制经验，模仿人的控制决策。与专家控制系统类似，模糊控制是基于专家经验总结出若干条模糊控制规则，所以模糊控制归类为基于规则的控制。

模糊控制的特点是，一方面，模糊控制提供了一种实现基于自然语言描述规则的控制规律的新机制；另一方面，模糊控制器提供了一种改进非线性控制器的替代方法，这些非线性控制器一般用于控制含有不确定性和难以用传统非线性理论来处理的装置。

模糊控制系统的核心就是模糊控制器，一个模糊控制系统的性能优劣，主要取决于模糊控制器，包括模糊控制器的结构、所采用的模糊规则以及模糊决策的方法等。模糊控制器由模糊化结构、推理机、解模糊接口、知识库 4 部分组成。

1）模糊化接口。模糊控制器的输入必须通过模糊化接口，转化成为模糊量后，才能加载于模糊控制器。模糊化接口是模糊控制器的输入接口。通过将传感器得到的确定量，通过误差或误差变化率计算，进行标尺转换，将输入变量变换成相应的论域，成为模糊变量。

2）规则库。规则库包含应用论域的知识和控制目标，由一组语言控制规则组成，表达了应用论域的专家经验和控制策略。

3）推理机。推理机是模糊控制系统的“大脑”。它基于模糊概念，运用模糊推理算法，根据模糊规则，模拟人的决策过程，获得模糊控制系统的控制策略和控制作用。

4）解模糊接口。由于对系统的具体控制是一个精确量，所以需要通过解模糊控制器的输出由模糊变量转换成精确变量，以获得系统的精确控制作用。

模糊控制原理框图如图 2.26 所示，图中点画线框内部为模糊控制器。模糊控制器的工作原理是根据给定值与反馈的实际值比较得到误差信号作为模糊控制器的输入值计算所选择的输入变量。将输入变量的精确值变为模糊值。根据输入的模糊量及模糊控制规则，按模糊推理合成规则计算控制量（模糊量）。由上述得到的控制量是模糊量，通过非模糊化，计算精确的控制量。

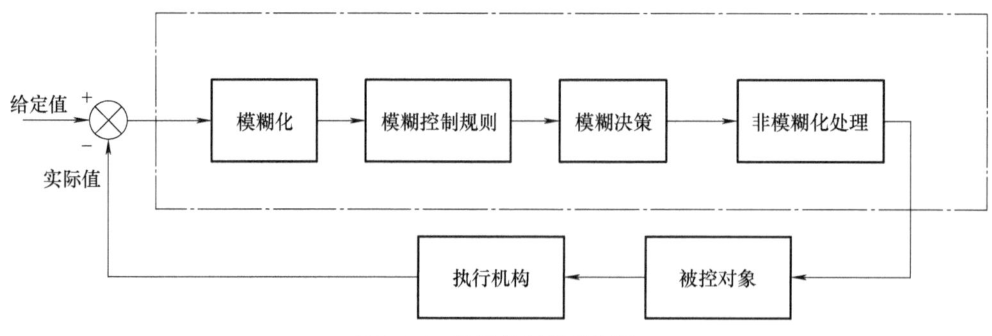

图 2.26　模糊控制原理框图

2.3.4　转矩分配函数控制策略

图 2.27 所示是传统的基于 TSF（Torque Sharing Function，转矩分配函数）控制策略的

结构图。图中，电机选择三相 12/8 极的 SRM，功率变换器采用的是不对称半桥型变换器。传统的基于 TSF 的控制策略在运行过程中首先将预先设定的电机的参考转速与实际转速的差值作为外环转速跟踪控制器，即 PID 控制器的输入，再由 PID 跟踪控制得到总的参考转矩，TSF 模块将总参考转矩分配给各相得到三相的参考转矩值，再经转矩-位置-电流模型得到各相的参考电流，然后将各相实际电流与参考电流的差值输入到滞环控制器中获得了功率变换器中的驱动信号，最后通过控制 SRM 实现基于 TSF 的间接控制转矩的控制方案。

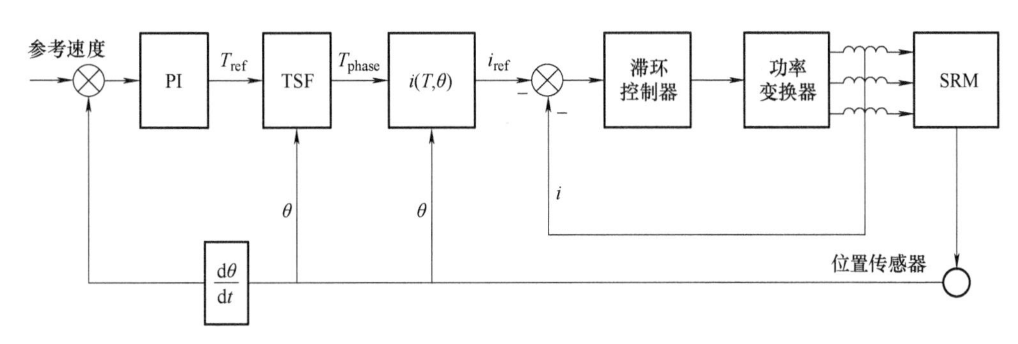

图 2.27　TSF 原理图

TSF 在分配时，总转矩 T_{ref} 和各项转矩 $T_k(\theta)$ 满足如下关系式：

$$\begin{cases} T_k(\theta) = T_{ref} f_k(\theta) \\ \sum_{k=1}^{m} f_k(\theta) = 1 \\ 0 \leqslant f_k(\theta) \leqslant 1 \end{cases} \tag{2.84}$$

式中，$f_k(\theta)$ 是 SRM 第 k 相的 TSF。

TSF 的形式决定了参考转矩的波形，还会直接影响 SRM 的转矩脉动以及馈电电压等，因此在设计过程中选择合适的 TSF 对整个系统的控制性能来说是非常重要的，一般按照下面的原则进行设计：任一相仅产生正的电磁转矩，且在任何瞬时，只有单相或者相邻的两相绕组励磁。典型的 TSF 有直线型 TSF、指数型 TSF、正弦型 TSF 和立方型 TSF。经过研究分析，这四种典型的 TSF 都能够被应用到抑制转矩脉动控制策略中，且这些典型的 TSF 适应于不同优化目标下的 SRM 控制策略。下面是对几种 TSF 的详细介绍。

1. 直线型 TSF

图 2.28 所示为直线型 TSF 的曲线图。

在一个角周期 τ_r 内，第 j 相的直线型 TSF 被定义为

$$f_j(\theta) = \begin{cases} 0 & 0 \leqslant \theta \leqslant \theta_{on} \\ \dfrac{\theta-\theta_{on}}{\theta_{ov}} & \theta_{on} \leqslant \theta \leqslant \theta_{on}+\theta_{ov} \\ 1 & \theta_{on}+\theta_{ov} \leqslant \theta \leqslant \theta_{off} \\ 1-\dfrac{\theta-\theta_{off}}{\theta_{ov}} & \theta_{off} \leqslant \theta \leqslant \theta_{off}+\theta_{ov} \\ 0 & \theta_{off}+\theta_{ov} \leqslant \theta \leqslant \tau_r \end{cases} \tag{2.85}$$

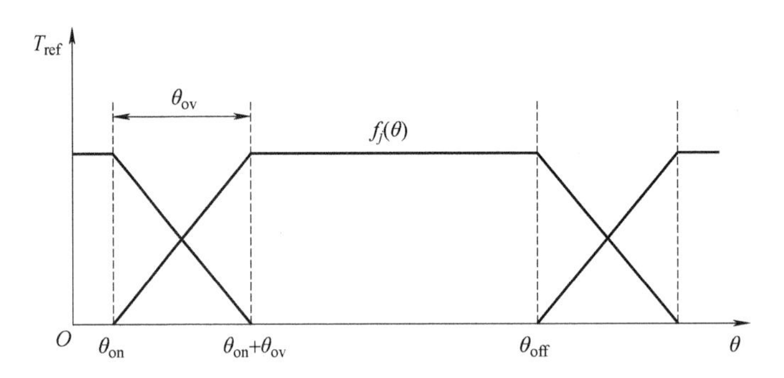

图 2.28　直线型 TSF

式中，θ_{on}是开通角，θ_{off}是导通相开始减小转矩时的位置角，θ_{ov}是相邻相两相电流重叠的角度，θ_{ov}满足下式：

$$\theta_{ov} \leqslant \frac{\tau_r}{2} - \theta_{off} \tag{2.86}$$

一般情况下开通角和关断角满足下式：

$$\theta_{off} = \varepsilon + \theta_{on} \tag{2.87}$$

式中，ε 为相邻相的相移角度，而

$$\varepsilon = \frac{2\pi}{mN_r} \tag{2.88}$$

式中，m 是 SRM 的相数，N_r是转子凸极极数。

2. 指数型 TSF

图 2.29 所示为指数型 TSF 的曲线图。

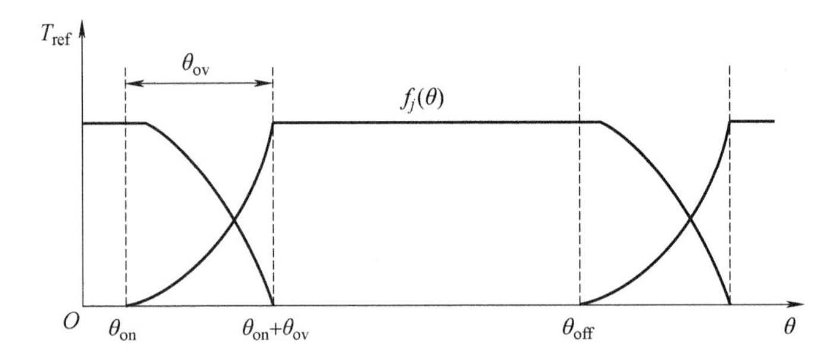

图 2.29　指数型 TSF

在一个角周期 τ_r内，第 j 相的指数型 TSF 被定义为

$$f_j(\theta) = \begin{cases} 0 & 0 \leqslant \theta \leqslant \theta_{on} \\ 1 - e^{2\left(\frac{\theta_{ov}}{\theta_{on} - \theta} + 1\right)} & \theta_{on} \leqslant \theta \leqslant \theta_{on} + \theta_{ov} \\ 1 & \theta_{on} + \theta_{ov} \leqslant \theta \leqslant \theta_{off} \\ 1 - e^{2\left(\frac{\theta_{ov}}{\theta_{off} - \theta} + 1\right)} & \theta_{off} \leqslant \theta \leqslant \theta_{off} + \theta_{ov} \\ 0 & \theta_{off} + \theta_{ov} \leqslant \theta \leqslant \tau_r \end{cases} \tag{2.89}$$

3. 余弦型 TSF

图 2.30 所示为余弦型 TSF 的曲线图。

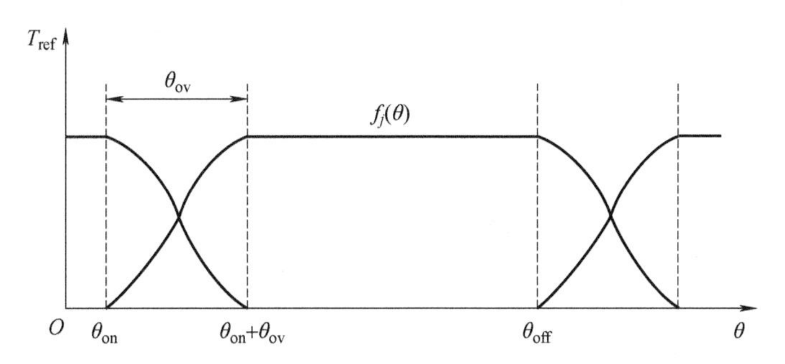

图 2.30　余弦型 TSF

在一个角周期 τ_r 内，第 j 相的余弦型 TSF 被定义为

$$f_j(\theta)=\begin{cases}0 & 0\leqslant\theta\leqslant\theta_{on}\\ \dfrac{1}{2}-\dfrac{1}{2}\cos\left(\pi\dfrac{\theta-\theta_{on}}{\theta_{ov}}\right) & \theta_{on}\leqslant\theta\leqslant\theta_{on}+\theta_{ov}\\ 1 & \theta_{on}+\theta_{ov}\leqslant\theta\leqslant\theta_{off}\\ \dfrac{1}{2}+\dfrac{1}{2}\cos\left(\pi\dfrac{\theta-\theta_{off}}{\theta_{ov}}\right) & \theta_{off}\leqslant\theta\leqslant\theta_{off}+\theta_{ov}\\ 0 & \theta_{off}+\theta_{ov}\leqslant\theta\leqslant\tau_r\end{cases}\tag{2.90}$$

4. 立方型 TSF

图 2.31 所示为立方型 TSF 的曲线图。

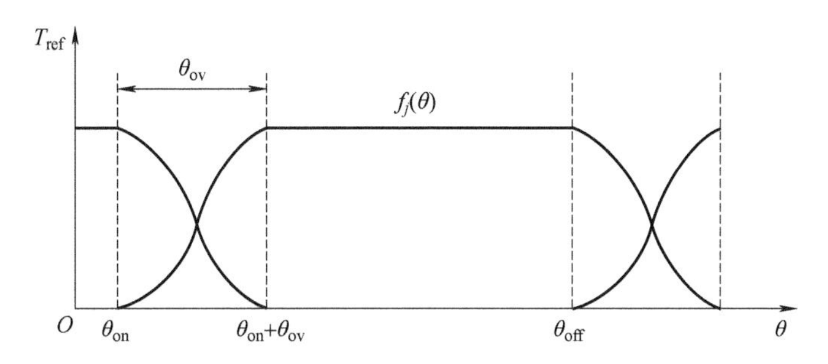

图 2.31　立方型 TSF

在一个角周期 τ_r 内，第 j 相的立方型 TSF 被定义为

$$f_j(\theta)=\begin{cases}\dfrac{3}{\theta_{over}^2}(\theta-\theta_{on})^2-\dfrac{2}{\theta_{over}^3}(\theta-\theta_{on})^3 & \theta_{on}\leqslant\theta\leqslant\theta_{on}+\theta_{over}\\ 1 & \theta_{on}+\theta_{over}\leqslant\theta\leqslant\theta_{off}\\ 1-\dfrac{3}{\theta_{over}^2}(\theta-\theta_{on})^2-\dfrac{2}{\theta_{over}^3}(\theta-\theta_{on})^3 & \theta_{off}\leqslant\theta\leqslant\theta_{off}+\theta_{over}\\ 0 & 其他\end{cases}\tag{2.91}$$

由以上几种典型的 TSF 可知，TSF 是关于开通角、两相重叠角以及参考转矩的函数。通过改变以上三个参数的值，便会得到不同的 TSF 曲线。实际上，在控制过程中电流控制器是否能实现相电流精确跟踪上由 TSF 模块输出的参考电流对整个系统来说是非常关键的，也就是说，如果由 TSF 模块所输出的参考电流不具有较易跟踪的特性或者电流跟踪器性能不佳都会使系统产生较大的脉动，影响系统的性能。因此，选择合适的 TSF 对 TSF 模块来说就显得尤为重要。

2.3.5 直接转矩控制与直接瞬时转矩控制

1. 直接转矩控制策略

直接转矩控制（Direct Torque Control，DTC）策略指的是对 SRM 转矩进行直接控制的一种直接有效的控制策略，由于传统控制策略都无法有效解决 SRM 转矩脉动带来的消极影响，而直接转矩控制策略正是针对 SRM 本身结构所引起的转矩脉动进行抑制，因此 SRM 直接转矩控制策略得到了极大的发展及应用。其是在已发展成熟的交流电机直接转矩控制技术基础之上，被成功应用于 SRM 控制的经典例证。其核心思想是通过对电机瞬时转矩和磁链进行估算，并将其值与给定值的差值限定在滞环限内，从而实现了对转矩的直接调控，并将转矩的波动限定在较小的范围内，ω 达到减小转矩脉动的目的。本节采用 SRM 直接转矩控制策略，设计了 SRM 控制系统，最终显著改善了 SRM 的转矩脉动问题，直接转矩控制的框图如图 2.32 所示。

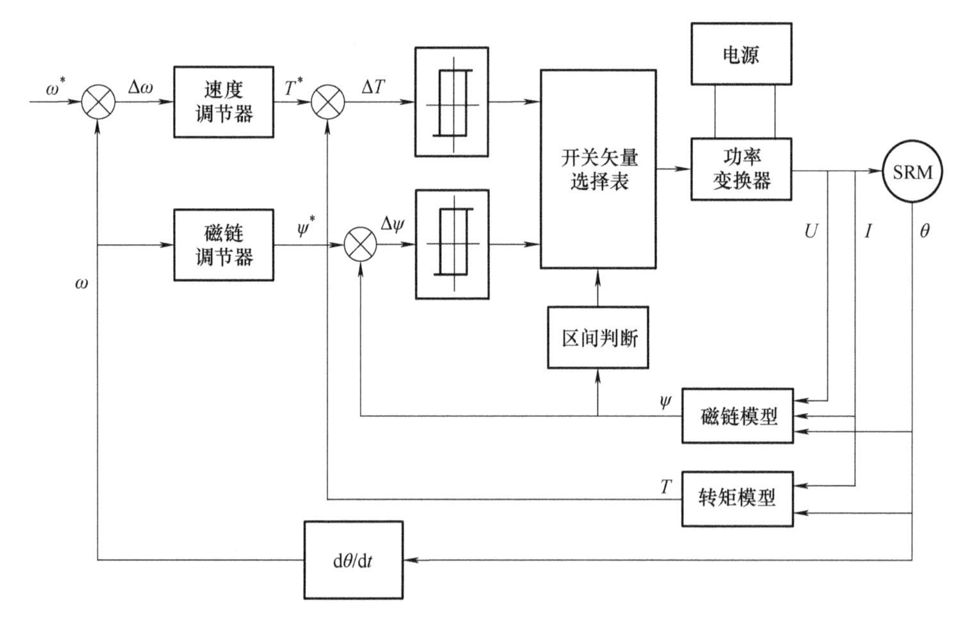

图 2.32 SRM 直接转矩控制系统原理框图

整个系统为双闭环控制，外环是速度环，内环为转矩、磁链调节环：

1）速度传感器或转速识别模型测得电机实际转速 ω，与转速设定值 ω^* 进行比较，其差值经速度调节器输出为参考转矩 T^*。

2）电机转速 ω 在基速下，磁链调节器将输出恒定的磁链参考值 ψ^*，以获得较大的输出转矩，此时磁链参考值 ψ^* 为最大磁链值。电机转速 ω 超过基速时，磁链参考值 ψ^* 将以 ω^{-1}减小，进入弱磁调速控制。

3）由电机每相绕组的电压、电流、电阻及转子位置角等信息，根据磁链模型和转矩模型，计算出瞬时电磁转矩 T 和瞬时定子磁链 ψ，与参考转矩 T^* 和磁链参考值 ψ^* 进行比较后，得到偏差 ΔT 和 $\Delta\psi$。计算定子磁链 ψ 的相角，可以确定定子磁链所处的扇区。

4）开关矢量选择表通过定子磁链所处的扇区，同时考虑转矩滞环比较器和磁链滞环比较器的输出，查询预先设置的电压矢量表，选择适当的电压矢量对功率变换器进行控制，进而完成电机转速的调节。

2. 传统直接转矩控制存在的问题

1）SRM 的直接转矩控制虽然在一定程度上改善了转矩脉动问题，但转矩脉动问题依旧很突出，主要由于 SRM 的运行是通过换相来维持的，各相转矩的叠加之和就是 SRM 输出的总电磁转矩，在换相的过程中，由于绕组中的电流不能突变，存在一定的换相时间，而不能瞬时完成，关断相电流逐步减小，开通相电流逐步增大，即存在换相延迟。在换相过程中，关断相减小的电磁转矩要大于导通相增加的电磁转矩，所以叠加之后总的电磁转矩呈现下降趋势。

2）传统直接转矩控制只有 6 个扇区，每个扇区在对应 60°的空间角度，由于可选择的电压矢量过少，所以选择的电压矢量未必是最优矢量，而只是在 6 个电压矢量中最接近最优解的电压矢量，导致控制精度过低。

3. 直接瞬时转矩控制策略

直接瞬时转矩控制作为能有效抑制 SRM 转矩瞬态脉动的一种控制方法，在电机运行时，其将参考转速和实际转速作差，转速差值经过速度调节器后输出参考转矩，利用采集的三相电流以及转子位置角信号，通过转矩估算模块得出实际转矩，将参考转矩和实际矩作差，转矩差值经过转矩滞环控制器后，结合转子位置角信息和开关表，判断各相绕组处于什么状态，进而决定开关管的通断，从而实现 SRM 直接瞬时转矩控制。SRM 直接瞬时转矩控制系统可以分为以下八个模块：SRM、速度控制器、转矩滞环控制器、电流检测模块、转子位置角检测模块、不对称半桥电路、转矩估算模块、开关表。SRM 直接瞬时转矩控制系统框图如图 2. 33 所示。

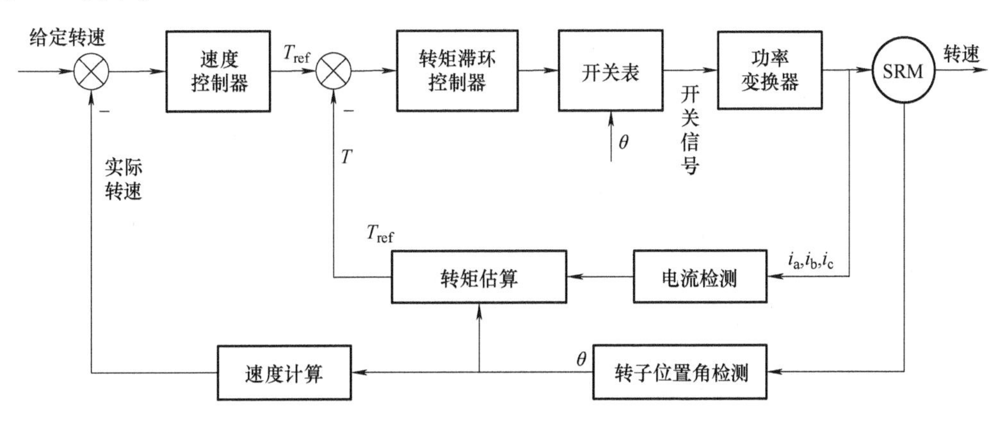

图 2. 33　SRM 直接瞬时转矩控制系统框图

（1）主电路开关

采用不对称半桥型电路作为 SRM 控制系统的功率变换器。为了对输出转矩的大小有调理作用，可以把每一相的工作状态分为“1”“0”和“-1”三种状态，三种工作状态如图 2.34 所示。其中，两个开关管都导通时，相绕组为状态“1”；一个开关管和一个二极管组成回路续流为状态“0”；两个开关管同时关断为状态“-1”。

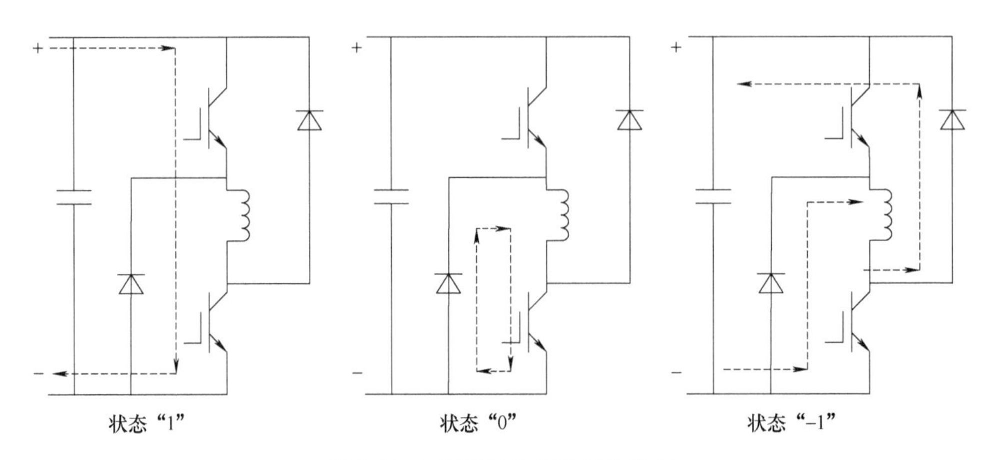

图 2.34　3 种不对称半桥开关状态

在状态“1”下，同一桥臂的两个开关管同时开通，在相绕组两端施加正向电压，电流、磁链迅速建立，使得转矩快速增加。

在状态“0”下，两个开关管一个导通、一个关断，导通的开关管与其对应的续流二极管和相绕组组成续流回路，绕组两端电压近似为 0，转矩缓慢减小。

在状态“-1”下，两个开关管同时关断，绕组中的电流通过两个二极管进行续流，此时反向电压被施加于绕组两端，电流、磁链迅速下降，转矩迅速减小。

（2）滞环控制器

在 SRM 直接瞬时转矩控制系统运行时，将参考转矩与实际转矩作差，将转矩的偏差量输入转矩控制器，转矩控制器将转矩偏差量与滞环上下限进行比较，结合实时转子位置角信息决定各相的工作状态，并根据各相的工作状态确定各相开关管的通断。

在 SRM 直接瞬时转矩控制系统中，当电机处于工作状态时，电机的输出转矩有两种构成方式，SRM 三相瞬时转矩示意图如图 2.35 所示。A 相在 θ_{Aoff}处关断，B 相在 θ_{Bon}处开通，A 相关断时 B 相开通，即 $\theta_{Aoff}=\theta_{Bon}$。在图 2.35 中，$\theta_{Aoff}\sim\theta_{Aover}$为 A 相到 B 相的换相区间，此时的输出转矩为 A 相转矩与 B 相转矩之和；$\theta_{Aover}\sim\theta_{Boff}$为单相导通区间，输出转矩仅由 B 相提供。同理，其他相也存在相同的情况。

针对 SRM 在运行时存在的单相导通区和换相重叠区两种情况，为使转矩控制效果良好，需根据电机是运行在单相导通区还是换相重叠区，设置两种不同的滞环宽度。其中滞环控制器的输入量为参考转矩 T_{ref}与实时转矩 T 的偏差量 ΔT，滞环限值分别为$-\Delta T_{max}$、$-\Delta T_{min}$、ΔT_{min}、ΔT_{max}。

针对单相导通区，以图 2.35 中的 $\theta_{Aover}\sim\theta_{Boff}$区间为例，结合图 2.36 来进行说明，在 $\theta_{Aover}\sim\theta_{Boff}$区间，A 相刚好结束续流过程，此时的电磁转矩仅由 B 相提供，当转矩偏差 ΔT 大

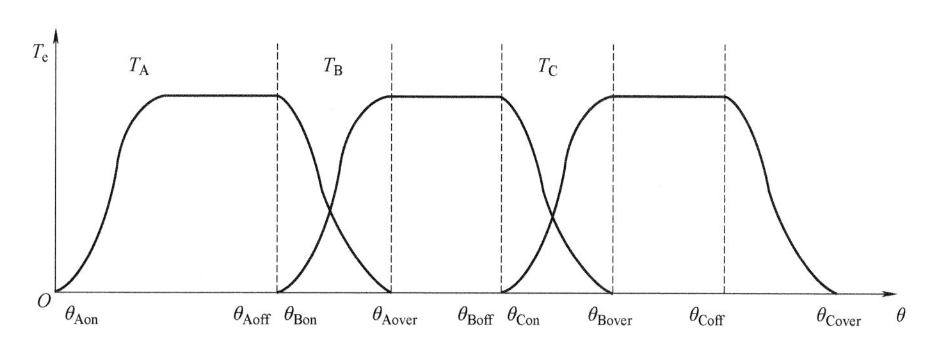

图 2.35　SRM 三相瞬时转矩示意图

于滞环上限ΔT_{min}时，B 相输出转矩不足，故令 B 相开关管处于状态“1”，以增大输出转矩；随后输出转矩逐渐增大，转矩偏差值缩小，当转矩偏差 ΔT 小于$-\Delta T_{min}$时，B 相输出转矩较大，使 B 相开关管处于状态“0”，使得 B 相绕组处于续流状态，此时 B 相的输出转矩缓慢减小；若实际输出转矩持续增大，使得 $\Delta T<-\Delta T_{max}$，则令 B 相处于状态“-1”，B 相的两个开关管同时关断，在绕组两侧施加负压，使得相电流迅速下降，从而使得实际输出转矩迅速下降；然后 ΔT 开始增大，当 $\Delta T>-\Delta T_{min}$时，令 B 相功率开关管处于状态“0”，缓慢增大转矩；当又一次 $\Delta T>\Delta T_{min}$时，重复上述控制过程，将输出转矩的变化量控制在设定的滞环内。

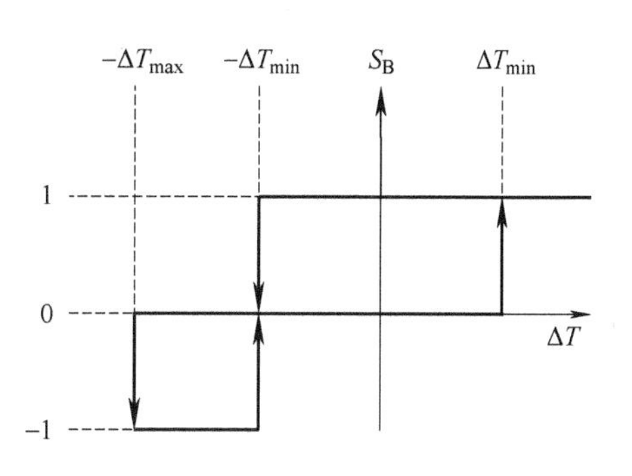

图 2.36　单相转矩滞环控制

换相重叠区内由两相共同提供转矩，控制过程比较复杂，其控制流程如图 2.37 所示。以 A 相到 B 相的换相重叠区 $\theta_{Aoff}\sim\theta_{Aover}$为例来阐述换相重叠区内的转矩滞环控制，在该区间内，A 相提供的转矩逐渐减小，B 相逐渐增大，逐渐完成换相过程，仅由 B 相提供转矩。当转子旋转到 θ_{Bon}时，B 相为励磁状态，对应的两个开关管都导通，B 相转矩快速提升。若此时 A 相也处于励磁状态，则总的输出转矩迅速增大。当偏差值 $\Delta T<0$ 时，为保证换相过程顺利进行，由 B 相输出较多的转矩，令 A 相进入续流状态，缓慢减小合成转矩；如果实际转矩继续增大，当 $\Delta T<-\Delta T_{min}$时，令 B 相进入续流状态，以减小合成转矩；若实际转矩持续增大，当 $\Delta T<-\Delta T_{max}$时，则令 A 相进入退磁状态，减小输出转矩。随后合成转矩继续减小，从而使

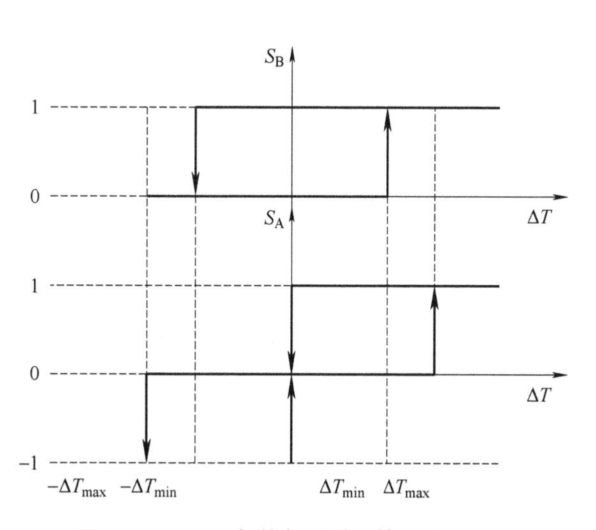

图 2.37　A、B 相换相重叠区转矩滞环控制

$\Delta T>0$，此时令 A 相开关管切换为状态“0”，B 相维持原状态不变；当 $\Delta T>\Delta T_{\min}$时，使 B 相开关管切换为状态“1”，A 相开关管维持原状态，通过开通 B 相使合成转矩增大。当 $\Delta T>\Delta T_{\max}$时，令 A、B 两相都进入励磁状态，随着转矩偏差量减小到 0 时，A 相进入续流状态，B 相仍处于励磁状态。当 B 相转矩的增长量大于 A 相转矩的减小量时，转矩偏差量小于 $\Delta T_{\min}$，若此时输出转矩持续升高，则 $\Delta T<0$。重复之前的调控过程，从而实现转矩控制。

4. 传统直接瞬时转矩控制存在的问题

传统直接瞬时转矩控制将每个导通周期分为换相区域和单相导通区域，并在两个区域分别设计滞环策略，可以在一定程度上减小转矩脉动。然而传统的直接瞬时转矩控制在换相期间依然存在转矩脉动大的问题。为便于定性分析 SRM 输出转矩与相电感直接的关系，可以忽略磁路饱和，即认为电感仅随转子位置角变化而与电流无关，瞬时转矩 T 的计算公式为

$$T=\frac{1}{2}i^2\frac{\mathrm{d}L}{\mathrm{d}t} \tag{2.92}$$

由式（2.92）可以看出，SRM 某一相在某一位置瞬时输出转矩的大小，与该相在此位置的电感变化率和相电流的大小有关，且与电感变化率的大小成正比。根据式（2.92）并结合各相电感变化可知，在 A、B 两相换相开始时，B 相的电感变化率和电流都较小，B 相几乎不输出转矩，而 A 相的电感变化率和电流都处于较高水平，此时转矩主要由 A 相输出。因此由 A、B 两相的滞环策略可知，此时转矩主要由 A 相外滞环控制，转矩偏差在 $0\sim T_{\mathrm{H}}$之间变化，B 相处于工作状态“1”。

随着换相的进行，A 相的电感变化率逐渐减小，B 相的电感变化率和相电流逐渐增大，转矩的主要输出相由 A 相过渡到 B 相。此时转矩主要由 B 相内滞环控制，转矩偏差在$-T_{\mathrm{L}}\sim T_{\mathrm{L}}$之间变化。A 相则处于状态“0”，电流缓慢下降。当转子转到 A 相关断角 θ_{off}时，A 相工作于退磁状态“-1”，电流迅速下降。B 相此时的电感变化率和电流都较大，此时转矩依然由 B 相的内滞环控制。

由此可见，传统直接瞬时转矩控制 SRM 稳定运行时，在相邻两相的换相过程中转矩由内外环交替控制，因此在换相过程中存在转矩偏差较大的情况，如图 2.38 所示。虽然适当减小 T_{H}可以减小由于外滞环控制引起的较大的转矩偏差，但是 T_{H}的取值不能过于接近 T_{L}。这是因为在实际控制中受采样时间、计算时间和开关频率的限制，无法精准地控制转矩偏差在设定好的滞环区间内变化，实际的转矩偏差会略微超出滞环极限值。若 T_{H}的取值接近甚至等于 T_{L}，会造成 A、B 两相工作状态同时切换，过快的转矩变化会产生较大的转矩脉动，两相的开关管同时动作也会造成更大的功率损耗。此外，随着换相的进行，B 相的电感变化率和相电流逐渐增大，转矩主要由 B 相内滞环控制。若 A、B 两相工作状态同时切换，会导致在这一阶段 A 相由原本的状态“0”转为状态“1”，造成相电流升高，这将不利于 A 相退磁，在转速较高的情况下电流会更容易延伸到负转矩区，影响电机效率。因此，根据实际控制条件的不同，通

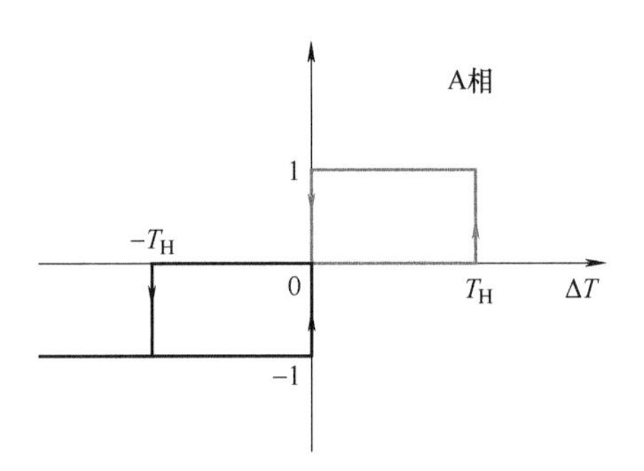

图 2.38 传统的直接瞬时转矩控制的转矩偏差随时间的变化

常 T_H的取值设定为 $2T_L$左右。

此外，直接瞬时转矩控制效率偏低，这是由于直接瞬时转矩控制将瞬时转矩作为直接控制量，没有考虑电流波形，导致电机运行时可能出现相电流峰值过大的问题，影响电机铜耗与效率。事实上，相电流峰值大小主要受角度位置控制参数的影响，若要在减小转矩脉动的同时进一步减小相电流峰值、提高效率，就需要进一步合理地设计角度控制参数。

2.3.6　自抗扰控制策略

PID 控制原理简单、易于设计，在 SRM 控制系统中得到了广泛应用，但对于精度和响应速度要求严格的系统，传统 PID 控制则不能满足要求，这是因为用反馈消除误差会造成一定的滞后，严重时可能会造成系统失稳，尤其对于 SRM 来说，其调速范围大，这对 PID 控制的参数选择也造成了一定的困难。本节将具体介绍自抗扰控制（ADRC）的基本原理，以及在 SRM 控制系统速度外环中的应用。

1. 自抗扰控制基本原理

ADRC 主要由跟踪微分器（Tracking Differentiator，TD）、扩张状态观测器（Extended State Observer，ESO）、非线性状态反馈（Nonlinear State Error Feedback，NLSEF）三部分组成。ADRC 以 PID 为基础，即基于误差消除误差，同时通过加入过渡过程对输入信号进行预处理，输出微分以及跟踪信号，降低输入信号初始控制力以免出现超调现象，而且通过 TD 获取的误差微分信号，起到了滤波的作用；通过 ESO 对系统内外扰动进行观测和估计，并加以补偿，解决了 PID 控制中因积分返回导致的系统响应慢，从而引发振荡以及积分饱和的问题；最后通过 NLSEF 对 TD 的输出信号和 ESO 输出的观测信号之间的误差采取非线性控制，ADRC 结构如图 2.39 所示。

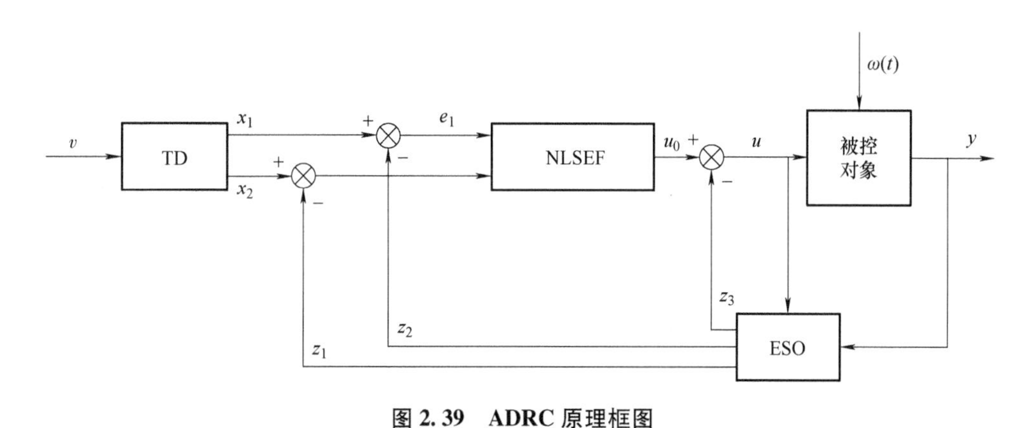

图 2.39　ADRC 原理框图

2. 跟踪微分器

一般在反馈系统中，由于存在惯性，当输入发生跃变时输出信号不能实时跟随其进行变化，所以为了加强控制力度，往往需要增大控制量，但同时也会造成比较大的冲击，使系统发生超调。TD 就是引入一个过渡过程的环节，将复杂的跟踪输入信号过渡为平稳的连续信号。输入信号经过 TD 输出两个信号，一个是跟踪信号，一个是微分信号，所以 TD 不仅能够获取微分信号，还通过引入过渡过程避免了超调问题。

ADRC 可用于未知扰动的系统，其被控对象可表示为

$$\begin{cases} x^{(n)}=f(x,\dot{x},\cdots,x^{(n-1)})+\omega(t)+bu(t) \\ y=x(t) \end{cases} \tag{2.93}$$

式中，x 为状态变量，u 为控制信号，b 为控制信号增益系数，$\omega(t)$ 为系统未知扰动，$f(x,\dot{x},\cdots,x^{(n-1)})$ 为系统未知函数。

为适应数值计算的要求，二阶 TD 采用离散形式：

$$\begin{cases} x_1(k+1)=x_1(k)+h\cdot x_2(k) \\ x_2(k+1)=x_2(k)+h\cdot \mathrm{fst}(x_1,x_2,v,r,h_1) \end{cases} \tag{2.94}$$

式中，h 为积分步长；r 为速度因子；h_1为滤波因子，决定微分器的滤波能力，抑制噪声污染；$\mathrm{fst}(x_1,x_2,v,r,h_1)$ 为最速控制综合函数，其作用为避免直接离散化引起系统高频振荡，其表达式如下：

$$\begin{cases} d=rh_1 \\ d_0=dh_1 \\ y=x_1-v+h_1x_2 \\ a_0=(d^2+8r|y|)^{\frac{1}{2}} \\ a=\begin{cases} x_2+\mathrm{sign}(y)\dfrac{(a_0-d)}{2}, & |y|>d_0 \\ x_2+\dfrac{y}{h_0}, & |y|\leqslant d_0 \end{cases} \\ \mathrm{fst}=\begin{cases} r\cdot\mathrm{sign}(a), & |a|>d \\ r\dfrac{a}{d}, & |a|\leqslant d \end{cases} \end{cases} \tag{2.95}$$

3. 扩张状态观测器

ESO 是 ADRC 的核心部分，把对系统产生影响的扰动扩张为一个新的变量，然后通过获取输入、输出之间的误差来观测估计状态变量，并利用反馈控制进行相应补偿，当确定了系统的输入、输出以及阶数，就可以实现对未知扰动的估计。

假设系统为二阶系统，则系统方程表示为

$$\begin{cases} \dot{x}_1=x_2 \\ \dot{x}_2=f(x_1,x_2,t)+\omega(t)+b_0u \\ y=x_1 \end{cases} \tag{2.96}$$

式中，$f(x_1,x_2,t)$ 为系统内部扰动，$\omega(t)$ 为系统外部扰动，y 为被控对象的反馈信号，u 为输入信号，b_0为控制增益系数。

记 $a(t)=f(x_1,x_2,t)+\omega(t)$ 为总扰动，设为系统扩张的新状态，则扩张后的系统表达式为

$$\begin{cases} \dot{x}_1=x_2 \\ \dot{x}_2=x_3+b_0u \\ \dot{x}_3=a(t) \\ y=x_1 \end{cases} \tag{2.97}$$

系统扩张后的非线性 ESO 表达式为

$$\begin{cases} e = z_1 - y \\ \dot{z}_1 = z_2 - \beta_1 e \\ \dot{z}_2 = z_3 - \beta_2 \,\mathrm{fal}\,(e, \alpha_2, \delta) + bu \\ \dot{z}_3 = -\beta_3 \,\mathrm{fal}\,(e, \alpha_2, \delta) \end{cases} \tag{2.98}$$

式中，e 为误差；β_1、β_2、β_3为 ESO 反馈增益；z_1、z_2是对状态变量 x_1、x_2的观测值；z_3是对扩张状态 x_3的观测值；非线性函数 fal 表达式为

$$\mathrm{fal}(e, \alpha, \delta) = \begin{cases} \dfrac{e}{\delta^{\alpha-1}} \\ |e|^{\alpha}\,\mathrm{sign}(e),\ |e| > \delta \end{cases} \tag{2.99}$$

式中，α 为非线性因子，选择合适的数值可减少系统的振荡；δ 为滤波因子。当把非线性 ESO 表达式中的非线性函数 fal 直接用误差 e 代替时，则变为线性 ESO，其表达式为

$$\begin{cases} e = z_1 - y \\ \dot{z}_1 = z_2 - \beta_1 e \\ \dot{z}_2 = z_3 - \beta_2 e + b_0 u \\ \dot{z}_3 = -\beta_3 e \end{cases} \tag{2.100}$$

相比于非线性 ESO，线性 ESO 减少了整定参数，对于二阶系统来说，只需整定反馈增益 β_1、β_2、β_3即可。

4. 非线性状态误差反馈控制律

NLSEF 就是将 TD 输出的跟踪信号与 ESO 输出的状态变量之间的误差通过非线性组合的形式作为输入量，对系统进行补偿并完成对控制量的求解，将非线性系统转化为积分串联线性系统。二阶 NLSEF 的表达式为

$$\begin{cases} e_i = x_i - z_i \\ u_0 = \sum\limits_{i=1}^{2} k_i \mathrm{fal}(e_i, \alpha_i, \delta) \\ u = u_0 - \dfrac{z_3}{b} \end{cases} \tag{2.101}$$

式中，u_0是系统控制量，$\dfrac{z_3}{b}$起补偿扰动的作用，k_i为增益系数。由式（2.101）可知，无论被控对象是否为线性以及模型是否确定，通过 ESO 以及补偿作用处理后，可将被控系统转化为积分串联系统。

2.4　双凸极电机转矩脉动产生机理及抑制技术

2.4.1　转矩脉动产生机理

目前，对 SRM 产生转矩脉动原因的研究主要集中在电机结构设计和控制策略研究两方

面。从电机结构上看，转矩脉动主要是由边缘磁通（在定、转子凸极重合之前的时刻）产生的，边缘磁通的存在使相电流呈现非线性，结果导致转矩脉动的产生。在定子齿与转子齿重叠之前，边缘磁场效应非常严重，边缘磁通是产生转矩脉动的重要原因。从电机本体设计方面看，由于 SRM 本身固有的双凸极结构，如图 2.40 所示，使电机磁路常常处于非线性和饱和状态。此外，电机内磁通分布极不均匀，致使边缘磁通增加，尤其在定、转子凸极重合之前的位置，磁通的非线性以及边缘磁通的存在使得相电流、转矩呈现非线性，从而产生转矩脉动。

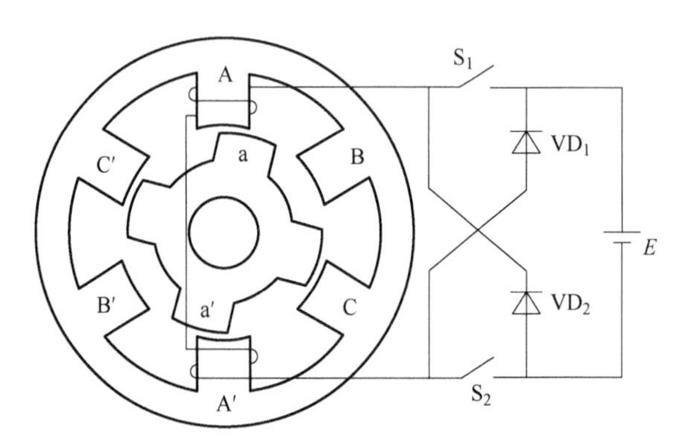

图 2.40　三相 6/4 极双凸极电机结构原理图及电路简图

从电机外控制电路方面看，由于采用开关形式供电电路，如图 2.41 所示，相绕组外施相电压的阶跃变化，导致了相电流、径向力的跃变，进而导致转矩脉动的产生。从电机控制策略方面看，单相导通必然会产生转矩脉动。因此，应该利用先进的控制策略控制相电流波形来减小转矩脉动。

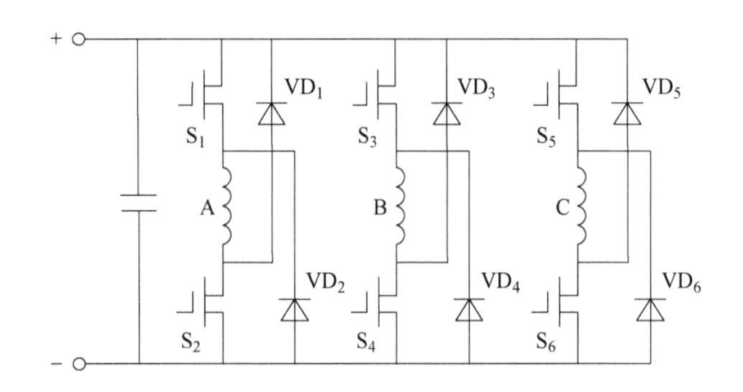

图 2.41　三相双凸极电机功率驱动电路

综上分析，SRM 转矩脉动产生的机理如下：SRM 每一相的转矩特性可以由转矩-电流-角度（T-i-θ）曲线描述，对于相邻两相在空间上相差一个步距角，整个电机的转矩特性依赖于两相的重叠角、凸极形状、材料特性、凸极数目以及电机相数。最大的转矩降落可以由重叠相的矩角特性曲线得到，该转矩降落出现在相同电流产生相同转矩的相邻两相矩角特性曲线的交点处，如图 2.42 所示，是由于在换相时，关断当前相，不再产生电磁转矩，而下一个导通相又不能产生所需要的转矩造成的，显然该降落越小，转矩脉动的抑制越容易，经过补偿后的合成输出转矩波形的转矩脉动明显减小。在传统的矩形电流开关控制方式下，

SRM 存在着显著的转矩脉动，电机的转矩脉动将造成转速的上下波动以及产生振动和噪声。从以上介绍可以看出，转矩脉动主要出现在相邻相的矩角特性曲线重叠的地方，重叠比例越大，越有利于减小转矩脉动，增加转子的凸极数目有利于提高重叠比例，但这样会降低磁场的饱和率，在控制时需要较大的控制电压，同时输出转矩也将降低。普遍采用的方法是增加定子凸极宽度以及增加每相对应的定子凸极数目，这样可以有效地降低 SRM 的转矩脉动。

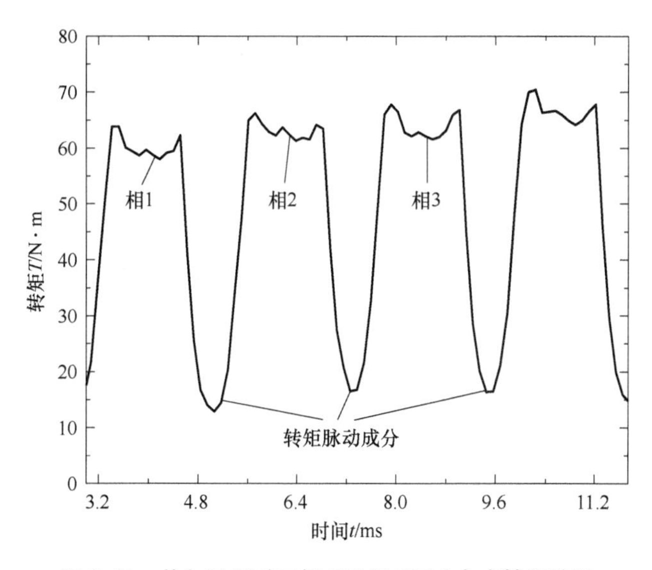

图 2.42　单向导通时三相 6/4 极 SRM 合成转矩波形

2.4.2　优化电机定转子结构参数抑制脉动的方法

SRM 的转矩具有脉动性，这是由其结构与运行原理所决定的，因为 SRM 不同于传统交流电机，它呈现双凸极结构，运行时由脉冲电流供电，其磁场不是圆形旋转磁场，而是步进磁场。即使某相恒流供电，该相产生的电磁转矩也并非平顶波形，而是类似钟形的不规则形状。SRM 的输出转矩是各相转矩的合成，显然合成后的转矩存在较大的脉动，特别是在换相时尤为显著。本节主要是结合有限元计算的矩角特性曲线和改进前的系统仿真结果，从 SRM 结构设计方面提出转矩脉动产生的根本原因，通过改进定子磁极结构来减缓定、转子凸极重合时的气隙磁场突变，从而减小和抑制 SRM 转矩脉动。

根据 SRM 的矩角特性以及改进前的系统仿真结果，得出转矩脉动产生的根本原因，即在电机的定、转子凸极开始进入重合区域时，由于气隙长度的突变导致气隙磁场能量的突变，进而使电机的矩角特性在对应的位置出现突变和转矩值降低的现象，最后当转子转到换相点时，转矩值明显变小，致使合成输出转矩波形出现较大的波动，从而形成严重的转矩脉动。转矩脉动发生在合成转矩的换相点处，且此时达到最大值，因此导致输出转矩波形存在较大的波动。从 SRM 的矩角特性曲线以及改进前的系统仿真结果中可以发现，在转矩输出波形的换相点处转矩脉动最为严重，为了减小和抑制转矩脉动，就要提高换相点处的转矩值，也就是要使换相点位置附近的转矩值得到补偿。因此，要想提高换相点处的转矩值，方法之一就是减小突变，使其变化趋于缓慢或存在过渡区域。因此，产生转矩值突变的主要原因是在定、转子凸极进入重合区域时的气隙磁场突变。

1. 定子磁极结构改进措施

通过以上对 SRM 产生和抑制转矩脉动的机理的分析，本章提出通过改进定子的磁极结构的方法对换相点位置附近的转矩值进行补偿，减缓定、转子凸极重合时的气隙磁场突变来减小转矩脉动。图 2.43a 所示为定子磁极结构改进前的 SRM 局部结构图；图 2.43b 所示为定子磁极结构改进后的 SRM 局部结构图。比较图 2.43a 和 b 可以看出，在定子凸极端部两侧位置处增加两个楔形角，其作用是在转子磁极与定子磁极进入重叠区域时，使气隙长度的变化有足够的过渡区域，从而可以减小气隙磁场的突变。

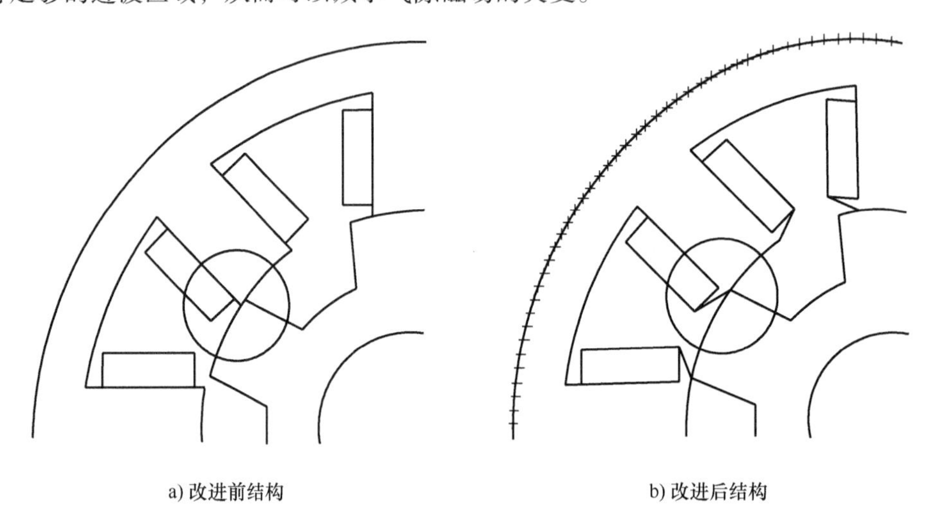

a) 改进前结构　　b) 改进后结构

图 2.43　SRM 改进前后定子磁极结构

2. 转子磁极结构改进措施

另外还有学者提出通过改变转子结构，如图 2.44 和图 2.45 所示，优化电机的径向力和转矩脉动，但平均转矩有所下降。定转子结构的改进对电机的性能影响是较大的，是优化电机的直接有效的方法。

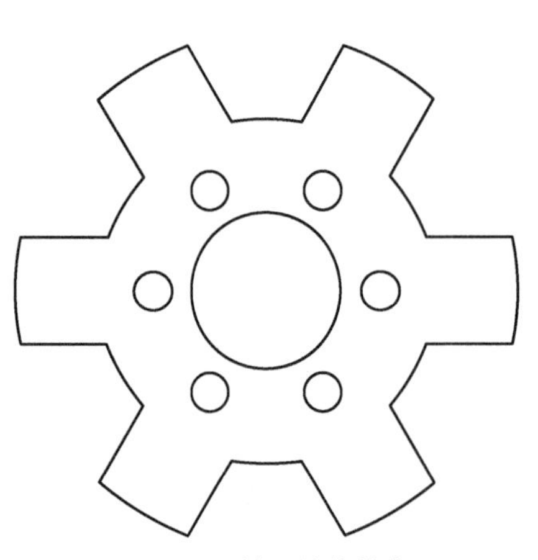

图 2.44　转子结构优化

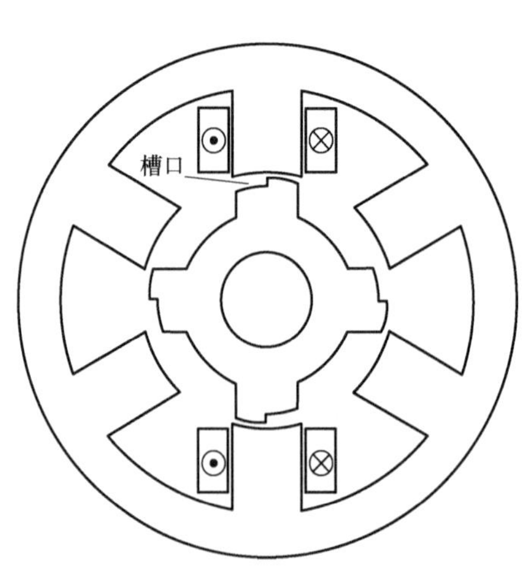

图 2.45　转子齿极优化

在前文的理论与结构研究基础上可知，电机的双凸极结构和开关式的电源供给是使之产生转矩脉动的原因，在电机的定转子之间存在第一气隙和第二气隙，随着转子的转动，定转子出现重合，电机由第二气隙过渡到第一气隙，气隙长度发生显著的变化，此时气隙中存储的磁场能量同样发生突变，导致转矩迅速下降，随着转子继续转动，定转子完全重合，这时电机换相，绕组相电流降至零，转矩降为最低值，使转矩出现了较大的波动。因此，在电机的气隙过渡期间抑制气隙突变导致的磁场能量突变，就能提高换相时的转矩，降低电机的转矩脉动，这就是利用改进结构优化电机的原理。

2.4.3　相电流模糊补偿控制减小转矩脉动

SRM 定子与转子均是双凸极结构，存在明显的凸极效应，使得电机换相间的转矩降落很严重，在前一相绕组处于负电压激励，后一相还未进入正电压激励阶段，转矩值达到最低，因而在 SRM 换相点位置形成严重的转矩脉动，如图 2.46 所示。由图可见，提高换相点对应的转矩值，可减小转矩脉动。

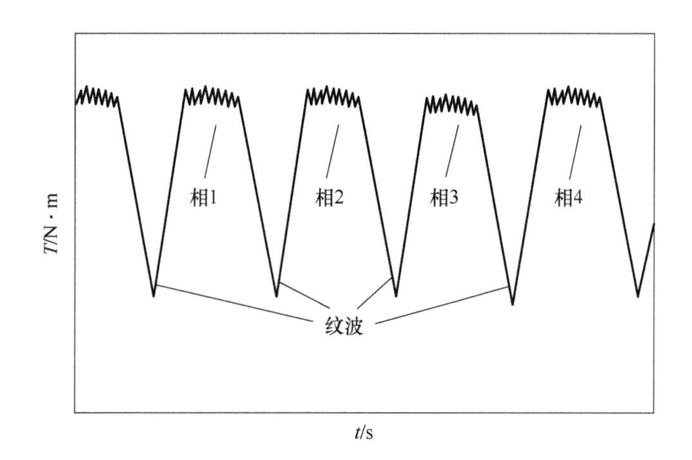

图 2.46　SRM 换相区转矩脉动

分析转矩脉动产生后，对相电流进行补偿控制，以降低转矩脉动成分，补偿原理如图 2.47 所示。

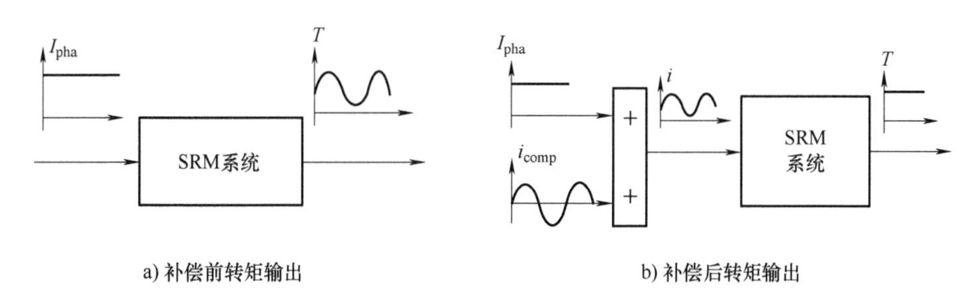

图 2.47　SRM 相电流补偿原理

在加补偿电流之前，SRM 系统的转矩输出波形存在严重的脉动量，如图 2.47a 所示。为使输出转矩趋于平稳，对初始相电流叠加一个补偿值，由图 2.47b 可见，施加补偿值后的相电流得到有效控制，作用于SRM系统后能够产生一个相对平稳的转矩。基于上述补偿策略，对SRM的矩角特性和系统仿真波形进行分析比较，如图2.48所示。矩角特性显示的是静态转矩值与电流、转子位置角之间的非线性关系；系统仿真输出转矩波形显示了三者之间的动态非线性对应关系。由图2.48b可见，系统的输出转矩与相电流之间存在一定的非线性关系，即在其他参数一定的情况下，对SRM系统施加某一电流载荷就能产生相对应的转矩值。由图2.48b中补偿前后的转矩和电流波形可见，若要提高换相点转子位置角的转矩值，可以提高对应转子位置角的电流值。提高的幅度和具体对应关系可以对SRM的矩角特性进行定量分析后得到。例如，在图2.48a中转子位置角8°时，若要使转矩值从$T=20\text{N}\cdot\text{m}$提高至$T=39\text{N}\cdot\text{m}$，则电流值需从20A增加至30A。因此，可根据静态的转矩、电流和转子位置角特性获取转矩误差与补偿电流信号之间的补偿关系，通过控制电流的波形来得到理想的转矩输出。

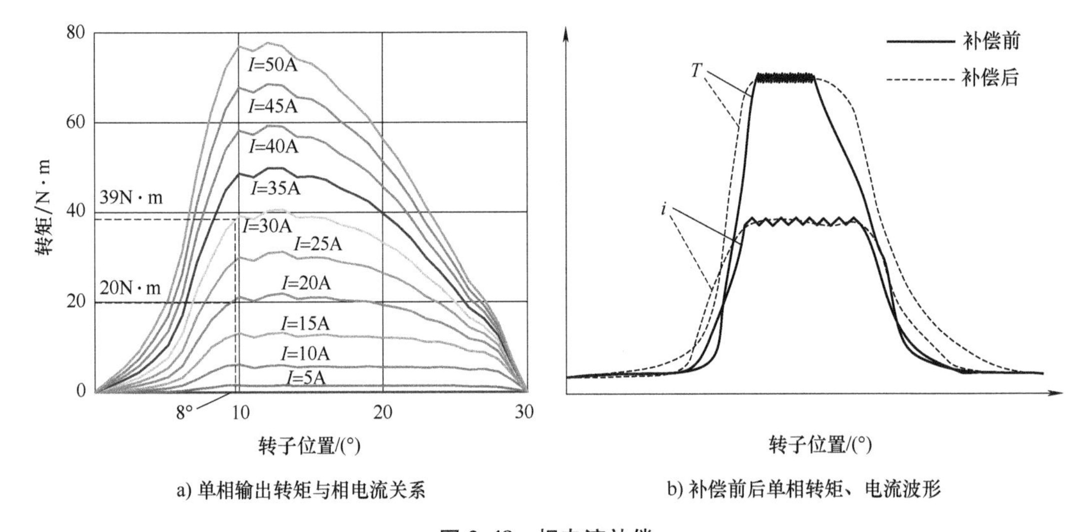

a) 单相输出转矩与相电流关系　　b) 补偿前后单相转矩、电流波形

图2.48　相电流补偿

对矩角特性和系统仿真的输出转矩进行分析，将相电流看作输出转矩的非线性函数，则有

$$i=f(T) \tag{2.102}$$

采用双输入单输出的模糊控制器设计，将转矩误差和转矩误差变化率作为控制器的输入量，相电流的补偿信号作为其输出量，则模糊关系可表示为

$$\Delta i_{\text{comp}}=f\left(\Delta T,\frac{\text{d}\Delta T}{\text{d}t}\right) \tag{2.103}$$

式中，Δi_{comp}为相电流补偿信号；ΔT为系统检测到的输出转矩与转矩期望的比较值，即转矩误差；$\frac{\text{d}\Delta T}{\text{d}t}$为转矩误差变化率。

模糊控制规则是基于有限元计算的结果和初始仿真结果的定量分析。模糊控制规则一般表述为

$$\text{If } \Delta T \text{ is } A_i \text{ and } \text{d}\Delta T/\text{d}t \text{ is } B_i$$

$$\text{Then } \Delta i_{\text{comp}} = f\left(\Delta T, \frac{\mathrm{d}\Delta T}{\mathrm{d}t}\right) \tag{2.104}$$

式中，$i=1$，2，…，n。

最后得到期望的 SRM 系统的相电流为

$$i_{\text{pha}} = i_{\text{pha}}\big|_{\text{initial}} + \Delta i_{\text{comp}} \tag{2.105}$$

2.4.4 关断角对有效输出转矩和转矩脉动的影响

1. 关断角对电机输出转矩的影响

关断角的变化通常对相电流峰值不会有影响，但会影响相电流的作用区间及其对应电感位置，导致相电流有效值受其影响而变化。因此，当电机高速运行时，反电动势会变得较大，从而导致相电流下降的速率明显变慢，如果不对关断角进行前移处理，电机转矩的输出能力会受到严重影响。采用固定关断角的转速 PI 闭环 APC 系统如图 2.49 所示。根据电机运行时的负载调节关断角，通过多次实验测试，选择总平均转矩较大的关断角；将实际转速与设定转速的差值传入转速 PI 模块，调节开通角，改变平均电流大小，从而实现电机转速闭环控制。

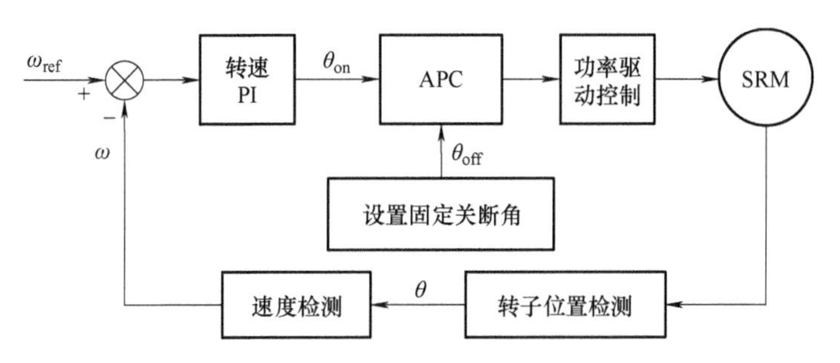

图 2.49　SRM 固定关断角控制策略

图 2.50 中固定关断角 APC 方式适用于电机转速及负载变化不大的场合，限制了 SRM 在各种工况下的适应能力。图 2.50 为准线性模型 APC 电流波形，在 SRM 高速控制系统中，定转子对齐位置附近的电感斜率小于电感上升区电感斜率，关断角越靠后，电流在功率变换器关断后下降速度越慢，续流作用能力越强，越容易进入电感下降区，产生制动转矩，直接导致电机转矩输出能力降低。

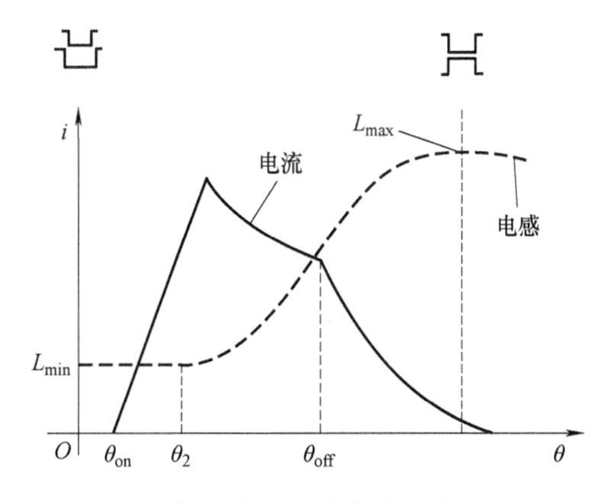

图 2.50　APC 电流波形

另一方面，假设关断角在电感上升区提前较多，此时绕组电感处于上升区，且斜率仍很大，提前关断导致相正向转矩输出降低，电机转矩输出能力同样也会降低。当电机处于转速 PI 闭环控制系统中，电机转矩输出能力的下降，会造成电机实际速度下降；为了稳定电机的给定速度，转速 PI 闭环系统会提前开通角，以提高 SRM 相绕组开通电流幅值，增大电机平均转矩输出，达到电机速度的稳定。当开通角提前到 0°之前时，电机开通角进入电感下降区，电机也会多产生一部分制动转矩；当开通角提前到极限时，电机转矩输出到达相对最大值，此时如果 PI 转速环再向前调节开通角，电机正向转矩的增量小于制动转矩的增量，电机输出转矩会降低。可见选择合适的关断角对电机平均转矩输出具有重要的意义。图 2.51 显示的是对应不同关断角时 SRM 的平均输出转矩值。从图中可以看出，在关断角较小时，平均输出转矩是随着关断角的增大而逐渐上升的；当关断角增大到 20°左右的位置时，平均输出转矩基本上达到最大值；此后，关断角再增大时，平均输出转矩值没有明显变化。因此在电机运行时，为了获得最大的有效输出转矩，应当合理地选择关断角。

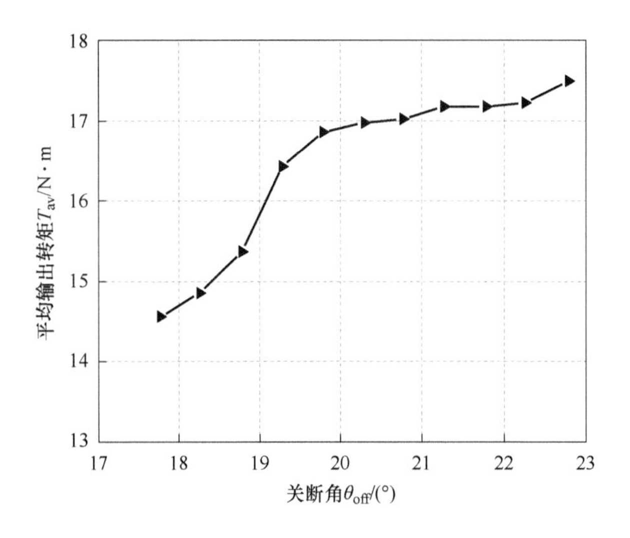

图 2.51　关断角与平均输出转矩之间的关系

2. 关断角对转矩脉动的影响

关断角对 SRM 电磁转矩的输出波形起着重要的作用。为了具体体现关断角对转矩脉动影响的大小。定义转矩脉动系数为

$$T_r = \frac{T_{max} - T_{min}}{T_{av}} \tag{2.106}$$

式中，T_{max}、T_{min}分别为合成转矩的最大值和最小值；T_{av}为合成转矩的平均值。转矩脉动系数 T_r表明在同一转速和转矩下 T_r越小，转矩脉动越低。

为了研究关断角对转矩脉动的影响，在 Matlab 中对一台 8kW、四相 8/6 极 SRM 进行了固定开通角、改变关断角的仿真研究，如图 2.52 所示。图中展示了不同关断角下的转矩脉动。关断角的大小变化与相绕组电流峰值的大小无关，但是随着关断角的不断增加，将导致电流的续流时间也相应增加，这将导致电感下降区的电流大小增加。所以将关断角控制在一定范围内增大的前提下，可以明显减小电机的转矩脉动。但是如果续流进入制动区，将加剧电机转矩脉动。为了有效抑制 SRM 的转矩脉动，取得较好的控制效果，要求关断角在运行中实时地按照要求变化。

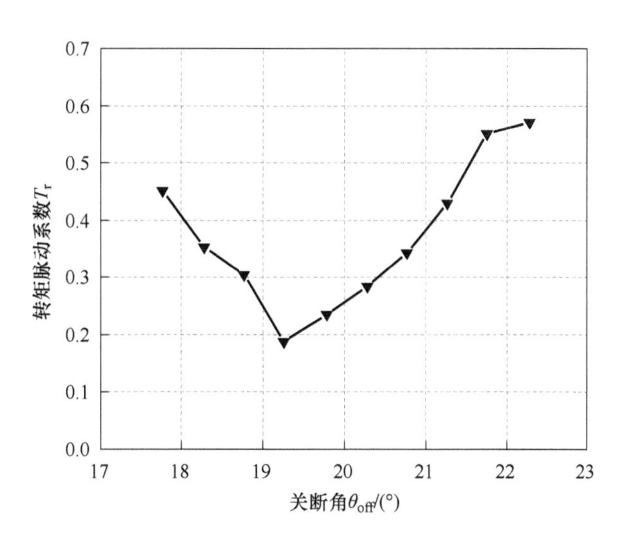

图 2.52　关断角与转矩脉动系数的关系

2.5　本章小结

本章介绍了永磁、电励磁及混合励磁双凸极电机拓扑结构、机-电回路模型、电感线性及非线性模型、磁路分析模型和有限元分析模型。从双凸极电机原理出发，阐述了转矩脉动产生的原因，以及抑制转矩脉动的常用控制策略，包括变结构控制、智能控制、转矩分配控制策略、直接转矩控制与直接瞬时转矩控制、自抗扰控制策略。

本章所涉及的基本理论与后几章所提出的新型双凸极电机密切相关，虽不是面面俱到，但一脉相传，希望读者深刻理解双凸极电机理论、设计理念和必要步骤，尤其掌握双凸极电机转矩脉动产生机理以及抑制技术具有重要的学术意义与应用价值。

Chapter 3

第3章 线圈辅助励磁双凸极电机结构、原理及转矩特性

3.1 线圈辅助励磁双凸极电机拓扑结构及原理

3.1.1 电机拓扑结构

线圈辅助励磁双凸极电机（DSCEM）是在传统无刷直流电机（BLDCM）的基础上，结合开关磁阻电机（SRM）的结构和工作特性，并利用励磁线圈产生的辅助磁场代替BLDCM中转子永磁磁场而设计的一种新型双组转子凸极式BLDCM。此电机的拓扑结构主要由定子、转子、转轴、机壳和绕组五部分组成。

如图3.1所示，所设计电机是由两组（A和B）磁性相关的定、转子结构组成，每侧定子有9个凸极齿，每侧转子有6个凸极齿，这样的设计明显有别于传统三相双凸极电机通常采用6*N*/4*N*定、转子极数配合，增大了定、转子重叠面积，从而有效改善了传统双凸极结构电机输出转矩波动大的现象。定子凸极齿上集中绕制电枢绕组，转子上无绕组、无永磁材料及笼型线圈，绕制有辅助线圈的固定卷筒放置在两组定、转子之间，电机转子固定在转轴

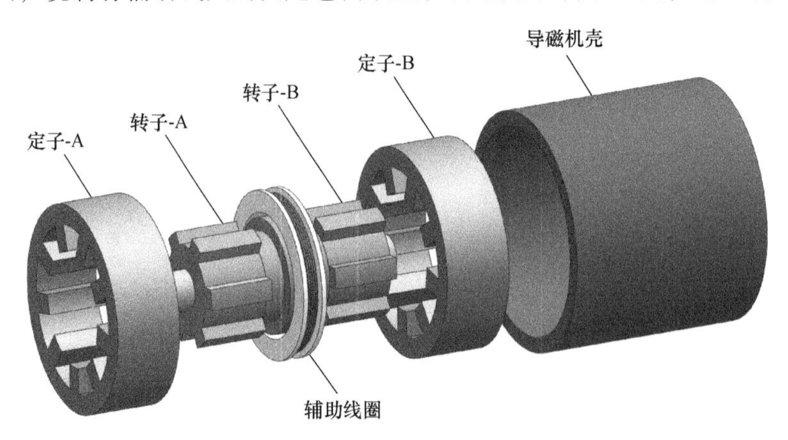

图3.1 DSCEM三维结构图

上，随转轴一同旋转；定子固定在机壳上，定、转子之间有一定的气隙；转轴与机壳同轴设置，电机的定、转子均为硅钢材料制成。图 3.2 为三相 DSCEM 电枢绕组设置图，单侧绕组反向串联，再与另一侧相同位置绕组串联合成一相，其余两相绕组相同设置，这样的设计在电机两侧形成方向相反的磁场。

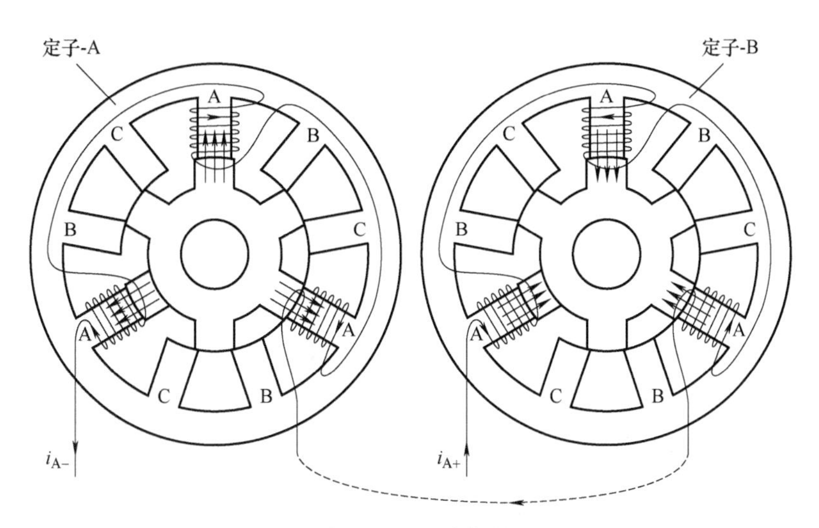

图 3.2　三相 DSCEM 电枢绕组设置图

3.1.2　工作原理

DSCEM 的工作原理类似于 SRM，为“磁阻最小原理”，即电机磁路磁阻随转子位置的改变而变化，由此引起电机磁场能量的变化，磁阻类电机就是利用这种磁场能量变化的电机，通过将电能转化为磁场能，再转化为机械能带动负载运作，为电动机，通过气隙磁场的作用将机械能转化为电能发电，为发电机。

DSCEM 定、转子截面如图 3.3 所示，当给 B 相激励时，由于磁拉力的作用，距离 B 相最近的转子齿将受力向 B 相定子齿旋转，当转子齿转到与 B 相定子齿重合的位置时，此时磁路的磁阻最小，转子只受到径向的磁拉力而不受到切向的磁拉力，转子将保持在该位置不动。此外，当转子槽与定子齿完全对齐（磁阻最大的位置）时，如 A 相此时的位置，此时对应于 A 相的左右两个转子齿在理想情况下受到等大方向的力，因此转子受力平衡几乎不动。因此电机起动时要求通电相定子齿应与转子齿有一定的重叠且不是完全重叠。

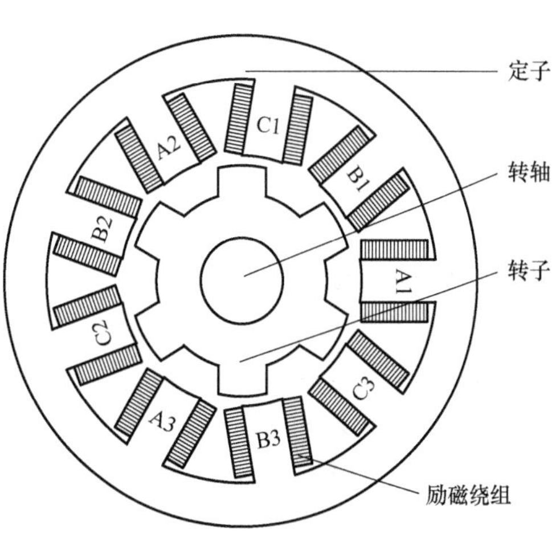

图 3.3　定、转子截面图

通电的电枢绕组建立电枢磁场，通电的辅助线圈建立励磁磁场。两类磁场都遵循磁阻最小原理并通过导磁机壳实现轴向导磁方式，如

图 3.4 所示，两类磁通通过导磁轴和导磁机壳从一端转子离开且进入另一端转子，并最终形成闭合磁路磁化两侧定、转子结构，使左侧定、转子形成 N 极，右侧定、转子形成 S 极。两类磁通共同叠加作用在气隙处产生切向磁拉力带动转子转动。

在 DSCEM 中电枢磁场起主导作用，是电机输出主要的能量来源，电机输出转矩主体是磁阻转矩；辅助线圈所形成的励磁磁场起到调节气隙磁密、辅助励磁的作用。如图 3.4a 所示，当辅助线圈通入正向直流电时，辅助的励磁磁场与电枢磁场方向一致，对此时的电机气隙磁场有增强作用，有利于提升电机的带载能力和升速能力；如图 3.4b 所示，若辅助线圈通入反向直流电时，即两类磁通方向相反，反向的励磁磁通会减小气隙磁密，具有弱磁作用，有助于电机系统更快减速与制动。

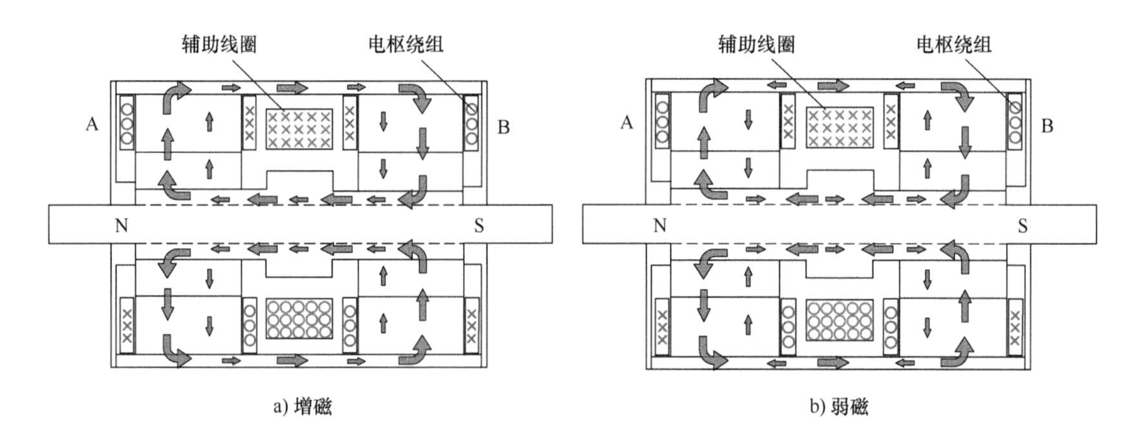

图 3.4　DSCEM 轴向磁路示意图

3.2　基本数学模型

DSCEM 是典型的多变量耦合电机，难以用单一准确的解析式描述其非线性的数学模型。为了避免复杂的非线性造成的繁琐分析，并能够突出新型无刷电励磁直流电机的基本物理特性，假定以下条件：

1）各相定子绕组间以及定子绕组和励磁线圈间均无互感，两者产生的磁通相互叠加，忽略极尖磁通边缘效应。

2）忽略涡流效应及磁滞效应。

3）忽略各相定子电枢绕组间的互感。

4）假设控制系统各半导体开关器件均为理想器件，开关动作瞬间完成，无延时。

5）假设单相定子电枢绕组导通的电流周期内，转子的转速 ω 无变化。

可列出电机磁链、电压、功率、转矩等线性数学模型，如下。

3.2.1　发电机数学模型

DSCEM 作为一种磁阻类双凸极电机，气隙形状不规则，磁路局部饱和和边缘效应对电机性能有明显的影响，且电机磁通既包含轴向也包含径向，多种因素综合影响下要用数学表达式衡量各个变量之间的关系是无法做到的，但一般的磁路、电路和机械运动定律在 DSCEM 电动、发电运行过程中仍然适用。若做一定的处理，可以得到 DSCEM 的线性数学模型。为此，忽略边缘效应和磁路饱和，线性模型对于理解电机的运作和研究电机的性能具有重要的指导意义。

（1）磁链方程

电机的相绕组磁链 $\psi_i(\theta, i_a, i_b, i_c, i_f)$ 为转子位置、绕组电流、辅助线圈电流的函数，假定辅助线圈产生的磁场完全通过电枢绕组，则

$$\boldsymbol{\psi}=\boldsymbol{\psi}_f+\boldsymbol{LI} \tag{3.1}$$

式中，$\boldsymbol{\psi}$ 是 A、B、C 三相绕组的磁链，$\boldsymbol{\psi}_f$ 是辅助线圈产生的磁链，$\boldsymbol{L}$ 是绕组自感，$\boldsymbol{I}$ 是绕组电流。写成矩阵形式为

$$\boldsymbol{\psi}=\begin{bmatrix}\psi_a\\ \psi_b\\ \psi_c\end{bmatrix}\quad \boldsymbol{\psi}_f=\begin{bmatrix}L_{af}i_f\\ L_{bf}i_f\\ L_{cf}i_f\end{bmatrix}\quad \boldsymbol{L}=\begin{bmatrix}L_{aa}L_{ab}L_{ac}\\ L_{ba}L_{bb}L_{bc}\\ L_{ca}L_{cb}L_{cc}\end{bmatrix}\quad \boldsymbol{I}=\begin{bmatrix}i_a\\ i_b\\ i_c\end{bmatrix}$$

感应电动势为

$$\boldsymbol{e}=-\frac{\mathrm{d}\boldsymbol{\psi}}{\mathrm{d}t} \tag{3.2}$$

式中，$\boldsymbol{e}$ 为三相感生电动势。

（2）电压方程

电压平衡方程为

$$\boldsymbol{U}=\boldsymbol{e}-\boldsymbol{RI} \tag{3.3}$$

式中，$\boldsymbol{U}$ 分别为三相绕组端电压；$\boldsymbol{R}$ 为三相绕组内阻。

（3）功率方程

功率方程为

$$\begin{aligned}\boldsymbol{P}_e&=[\boldsymbol{I}]^T[\boldsymbol{E}]\\&=-[\boldsymbol{I}]^T\frac{\mathrm{d}[\boldsymbol{\psi}]}{\mathrm{d}t}=-\frac{\mathrm{d}}{\mathrm{d}t}\left(\frac{1}{2}[\boldsymbol{I}]^T[\boldsymbol{L}][\boldsymbol{I}]\right)-\frac{1}{2}[\boldsymbol{I}]^T\frac{\partial[\boldsymbol{L}]}{\partial\theta}[\boldsymbol{I}]\cdot\frac{\mathrm{d}\theta_r}{\mathrm{d}t}\\&=\frac{\mathrm{d}}{\mathrm{d}t}\boldsymbol{W}_m+\boldsymbol{T}_{em}\omega_r=-\frac{\mathrm{d}}{\mathrm{d}t}\boldsymbol{W}_m+\frac{\mathrm{d}}{\mathrm{d}t}\boldsymbol{W}_{mech}\end{aligned} \tag{3.4}$$

式中，$\boldsymbol{W}_m$、$\boldsymbol{W}_{mech}$、ω_r、$\boldsymbol{T}_{em}$ 分别为电机气隙磁场储能、机械能、角速度和输出转矩。

电功率转化的电能为

$$\mathrm{d}\boldsymbol{W}_e=\boldsymbol{P}_e\mathrm{d}t=[\boldsymbol{I}]^T[\boldsymbol{E}]\mathrm{d}t=-[\boldsymbol{I}]^T\mathrm{d}[\boldsymbol{\psi}] \tag{3.5}$$

电机磁场储能为

$$\begin{aligned}\mathrm{d}\boldsymbol{W}_m&=\mathrm{d}\left(\frac{1}{2}[\boldsymbol{I}]^T[\boldsymbol{L}][\boldsymbol{I}]\right)\\&=[\boldsymbol{I}]^T([\boldsymbol{L}]\mathrm{d}[\boldsymbol{I}]+\mathrm{d}[\boldsymbol{L}][\boldsymbol{I}])-\frac{1}{2}[\boldsymbol{I}]^T\mathrm{d}[\boldsymbol{L}][\boldsymbol{I}]\\&=[\boldsymbol{I}]^T\mathrm{d}[\boldsymbol{\psi}]+\boldsymbol{T}_{em}\cdot\omega_r\mathrm{d}t\end{aligned} \tag{3.6}$$

转化成的机械能为

$$\mathrm{d}\boldsymbol{W}_{\mathrm{mech}}=-\frac{1}{2}[\boldsymbol{I}]^{\mathrm{T}}\mathrm{d}[\boldsymbol{L}][\boldsymbol{I}]=\boldsymbol{T}_{\mathrm{em}}\cdot\omega_{\mathrm{r}}\mathrm{d}t=\mathrm{d}\boldsymbol{W}_{\mathrm{m}}+\mathrm{d}\boldsymbol{W}_{\mathrm{e}} \tag{3.7}$$

输出机电耦合场的电能是

$$\begin{aligned}\mathrm{d}\boldsymbol{W}_{\mathrm{e}}&=\mathrm{d}\boldsymbol{W}_{\mathrm{m}}=\boldsymbol{F}_{\mathrm{a}}\mathrm{d}\boldsymbol{\Phi}_{\mathrm{a}}+\boldsymbol{F}_{\mathrm{b}}\mathrm{d}\boldsymbol{\Phi}_{\mathrm{b}}+\boldsymbol{F}_{\mathrm{c}}\mathrm{d}\boldsymbol{\Phi}_{\mathrm{c}}+\boldsymbol{F}_{\mathrm{f}}\mathrm{d}\boldsymbol{\Phi}_{\mathrm{f}}\\&=n_{\mathrm{a}}i_{\mathrm{a}}\mathrm{d}\boldsymbol{\Phi}_{\mathrm{a}}+n_{\mathrm{b}}i_{\mathrm{b}}\mathrm{d}\boldsymbol{\Phi}_{\mathrm{b}}+n_{\mathrm{c}}i_{\mathrm{c}}\mathrm{d}\boldsymbol{\Phi}_{\mathrm{c}}+n_{\mathrm{f}}i_{\mathrm{f}}\mathrm{d}\boldsymbol{\Phi}_{\mathrm{f}}\\&=i_{\mathrm{a}}\mathrm{d}\boldsymbol{\psi}_{\mathrm{a}}+i_{\mathrm{b}}\mathrm{d}\boldsymbol{\psi}_{\mathrm{b}}+i_{\mathrm{c}}\mathrm{d}\boldsymbol{\psi}_{\mathrm{c}}+i_{\mathrm{f}}\mathrm{d}\boldsymbol{\psi}_{\mathrm{f}}\end{aligned} \tag{3.8}$$

（4）转矩方程

电机转矩方程为

$$T_{\mathrm{em}}=T_{\mathrm{f}}+T_{\mathrm{r}}=T_{\mathrm{f}}+T_{\mathrm{sr}}+T_{\mathrm{mr}} \tag{3.9}$$

式中，T_{f}、T_{r}、T_{mr}、T_{sr}分别为励磁转矩、磁阻转矩、互感磁阻转矩和自感磁阻转矩。其中，

$$T=\frac{1}{2}i_{\mathrm{a}}^{2}\frac{\mathrm{d}L_{\mathrm{aa}}}{\mathrm{d}\theta}+\frac{1}{2}i_{\mathrm{b}}^{2}\frac{\mathrm{d}L_{\mathrm{bb}}}{\mathrm{d}\theta}+\frac{1}{2}i_{\mathrm{c}}^{2}\frac{\mathrm{d}L_{\mathrm{cc}}}{\mathrm{d}\theta}+\frac{1}{2}i_{\mathrm{f}}^{2}\frac{\mathrm{d}L_{\mathrm{f}}}{\mathrm{d}\theta} \tag{3.10}$$

$$T_{\mathrm{mr}}=i_{\mathrm{a}}i_{\mathrm{b}}\frac{\mathrm{d}L_{\mathrm{ab}}}{\mathrm{d}\theta}+i_{\mathrm{b}}i_{\mathrm{c}}\frac{\mathrm{d}L_{\mathrm{bc}}}{\mathrm{d}\theta}+i_{\mathrm{c}}i_{\mathrm{a}}\frac{\mathrm{d}L_{\mathrm{ca}}}{\mathrm{d}\theta} \tag{3.11}$$

$$T_{\mathrm{f}}=i_{\mathrm{a}}i_{\mathrm{f}}\frac{\mathrm{d}L_{\mathrm{af}}}{\mathrm{d}\theta}+i_{\mathrm{b}}i_{\mathrm{f}}\frac{\mathrm{d}L_{\mathrm{bf}}}{\mathrm{d}\theta}+i_{\mathrm{c}}i_{\mathrm{f}}\frac{\mathrm{d}L_{\mathrm{cf}}}{\mathrm{d}\theta} \tag{3.12}$$

（5）机械方程

机械方程为

$$T_{\mathrm{em}}=J\frac{\mathrm{d}\omega}{\mathrm{d}t}+B\omega+T_{1} \tag{3.13}$$

式中，J、B、T_1分别为转动惯量、摩擦系数和负载转矩，ω为角速度，$\omega=\mathrm{d}\theta/\mathrm{d}t$。

3.2.2 电动机数学模型

电动运行的逆过程便是发电运行，电机首先将电能转化为存储在气隙中的磁场能，然后将磁场能转化为机械能输出。

（1）磁链方程

$$[\boldsymbol{\psi}]=[\boldsymbol{L}][\boldsymbol{I}] \tag{3.14}$$

式中各变量为

$$[\boldsymbol{\psi}]=\begin{bmatrix}\psi_{\mathrm{a}}\\\psi_{\mathrm{b}}\\\psi_{\mathrm{c}}\\\psi_{\mathrm{f}}\end{bmatrix},[\boldsymbol{L}]=\begin{bmatrix}L_{\mathrm{a}}&L_{\mathrm{ab}}&L_{\mathrm{ac}}&L_{\mathrm{af}}\\L_{\mathrm{ba}}&L_{\mathrm{b}}&L_{\mathrm{bc}}&L_{\mathrm{bf}}\\L_{\mathrm{ca}}&L_{\mathrm{cb}}&L_{\mathrm{c}}&L_{\mathrm{cf}}\\L_{\mathrm{fa}}&L_{\mathrm{fb}}&L_{\mathrm{fc}}&L_{\mathrm{f}}\end{bmatrix},[\boldsymbol{I}]=\begin{bmatrix}i_{\mathrm{a}}\\i_{\mathrm{b}}\\i_{\mathrm{c}}\\i_{\mathrm{f}}\end{bmatrix}$$

L_{a}、L_{b}、L_{c}为三相电枢绕组自感；L_{ab}、L_{ba}、L_{ac}、L_{ca}、L_{bc}、L_{cb}为三相电枢绕组之间的互感，相等且很小，可忽略不计；电枢绕组与辅助线圈之间的互感也相等，即$L_{\mathrm{af}}=L_{\mathrm{fa}}$，$L_{\mathrm{bf}}=L_{\mathrm{fb}}$，$L_{\mathrm{cf}}=L_{\mathrm{fc}}$；$i_{\mathrm{a}}$、$i_{\mathrm{b}}$、$i_{\mathrm{c}}$表示三相电枢绕组电流，$i_{\mathrm{f}}$表示辅助线圈电流。进一步推导后得到磁

链方程为

$$\begin{cases} \psi_{a}=L_{a}i_{a}+L_{af}i_{f} \\ \psi_{b}=L_{b}i_{b}+L_{bf}i_{f} \\ \psi_{c}=L_{c}i_{c}+L_{cf}i_{f} \\ \psi_{f}=L_{af}i_{a}+L_{bf}i_{b}+L_{cf}i_{c}+L_{f}i_{f} \end{cases} \tag{3.15}$$

（2）电压方程

$$[\boldsymbol{u}]=[\boldsymbol{R}][\boldsymbol{I}]+\frac{\mathrm{d}[\boldsymbol{\psi}]}{\mathrm{d}t}=[\boldsymbol{R}][\boldsymbol{I}]+\frac{\mathrm{d}[\boldsymbol{\psi}]}{\mathrm{d}\theta}\omega \tag{3.16}$$

式中变量为

$$[\boldsymbol{u}]=\begin{bmatrix} u_{a} \\ u_{b} \\ u_{c} \\ u_{f} \end{bmatrix},[\boldsymbol{R}]=\begin{bmatrix} R_{a} & 0 & 0 & 0 \\ 0 & R_{b} & 0 & 0 \\ 0 & 0 & R_{c} & 0 \\ 0 & 0 & 0 & R_{f} \end{bmatrix}$$

三相电枢绕组的电阻相等，即 $R_{a}=R_{b}=R_{c}$；R_{f} 为辅助线圈电阻；ω 为角速度，则第 $p(p=\mathrm{a,b,c})$ 相的电压方程为

$$u_{p}=R_{p}i_{p}+i_{p}\frac{\mathrm{d}L_{p}}{\mathrm{d}t}+i_{f}\frac{\mathrm{d}L_{pf}}{\mathrm{d}t}+L_{p}\frac{\mathrm{d}i_{p}}{\mathrm{d}t}+L_{pf}\frac{\mathrm{d}i_{f}}{\mathrm{d}t} \tag{3.17}$$

（3）功率方程

$$\begin{aligned} P_{in}&=[\boldsymbol{I}]^{T}[\boldsymbol{u}]=[\boldsymbol{I}]^{T}[\boldsymbol{R}][\boldsymbol{I}]+[\boldsymbol{I}]^{T}\frac{\mathrm{d}[\boldsymbol{L}]}{\mathrm{d}t}[\boldsymbol{I}]+[\boldsymbol{I}]^{T}[\boldsymbol{L}]\frac{\mathrm{d}[\boldsymbol{I}]}{\mathrm{d}t} \\ &=[\boldsymbol{I}]^{T}[\boldsymbol{R}][\boldsymbol{I}]+\frac{1}{2}[\boldsymbol{I}]^{T}\frac{\mathrm{d}[\boldsymbol{L}]}{\mathrm{d}t}[\boldsymbol{I}]+\frac{\mathrm{d}}{\mathrm{d}t}\left(\frac{1}{2}[\boldsymbol{I}]^{T}[\boldsymbol{L}][\boldsymbol{I}]\right) \end{aligned} \tag{3.18}$$

式中，P_{in} 为电机从电源吸收的功率。

根据式中各项物理意义，式（3.18）可等效为

$$P_{in}=P_{cu}+T_{e}\omega+\frac{\mathrm{d}W_{m}}{\mathrm{d}t} \tag{3.19}$$

式中，P_{cu} 为定子铜耗，$P_{cu}=[\boldsymbol{I}]^{T}[\boldsymbol{R}][\boldsymbol{I}]$，$W_{m}$ 为磁场储能，$W_{m}=1/2[\boldsymbol{I}]^{T}[\boldsymbol{L}][\boldsymbol{I}]$。$T_{e}$ 为电磁转矩，下面重点推导。

（4）转矩方程

由于DSCEM特殊的拓扑结构，传统SRM的电磁转矩公式已无法满足，这里将从磁共能的角度出发推导出DSCEM电磁转矩方程。同时为了便于分析，将DSCEM磁路等效为如图3.5所示。将定子A和定子B电枢绕组的自感分别定义为 L_{1} 和 L_{2}，相应的电流分别定义为 i_{1} 和 i_{2}。将辅助线圈绕组自感定义为 L_{f}，相应的电流定义为 i_{f}。

磁共能可用电流与转子机械角（θ）表示为

$$W'(i,\theta)=\int_{0}^{i}\psi(i,\theta)\,\mathrm{d}i \tag{3.20}$$

式中，$W'(i,\theta)$ 为磁共能。DSCEM为多励磁系统，所以磁共能可进一步推导为

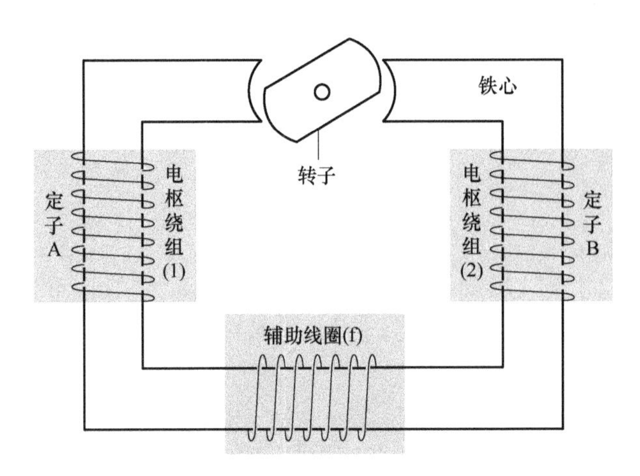

图 3.5　DSCEM 等效磁路示意图

$$W'(i_1,i_2,i_f,\theta)=\int_0^{i_1}\psi_1 di_1+\int_0^{i_2}\psi_2 di_2+\int_0^{i_f}\psi_f di_f$$
$$=\frac{1}{2}i_1^2L_1(\theta)+\frac{1}{2}i_2^2L_2(\theta)+\frac{1}{2}i_f^2L_f(\theta)+i_1i_2L_{12}(\theta)+i_1i_fL_{1f}(\theta)+i_2i_fL_{2f}(\theta) \tag{3.21}$$

式中，ψ_1、ψ_2和ψ_f分别为 i_1、i_2 和 i_f 产生的磁链。L_{1f}表示定子 A 绕组与辅助线圈之间的互感，L_{2f}表示定子 B 绕组与辅助线圈之间的互感。L_{12}表示定子 A 绕组与 B 绕组之间的互感，两侧绕组互感很小，可忽略不计。DSCEM 的电磁转矩公式为

$$T_e=\left.\frac{\partial W'(i_1,i_2,i_f,\theta)}{\partial\theta}\right|_{i_1,i_2,i_f} \tag{3.22}$$

将式（3.21）代入式（3.22）可得电磁转矩方程为

$$T_e=\frac{1}{2}i_1^2\frac{dL_1(\theta)}{d\theta}+\frac{1}{2}i_2^2\frac{dL_2(\theta)}{d\theta}+\frac{1}{2}i_f^2\frac{dL_f(\theta)}{d\theta}+i_1i_f\frac{dL_{1f}(\theta)}{d\theta}+i_2i_f\frac{dL_{2f}(\theta)}{d\theta} \tag{3.23}$$

实际上定子 A 绕组与定子 B 绕组是串联且两边绕组对称，如图 3.5 所示。所以 $i_p=i_1=i_2$，i_p（$p=a,b,c$）表示电枢电流；同理，$L_p=L_1=L_2$，L_p表示电枢绕组自感，$L_{pf}=L_{1f}=L_{2f}$，L_{pf}表示电枢绕组和辅助线圈之间的互感。$dL_f(\theta)/d\theta$ 较小，可忽略不计，T_e 进一步推导可得

$$T_e=i_p^2\frac{dL_p(\theta)}{d\theta}+2\cdot ki_pi_f\frac{dL_{pf}(\theta)}{d\theta}=T_{pr}+T_{pe} \tag{3.24}$$

式中，k（$0<k<1$）表示在不同 i_f 下的磁通控制协同效率。

式（3.24）从理论上证明了所提出的 DSCEM 可产生两种转矩，分别是电枢自感产生的磁阻转矩（T_{pr}）和电枢与辅助线圈互感产生的电励磁转矩（T_{pe}）。同时也证明了通入可控直流电的辅助线圈所建立的励磁磁场可以调节气隙磁密、提高电磁转矩。

（5）机械方程

$$T-T_L-B\omega=J\frac{d\omega}{dt} \tag{3.25}$$

式中，T 表示合成转矩，T_L表示负载转矩，B 表示摩擦系数，J 表示转动惯量。

通过以上的公式，DSCEM 运行时有以下特点：

1）电动机转子在转动时气隙磁导发生变化是由电磁转矩变化所引起的，磁导对转角的变化率越大，所引起的转矩变化率也随之变化越大。

2）电磁转矩与同绕组电流之间存在一定关系，即两者成 2 次方比例关系。若只针对电流的变化和铁心饱和影响的情况，此时转矩不会再与电流 2 次方成任何比例关系，但依旧会随着电流的变化而发生变化。所以，若想得到更大的转矩，则可通过控制绕组电流来得出恒定的输出转矩。

3）绕组电流方向与转矩方向并无联系，正向电磁转矩可通过在电感上升曲线上加入绕组电流得到，反之，在电感曲线下降阶段加入绕组电流即可得到反向的电磁输出转矩。

3.3　有限元分析及磁场分布

3.3.1　有限元求解和分析

1. 电磁场基本方程

为了获取电机在转动时各参数的特性，有限元分析是了解 SRM 参数特性的有效方法之一。基本原理是将被分析的求解域分割成许多小的单元，将这些小的单元分别进行数值分析，选特定函数进行插值计算，将计算的结果代入建立的总体方程，加入限定的边界条件完成求解。相比于其他方法，有限元分析可以使复杂的边界和结构问题得到解决，还可以解决非线性和时变场等复杂问题[1]。

可通过麦克斯韦方程来深入地研究电和磁之间的关系[2]，其积分形式具体表达如下：

$$\oint_s H \cdot \mathrm{d}s = i = \int_a \left(J + \frac{\partial D}{\partial t}\right) \cdot \mathrm{d}a \tag{3.26}$$

$$\oint_s E \cdot \mathrm{d}s = \frac{\partial \Phi}{\partial t} = -\frac{\partial}{\partial t}\int_a B \cdot \mathrm{d}a \tag{3.27}$$

$$\oint_a D \cdot \mathrm{d}a = q = \int_v \rho \mathrm{d}v \tag{3.28}$$

$$\oint_a B \cdot \mathrm{d}a = 0 \tag{3.29}$$

式（3.26）~式（3.29）中参数如下解释：H 为电场强度、B 为磁通密度、E 为电场强度、D 为电位移、J 为电流密度、ρ 为电荷密度、s 为闭合回线、a 为 s 界定的曲面。它们之间有如下关系：

$$D = \varepsilon E \tag{3.30}$$

$$J = \sigma E \tag{3.31}$$

$$B = \mu H \tag{3.32}$$

式（3.30）~式（3.32）中 ε、σ、μ 分别为电容率、电导率和磁导率。它们都是介质常数。

进行磁场内部分析计算时，通常可用微分形式来完成。而麦克斯韦方程组的微分形式具体表达如下：

$$\mathrm{rot}H=J+\frac{\partial D}{\partial t} \tag{3.33}$$

$$\mathrm{rot}E=-\frac{\partial B}{\partial t} \tag{3.34}$$

$$\mathrm{div}D=\rho \tag{3.35}$$

$$\mathrm{div}B=0 \tag{3.36}$$

此方程组在一系列的正交坐标系中适用，可以对电磁场的分析起到至关重要的作用。

对于整个求解区间中边界问题，一般来说用矢量磁位表示：

$$\begin{cases}\dfrac{\partial}{\partial x}\left(\dfrac{1}{\mu}\dfrac{\partial A}{\partial x}\right)+\dfrac{\partial}{\partial y}\left(\dfrac{1}{\mu}\dfrac{\partial A_z}{\partial y}\right)=-J_z\\ A_z\mid_{\overline{CD}}=0\\ A_z\mid_{\overline{AD}}=-A_z\mid_{\overline{BC}}\end{cases} \tag{3.37}$$

式中，J_z 为电流密度，A_z 是矢量磁位，μ 为材料磁导率。

进行电磁场求解的过程，实际上是进行微分方程求解的过程。此时需采用名为表达式边界所处的物理条件即边界条件。正如微分方程求解一样，电磁场求解过程中也存在着边界条件，然而其条件很多，通过 Ansoft 来进行电磁场的求解时，相关的边界条件具体如下[3]。

（1）狄利克莱边界条件

$$\phi\mid_{\Gamma}=g(\Gamma) \tag{3.38}$$

式中，$g(\Gamma)$ 可为一个常数或者是零，对于电磁场的求解问题，一般情况下把此类边界条件作为第 1 类边界条件。

（2）自然边界条件

不同媒质分界面场量的切向和法向边界条件属于自然边界条件，它即是 Ansoft 计算中媒质分界面上的边界条件，由于其为系统默认的条件，因此无需用户来进行指定。

（3）Balloon 边界条件

Balloon 边界条件是电磁场仿真必备的边界条件，使用 Balloon 边界条件一般指求解边界需要绝缘处理或是此边界条件为无限远边界。

2. 电机静态特性分析

对电机静态特性的考察主要包括：磁链-电流特性、电感特性和矩角特性。为缩短仿真过程，在电机转速足够慢、通入三相方波电流的条件下对电机进行三维有限元计算。DSCEM 相绕组位于定子极上，在一般导通控制下，各相导通时间不重叠，相间影响较小，因此电机绕组之间的互感较小。对于考察电机的静态特性，可以只对一相激励进行分析。此时，主要分析电机本身的性能，辅助线圈的作用主要体现在控制方面，因此对电机静态特性的分析不计辅助线圈的影响。在辅助线圈不通电，一相绕组单独通电时，主要关注四个重要位置的磁场分布，分别为不对齐位置、临界对齐位置、半对齐位置和对齐位置，通过对这四个位置的磁场分布的分析足够分析一相绕组激励时的整个过程，电机正常运行时，一个电周期为 20°，而电机一个周期下的三个电周期情况基本相同，因此对这四个位置的磁场分析足够全面概括电机运行一个周期的整个磁场变化情况，这四个位置的磁场分布如图 3.6 所示。观察磁力线分布可知，在不对齐位置时，磁力线以转子槽中心线为中心呈对称分布，此时磁力线呈左右对称分布，没有转矩产生，且此时气隙磁阻最大，对应绕组自感最小；在临界对齐位置时，定子磁极出来的磁力线大部分流向靠近的转子磁极，此时磁拉力带动转子旋转，气隙磁阻开始减小，绕组电感开始增大；在半对齐位置时，更多的磁通通过转子齿部，此时转子受到更大的磁拉力，气隙磁阻继续减小，绕组自感继续增大；在对齐位置时，磁力线以转子磁极中心线为中心呈对称分布，此时磁拉力并不产生切向力，因此也没有转矩生成，此时气隙磁阻最小，绕组自感最大。

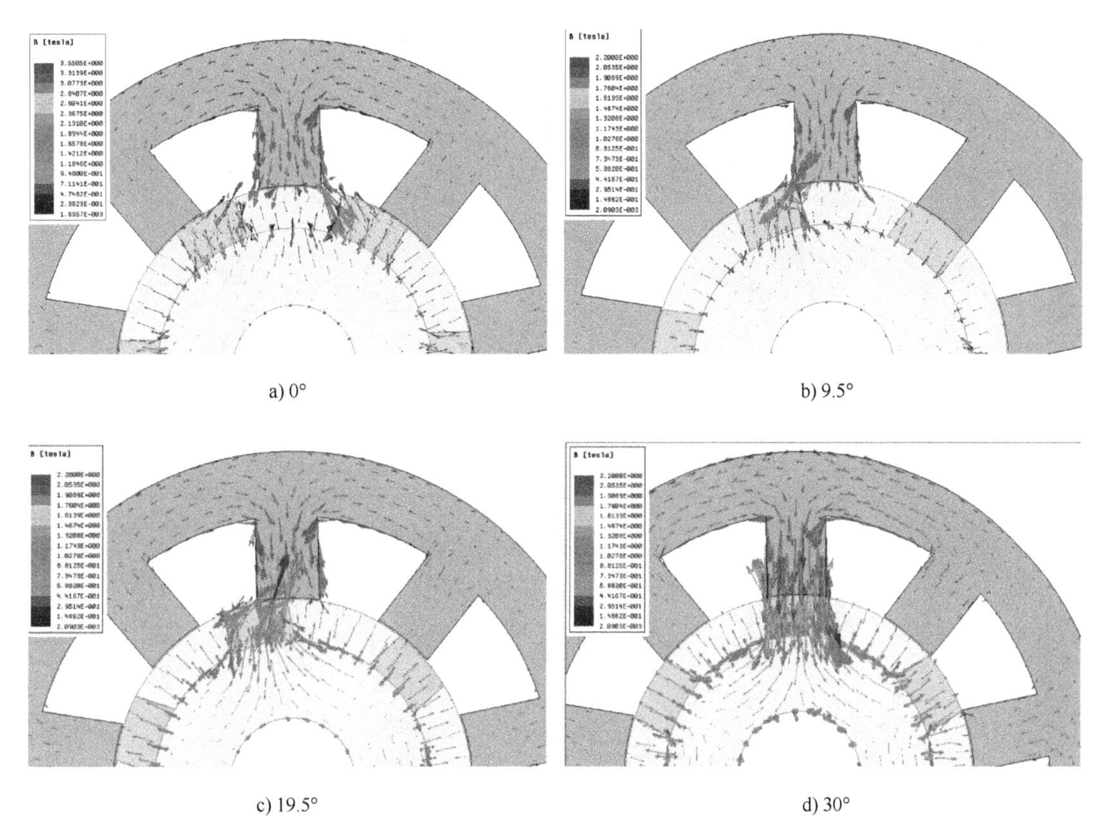

a) 0°　b) 9.5°　c) 19.5°　d) 30°

图3.6　不同转子位置磁力线分布图

（1）磁链-电流特性

图3.7和图3.8为$\Psi(\theta,i)$曲线族，由磁链、转子位置和电流的关系可知，在转子位置离定子磁极很远时气隙磁阻大，磁链与绕组相电流呈线性关系，当转子位置继续转向定子磁极时，气隙磁阻逐渐减小，此时电机运行时定子磁极平均磁通密度开始饱和，磁链与相电流呈非线性关系，磁链随电流的增长幅度开始下降，转子位置越靠近定子磁极，饱和速度越快。不同转子位置角的两条磁链曲线所围面积越大，则说明磁共能越大，磁共能对位置的偏微分就是电磁转矩，因此转化的电磁转矩越大。另一方面，在电流一定的情况下，从不对齐位置到临界重叠位置，由于气隙磁阻较大，磁链随转子位置变化的幅度不大；在临界对齐位置与半对齐位置这一段范围内，气隙磁阻减小，磁链与转子位置基本呈线性增长；对于半对齐位置到对齐位置这一区域，由于磁路饱和，磁链随转子位置变化增长的幅度逐渐变小。由双凸极电机转矩特性可知，转矩随电流增大而增大，从不对齐位置到临界对齐位置，输出转

矩快速上升，在临界对齐位置与半对齐位置之间能够输出较大的转矩，从临界对齐位置到对齐位置，输出转矩开始快速下降。

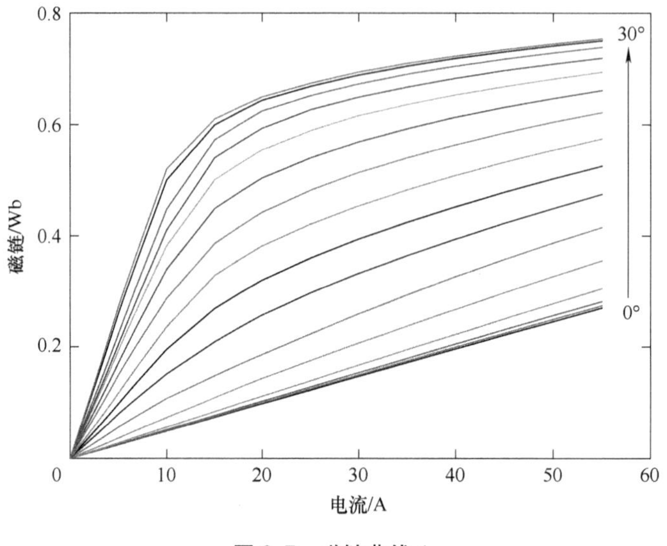

图 3.7　磁链曲线 1

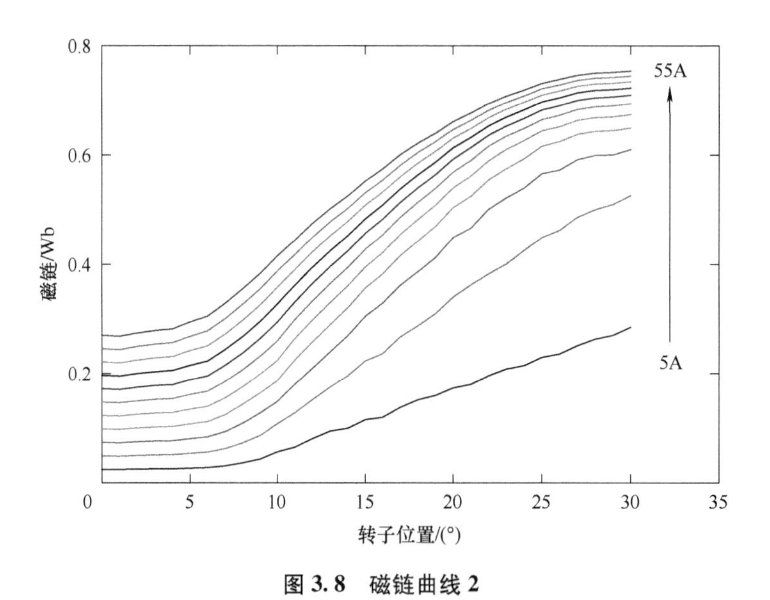

图 3.8　磁链曲线 2

（2）电感特性

图 3.9 为 $L(\theta,i)$ 曲线族，电感值的大小与磁路气隙磁阻的大小相关，与气隙磁阻成反比关系，如图可知，在不对齐位置（0°）到临界对齐位置（9.5°），由于气隙磁阻很大，在这个过程中，电感变化较小；当转子转到临界对齐位置后，气隙磁阻减小的程度比较明显，此时电感呈线性增长。当转子转到转子齿与定子齿完全重合时，此时的气隙磁阻相对较小，磁阻变化也较小，相应的电感值变化较小。当转子开始转出定子齿时，磁阻继续增大，绕组自感开始减小，此时若给绕组激励将会生成制动力矩。且自感还受到电流的影响，随着电流

的增大，自感值会相应地减小，这是因为电流的大小会影响磁路的饱和，磁路饱和程度越大，磁路磁阻就越大。

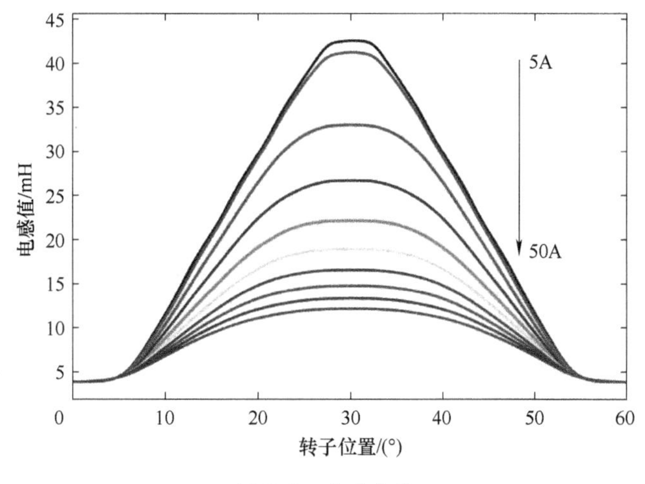

图 3.9　电感曲线

（3）矩角特性

通常，相电流保持恒定时，矩角特性曲线就是由电机电磁转矩跟随转子位移变化的曲线。同时它也是最能直接反映出电机性能的客观变量，因此，对于起动转矩和转矩脉动及电机的控制系统研究尤其显得意义非凡。随着电机上电，电磁转矩 T_e 可同时产生，此时的电磁转矩即是起动转矩 T_{st}。由于转子在电机工作时会处于不同的位置，因此电机起动瞬间的电磁转矩主要与控制系统参数、转子初始位置有关。所以，对于研究电机的带载能力应从研究起动转矩 T_{st} 出发，同时也能对电机的控制系统提供理论基础。

图 3.10 所示为一族矩角特性仿真结果，由仿真结果可以看出，电机单相矩角特性曲线仿真结果波形较为相似，具体表现在相位上都是相差一个步距角 $\alpha_p = 360°/mN_r$，式中 m 为电机的相数。这里选取 $m = 3$，故经计算 $\alpha_p = 20°$。鉴于样机起动转子的初始位置略有差别，可能处于起动转矩的最大位置或是最小位置，若在计算过程中最小起动转矩超过总负载转矩，电机则无论在任何位置都可起动，反之则会进入死区环节，不能起动。

所以，单相或是两相电动机必须施加相关控制才能保证电动机的顺利起动。多相电动机的工作方式是各相轮流转换工作，合成转矩不会通过零点，所以此时只需要做到最小起动转矩设置为大于总负载转矩就可以正常起动电动机，即最小起动转矩也表示为电机的带负载能力。

3. 电机稳态性能分析

这里通过 Maxwell 3D 瞬态分析模块建立电机三维模型，导入驱动电路，对电机在额定转速下的稳态运行进行分析，稳态分析主要关注电机的电感、相电流和输出转矩。

在稳态性能仿真中，需要给定控制条件和初始条件，以额定工况为参考，电压设置为 280V 直流电、绕组内阻为 0.186Ω 、转速为额定转速 1500r/min，各相导通 20°。稳态运行时的各相电感如图 3.11 所示，三相波形基本相同，注意到在电感上升区存在一个拐点，主要原因是随着电流增加，磁路达到饱和，在磁路饱和的情况下，电流的增加会影响电感值的

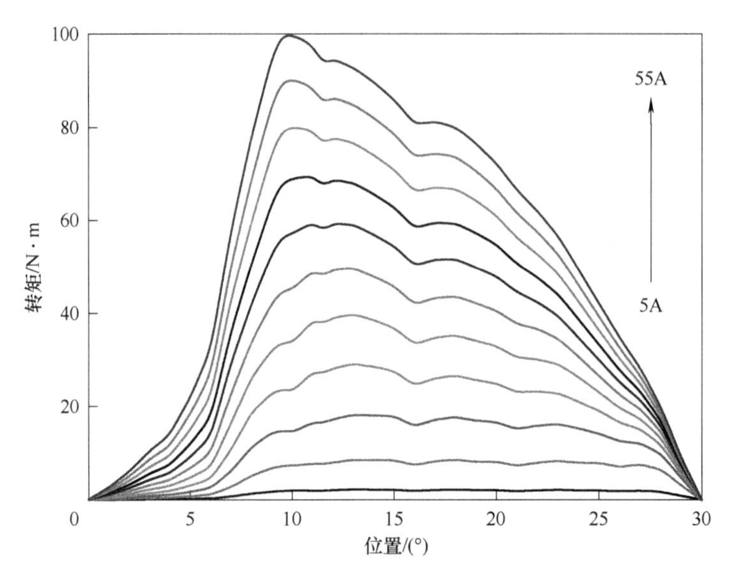

图 3.10　DSCEM 矩角特性曲线

大小，电感会随着电流的增大而减小，其本质是磁路饱和会引起磁路磁阻的增大。电流波形如图 3.12 所示，由图可知，三相电流波形基本一致，电流上升速度较快，在正转矩区能够提供比较稳定、幅值较高的电流，每相各导通 20°，随着上一相电流的关断，下一开始通电，因此各相之间影响较小，且电流续流需要很长一段时间，因此每相绕组通电时的关断角不应太大，过大的关断角会因续流电流产生一定的制动转矩，且会影响相邻导通相的自感。图 3.13 为输出转矩波形，输出转矩为总转矩，三相转矩波形相似，由于绕组自感斜率变化较小，转矩波形形状与电流波形相似，且转矩幅值比较稳定，但是可以看出，DSCEM 与传统 SRM 一样，转矩脉动较大，通过计算可知，转矩平均值为 46.91N · m，输出功率为 7368W，与设计目标 7.5kW 相当。

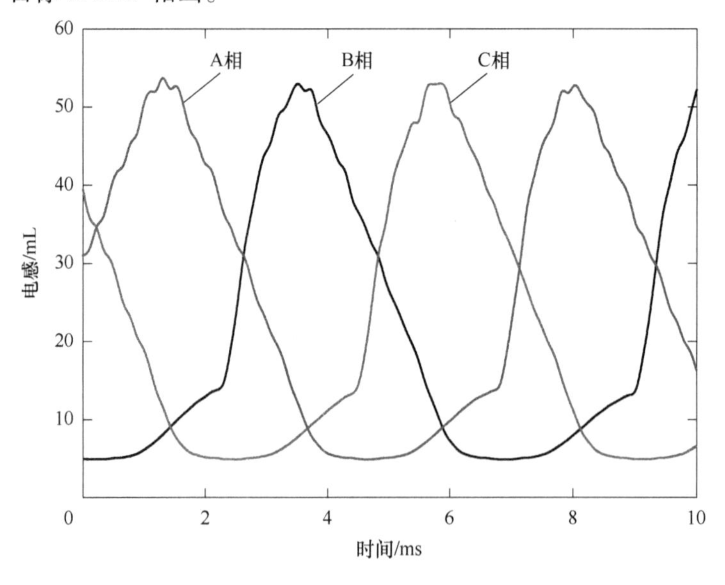

图 3.11　电感曲线

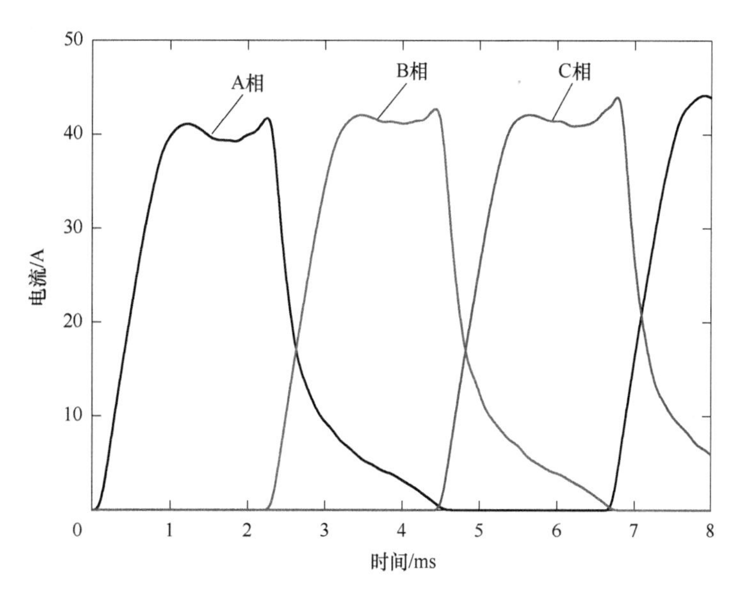

图 3.12　电枢电流曲线

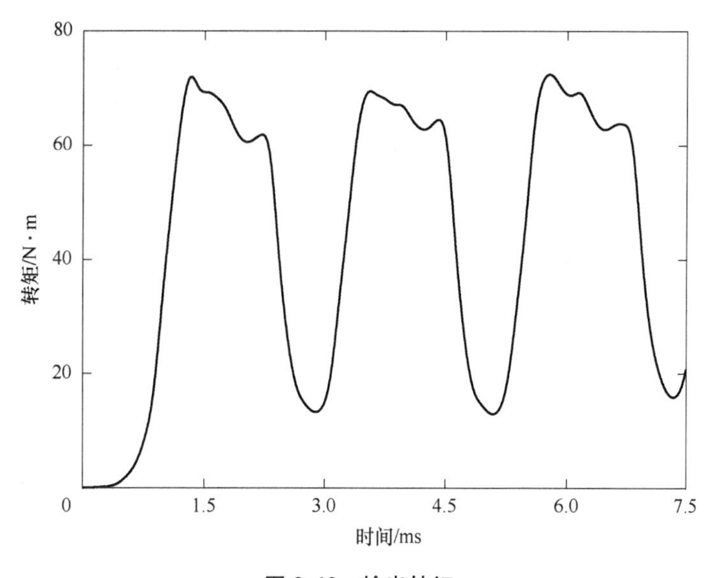

图 3.13　输出转矩

图 3.14 为辅助绕组通正向方波电流，产生与主磁场同方向的调节磁场情况下的输出转矩与辅助绕组不通电情况下的输出转矩对比图，由图 3.14 可知，辅助线圈通电后，电机输出转矩总体提升明显，由此可知，辅助线圈在电机稳态运行过程中能够起到提高输出转矩的效果。

3.3.2　磁密分布特性

DSCEM 有两套绕组，在电机运行时，在辅助线圈中通入电流，此时两种磁场相互叠加，内部磁场极其复杂，另一方面，电机正常运行时一般处于磁路饱和状态，普通的磁路法很难

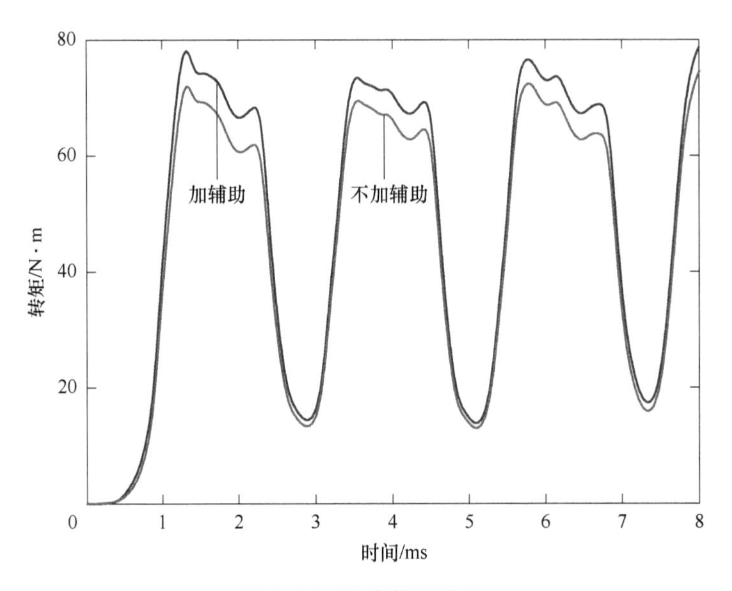

图 3.14 输出转矩对比

计算电机的性能，因此这里将采用有限元计算软件分析电机性能。ANSYS 电磁场计算软件拥有强大的电磁场计算能力，在电机设计领域得到广泛应用。由于电机磁路既包含轴向又包含径向，且为了更好地处理边缘效应，对 DSCEM 性能分析需要建立三维有限元模型。

根据表 3.1 的电机尺寸参数利用 ANSYS 建立电机三维模型，首先分析电机静态场分布，在一相绕组通入恒稳电流的情况下，由有限元计算得到定、转子齿对齐处的磁场分布如图 3.15a 所示。由磁力线走向可将电机左侧看作 N 极，右侧看作 S 极。由图可知，磁力线经由定子齿、气隙、转子齿、转子轭、导磁环、定子轭和导磁桥构成闭合回路。另外，还可以看到，在对齐位置时，磁力线大部分经过主磁路闭合，少有漏磁，且磁场最先达到饱和的位置为定子齿部，符合电机设计的标准。从每个定子齿下的磁场分布可知，每个磁极的磁场除了在转子轴向通路上有重合外，其他部分基本相互独立，因此相与相之间的互感极小，可以忽略不计。当给辅助线圈以 8A 正向电流激励时（规定当辅助线圈调磁磁场与主磁场方向相同时为正方向），辅助线圈产生的磁场会加强气隙处的磁场强度，如图 3.15b 所示，因此可以通过调节辅助线圈电流的大小和方向对主磁场进行调节。需要注意的是，由于磁通在轴向通路上汇集，因此相比于传统磁阻电机，本电机轴向磁路上容易出现饱和，需要在设计初期设计细长比时考虑到轴向磁路过饱和的问题。

表 3.1 DSCEM 结构参数

名称	设计值	名称	设计值
定子外径/mm	205	铁心长度/mm	68.2
转子外径/mm	113.6	第二气隙/mm	12.8
第一气隙/mm	0.4	轴径/mm	40
定子极弧/(°)	20	绕组匝数	264
转子极弧/(°)	21	定子槽深/mm	25.4

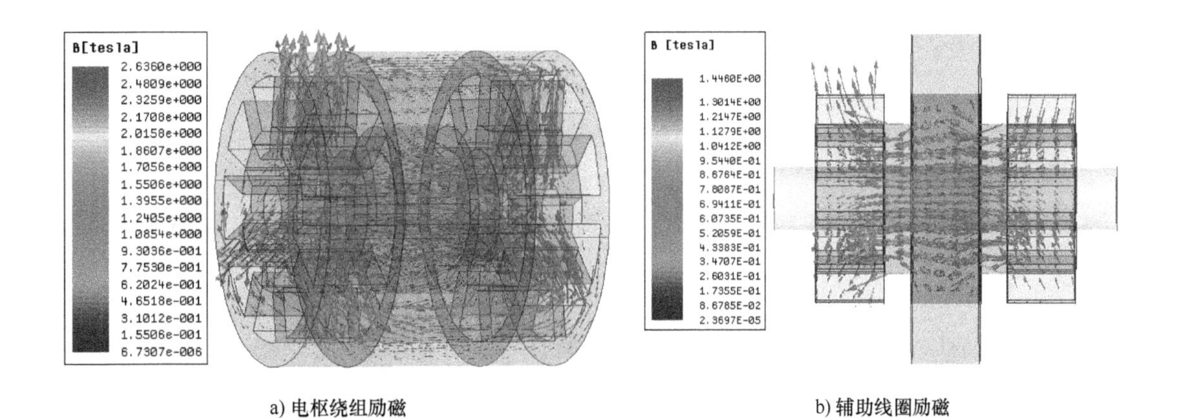

a) 电枢绕组励磁　　　　b) 辅助线圈励磁

图 3.15　对齐位置三维磁矢量图

在电机正常运行时，当前通电相会产生磁拉力，在磁拉力的作用下，距离当前通电相最近的转子齿受力旋转，当转子齿旋转到与定子齿具有较大重叠面积时，为了留有续流额定充足时间，应停止对当前相的激励，此时相邻相给予激励（电机的旋转方向与绕组的通电相序相反），电流逐渐开始上升，生成的磁场在气隙处作用，使转子继续受力旋转，A、B、C 三相各自通电一次为一个完整的周期，通电一个周期，转子旋转 60°，转子每转一圈需要经过 6 个完整的电周期。这里将根据电感、磁链以及磁场等的变化规律对电机的性能进行考察。

3.4　线圈辅助励磁双凸极电机系统构成

3.4.1　新拓扑电机调速系统的主要构成

DSCEM 调速系统主要由电机本体、核心控制器、两套功率变换器以及位置传感器四部分构成，如图 3.16 所示。DSCEM 有两种绕组结构，所以设计了两种逆变电源电路，其中三相不对称半桥功率变换电路可实现电枢电流的开关顺序与幅值控制，全桥功率变换电路可实现辅助线圈电流的方向与幅值控制。

在不对称半桥变换主电路中，一相控制支路是由两个功率开关管和两个二极管组成，电枢绕组是串联在电路中。虽然不对称半桥逆变电路的开关管数量有所增加，但电枢绕组串联结构电路不存在开关桥臂直通现象，提高了整个电机系统的可靠性；且各相支路之间是相互独立、轮流导通的，各相间互感耦合较小，也提升了电机系统的容错能力。位置传感器采集转子机械角度信号传输至核心控制器，控制器对此位置信号进行处理、解算出当前电机工作状态，通过一定的控制算法产生相应的脉宽调制（PWM）控制信号，驱动功率变换电路中主开关管导通和关断，以实现对电机的实时位置闭环控制。

为了使电机达到预期的运行状态，在电机运行时对控制参数进行调整。可通过功率变换器对样机实施多种不同形式的控制。因此，对于样机的控制可从两方面进行：一是电机本体控制，即通过调节电机自身的运行参数改变电机运行特性；二是系统控制，即将控制策略应用于整个系统，包括电机本体、功率变换器及控制器等，并使整个系统为达到预期控制目标

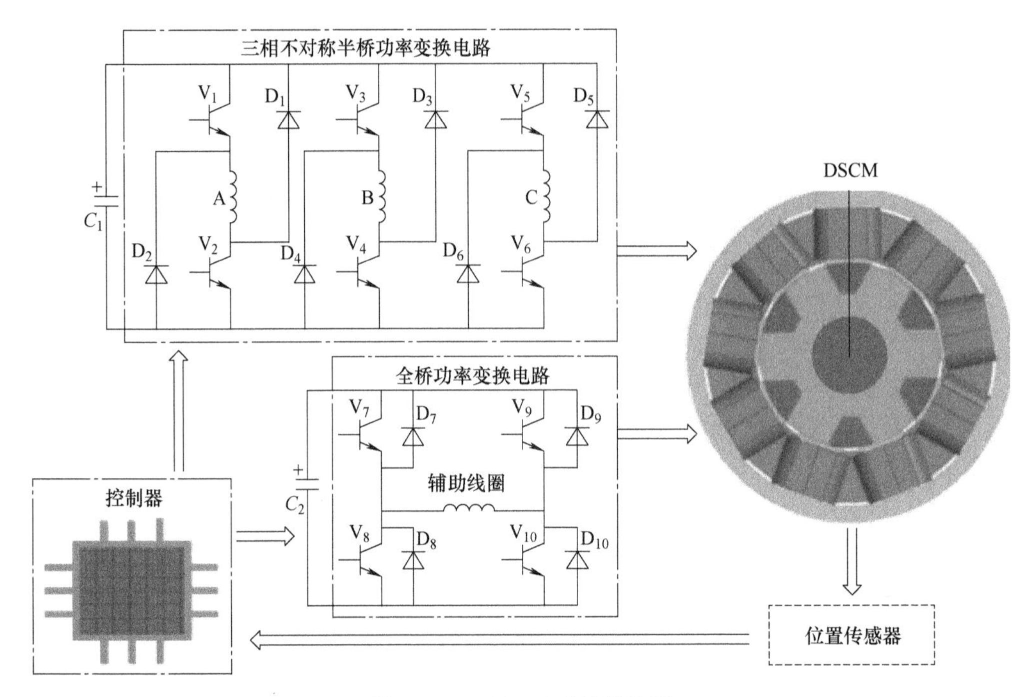

图 3.16　DSCEM 系统结构图

而协调运作，这种控制是通过功率变换器间接作用在电机本体之上的。

样机的可控参数较多，如开通角 θ_{on}、关断角 θ_{off}、相电压和相电流斩波限等，对这些控制参数进行调节，即可灵活实现样机的运行状态控制。总之，主要的控制方式有三种：脉宽调制（PWM）控制、角度位置控制（APC）和电流斩波控制（CCC）。PWM 控制方式的可控性好，特别在低速阶段，控制特性优于 CCC 方式。

PWM 控制的工作原理是，在主开关管的导通区域 $\theta_{on} \sim \theta_{off}$ 内附加 PWM 信号，然后通过调制 PWM 信号来对电机进行实时控制。对非对称半桥电路来说，PWM 信号可直接施加在开关管上进行工作。具体的 PWM 调制方式可分为斩双管方式、斩单管方式和轮流斩单管方式，或是按能量走向又可分为非能量回馈斩波方式和能量回馈斩波方式。

以单相为例，对其工作流程进行说明。斩双管的工作方式为同时关断两个主管，通过绕组的电流经过 D_1、D_2 进行续流，具体电流走向图如图 3.17a 所示。此时若在绕组两端施加反向电压，将会导致绕组电流迅速下降，电流出现较大波动的现象。斩单管和轮流斩单管的工作方式是将通过绕组的电流经 D_1 和主开关 S_1 进行续流，具体电流走向图如图 3.17b 所示。如近似将绕组两端电压视为 0，则由于能量已在绕组和各个管子中消耗殆尽，进而绕组电流呈缓慢下降趋势，整个过程中的电流波动、转矩均较小，这个过程也叫作非能量回馈斩波。若采用相同的 PWM 频率波进行调制，鉴于非能量回馈斩波的工作方式对于开关管的损耗较小，可采用这种工作方式作为非能量回馈的轮流斩单管方案。

APC 通常对 θ_{on}、θ_{off}进行控制，用以完成对电流波形的改善，也可表述为通过 APC 来改变电流波信号，具体做法是将转子的位置信号进行检测和计算，获得实时的角度信号，仅为调节 θ_{on}、θ_{off}得出电流波形的相位和角度，完成一整套的电机转速控制和功率控制。

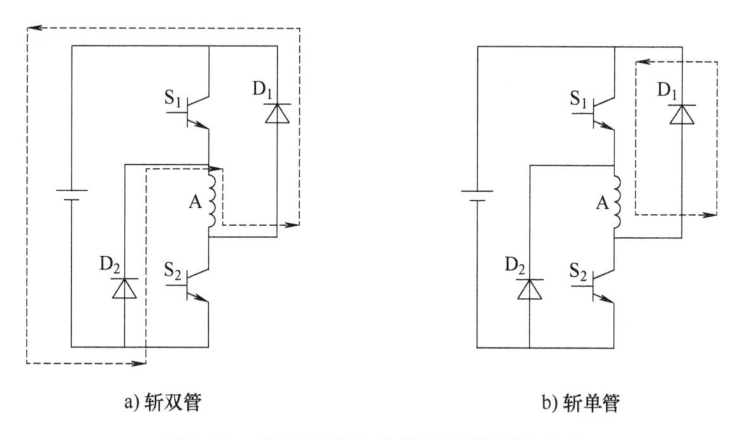

图 3.17　能量回馈与非能量回馈斩波电路

针对 APC 方式，最为主要的就是 θ_{on}、θ_{off}两个参量，两者关系一般为定一个变量，控制另一个变量，通常在电机工作时，令 θ_{on}在 $\theta=0°$前后，θ_{on}越小，单相电流则会越大，此时完成了电机出力增大调节。在电机高速运转的情况下，θ_{on}通常为负值（$\theta_{on}<0°$），此时转矩也为负，可令 θ_{on}适当超前，然后再控制 θ_{off}，用以保证绕组电流不向电感下降区段过多延续。通常在一个具体系统中可以有一个优化参数范围，一般是定 θ_{off}，控制 θ_{on}。

常见的 CCC 方式是保持开通角 θ_{on}、关断角 θ_{off}不变，通过主开关器件的多次导通和关断将电流限制在给定的上、下限值之间，并借此控制转矩。图 3.18 所示为典型 CCC 方式相电流波形。

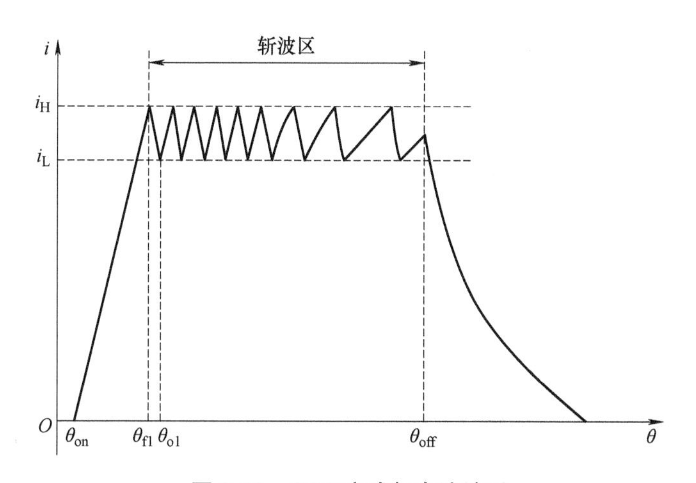

图 3.18　CCC 方式相电流波形

如图 3.18 所示，$\theta=\theta_{on}$时，主开关器件导通，相电流 i 从零开始上升，到 $\theta=\theta_{f1}$时，i 上升到上限值 i_H 开始斩波，即主开关器件关断，i 下降；当转子转到 $\theta=\theta_{o1}$时，i 下降到下限值 i_L，主开关器件重新导通，i 便开始上升，［θ_{f1}，θ_{o1}］为第一个斩波段。主开关器件如此反复通断，迫使电流在 i_H 和 i_L 之间波动，直到 $\theta=\theta_{off}$时，主开关器件关断，i 一直下降到零。当转子转过一个转子角周期后，这一电流斩波过程又重复开始。

对于图 3.19 所示每相有两个主开关器件的主电路而言，CCC 方式斩波时有两种工作方式。其一，如图 3.19a 所示，在斩波段，主开关器件 S_1、S_2 同时关断，相电流 i 在 $-U_s$ 作用下经续流二极管 VD_1、VD_2 和外电源续流，磁链迅速衰减，绕组所储磁能部分地回馈给外电源，这种 CCC 方式称为无续流斩波方式，即硬斩波（Hard Chopping），考虑到在斩波段，绕组储能有部分回馈给电源，也将其冠以能量回馈式电流斩波（Energy Returnable Current Chop，ERCC）方式。其二，如图 3.19b 所示，在斩波段，只关断一个主开关器件（S_2），而另一个主开关器件（S_1）保持导通，这时相电流 i 在外施电压近似为零的情况下，流经主开关 S_1 和二极管 VD_2，磁链缓慢衰减，绕组无能量返还电源，与 ERCC 方式对应，该斩波方式称为非能量回馈式电流斩波（Non-Energy Returnable Current Chop，NERCC）方式。

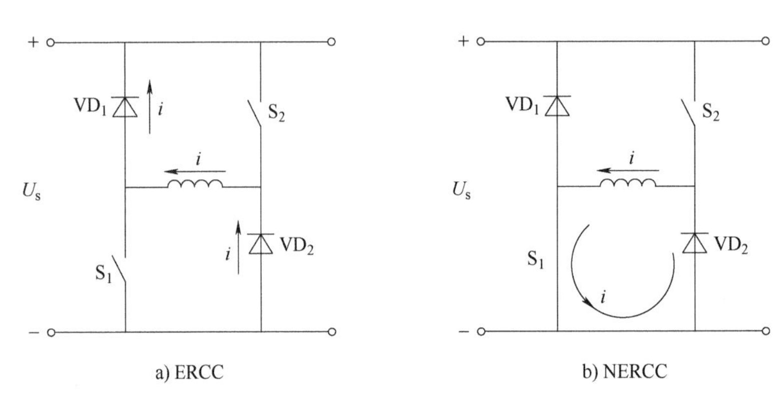

图 3.19　斩波段两种续流方式

在主开关管导通区间 $\theta_{on} \sim \theta_{off}$ 内施加 PWM 信号，通过调整 PWM 信号的占空比实现对相电流的幅值控制。为了获得良好的调速性能，一般需将几种基本控制方式联合起来。如图 3.20 所示，电机在恒转矩区时，电机处于低速、大转矩阶段，电枢较长的通电时间导致相电流很大，为保护控制电路实施 CCC 方式，控制相电流峰值；电机在恒功率区处于中高速阶段，采用 APC 方式可使电机在此阶段获得很宽的调速范围；在电机整个工作区间范围内都可运用 PWM 控制得到较好的转矩特性，在各个运行区间内采用合理的控制方式可获得良好调速性能。

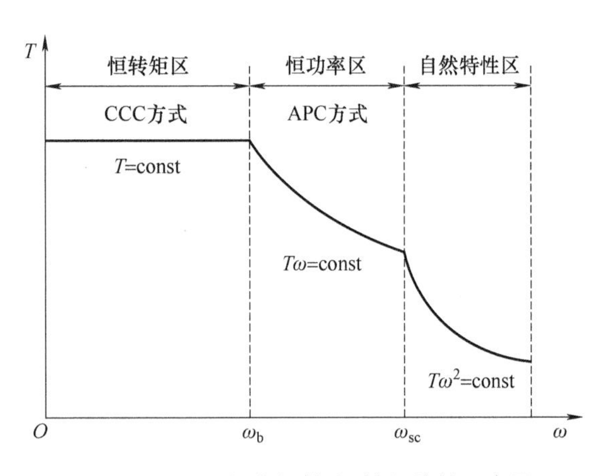

图 3.20　双凸极电机转速/转矩特性示意图

3.4.2　中央励磁电流调节励磁特性

DSCEM 绕组包括了励磁绕组和中央励磁线圈，用励磁线圈替代永磁材料，一方面可调节电机磁场，增强电机转速、转矩的调节效果，提高电机容错能力，同时又起到一定节能作用；此外，励磁线圈可避免永磁材料在高温下的退磁风险，使电机结构更为简单，易于加工和维修，提高电机在恶劣环境中的工作可靠性，延长使用寿命，使用线圈也有一定成本优势。要充分发挥励磁线圈的优势，体现出其良好性能。某相绕组单独励磁且励磁线圈分别通一定电流时，DSCEM 左侧定、转子在半对齐位置处的气隙磁密分布情况如图 3.21 所示。可以看出励磁电流的加入能有效提高电机内部磁场强度，实现磁通调节功能。与此同时，励磁电流也使定子极尖漏磁通有所增加。不同电流时气隙磁密曲线如图 3.22 所示，随电流增加，主极磁通密度增加，同时漏磁也有一定程度升高，漏磁大小与电流方向无关，因此励磁电流调节气隙磁场将影响电机运行性能。

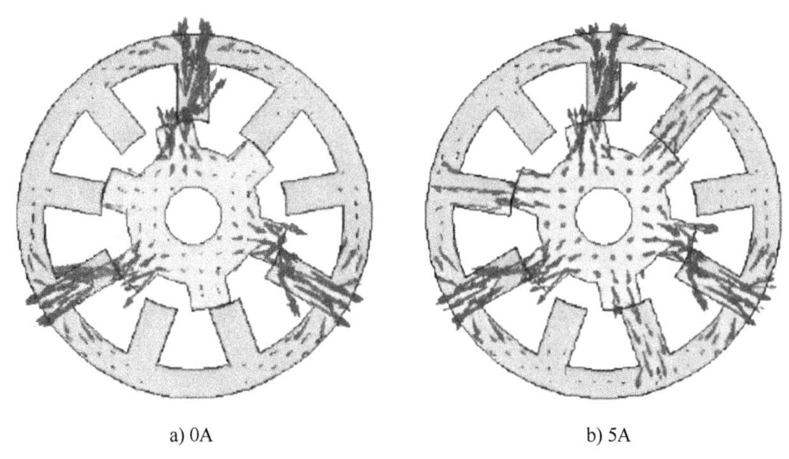

a) 0A　　　　b) 5A

图 3.21　励磁电流 i_f 作用下的效果

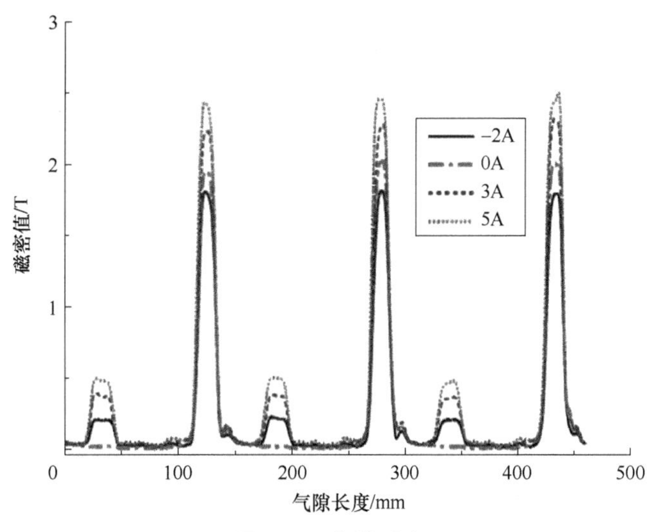

图 3.22　气隙磁密

3.5　线圈辅助励磁双凸极电机转矩特性

3.5.1　中央辅助励磁线圈的重要特性

运用稳态三维有限元方法分析了在电枢绕组电流相同、中央辅助励磁线圈电流不同的情况下输出电磁转矩和电角度的关系。电磁转矩和电角度关系如图 3.23 所示。在图 3.23a 和 b

中，电枢绕组电流分别为3A和6A。中央辅助励磁线圈通入电流分别为0.25A、0.5A、1A、2A、3A。由图可知，在电枢绕组电流相同时，通入中央辅助励磁线圈的电流越大，电机输出的电磁转矩越大，即中央辅助励磁线圈施加正向励磁电流时，产生的辅助励磁磁通增强了样机的主磁通，实现增磁目的，进而增大此电机转矩的输出。中央辅助励磁电流从0.25A增大到3A时，电枢绕组电流为3A，电磁转矩平均增值为0.116N·m；电枢绕组电流为6A，电磁转矩平均增值为3.45N·m。

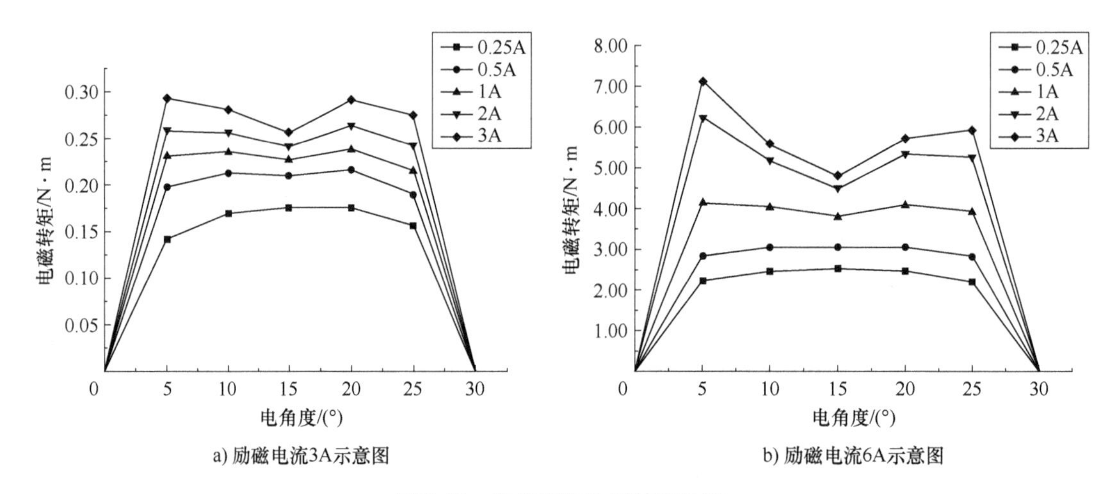

图3.23 电角度与电磁转矩关系

由此可得图3.24中，励磁电流为相同的20A，励磁线圈通入电流分别为-1A、0A、1A。由图可知，励磁线圈通入-1A电流相对于通入0A和1A电流时，电磁转矩分别减少31%和44%。

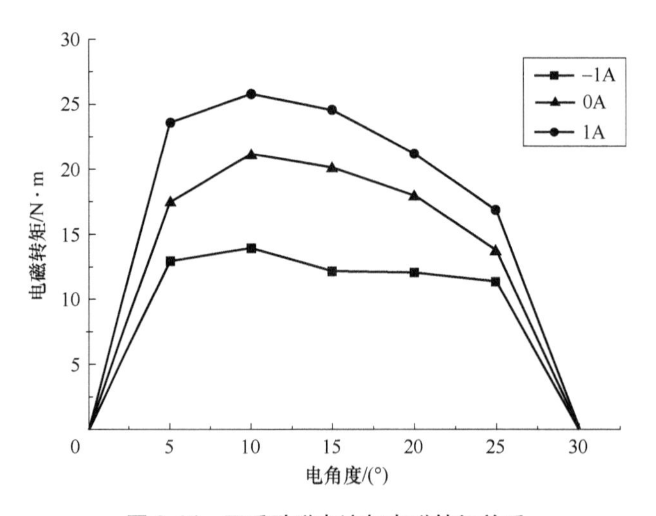

图3.24 正反励磁电流与电磁转矩关系

综上分析可知，在励磁线圈中施加正向或反向的可调直流电流就可产生可调的励磁磁动势。该磁动势作用在定、转子气隙处可产生增磁或弱磁的效果，即可实现对电机转速及转矩的调节。

3.5.2　电机的两种转矩特性各自正负性关系

电机的转矩是由电流与 $dL(\theta)/d\theta$ 决定的。电流的大小可由不同的控制方式实现，而 $dL(\theta)/d\theta$ 是绕组电感相对于转子机械角度的变化率，图 3.25 为电感（L）与转子机械角（θ）之间一般变化规律示意图。其中，β_s 为定子极弧，β_r 为转子极弧；τ_r 为转子极距（60°）；θ_1 和 θ_4 为转子后沿与定子前沿对齐时的转子位置角；θ_u 表示转子槽中心线与定子凸极中心线重合时的转子位置角，简称不对齐位置（可视为 0°）；θ_c 为转子前沿与定子后沿对齐时的转子位置角，简称临界对齐位置；θ_c 为定、转子凸极重叠一半时的转子位置角，简称半对齐位置；θ_2 为转子前沿与定子前沿对齐时的转子位置角；θ_α 为定、转子凸极中心线重合时的转子位置角，简称对齐位置（30°）。

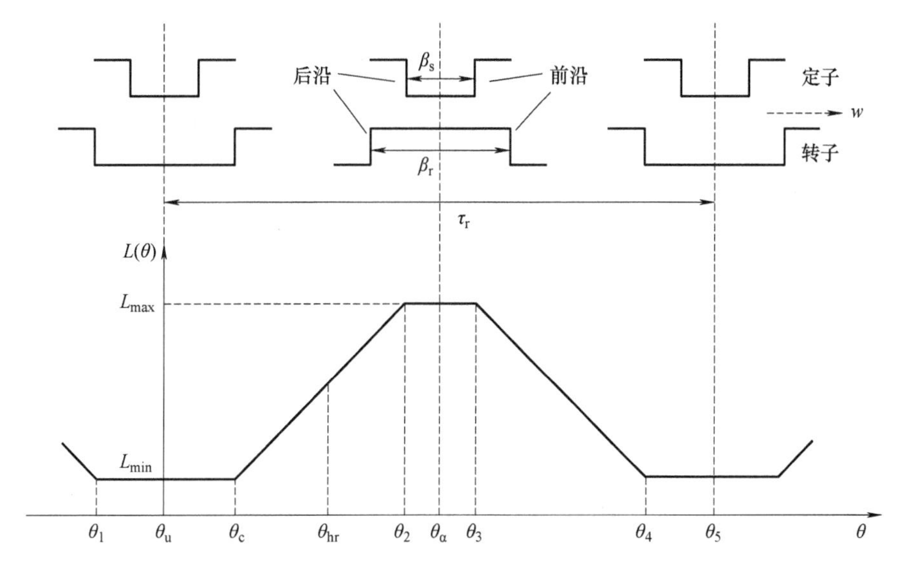

图 3.25　L 与 θ 之间一般变化规律示意图

在双凸极电机中，当转子凸极与定子通电相的凸极发生相对位置变化时，电机内部磁场分布是不均匀的，通电相 L 也是随着转子凸极齿与定子凸极齿的相对位置变化而变化。因此当电机旋转时，随着 θ 的不断变化，L 值就在电感最大值（L_{max}）与最小值（L_{min}）之间周期性变化。

从图 3.25 中可知，相电感最大值 L_{max} 位于转子位置角 θ_α 处，最小值 L_{min} 位于转子位置角 θ_u 处。电感的上升和下降斜率与转子的凸极数成正比。

当 $\theta_1 \leqslant \theta < \theta_c$ 时，定子与转子凸极齿无重叠区域，通电相的电感较小且几乎不变，但定子与转子凸极之间的磁阻为最大值，相电流一般在此阶段导通。

当 $\theta_c \leqslant \theta < \theta_2$ 时，在此阶段电机定、转子凸极齿开始逐步重叠，相电感 L 也随着重叠区域面积的增大而变大，直到转子旋转到 θ_2 位置时，相电感达到最大值 L_{max}。

当 $\theta_2 \leqslant \theta < \theta_3$ 时，定、转子凸极齿的重叠区域面积最大。在此区域内通电相的电感较大且几乎不变，定、转子凸极齿之间的磁通路径最短、磁阻最小。

当 $\theta_3 \leqslant \theta < \theta_4$ 时，电机定、转子凸极重叠区域逐渐减小，导通相的绕组电感开始逐渐下

降，直到降为最小值 L_{min}。

上述为 L 与 θ 之间具体的线性变化规律，即 $dL(\theta)/d\theta$，其与电流相互作用产生转矩。上面已说明 DSCEM 可产生两种转矩：一种是电枢绕组随转子位置的不同，由电枢绕组自感变化而产生的磁阻转矩，其正负性只与该相绕组的 $dL_p(\theta)/d\theta$ 正负性有关。图 3.26 为电枢电流（i_p）为 10A、不同 i_f 的矩角和电感特性仿真波形。当 $0°<\theta<30°$ 时，电机转矩为正，当 $30°<\theta<60°$ 时，电机转矩为负；另一种是转子位置发生变化，由电枢绕组与辅助线圈的互感产生的电励磁转矩，其正负性不仅与 $dL_{pf}(\theta)/d\theta$ 正负性有关，也与 i_f 的正负有关。从图中可看出，自感与互感的变化趋势是同步的，当 $i_f=2A$ 时，电机转矩增加；当 $i_f=-2A$ 时，电机转矩减少。总体上，有限元仿真结果验证了转矩方程推导的正确性。

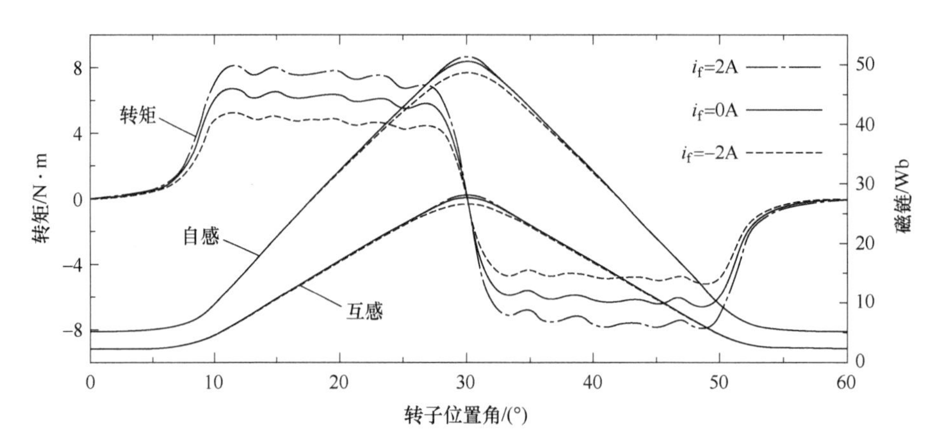

图 3.26　初始设计 DSCEM 的矩角和电感特性仿真波形

3.6　线圈辅助励磁双凸极电机转矩脉动

3.6.1　双凸极结构及绕组供电方式导致转矩脉动

如何实现转矩平稳输出一直是各类旋转电动机控制领域的核心问题，较大的转矩波动严重影响电动机驱动系统的效率与传动性能。双凸极电机转矩脉动较大的根本原因是其特有的双凸极结构和脉冲式绕组供电方式，导致电机运行时形成一个时变、非线性系统，电磁转矩是电流与通电相 $dL(\theta)/d\theta$ 的非线性函数，所以转矩脉动比其他电机系统严重，尤其是低速时较为明显。

定义转矩脉动系数的公式如式（3.39）所示。式中，T_{max}、T_{min}、T_{ave} 分别表示电机稳态运行时的最大转矩值、最小转矩值以及平均转矩值。在电机设计目标明确后，T_{max} 在本体设计上很难有大幅度的提升；提升 T_{min} 既能减小与 T_{max} 之间的差值又能提升 T_{ave}，可大幅度减少转矩脉动。

$$K_T=\frac{T_{max}-T_{min}}{T_{ave}} \tag{3.39}$$

双凸极电机转矩是由各相转矩叠加而成，而各相瞬时转矩是随着脉冲式电流的变化而变化。图 3. 27 为初始设计 DSCEM 转速为 1500r/min 时的转矩、电流及电感仿真波形，从图中可明显看出，T_{min}出现在相邻两相电流交替阶段，即电枢绕组换相期间。

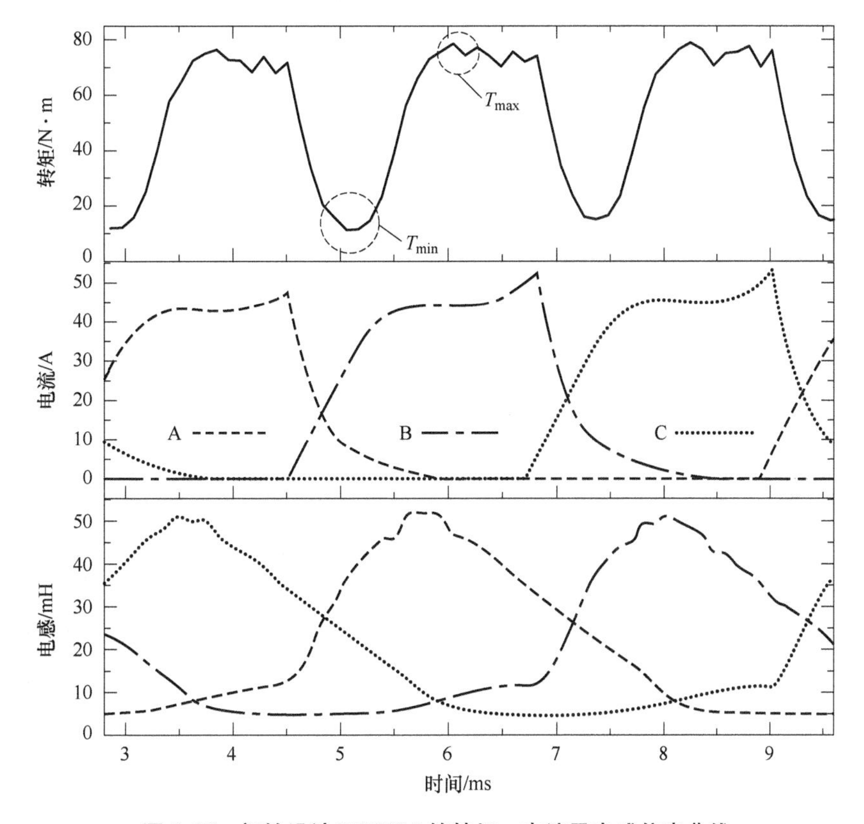

图 3. 27　初始设计 DSCEM 的转矩、电流及电感仿真曲线

以 A、B 两相为例，在此期间虽然 A 相的 $dL_A(\theta)/d\theta$ 处于较高水平，但电流正处于逐渐变小的续流阶段，A 相转矩输出能力有限；B 相的 $dL_B(\theta)/d\theta$ 很小，电流在电枢绕组内是无法突变的，电流是从 0 逐渐上升至期望值，所以此时 B 相电流也较小，B 相几乎不输出转矩。所以在此期间相邻两相的瞬时转矩都很小，拉低了电机整体输出转矩，这是双凸极结构电机转矩脉动较大的主要原因，也可称之为换相转矩脉动。

为减小换相转矩脉动可控制相邻两相电流，使两相电流在达到期望值的时间上“无限接近”，从而提升 T_{min}。但在上面已说明相电流的导通和关断与电感变化趋势有关，因此相邻两相绕组的重叠区越大，T_{min}越容易被提升，合成的输出转矩脉动越小。在双凸极电机本体设计中，可通过适当增加定、转子凸极齿个数和极弧宽度，加大相邻两相电感之间的重叠区域，但这种方法会增大槽满率，影响定、转子外径、绕组等参数设置；同时也会出现增加绕组控制电压、降低平均转矩的情况。因此，抑制双凸极电机转矩脉动应多参数全局考虑。

同时，双凸极结构定子与转子相对位置的变化使得气隙磁场具有磁路局部饱和、高度非线性的特点，图 3. 28 为初始设计 DSCEM 不同转子位置的气隙磁密分布，分别为不对齐位置（θ_u）、半对齐位置（θ_h）以及对齐位置（θ_α）。从图中可以看出，三个转子位置的气隙

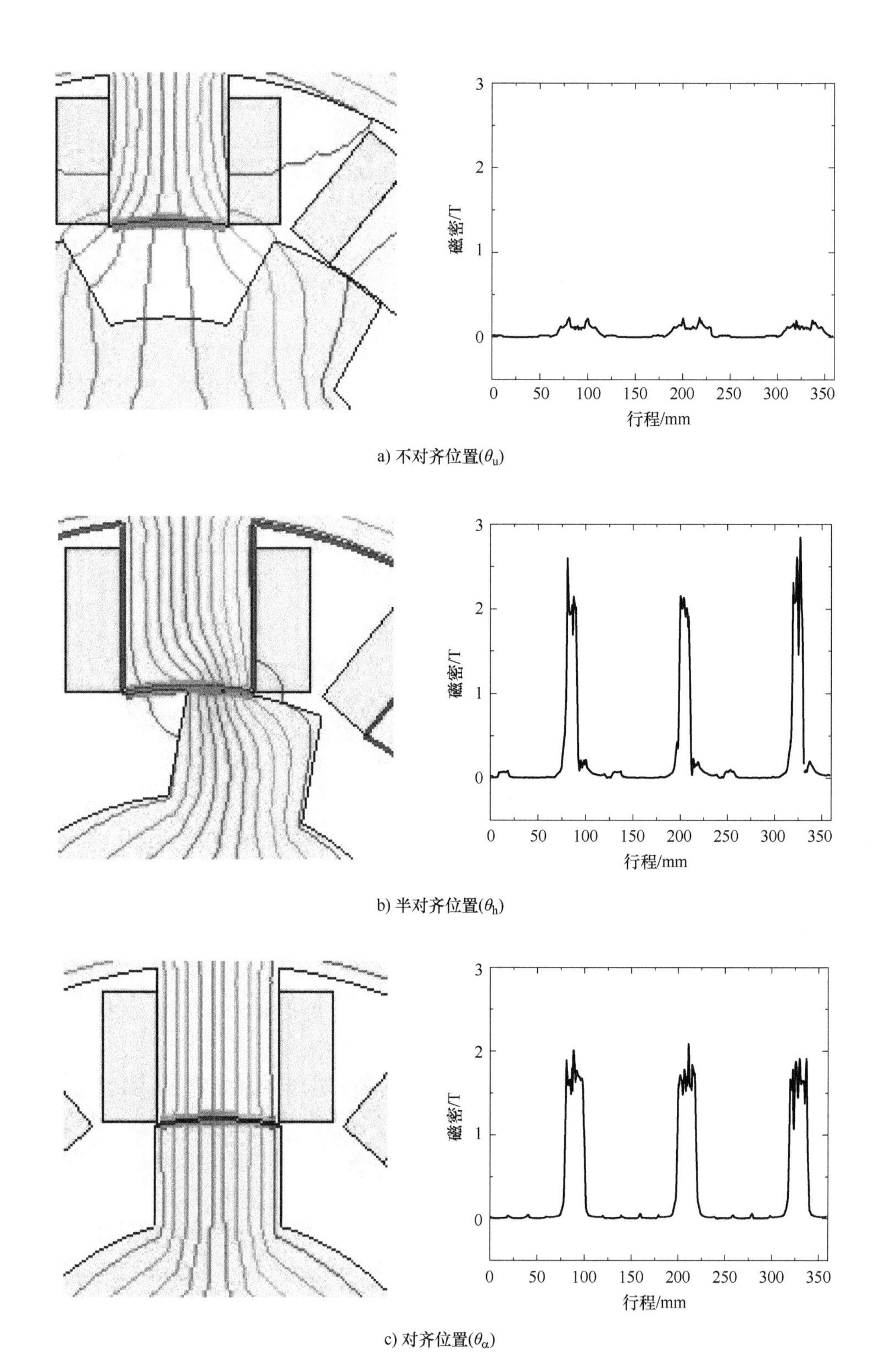

a) 不对齐位置(θ_u)

b) 半对齐位置(θ_h)

c) 对齐位置(θ_α)

图 3.28 初始设计 DSCEM 不同转子位置的气隙磁密分布

磁场是不同的，在 θ_u 时磁力线分布比较分散，会从定子凸极齿到转子凸极齿的顶部、侧面、槽底，甚至是定子轭部，造成此位置的气隙磁密很小；在 θ_h 时气隙磁密最大，磁力线比较集中；θ_α 的气隙磁密略小于 θ_h，因为 θ_α 定、转子凸极齿完全重合，重叠区域面积最大。在单相导通时，气隙磁场不均衡必然会造成电机转矩波动。综上所述，改善电感特性以及调节气隙磁场是抑制转矩脉动的关键，也是电机本体设计与优化的难点。

3.6.2　改善电感特性及调节气隙磁场抑制转矩脉动

转矩脉动可以分为两方面抑制：电机本体结构及控制策略。其中，通过改变电机本体结构既可以用来优化气隙磁场，改善气隙径向磁密和切向磁密以优化电机转矩脉动和振动噪声等，又可以改善电机的电感特性，提升电机最小转矩以减小换向时的转矩脉动，使得电机转矩输出更加平滑。

1. 改善电感特性

因为双凸极结构的原因，在 SRM 实际运行的过程中，存在着边缘磁通效应。在单相励磁时，如图 3.29 所示的理想情况下输出特性曲线图，在一相开始导通至定、转子临界重合角期间，电感曲线对转子位置的斜率应该为零，此时理想输出转矩为零，合成转矩在此位置不存在转矩脉动。但是，因为磁通边缘效应的存在，将导致电机的电感曲线在转子旋转到定、转子齿对齿重叠部位之前斜率并不为零，如图 3.30 所示的实际情况下输出特性曲线图。在临界重合角前电感曲线斜率并不为零，这种变化使得电机在这个区域内向外输出单相电磁转矩且单相转矩非线性变化。

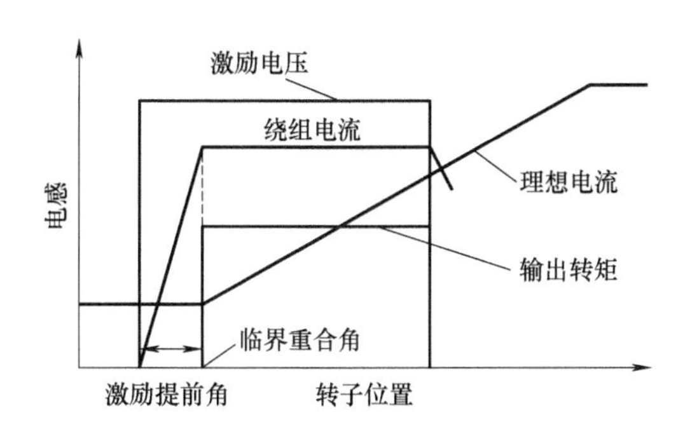

图 3.29　理想情况下输出特性曲线

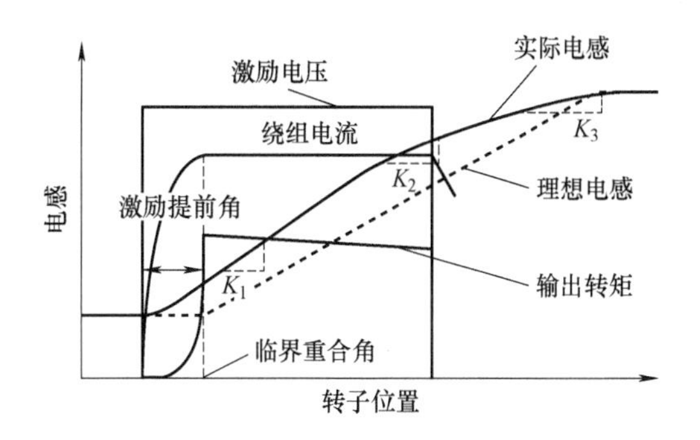

图 3.30　实际情况下输出特性曲线

双凸极结构造成的励磁极和转子磁极磁路局部饱和。双凸极电机定、转子磁极处于临界重合位置时，磁极磁路局部饱和。而磁路的局部饱和会使得电感曲线随转子位置角上升幅度越来越小，这使得 $dL/d\theta$ 电感变化率随着转子位置角逐渐减小，即如图 3.30 所示的 $K_1>K_2>K_3$。

2. 调节气隙磁场

双凸极电机气隙的切向磁密远小于气隙径向磁密，电机转子受到的径向力也是远大于切向力。电机铁心内部的磁力线分布，如图 3.31a 和 b 所示，由于转子侧边的开槽和齿顶局部过饱和的影响，开槽转子与定子重合的齿顶局部的磁力线径向分量减小且切向分量增大，此时槽口使得齿顶表面的径向磁密减小，切向磁密增大。

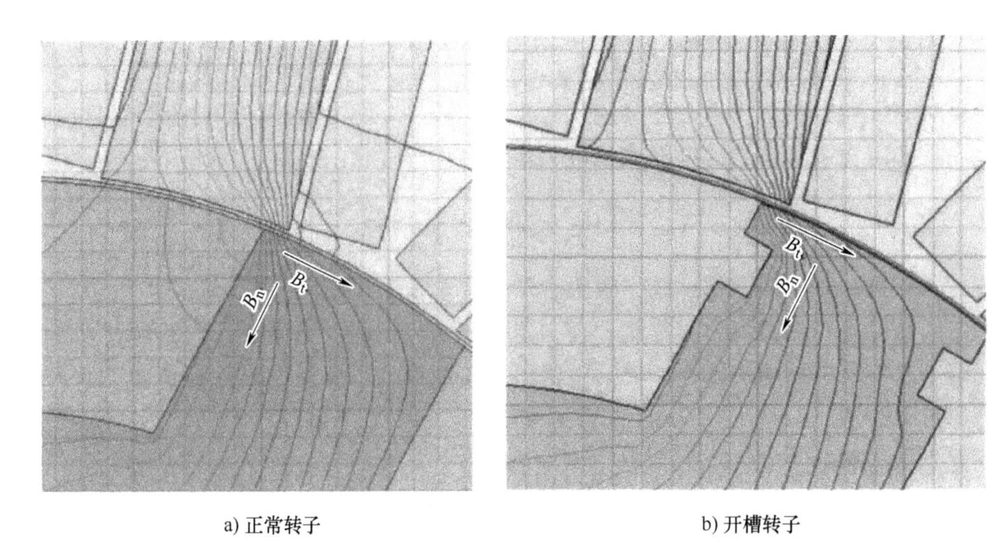

a) 正常转子　　b) 开槽转子

图 3.31　转子局部的磁力线分布

气隙磁密改变的原因分析：双凸极电机中，转子铁心表面是空气和铁心两种媒质的分界面。在这两种媒质分界面上，磁密与法线方向的夹角 α_1 和 α_2 不同，满足下式：

$$\tan\alpha_1/\tan\alpha_2=\mu_0/\mu_{Fe} \tag{3.40}$$

式中，μ_{Fe}为铁心磁导率，由于$\mu_0 \ll \mu_{Fe}$，普通转子齿靠近定子绕组导通相的一侧，磁通出射角接近于90°，如图 3.32a 所示。

若在转子齿侧面开槽，如图 3.32b 所示，改变了转子表面的磁密方向，由式（3.40）可知，磁通出射角 β_2减小，则磁通入射角 β_1也会减小。可以看出，齿侧面开槽后的磁通入射角 $\beta_1<\alpha_1$，使得转子齿一侧表面的气隙磁密径向分量减小，切向分量增大。此时径向力波减小，从而达到削弱电机径向的电磁振动和抑制转矩脉动的目的。

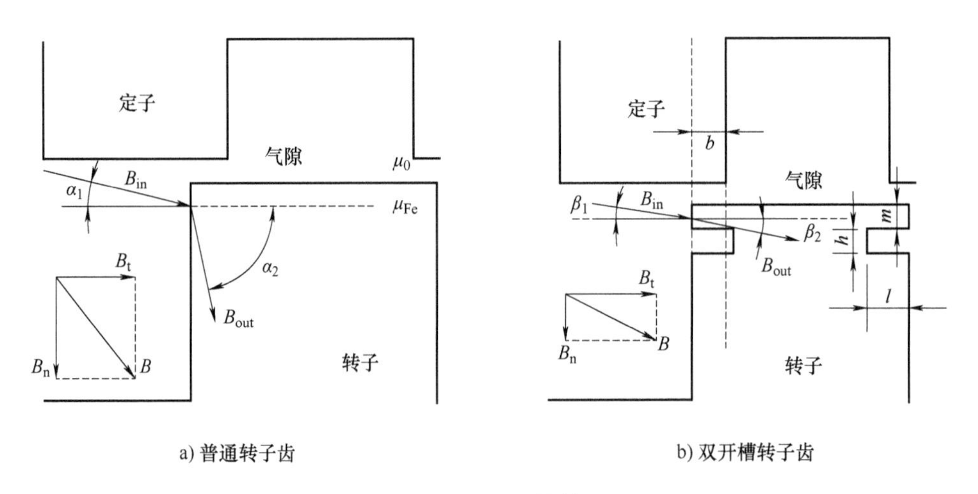

a) 普通转子齿　　b) 双开槽转子齿

图 3.32　普通转子与开槽转子的分析

3.7　本章小结

本章对 DSCEM 的拓扑结构、运行理论及转矩脉动产生机理进行了详细介绍。阐述 DSCEM 调速系统的主要构成以及各部分的功能；推导其数学模型，更重要的是从磁共能角度出发建立了转矩方程，分析出 DSCEM 具有磁阻和电励磁两种转矩特性，从原理上说明辅助线圈电流具有调节励磁的能力，为后面章节进一步深入研究提供理论基础。同时，阐述了转矩产生的基本原理以及双凸极电机电感与转子机械角之间的一般变化规律，在此基础上结合转矩方程式，说明了 DSCEM 可以产生两种转矩的重要特性及各自的正负性关系。以初始设计 DSCEM 为例对转矩脉动的产生机理进行了系统研究，特殊的双凸极结构以及脉冲式绕组供电方式导致其单相导通气隙磁场不均衡和较大的换相转矩脉动，并分析出改善电感特性以及调节气隙磁场是电机设计中抑制转矩脉动的关键。

参考文献

[1] Vladan P Vujicic. Minimization of torque ripple and copper losses in switched reluctance drive [J]. IEEE Transactions on Power Electronics, 2012, 27 (1): 388-399.

[2] 凌岳伦. 开关磁阻电机有限元仿真研究与控制实现 [D]. 西安：西安科技大学，2010.

[3] Y Ling, M Wang, Y Wang, et al. Simulation research on switched reluctance motor modeling and control strategy based on ANSOFT [C]. 2010 International Conference on Measuring Technology and Mechatronics Automation, 2010: 374-377.

Chapter 4

第4章 线圈辅助励磁双凸极电机参数设计与优化

4.1 线圈辅助励磁双凸极电机参数设计

4.1.1 算例电机技术指标与设计方案

双凸极电机较大的转矩脉动限制了其在许多领域中的应用，因此本章将突破传统双凸极电机结构原理，围绕新结构双凸极电机多参数综合优化设计与转矩波动抑制技术展开深入研究。DSCEM 是由两组 9/6 式双凸极定、转子结构组成，同时辅助线圈电流（i_f）可调节气隙磁场、提升输出转矩，可产生电励磁转矩和磁阻转矩是所提出电机的重要特性。为验证此种新结构更易于减小转矩脉动，本章依据表 4.1 所示的技术指标进行电机参数设计，具体的 DSCEM 电磁设计方案流程如图 4.1 所示。

表 4.1 DSCEM 的技术指标

名称	设计值	名称	设计值
额定功率/kW	7.5	额定电压/V	280
额定转速/(r/min)	1500	相数	3
定子凸极数	9	转子凸极数	6

优越的电机性能是驱动系统稳定高效运行的保障，也是电机优化控制的前提。本章设计一台 7.5kW 低转矩脉动的新结构双凸极电机。本章给出电机技术指标，首先根据轴向磁通电机结构特点及电磁特性，初步完成电机的结构参数设计，使用有限元软件 ANSYS 建立三维电机模型并进行性能指标初判；再以转矩脉动、平均转矩为优化目标，运用遗传算法、粒子群优化算法和天牛须搜索算法对本体的定、转子极弧，转子外径，以及铁心长等结构参数做进一步优化，根据三维有限元方法的对比分析结果确定最佳优化方案以及判断是否需要对本体进行细节上的微调，最后完成电机仿真优化、确定电磁设计方案。

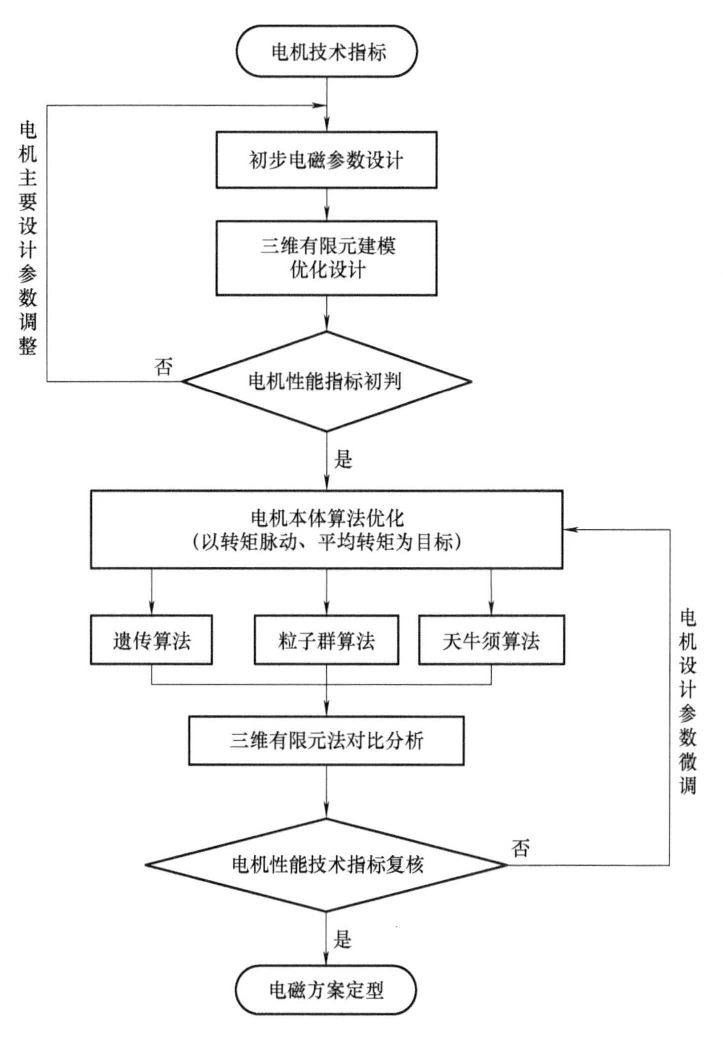

图 4.1　DSCEM 电磁设计方案流程图

4.1.2　电机参数设计

DSCEM 的定、转子凸极结构与 SRM 类似，在结构上，两者区别是 DSCEM 包含两套定、转子凸极结构，且在两套定、转子结构中间放置有辅助线圈；在运行机制上，DSCEM 既有径向磁通，又有轴向磁通。因此，电机参数设计可借鉴 SRM 的设计经验。

1. 定、转子极弧

一般情况下少于三相的双凸极电机不能自起动，但电机的相数过多，频率会增加，驱动电路的成本也会增加，同时还会降低电机系统的运行可靠性。目前常见的双凸极电机定、转子极数、相数配合方案见表 4.2。DSCEM 为三相电机，定子极数为 9，转子极数为 6，有别于常规三相双凸极电机 $6N/4N$ 定、转子极数配合方式，但定、转子极弧设计仍需满足式（4.1），其中 β_s、β_r 分别为定子极弧和转子极弧。根据公式可推算出 DSCEM 定、转子极弧的取值范围为 20°~30°。

表 4.2　传统双凸极电机相数和定、转子极数配合方案

相数（q）	2	3	3	4	5
定子极数（N_s）	4	6	12	8	10
转子极数（N_r）	2	4	8	6	8

$$\begin{cases} \min(\beta_r+\beta_s) \geqslant \dfrac{2\pi}{qN_r} \\ \beta_r+\beta_s \leqslant \dfrac{2\pi}{N_r} \end{cases} \tag{4.1}$$

2. 电磁负荷

电磁负荷是电机设计中的重要参数，其主要包括电负荷 A 与磁负荷 B，直接影响电机转矩、效率和温升等性能指标。新结构 DSCEM 具有电枢绕组和辅助线圈两类绕组，可从等效的角度对电磁负荷进行参数设计。

DSCEM 的 A 为定子与转子的电负荷之和，如下所示：

$$A=A_s+A_r \tag{4.2}$$

$$A_s=\frac{qN_{ph1}I_p}{\pi D_a} \tag{4.3}$$

$$A_r=\frac{N_{ph2}I_f}{\pi D_n} \tag{4.4}$$

式中，A_s 为定子电负荷，可定义为流过定子的电流与气隙周长之比；A_r为转子电负荷，可定义为流过导磁轴的辅助线圈电流与气隙周长之比；D_a为转子外径；N_{ph1}和 N_{ph2}分别为电枢绕组和辅助线圈的匝数；I_p 为电枢电流有效值；I_f 为辅助线圈电流有效值。DSCEM 的工作方式为连续工作，电机正常运作时应达到热稳定状态。对于电机的温升控制应考虑到电机的初始设计之中，由于电机制冷方式为自然冷却，冷却效果较差，因此为保证电机运行时的可靠性，应选择较小的电负荷，对此可以借鉴中小型异步电机或凸极电机电负荷的选取范围。电负荷取值范围一般如式（4.5）所示，经过分析与推算，初选 A 为 29000A/m。

$$25000\text{A/m}<A<50000\text{A/m} \tag{4.5}$$

B 是指在一个通电周期内的平均气隙磁密，如下式所示：

$$B=\frac{\Phi}{\tau_r l_a} \tag{4.6}$$

式中，Φ 表示每极主磁通，l_a 表示铁心长度。

可将 DSCEM 气隙磁通分为两部分进行分析，分别是定子凸极齿表面气隙与转子凸极齿表面气隙。Φ_s 表示定子极气隙磁通，Φ_r 表示转子极气隙磁通，B_s 和 B_r 分别为定、转子凸极齿表面气隙磁密，如图 4.2 所示。

在忽略铁心局部饱和的条件下，定子与转子凸极齿表面的气隙磁通可视为线性变化，即气隙磁通和气隙磁密满足：

$$\Phi=\Phi_s+\Phi_r \tag{4.7}$$

$$B=B_s+B_r \tag{4.8}$$

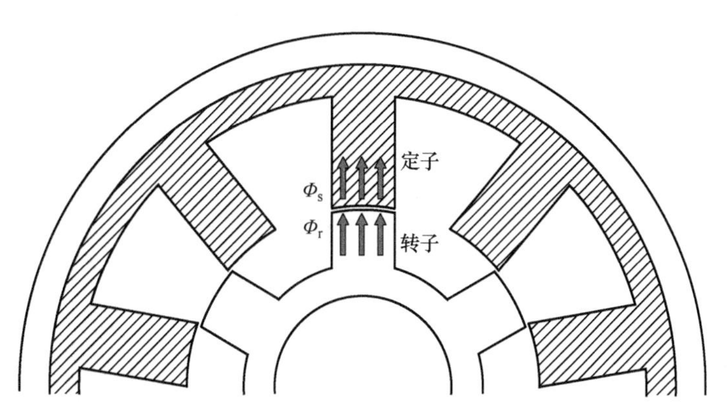

图 4.2　气隙磁通的构成

由于磁阻类电机额定运行时通常处于磁饱和状态，在设计初期，气隙的平均磁密不好给出，而通常可以知道在额定运行时定子磁极的平均磁密，因此在进行设计时可以用磁极的平均磁密替换磁负荷。当电机功率一定时，合理设计电磁负荷可减小电机本体体积与材料用量。冷却条件与铁心材料导磁性能也是电磁负荷设计时要考虑的因素。较高的 B 会增加铁耗；较高的 A 会增加定子铜耗。

3. 电磁功率方程（尺寸方程）

建立电机电磁功率方程，分析与电机主要结构参数的关系并进行电磁设计。方程推导过程如下：

$$P_e = qUI_m K_d \tag{4.9}$$

$$K_d = \frac{N_r}{2\pi}\theta_d \tag{4.10}$$

式中，$I_m = k_m I/k_i$ 为电流幅值，k_i 为峰值电流系数，k_m 为方波电流系数；U 为电压；K_d 为负荷系数；θ_d 为绕组电感上升期的电流导通角度。

忽略绕组电阻，最大磁链可表示为

$$\psi_n = \frac{U}{\Omega}(\theta_{off} - \theta_{on}) = \frac{U}{\Omega}\theta_d \tag{4.11}$$

最大磁链也可用定子磁极平均磁密表示为

$$\Psi_m = N_{ph}\Phi \approx N_{ph}B_{ps}D_a \sin\frac{\beta_s}{2}l_\delta \tag{4.12}$$

式中，l_δ 为电枢计算长度，B_{ps} 为定子磁极的平均磁密。忽略漏磁，联立式（4.6）和式（4.9）~式（4.12）可得

$$D_a^2 l_\delta = \frac{60k_i P_{em}}{\pi N_r k_m A B_{ps} n \sin\beta_s/2} \tag{4.13}$$

至此推导得出电机电磁功率方程，其可作为 DSCEM 电磁设计的基础。

4. 几何结构参数

DSCEM 几何结构参数如图 4.3 所示，主要包括定子外径（D_s）、转子外径（D_a）、定子极弧（β_s）、转子极弧（β_r）、定子轭高（h_{cs}）、转子轭高（h_{cr}）和铁心长度（l_a）。首先需

确定 D_a 与 l_a，在此基础上可得到其他结构参数。设尺寸比 $l=l_a/D_a$，它反映的是电机长度与直径之间的关系，其大小与电机性能密切相关。在中、小型双凸极电机设计中，l 常取值为 1。而 DSCEM 不同于常规磁阻双凸极电机，其磁通路径既包含轴向也包含径向，应尽量减少过长的轴向磁通路径，保证轴向闭合磁路的磁阻最小，本章 l 的取值范围是 $0.5<l<1$。由此可根据式（4.13）估算 D_a、确定 l_a。

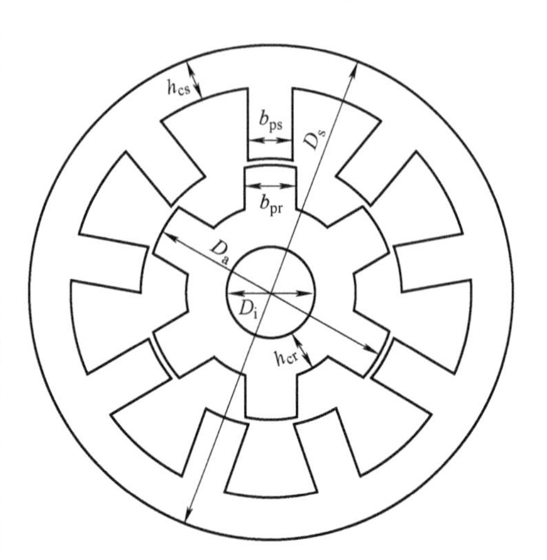

图 4.3 DSCEM 主要结构参数

DSCEM 的气隙定义与 SRM 相同，当定子与转子凸极齿中心线重合时，两齿极之间的距离被定义为第一气隙，用 g 表示。g 的大小与电枢绕组电感的最大值有关，前面已说明电感对输出转矩有直接影响。定子凸极齿中心线与转子槽中心线对齐时，定子凸极齿与转子槽底部的距离定义为第二气隙，用 g_i 表示。g_i 的大小决定了电枢绕组电感的最小值，要保证电机具有较大的磁共能，g_i 一般为 g 的 20～30 倍。根据前面的分析，$\mathrm{d}L(\theta)/\mathrm{d}\theta$ 越大，DSCEM 获得的电磁转矩越大。g 的选取应尽可能小，但过小的 g 不仅会影响电机运行的可靠性，还会带来严重的噪声和振动问题。本章设计 g 为 0.4mm。

根据式（4.1），初步设计定子极弧 β_s 为 20°，转子极弧 β_r 为 20°。其他几何结构参数可由下式计算得出。

定子极宽为

$$b_{ps}=(D_a+2g)\sin\frac{\beta_s}{2} \tag{4.14}$$

转子极宽为

$$b_{pr}=D_a\sin\frac{\beta_r}{2} \tag{4.15}$$

定子轭高为

$$h_{cs}=(0.5\sim0.75)b_{ps} \tag{4.16}$$

转子轭高为

$$h_{cr}=(0.5\sim1)b_{pr} \tag{4.17}$$

5. 电枢绕组

绕组参数主要指绕组匝数与绕组线径。在槽空间允许的情况下，绕组匝数越多，电流峰值越小，根据式（4.18）和已确定的电负荷可计算得出绕组匝数。

$$N_{ph}=\frac{U\theta_d}{\Omega\Phi}=\frac{9.55U\theta_d}{B_{ps}(D_a+2g)\sin(\beta_s/2)l_a n} \tag{4.18}$$

绕组线径的确定与绕组匝数有关。槽满率一般选取 0.35～0.5，再根据定子槽面积以及绕组绝缘层厚度可确定绕组线径。确定线径的同时也要校核电枢绕组电流密度 J，如式（4.19）所示。

$$J=\frac{i}{a_c}=\frac{1}{a_c}\cdot\frac{\pi D_a A_s}{2qN_{ph}} \tag{4.19}$$

式中，a_c 为导线截面积。J 的取值范围是（4~6.5）$\times 10^6$A/m^2。J 越大，电机的铜耗越多，因此在绕组参数设计时应适当考虑减小 J、提升电机效率。

6. 辅助线圈

辅助线圈所建立的励磁磁场主要作用是补偿电枢磁场，因此需先分析电枢磁场气隙分布。图 4.4 为转子在 θ_u 至 θ_a 单齿电枢气隙磁密分布图，辅助线圈有效补偿区域是在 θ_c 至 θ_a 区域，即定、转子凸极齿有重叠区，从图中可知，辅助线圈的理想状态是补偿 0.7T。在设计时也需考虑 i_f 值，过大的 i_f 会增加齿极漏磁，在高阻态时变化率缓慢，影响控制性能，限定 i_f 值不大于 10A。基于上述分析并依据式（4.20）完成辅助线圈参数设计。

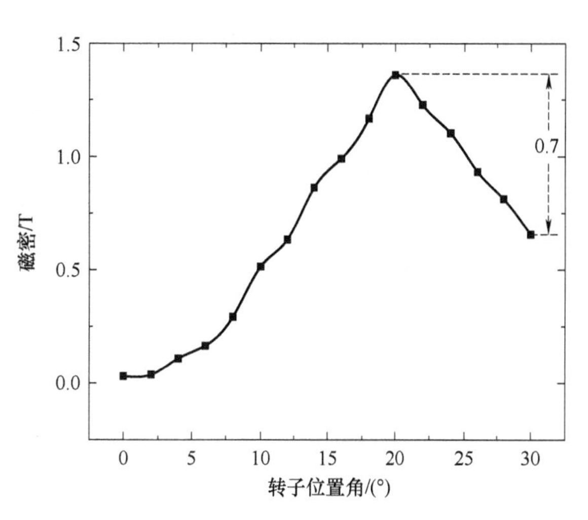

图 4.4　θ_u 至 θ_a 单齿电枢气隙磁密分布

$$N_f\cdot I_f=\Phi\cdot R_m \tag{4.20}$$

式中，N_f 为辅助线圈匝数，R_m 为磁阻。

4.1.3　初始设计方案

根据设计指标以及前面所论述的设计流程和计算方法，设计了一台 7.5kW 的 DSCEM 样机，其无取向硅钢片的型号为 DW465_50、单片厚度为 0.5mm。经过多次校核计算，初始电磁设计参数见表 4.3。

表 4.3　初始电磁设计参数

名称	设计值	名称	设计值
定子外径/mm	205	转子外径/mm	113
铁心长度/mm	137	轴径/mm	40
第一气隙/mm	0.4	第二气隙/mm	11.9
定子极弧/(°)	20	转子极弧/(°)	20
定子轭高/mm	20	转子轭高/mm	25
定子齿高/mm	25.6	转子齿高/mm	11.8
每极电枢绕组匝数	44	辅助线圈匝数	50

依据表 4.3 运用 ANSYS 建立 DSCEM 三维有限元模型，分析电机电磁场分布，其三维模型如图 4.5 所示，电机对齐位置的径向、轴向磁通矢量如图 4.6 所示。从图中可清晰看到，电机磁场既有径向磁通又有轴向磁通，两侧定、转子结构的磁通方向是相反的，左侧形成 N

极，右侧形成 S 极。电机实现了轴向导磁方式，验证了 DSCEM 设计原理的正确性。图 3.27 为初始设计 DSCEM 转速在 1500r/min 时转矩、电流及电感仿真波形，其中 T_{max} 为 79.58N · m，T_{min} 为 10.16N · m，T_{ave} 为 50.42N · m，K_T 为 1.38。

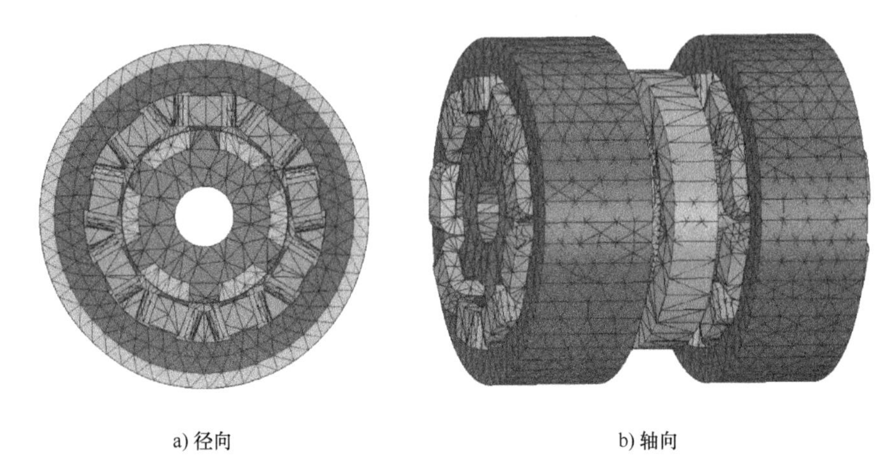

a) 径向　　　b) 轴向

图 4.5　初始设计 DSCEM 的三维模型网格剖分

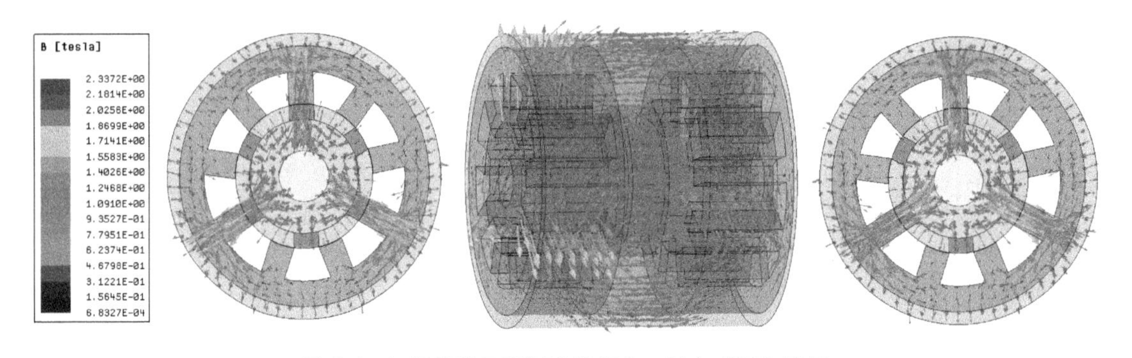

图 4.6　初始设计 DSCEM 的径向、轴向磁通矢量图

4.1.4　关键结构参数对转矩性能的影响

为进一步研究 DSCEM 的结构特点以及主要结构参数对转矩特性的影响程度，本节将建立电机静态场参数化模型。在静态场模型中，单相导通 20A 电流，参数扫描分别得到转子极弧、定子极弧、转子外径、定子外径、铁心长和定子齿高 6 个关键结构参数的单相矩角特性数据，并绘制了每一种结构参数的 T_{ave}、T_{max} 以及平均转矩变化率（$\Delta T\%$）曲线。图 4.7 和图 4.8 分别为参数化分析转子、定子极弧从 20°至 25°的静态转矩数据变化曲线。

从图 4.7 和图 4.8 所示的矩角特性可看出，随着极弧的增大，图 4.7a 所示的参数化转子极弧的单相转矩曲线整体前移，而图 4.8a 所示的参数化定子极弧的单相转矩曲线既前移又变宽，这一特性有益于提升电机的 T_{min}、减小转矩脉动。两者均在 22°时 T_{max} 值最大。从 $\Delta T\%$ 变化曲线可看出，转子、定子极弧每次参数变化均对 T_{ave} 影响较大，参数化转子极弧最高提升 T_{ave} 达到 2.39%，而参数化定子极弧更是达到 3.38%。

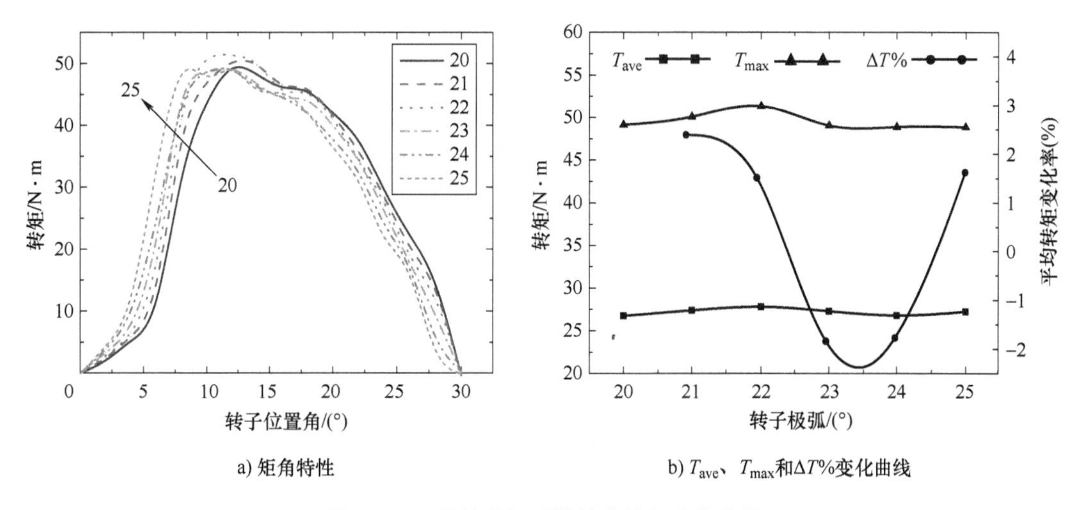

a) 矩角特性　　b) T_{ave}、T_{max}和$\Delta T\%$变化曲线

图 4.7　不同转子极弧的静态转矩变化曲线

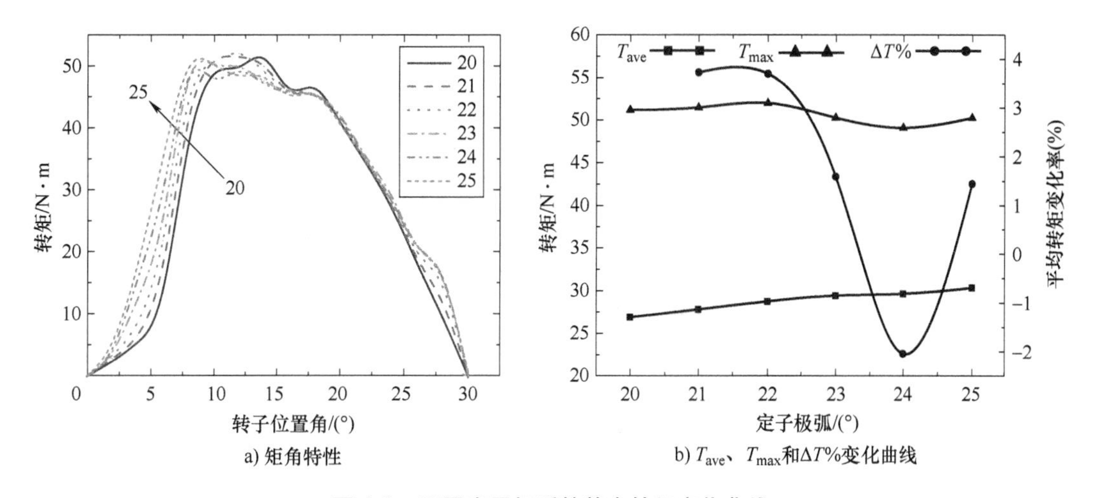

a) 矩角特性　　b) T_{ave}、T_{max}和$\Delta T\%$变化曲线

图 4.8　不同定子极弧的静态转矩变化曲线

图 4.9 为参数化分析转子外径从 110mm 至 120mm 的静态转矩数据变化曲线，图 4.10 为参数化分析定子外径从 200mm 至 210mm 的静态转矩数据变化曲线。从矩角特性可看出，随着外径的增大，图 4.9a 所示的参数化转子外径的单相转矩曲线无位移变化，但转子在 7.5°至 22.5°之间的转矩明显提升；而图 4.10a 所示的参数化定子外径的单相转矩曲线在此过程多数无明显变化，仅在 204mm 时转矩明显提升。

从图 4.9 和图 4.10 所示的 $\Delta T\%$ 变化曲线可看出，参数化转子外径最高提升 T_{ave} 达到 3%，而参数化定子外径仅为 1%左右，说明转子外径参数变化对转矩的影响要明显大于定子外径。

图 4.11 为参数化分析铁心长从 60mm 至 70mm 的静态转矩数据变化曲线，图 4.12 为参数化分析定子齿高从 20mm 至 30mm 的静态转矩数据变化曲线。从矩角特性可看出，随着尺寸的增大，图 4.11a 所示的参数化铁心长的单相转矩曲线在 7.5°至 22.5°之间转矩明显提

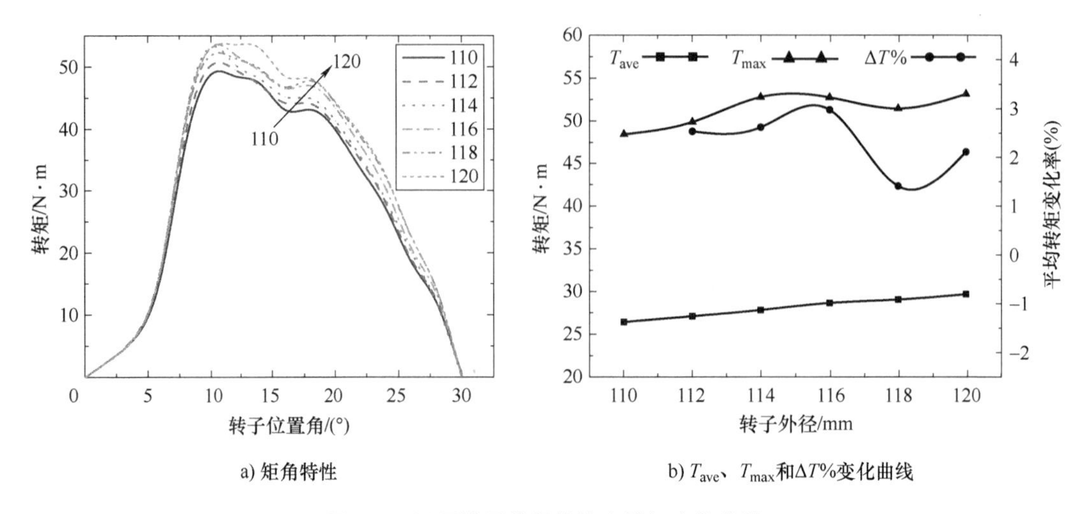

a) 矩角特性

b) T_{ave}、T_{max}和$\Delta T\%$变化曲线

图 4.9　不同转子外径的静态转矩变化曲线

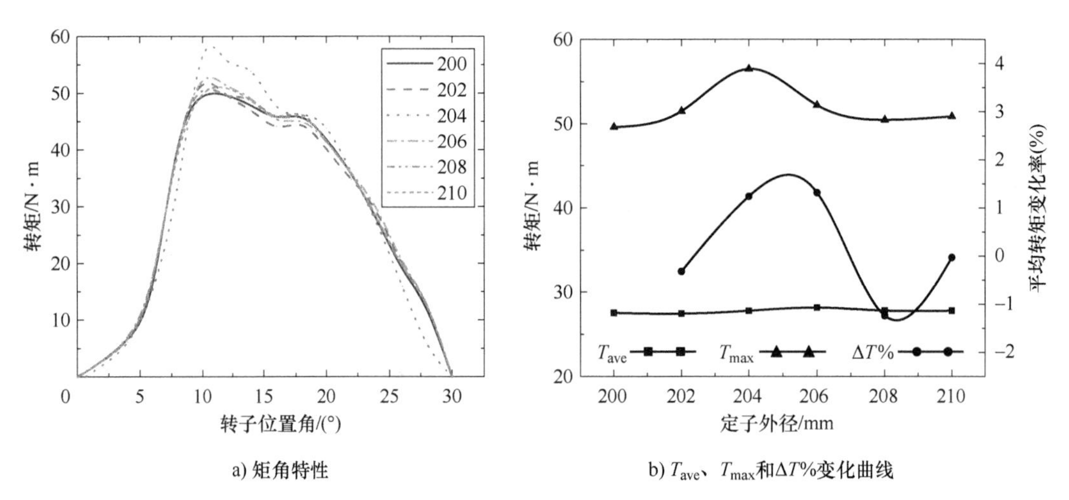

a) 矩角特性

b) T_{ave}、T_{max}和$\Delta T\%$变化曲线

图 4.10　不同定子外径的静态转矩变化曲线

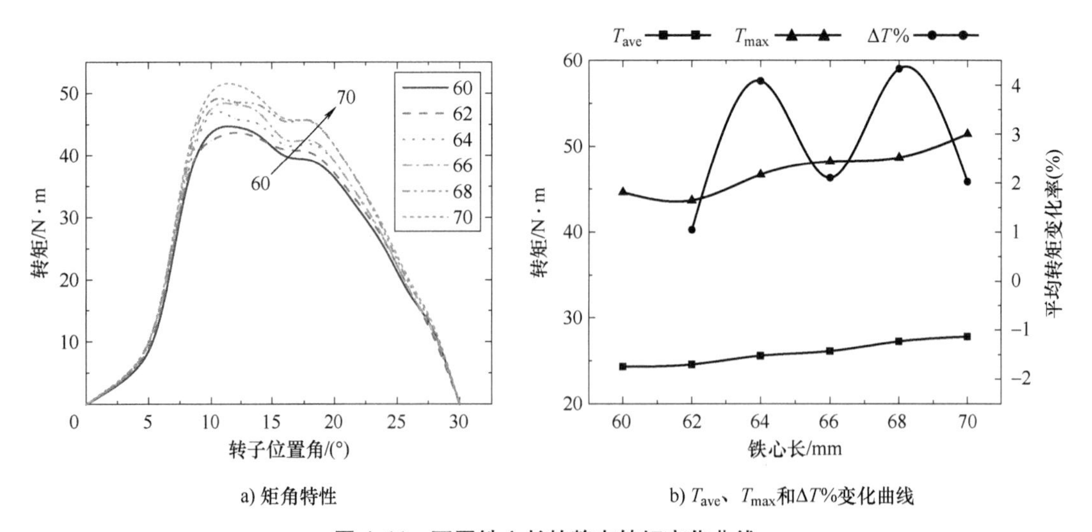

a) 矩角特性

b) T_{ave}、T_{max}和$\Delta T\%$变化曲线

图 4.11　不同铁心长的静态转矩变化曲线

升，T_{ave}、T_{max}也逐步提高；而图4.12a所示的参数化定子齿高的单相转矩曲线在此过程几乎无明显变化。从$\Delta T\%$变化曲线可看出，参数化铁心长最高提升T_{ave}达到4.3%，而参数化定子齿高仅为0.5%左右，说明参数化铁心长对实现轴向导磁方式的DSCEM转矩影响很大，相对来说，定子齿高对转矩的影响就小了很多。

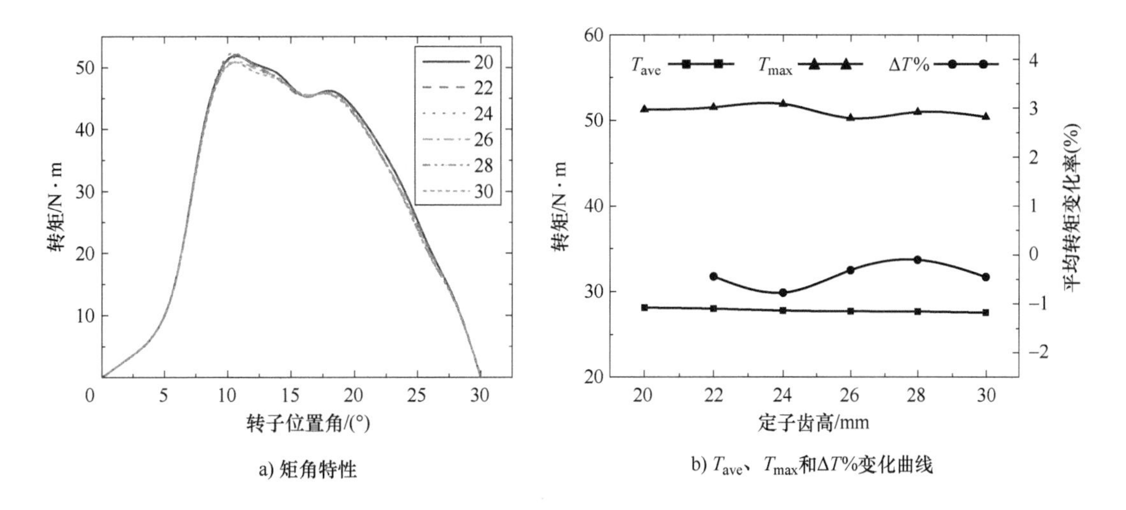

a) 矩角特性

b) T_{ave}、T_{max}和$\Delta T\%$变化曲线

图4.12 不同定子齿高的静态转矩变化曲线

4.2 线圈辅助励磁双凸极电机磁路解析法非线性建模

DSCEM作为一种新型结构的电机，相对于普通磁阻电机的研究较少，三维有限元方法是该电机性能分析和设计的通用方法，但建模工作量大，计算耗时长，并且难以进行优化设计。目前已有普通SRM采用磁路法对电机进行非线性建模的先例，磁路法求解速度快且精度可以满足初始设计和优化设计要求，对于本电机的特殊结构正好适用，由于辅助线圈的作用是在控制上优化电机性能，因此在对DSCEM利用解析法计算关键位置磁化曲线时不需要考虑辅助线圈的作用，只需讨论主磁路即可。本章将采用解析法计算DSCEM四个关键位置的磁化曲线，并在此基础上推导电机稳态运行的电流和转矩曲线。

4.2.1 不对齐位置磁化曲线计算

在前面对电机静态性能的分析的基础上，图4.13是根据计算结果处理后的DSCEM在不对齐位置下的近似磁通路径，共分为5个区域，分别为定子齿侧面到转子齿侧面、定子齿侧面到定子轭部、定子齿侧面到转子齿顶部、定子齿底部到转子齿侧面和定子齿底部到转子轭部。磁场对称于励磁极中心线，磁力线均由同心圆弧段和直线段代替。不对齐位置下的磁化曲线实际为一条以不对齐位置电感为斜率的直线。因此，只需计算得到该位置的电感值即可得到该位置的磁化曲线。为简化计算，假定铁心的磁导率为无穷大，磁力线均垂直进入铁心，励磁绕组成矩形均匀分布于定子槽中。

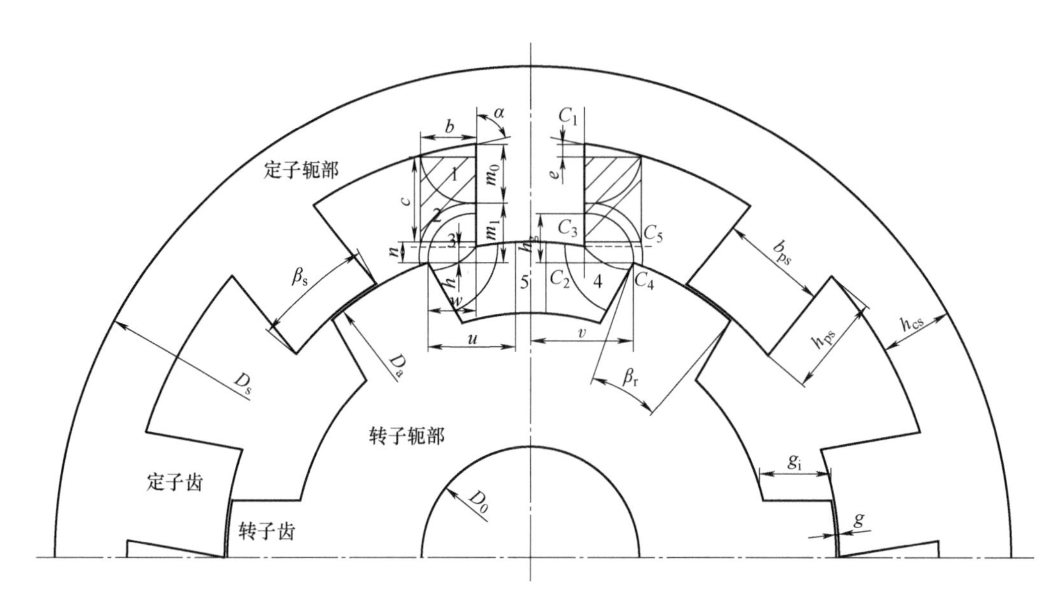

图 4.13　不对齐位置磁路结构图

忽略铁心端部磁场的影响，每极绕组的磁链为

$$\psi=2(\psi_1+\psi_2+\psi_3+\psi_4+\psi_5) \tag{4.21}$$

一相线圈电感为

$$\begin{aligned}L_m = 6\frac{\psi}{i} &= \frac{12}{i}(\psi_1+\psi_2+\psi_3+\psi_4+\psi_5)\\ &= 12(L_1+L_2+L_3+L_4+L_5)\\ &= \mu_0 N_{ph}^2 l_a(P_1+P_2+P_3+P_4+P_5)\\ &= \mu_0 N_{ph}^2 l_a \sum_{j=1}^{5} P_j\end{aligned} \tag{4.22}$$

则有

$$P_j = L_j \Big/ \left(\mu_0 l_a \frac{N_{ph}^2}{12}\right) \tag{4.23}$$

1. 磁导分量的计算

设 l_x 为磁通管在 x 处的磁路长度，N_x 为 x 处单元磁路所匝链的安匝数。此时的磁路参数为

$$b=\left(\frac{D_s}{2}+g\right)\tan\frac{\pi}{N_s}-\frac{b_{ps}}{2}$$

$$\alpha=\frac{\pi}{2}-\frac{1}{2}\left[\arcsin\frac{2b+b_{ps}}{D_s-2h_{cs}}+\arcsin\frac{b_{ps}}{D_s-h_{cs}}\right]$$

$$c=\left[\frac{D_s}{2}-h_{cs}-\frac{D_a+2g}{2\cos(\pi/N_s)}\right]\Big/\cos\frac{\pi}{N_s}$$

$$e=b/\tan\alpha$$

$$n=\frac{D_a}{2}-\frac{D_a}{2}\cos\left(\frac{\tau_r-\beta_r}{2}\right)+g$$

$$h_g=\frac{D_a}{2}\sin\left(\frac{\tau_r-\beta_r}{2}\right)-\frac{b_{ps}}{2}$$

$$m_0=e+\frac{c}{2}$$

$$m_1=n+\frac{c}{2}$$

$$m_2=q$$

（1）磁导分量 P_1

路径 1 的磁路详图如图 4.14 所示。磁力线等效为圆弧段。

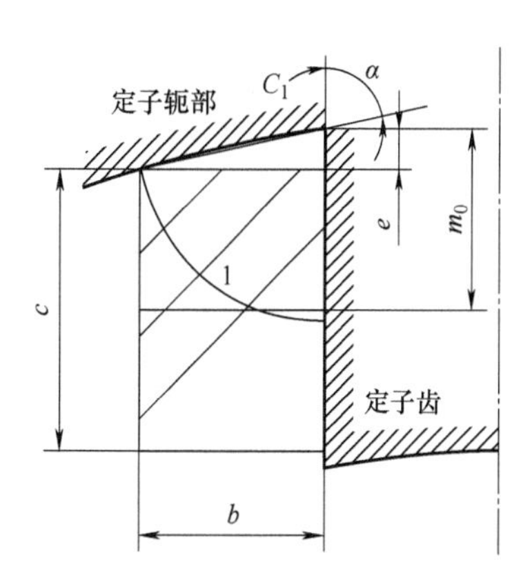

图 4.14　磁路 1 示意图

x 处的磁路长度为

$$l_x=\alpha x \quad x\in[0,m_0] \tag{4.24}$$

匝链的安匝数为

$$N_x i\approx\frac{\alpha x^2}{2bc+be}\frac{N_{ph}}{6}i \tag{4.25}$$

由安培环路定律可知，单元场强为

$$H_x=\frac{1}{\alpha x}\frac{\alpha x^2}{2bc+be}\frac{N_{ph}}{6}i \tag{4.26}$$

则单元磁链可表示为

$$d\psi=\mu_0 l_a N_x H_x dx \tag{4.27}$$

则电感 L_1 为

$$L_1=\frac{\int_0^{m_0}d\psi}{i}=\mu_0 l_a\left(\frac{N_{ph}}{6}\right)^2\frac{\alpha m_0^4}{4b^2(2c+e)^2} \tag{4.28}$$

磁导分量 P_1 为

$$P_1=\frac{\alpha m_0^4}{12b^2(2c+e)^2} \tag{4.29}$$

（2）磁导分量 P_2

路径 2 的磁路详图如图 4.15 所示。磁力线等效为以 C_2 为圆心的圆弧族。

x 处的磁路长度为

$$l_x\approx\frac{\pi}{2}x \quad x\in[h_g,m_1] \tag{4.30}$$

匝链的安匝数为

$$N_x i\approx\frac{4(bc+xn)-\pi x^2}{4bc}\frac{N_{ph}}{6}i \tag{4.31}$$

则电感 L_2 为

$$L_2=\mu_0 l_a\left(\frac{N_{ph}}{6}\right)^2\int_{h_g}^{m_1}\frac{2}{\pi x}\frac{(4bc+4xn-\pi x^2)^2}{16b^2c^2}dx \tag{4.32}$$

磁导分量 P_2 为

$$P_2=\frac{2}{3\pi}\left[\begin{matrix}\dfrac{\pi^2(m_1^4-h_g^4)}{(8bc)^2}-\dfrac{(m_1^2-h_g^2)(\pi bc-2n^2)}{(2bc)^2}\\-\dfrac{\pi n(m_1^3-h_g^3)}{6(bc)^2}+\ln\dfrac{m_1}{h_g}+\dfrac{2(m_1-h_g)n}{bc}\end{matrix}\right] \tag{4.33}$$

(3) 磁导分量 P_3

路径 3 的磁路详图如图 4.16 所示。路径 3 磁力线已做过近似处理。磁力线用同心圆弧族和直线段共同组成。

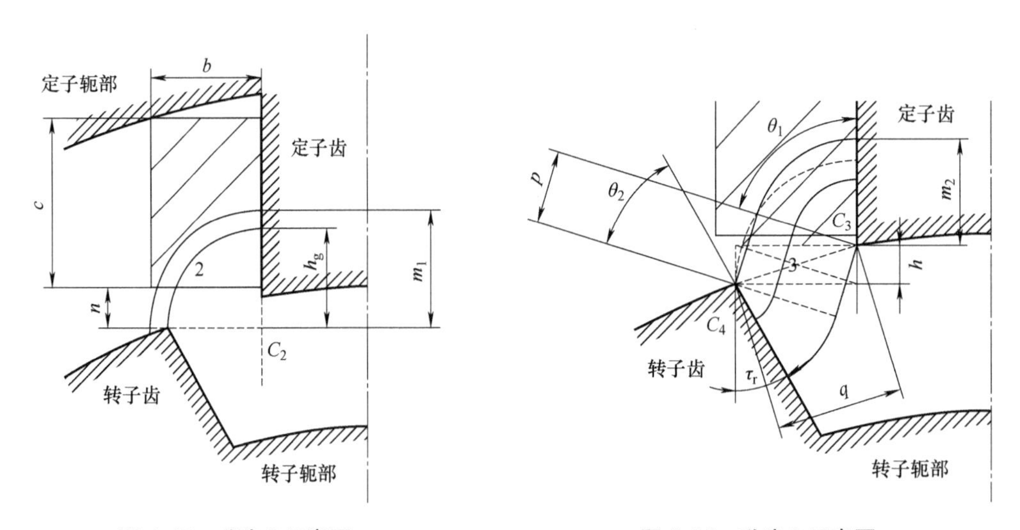

图 4.15 磁路 2 示意图　　图 4.16 磁路 3 示意图

x 处的磁路长度为

$$l_x=\theta_1 x+\theta_2(m_2-x)+p\quad x\in[0,m_2] \tag{4.34}$$

匝链的安匝数为

$$N_x i\approx\frac{2bc-\theta_1 x^2}{2bc}\frac{N_{ph}}{6}i \tag{4.35}$$

则电感 L_3 为

$$L_3=\mu_0 l_a\left(\frac{N_{ph}}{6}\right)^2\int_0^{m_2}\frac{(2bc-\theta_1 x^2)^2dx}{(2bc)^2[\theta_1 x+\theta_2(m_2-x)+p]} \tag{4.36}$$

磁导分量 P_3 为

$$P_3=\frac{1}{3(\theta_1-\theta_2)}\ln\frac{\theta_1 m_2+p}{\theta_2 m_2+p}-\frac{\theta_1^2}{12(bc)^2}\left\{\frac{m_2^4}{4(\theta_1-\theta_2)}-\right.$$
$$\frac{\theta_2 m_2+p}{\theta_1-\theta_2}\left[\frac{m_2^3}{3(\theta_1-\theta_2)}-\frac{(\theta_2 m_2+p)m_2^2}{2(\theta_1-\theta_2)^2}+\right.$$

$$\left.\left.\frac{(\theta_2 m_2+p)^2 m_2}{(\theta_1-\theta_2)^3}-\frac{(\theta_2 m_2+p)^2}{(\theta_1-\theta_2)^4}\ln\frac{\theta_1 m_2+p}{\theta_2 m_2+p}\right]\right\} \tag{4.37}$$

式中，

$$q=(D_a+2g)\sin\frac{\tau_r-\beta_r-\beta_s}{4}$$

$$h=\left(\frac{D_a}{2}+g\right)\cos\frac{\beta_s}{2}-\frac{D_a}{2}\cos\frac{\tau_r-\beta_r}{2}$$

$$p=q\sin\left(2\arccos\frac{h}{q}\right)$$

$$\theta_1=\frac{\pi}{2}-\arccos\frac{h}{q}$$

$$\theta_2=\theta_1-\frac{\tau_r}{2}$$

（4）磁导分量 P_4

路径 4 的磁路详图如图 4.17 所示。磁力线等效为以点 C_5 为圆心的同心圆弧族。

x 处的磁路长度为

$$l_x=\frac{\pi-\tau_r}{2}x \quad x\in[w,u] \tag{4.38}$$

则电感 L_4 为

$$L_4=\frac{\int_w^u \mathrm{d}\psi}{i}=\mu_0 l_a\left(\frac{N_{ph}}{6}\right)^2\int_w^u\frac{2}{(\pi-\tau_r)x}\mathrm{d}x=\mu_0 l_a\left(\frac{N_{ph}}{6}\right)^2\frac{2}{\pi-\tau_r}\ln\frac{u}{w} \tag{4.39}$$

磁导分量 P_4 为

$$P_4=\frac{2}{3(\pi-\tau_r)}\ln\frac{u}{w} \tag{4.40}$$

式中，

$$\theta_3\approx\frac{\pi-\tau_r}{2}$$

$$u=\frac{2g_i}{\pi-\tau_r}$$

$$w=\frac{D_a}{2}\sin\frac{\tau_r-\beta_r}{2}-\left(\frac{D_a}{2}+g\right)\sin\frac{\beta_s}{2}$$

（5）磁导分量 P_5

路径 4 和 5 的磁路详图如图 4.18 所示。此时磁力线的长度为 g_i。路径 5 匝链全部绕组。

电感 L_5 为

$$L_5=\frac{\int_u^v \mathrm{d}\psi}{i}=\mu_0 l_a\left(\frac{N_{ph}}{6}\right)^2\int_u^v\frac{1}{g_i}\mathrm{d}x$$

$$=\mu_0 l_a\left(\frac{N_{ph}}{6}\right)^2\frac{v-u}{g_i} \tag{4.41}$$

磁导分量 P_5 为

$$P_5=\frac{v-u}{3g_i} \tag{4.42}$$

式中，

$$v=w+\frac{b_{ps}}{2}$$

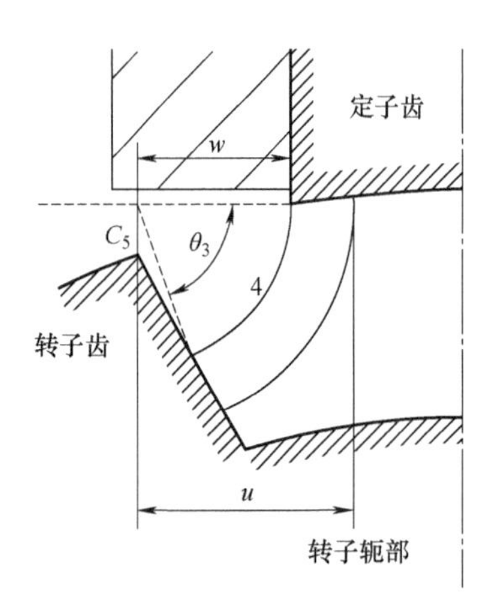

图 4.17　磁路 4 示意图

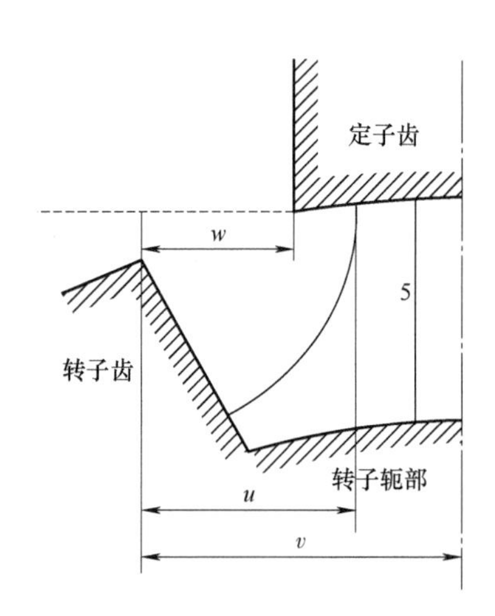

图 4.18　磁路 5 示意图

2. 不对齐位置电感计算

由于不对齐位置下端部磁场非常严重，因此要准确计算不对齐位置的电感就必须计及端部磁场。参考文献［22］提出的方法是，用等效气隙 g_F和铁心有效长度 l_F计算电感值。

等效气隙 g_F为所有磁力线长度的平均值：

$$g_F=\frac{1}{5}\left[\frac{\pi}{2}(m_1+h_g)+\frac{\pi-\tau_r}{2}w+\frac{3g_i}{2}\right] \tag{4.43}$$

考虑端部磁场的铁心有效长度 l_F：

$$l_F=l_a+2m_1(1-\sigma) \tag{4.44}$$

式中，σ 为卡特系数

$$\sigma=\frac{2}{\pi}\left\{\arctan\left(\frac{2m_1}{g_F}\right)-\frac{g_F}{4m_1}\ln\left[1+\left(\frac{2m_1}{g_F}\right)^2\right]\right\} \tag{4.45}$$

则计及端部磁场的不对齐位置处的电感为

$$L_u=L_m\left(2\frac{l_F}{l_a}-1\right) \tag{4.46}$$

4.2.2　临界对齐位置磁化曲线计算

图 4.19 是根据计算结果处理后的 DSCEM 在临界对齐位置下的近似磁通路径，共分为

4 个区域，分别为定子齿侧面到定子轭部、定子齿侧面到转子齿顶部、定子齿底部到转子齿侧面和定子齿底部到转子轭部。磁力线均由同心圆弧段和直线段组成。临界对齐位置下的磁化曲线与对齐位置下的磁化曲线相同，实际为一条以临界对齐位置电感为斜率的直线。因此，只需计算得到该位置的电感值即可得到该位置的磁化曲线。临界对齐位置与不对齐位置电感计算方式相同，此处不再计算。

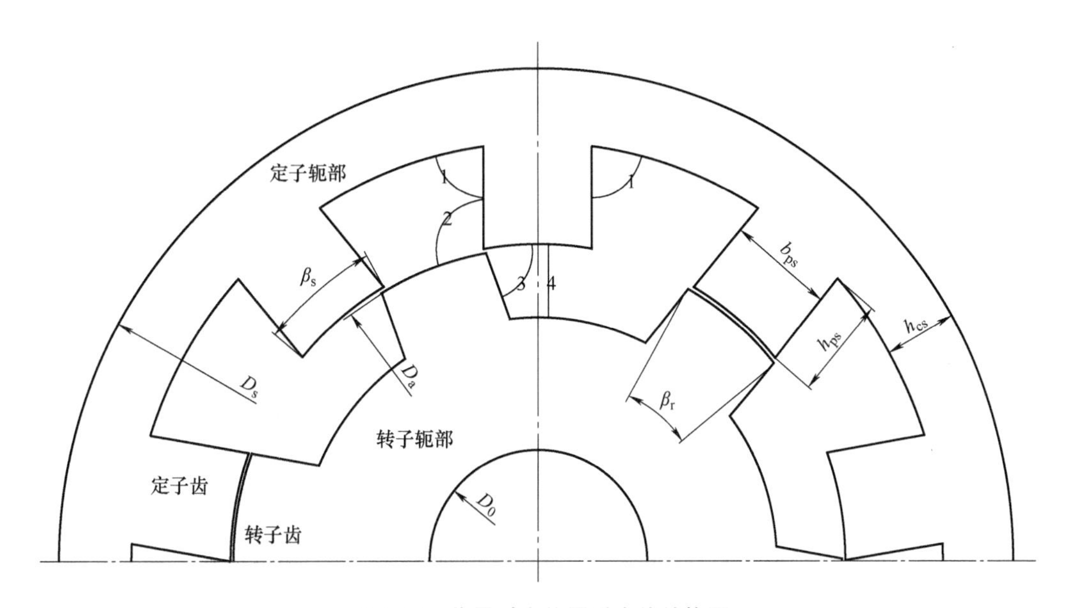

图 4.19　临界对齐位置磁力线结构图

这里采用上述解析法和三维有限元法对样机进行计算，表 4.4 为临界对齐位置和不对齐位置解析法与有限元法计算得到的电感值，通过与有限元法计算结果比较可以看出，解析法精度较高，误差在 5%以内，满足初始设计和优化设计的要求。

表 4.4　两种计算方法电感值比较

	不对齐位置	临界对齐位置
解析法 L_u/mH	4.706	6.786
有限元法 L_u/mH	4.888	6.7
相对误差（%）	3.9	-1.2

4.2.3　对齐位置磁化曲线计算

对 DSCEM 的磁场分析表明，在对齐位置，几乎所有磁通都比较均匀地经定子铁心和转子铁心而闭合，同时可将一相磁链分为左右相对应的三个励磁极各自均分的三部分，进而可等效为三个并联的两极磁路模型。

为简化计算，假设三对励磁极所生成的磁通量相等，无漏磁通。将磁路分为定子齿、气隙、转子齿、转子轭部、导磁环、导磁桥、定子轭部七个磁路段。对于一相磁动势 F_0：

$$F_0 = 3F_m = 3\left(\frac{N_{ph}}{3}i\right) \tag{4.47}$$

式中，F_m为一对极磁动势

$$F_m = 2(H_{ps}l_{ps} + H_{pr}l_{pr} + H_g l_g) + H_{cs}l_{cs} + H_{cr}l_{cr} + H_{ra}l_{ra} + H_{sa}l_{sa} \tag{4.48}$$

磁路参数如下：

定子磁极截面积为

$$S_{ps} = b_{ps}l_{Fe}$$

定子极长度为

$$l_{ps} = h_{ps}$$

转子磁极截面积为

$$S_{pr} = D_a \sin\left(\frac{\beta_r}{2}\right) l_{Fe}$$

转子极长度为

$$l_{pr} = g_i - g$$

定子磁轭截面积为

$$S_{cs} = \tau_s h_{cs}\left(\frac{D_s}{2} - h_{cs}\right)$$

定子轭长度为

$$l_{cs} = l_s + l_a$$

转子磁轭截面积为

$$S_{cr} = \frac{1}{3}\pi\left[(h_{r1})^2 - \left(\frac{D_0}{2}\right)^2\right]\left(\frac{2}{3}\pi - \beta_r\right)$$

转子轭长度为

$$l_{cr} = b_{ps}l_{Fe}$$

气隙截面积为

$$S_g = \frac{\beta_s(D_a + 2g) + \beta_r D_a}{4} l_{Fe}$$

气隙长度为

$$l_g = g_i$$

导磁环截面积为

$$S_{ra} = \frac{1}{3}\pi\left[(h_{r1})^2 - \left(\frac{D_0}{2}\right)^2\right]$$

导磁环长度为

$$l_{ra} = l_s$$

导磁桥截面积为

$$S_{sa} = \tau_s h_{cs}\left(\frac{D_s}{2} - h_{cs}\right)$$

导磁桥长度为

$$l_{sa}=l_s$$

根据三维有限元仿真计算结果，可将对齐位置的磁化曲线分成两部分，其一为处于磁路不饱和区域的直线段，其二为处于磁路饱和区域的抛物线，如图 4. 20 所示。

$$\begin{cases}\psi_a=L_s i & B_{ps}\leqslant B_s\\ \psi_a=\sqrt{4a(i-i_o)}+\psi_o & B_{ps}>B_s\end{cases} \tag{4.49}$$

式中，$L_s=\dfrac{\psi_s}{i_s}$；B_{ps}为定子磁极平均磁密；B_s 为拐点 s 的定子磁极平均磁密，所选材料 DW465-50 的典型值为 1. 5T；(i_0,ψ_0) 为抛物线的顶点，如图中 o 点。

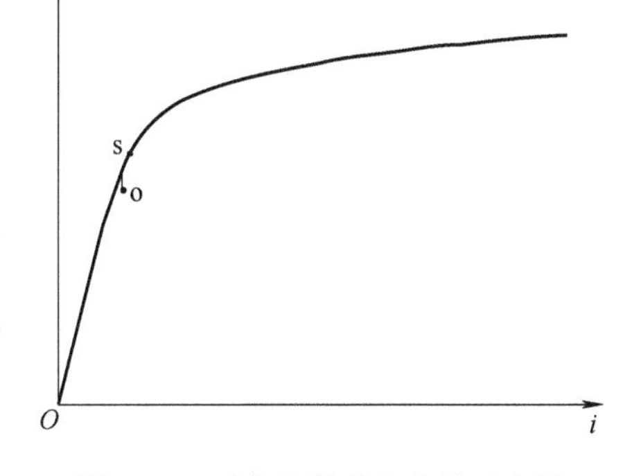

图 4. 20　对齐位置磁化曲线示意图

为保证 s 点曲线连续，应使

$$i_o=i_s-\frac{a}{L_s^2} \tag{4.50}$$

$$\psi_o=\psi_s-\frac{2a}{L_s} \tag{4.51}$$

式中，a 为由抛物线的顶点和最大磁链点（i_m，ψ_m）确定的常数。

$$a=\frac{\psi_{ms}^2}{4\left[i_{ms}-\dfrac{\psi_{ms}}{L_s}\right]} \tag{4.52}$$

$$\psi_{ms}=\psi_m-\psi_s \tag{4.53}$$

$$i_{ms}=i_m-i_s \tag{4.54}$$

最后由定子磁极平均磁密推算其他磁路段的磁密，根据材料的 B-H 曲线采用拉格朗日二次插值，以定子齿为出发点，求得其他磁路段的磁场强度即可拟合得到对齐位置的磁化曲线。

4. 2. 4　半对齐位置磁化曲线计算

在半对齐位置，由于定子磁极会出现部分位置先饱和，因此比计算对齐位置的磁化曲线要复杂一点，但是过程都一样，不同处在于为了模拟部分饱和，需要采用阶梯型定、转子等效部分饱和，如图 4. 21 所示。同时可将一相磁链分为左右相对应的三个励磁极各自均分的三部分，进而可等效为三个并联的两极磁路模型。

阶梯型定、转子的参数如下：

定子极截面积为

$$S_{ps1}=b_{ps}l_{Fe}$$

$$S_{ps2}=\frac{11}{12}b_{ps}l_{Fe}$$

$$S_{ps3}=\frac{3}{4}b_{ps}l_{Fe}$$

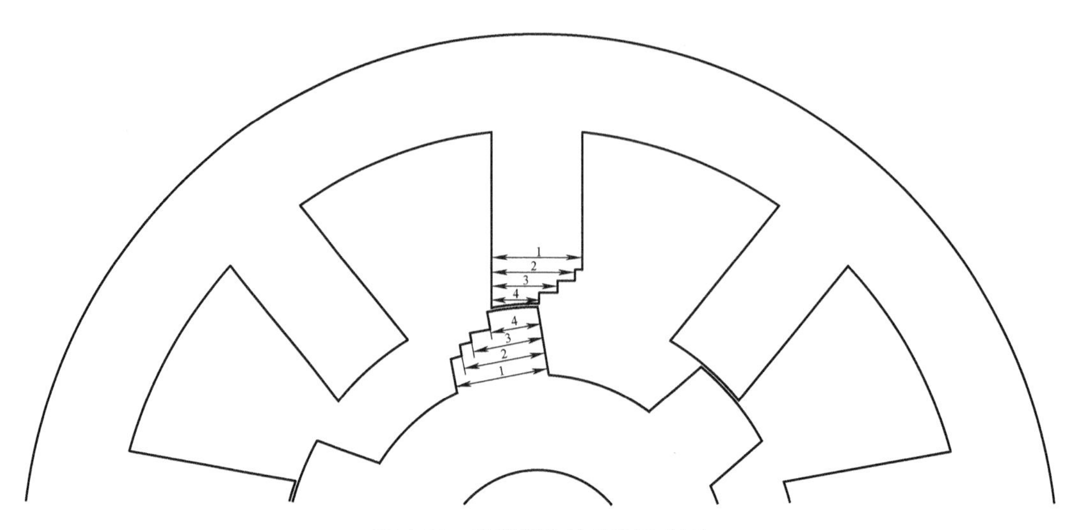

图 4.21 阶梯型等效磁路示意图

$$S_{ps4}=\frac{9}{16}b_{ps}l_{Fe}$$

定子极长度为

$$l_{ps1}=h_{ps}-h'_{ps}$$

$$l_{ps2}=\frac{1}{2}h'_{ps}$$

$$l_{ps3}=\frac{1}{3}h'_{ps}$$

$$l_{ps4}=\frac{1}{6}h'_{ps}$$

式中，

$$h'_{ps}=k_p h_{ps}$$

转子极截面积为

$$S_{pr1}=\left(D_a-\frac{16}{9}g_i\right)\sin\frac{\beta_r}{2}l_{Fe}$$

$$S_{pr2}=\left(D_a-\frac{16}{9}g_i\right)\sin\left(\frac{\beta_r}{4}+\frac{\beta_s}{4}\right)l_{Fe}$$

$$S_{pr3}=\left(D_a-\frac{4}{9}g_i\right)\sin\left(\frac{\beta_r}{3}+\frac{\beta_s}{12}\right)l_{Fe}$$

$$S_{pr4}=\left(D_a-\frac{1}{6}g_i\right)\sin\left(\frac{\beta_r}{10}+\frac{3\beta_s}{10}\right)l_{Fe}$$

转子极长度为

$$l_{pr1}=\frac{16}{9}g_i$$

$$l_{pr2}=\frac{14}{9}g_i$$

$$l_{pr3}=\frac{4}{9}g_i$$

$$l_{pr4}=\frac{1}{6}g_i$$

另外，随着励磁电流的增大，定、转子磁极饱和程度逐渐增大，因此，等效磁极也应该在不断变化，相应的解决办法可以是等效为阶梯处磁路截面积增加，阶梯长度减短。在常规设计中，由于转子极弧宽度往往小于定子极弧宽度，因此定子极宽变化的影响相对更加明显。所以，可以采用定子磁极动态减小变化的方式来等效局部饱和的变化。借鉴磁阻电机的设计经验，可得到经验公式：

$$k_p=0.28(2.4-B_{ps1})^{0.65} \tag{4.55}$$

则一对极磁动势可表示为

$$F_m=2(H_{ps1}l_{ps1}+H_{pr1}l_{pr1}+H_{ps2}l_{ps2}+H_{pr2}l_{pr2}+H_{ps3}l_{ps3}+H_{pr3}l_{pr3}+H_{ps4}l_{ps4}+H_{pr4}l_{pr4}+H_gl_g)+H_{cs}l_{cs}+H_{cr}l_{cr}+H_{ra}l_{ra}+H_{sa}l_{sa} \tag{4.56}$$

后续计算与对齐位置计算过程相同，此处不再重复计算。

本章利用三维有限元法的计算结果验证解析法的计算结果的合理性，其验证结果如图 4.22 和图 4.23 所示，解析法和三维有限元法的计算结果十分接近，由于使用抛物线拟合饱和后的磁化曲线，抛物线顶点的确定直接影响到计算的准确性，因此在拐点附近位置有较大的误差，但通过对实际电机性能的分析可知，该处误差对电机整体性能的计算影响不大。因此，验证了本章解析法的准确性且可以证明解析法具有较高的精度。

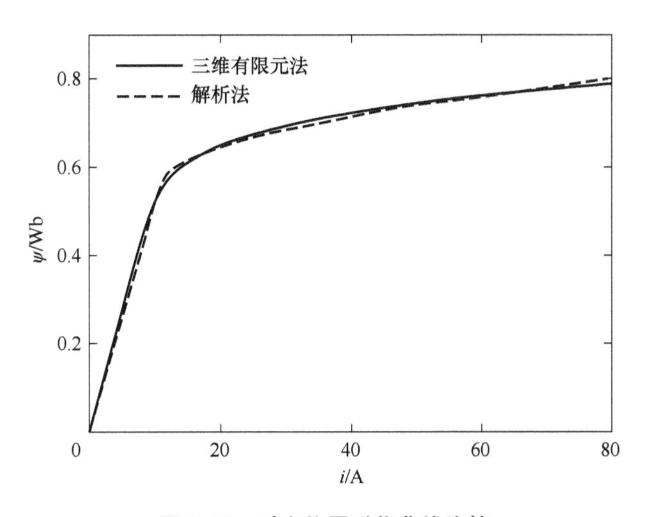

图 4.22　对齐位置磁化曲线比较

4.2.5　非线性模型

1. ψ/θ/i 形式磁化曲线的模化

运用磁路法计算得到的电机四个位置的磁化曲线是搭建非线性模型的关键，只要知道

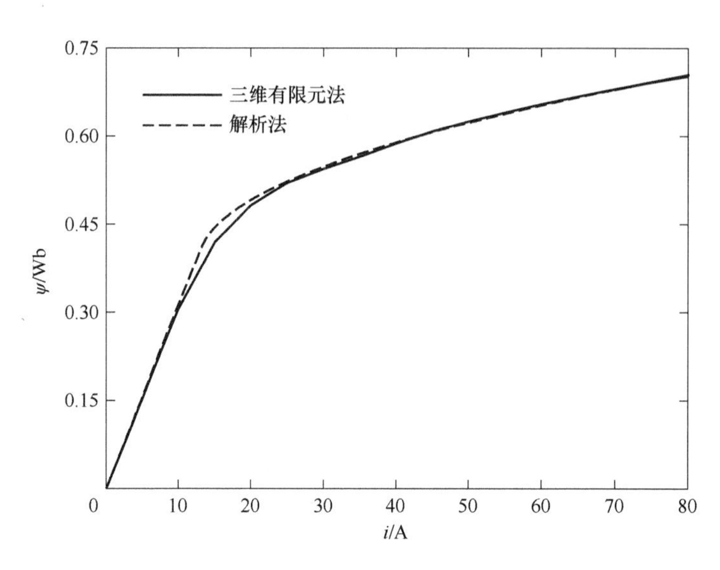

图 4.23　半对齐位置磁化曲线比较

四个位置的磁化曲线数据，就可以在此基础上对 $\psi/\theta/i$ 形式的磁化曲线进行模化，得到 $\psi(\theta,i)$ 数据表。

由静态仿真可知，在给定电流的情况下，ψ 随 θ 的变化大致可以分为三个区域，区域Ⅰ为不对齐位置到临界对齐位置，区域Ⅱ为临界对齐位置到半对齐位置，区域Ⅲ为半对齐位置到对齐位置，对于区域Ⅰ和区域Ⅲ可以采用 Frohlich 形式的函数进行拟合，对于区域Ⅱ，磁链与转子位置基本呈线性变化，因此可以用线性函数拟合，如图 4.24 所示。

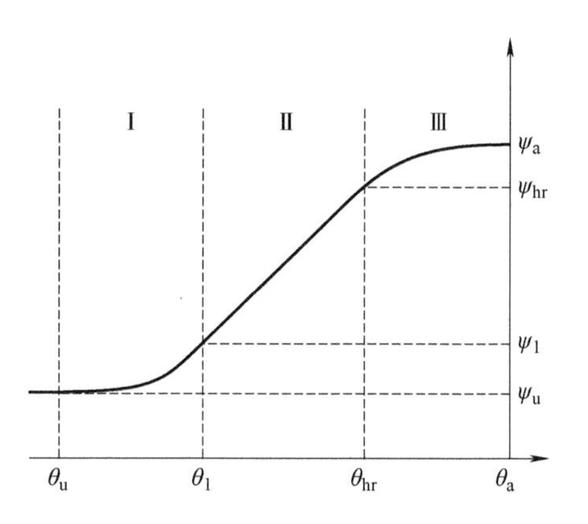

图 4.24　典型磁化曲线示意图

磁化曲线区域Ⅱ的斜率为

$$k_a = \frac{\psi_{hr} - \psi_1}{\theta_{hr} - \theta_1} \tag{4.57}$$

对于区域Ⅰ，可用 Frohlich 形式函数拟合如下：

$$\psi(\theta) = \psi_1 - \frac{A(\theta_1 - \theta)}{B + (\theta_1 - \theta)^C} \tag{4.58}$$

由曲线连续性条件求解 A、B、C：

$$\psi(\theta_u) = \psi_u \quad \psi'(\theta_u) = 0 \quad \psi'(\theta_1) = k_a$$

求解可得

$$A = k_a B \quad B = -(1 - C)\theta_{1u}^C \quad C = \frac{k_a \theta_{1u}}{k_a \theta_{1u} - \psi_{1u}}$$

式中，$\theta_1 = \theta_a - \frac{\beta_s + \beta_r}{2}$，$\psi_{1u} = \psi_1 - \psi_u$，$\theta_{1u} = \theta_1 - \theta_u$

对于区域Ⅱ，采用线性函数拟合如下：

$$\psi(\theta)=\psi_1+k_a(\theta-\theta_1) \tag{4.59}$$

对于区域Ⅲ，采用 Frohlich 形式函数拟合如下：

$$\psi(\theta)=\psi_{hr}+\frac{A'(\theta-\theta_{hr})}{B'+(\theta-\theta_{hr})^{C'}} \tag{4.60}$$

由曲线连续性条件求解 A'、B'、C'：

$$\psi(\theta_a)=\psi_a \quad \psi'(\theta_a)=0 \quad \psi'(\theta_{hr})=k_a$$

求解可得

$$A'=k_aB' \quad B'=-(1-C')\theta_{ah}^{C'} \quad C'=\frac{k_a\theta_{ah}}{k_a\theta_{ah}-\psi_{ah}}$$

式中，$\psi_{ah}=\psi_a-\psi_{hr}$，$\theta_{ah}=\theta_a-\theta_{hr}$

图 4.25 为利用电机四个位置磁链值和拟合的函数最后计算得到的结果，与有限元计算结果相比较，拟合结果较好，验证了模化的准确性。

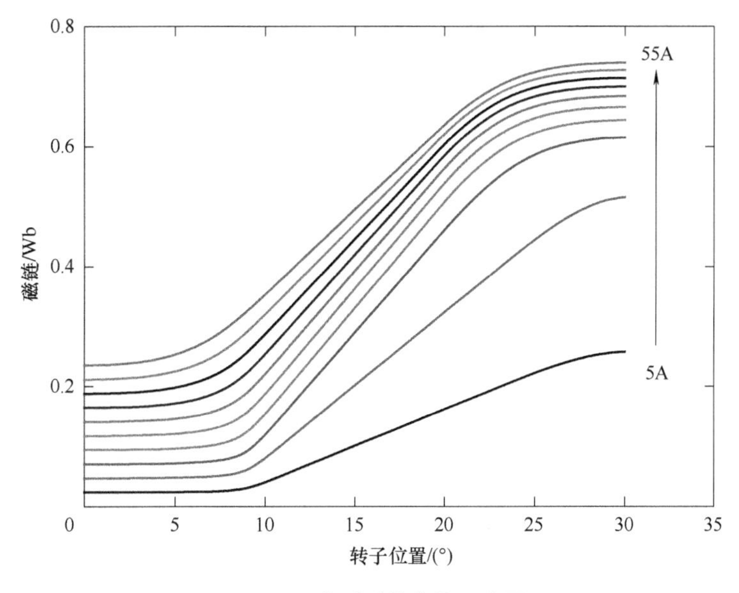

图 4.25　典型磁化曲线示意图

2. 稳态性能计算

对于电压方程式，对于任意给定的一对（θ,ψ）值，只要有 $i(\theta,\psi)$ 磁化曲线族，就可通过插值得方式求出 i，因此式（4.61）可以避免微积分，可在给定的初始条件下，用数值积分方法求解，得到 $\psi(\theta)$、$i(\theta)$ 的数值解。这种方法避免了微分系数的计算，从而调高了计算的精度。因为无论是有限元法还是解析法，所得到的磁化曲线数据基本都是 $\psi(\theta,i)$ 的形式，要得到 $i(\theta,\psi)$ 形式的数据，可以利用 ψ 的二次插值和 θ 的线性插值求取。

$$\frac{d\psi(\theta,i)}{d\theta}=\frac{1}{\Omega}[u-Ri(\theta,\psi)] \tag{4.61}$$

这里采用四阶龙格-库塔法求解方程，求解的计算步骤如下：

$$\psi_{k+1}=\psi_k+\frac{1}{6}(K_1+2K_2+2K_3+K_4)$$

$$K_1=\frac{h}{\Omega}[u(\theta_k)-i(\theta_k,\psi_k)R]$$

$$K_2=\frac{h}{\Omega}\left[u\left(\theta_k+\frac{h}{2}\right)-i\left(\theta_k+\frac{h}{2},\psi_k+\frac{K_1}{2}\right)R\right]$$

$$K_3=\frac{h}{\Omega}\left[u\left(\theta_k+\frac{h}{2}\right)-i\left(\theta_k+\frac{h}{2},\psi_k+\frac{K_2}{2}\right)R\right]$$

$$K_4=\frac{h}{\Omega}[u(\theta_k+h)-i(\theta_k+h,\psi_k+K_3)R]$$

$$k=0,1,2,\cdots$$

$$\theta_{k+1}=\theta_k+h \tag{4.62}$$

式中，h 为迭代计算的步长，可以根据不同的速度选取步长。

然后，判别 θ_{k+1}所在区域，通过求解得到的 ψ_{k+1}计算 i_{k+1}。

对于区域Ⅰ，有

$$\psi'(k+1)=\psi_{k+1}+\frac{A(\theta_1-\theta_{k+1})}{B+(\theta_1-\theta_{k+1})^C}$$

$$i_{k+1}=\psi'(k+1)/L_1 \tag{4.63}$$

对于区域Ⅱ，有

$$\psi'(k+1)=\psi_{k+1}-k_a(\theta_{k+1}-\theta_1)$$

$$i_{k+1}=\psi'(k+1)/L_1 \tag{4.64}$$

对于区域Ⅲ，有

$$\psi'(k+1)=\psi_{k+1}-\frac{A'(\theta_{k+1}-\theta_{hr})}{B'+(\theta_{k+1}-\theta_{hr})^{C'}}$$

$$i_{k+1}=\psi'(k+1)/L_{ho}\quad(\psi'(k+1)\leqslant\psi_{ho})$$

$$i_{k+1}=i_{ho}+\frac{1}{4a_{ho}}(\psi'(k+1)-\psi_{ho})^2\quad(\psi'(k+1)>\psi_{ho}) \tag{4.65}$$

具体流程如下：

1）初始化求解变量，步长 h，系数 A、B、C、A'、B'、C'等。

2）由 i_k和电压平衡方程式求解 ψ_{k+1}。

3）判别 θ_{k+1}，计算 i_{k+1}。

4）判别 i_{k+1}是否小于0，若小于0，停止计算。

对于磁阻电机，通常采用磁共能求解电磁转矩，即

$$T=\left.\frac{\partial W'(i,\theta)}{\partial\theta}\right|_{i=\mathrm{const}} \tag{4.66}$$

将式（4.58）~式（4.60）代入式（4.66）即可得到电磁转矩的解析表达式，同样分三个区域求解。

对于区域Ⅰ，有

$$T_e = \frac{AB + A(1-C)(\theta_1 - \theta)^C}{[B + (\theta_1 - \theta)^C]^2} i \tag{4.67}$$

对于区域Ⅱ，有

$$T_e = k_a i \tag{4.68}$$

对于区域Ⅲ，有

$$T_e = \frac{A'B' + A'(1-C')(\theta - \theta_{hr})^{C'}}{[B' + (\theta - \theta_{hr})^{C'}]^2} i \tag{4.69}$$

利用上述求解瞬态电流和电磁转矩额定公式就可以计算电机的稳态性能。非线性模型仿真法的计算结果如图 4. 26 和图 4. 27 所示，由两种方法的对比图可以看出，非线性模型仿真法与三维有限元仿真法计算结果相近，验证了非线性模型仿真法的正确性。

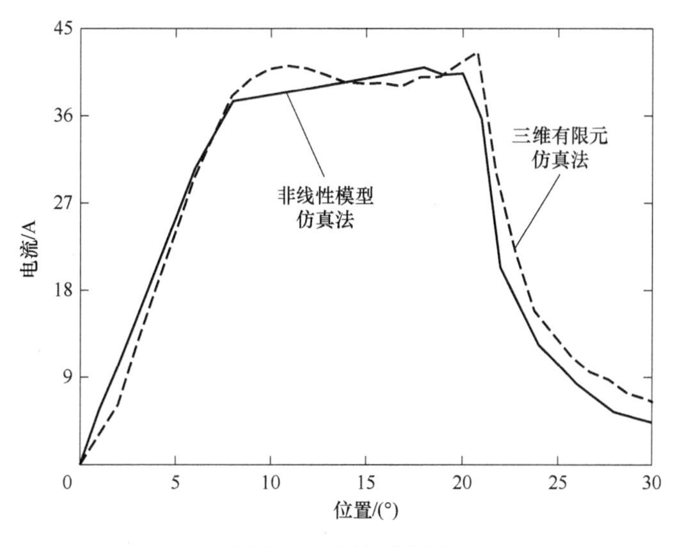

图 4. 26　电流对比图

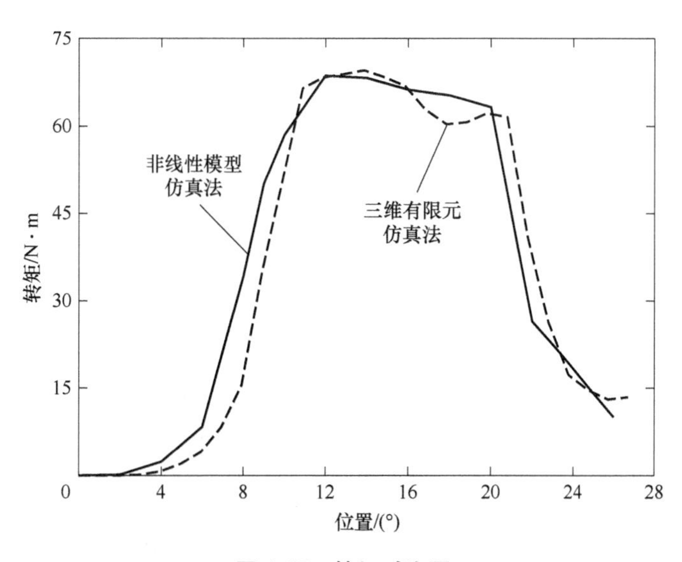

图 4. 27　转矩对比图

4.3 线圈辅助励磁双凸极电机多参数低转矩脉动本体优化

数学优化模型包括三部分：目标函数、约束条件、优化变量。目标函数是优化目标与优化变量之间显性或非显性的关系，在电机优化设计中，优化目标可以是电机平均转矩、转矩波动系数、电机效率、电机制造成本、电机功率密度等其中的一个或多个目标。目标函数则是对优化目标取极值的过程，如电机效率最大值、转矩波动系数最小值等。约束条件是规划一个带边界的空间，限定优化过程中某些变量处于合理的范围之内，在电机优化中约束条件有：电机本体结构中某些部位的磁场密度、绕组中的电流密度、电机的输出功率等。优化变量构成优化模型的整体解集，其中包含 Pareto 最优解集，其可以是电机铁心长、定子极弧、转子极弧、气隙、定子槽深等电机结构参数。选取优化变量必须保证变量间相互独立，不存在隐性关系，且变量的个数要适当，变量过多导致维数增加，复杂度提高，寻优效率降低；变量太少则自由度下降，优化精度不够。

电机的优化设计为一个带有约束的、非线性、多变量、多目标的混合离散规划问题，其数学模型为

$$\begin{cases}\min f(\boldsymbol{X})\\ \boldsymbol{X}=(x_1,x_2,\cdots,x_n)\\ \text{s.t. } g_i(\boldsymbol{X})=0(i=1,2,\cdots,m)\\ \quad\quad g_j(\boldsymbol{X})\leqslant 0(j=1,2,\cdots,n)\\ x_{\min}\leqslant x\leqslant x_{\max}\end{cases} \tag{4.70}$$

式中，$\boldsymbol{X}$ 是优化变量，$f(\boldsymbol{X})$ 是目标函数，$g_i(\boldsymbol{X})$ 和 $g_j(\boldsymbol{X})$ 是等式约束和不等式约束条件，$x_{\min}$是变量的最小值，$x_{\max}$是变量的最大值。

4.3.1 优化目标、变量、条件

1. 目标函数

优化的最终目标是抑制 DSCEM 的转矩脉动，但不能牺牲过多电机原有的转矩能力，所以目标函数不能单一。本节将转矩脉动 K_{T}和平均转矩 T_{ave}作为优化目标，目标函数如下：

$$\min f(x)=w_1K_{\mathrm{T}}+w_2\frac{1}{T_{\mathrm{ave}}} \tag{4.71}$$

式中，w_1、w_2是加权系数，其两者和为 1。

2. 优化变量

DSCEM 是一个非线性程度较高的复杂电磁系统，其优化变量的选择应是对目标函数影响最大的结构参数，从而更易获得全局最优解。本节选取的优化变量为转子外径 D_{a}、铁心长 l_{a}、定子极弧 β_{s}、转子极弧 β_{r}，四个变量在结构意义上相互独立，因此可作为有效的优化变量。可表示为

$$\boldsymbol{X}=[x_1,x_2,x_3,x_4]^{\mathrm{T}}=[D_{\mathrm{a}},l_{\mathrm{a}},\beta_{\mathrm{s}},\beta_{\mathrm{r}}]^{\mathrm{T}} \tag{4.72}$$

根据电机实际情况确定变量取值范围，其取值范围分别为 $110\mathrm{mm}\leqslant D_{\mathrm{a}}\leqslant 120\mathrm{mm}$、

$60\text{mm} \leqslant l_a \leqslant 70\text{mm}$、$20° \leqslant \beta_s \leqslant 26°$、$20° \leqslant \beta_r \leqslant 30°$。

3. 约束条件

由优化变量组成的优化空间中，需要优化目标的引导，也需要约束条件的限制。约束条件可以很好地去除优化解集中的劣解，提高优化的精度与效率。且在电机设计过程中存在一些技术指标、制造工艺上的要求，就需对电机优化设置一些约束条件。在本电机优化中，选用最常规的电机性能衡量指标：电机磁密、电流密度、电机输出功率。其中，为保持电机良好的散热能力及安全性能，电机定子磁密要小于硅钢片磁密饱和点，电流密度不能超过绕组的最大承受电流。电机输出功率应大于电机额定功率，电机的定子极弧、转子极弧要具备自启动的能力，以上约束条件表示如下：

$$\begin{cases} P_{em} \geqslant P_N \\ B_{ps} \leqslant 1.8\text{T} \\ \beta_s, \beta_r \geqslant 20° \end{cases} \tag{4.73}$$

4.3.2　天牛须搜索算法

1. 算法简介

天牛须搜索（Beetle Antennae Search，BAS）算法是 2017 年由 Jiang Xiang Yuan 与 Li Shuai 提出的一种高效智能优化算法。其生物原理为：当天牛觅食时并不知道食物具体位置，只能通过两只长触须去感知空气中食物气味的强度，当右须感知到的气味强于左须时，天牛个体就会向右侧移动一段距离，然后再进行下一次左、右须气味强度探测，直到找到食物具体位置。BAS 算法正是受到了天牛这种觅食原理启发后而开发出的算法。同时，BAS 算法不需要知道目标函数的具体表达形式，就能够实现有效的搜索，而且其与其他群智能优化算法不同的是，BAS 算法中只需要一个个体，运算量得到了大大降低。左、右须循环探测可看作一次次的迭代计算，天牛找到食物的过程即是全局函数寻优过程，BAS 算法流程如图 4.28 所示。

虽然 BAS 算法的发展时间不长，但该算法已有一些较好的改进和完善。Wang J 等[1]对 BAS 算法进行了深入研究，提出了天牛群搜索（Beetle Swarm Antennae Search，BSAS）算法。邵良杉等[2]将 BAS 算法与花朵授粉算法结合，将 BAS 算法引入到花朵授粉算法的前期，提高算法的全局收敛速度。赵玉强等[3]将混沌序列引入 BSAS 算法，提出了一种带有群体学习与竞技的群智能优化算法。

BAS 算法也被应用于各个领域中，王甜甜等[4]将 BAS 算法与反向传播（Back Propagation，BP）神经网络相结合，应用于风暴潮灾害损失预测。陈婷婷等[5]提出基于 BAS 的粒子群优化算法，并将其应用于投资组合模型中。邹东尧等[6]在基于接收信号强度指示器（Received Signal Strength Indicator，RSSI）测距的基础上，将 BAS 算法应用于室内定位中，有效地提升了定位的准确度。陈君宝等[7]对 BAS 算法的步长做了改进，提出了一种新的步长更新方法，并将其应用于空间直线度误差评定。徐佑宇等[8]提出了一种基于 BAS 算法的负载均衡分簇路由协议，利用 BAS 算法对簇首分布进行搜索优化。

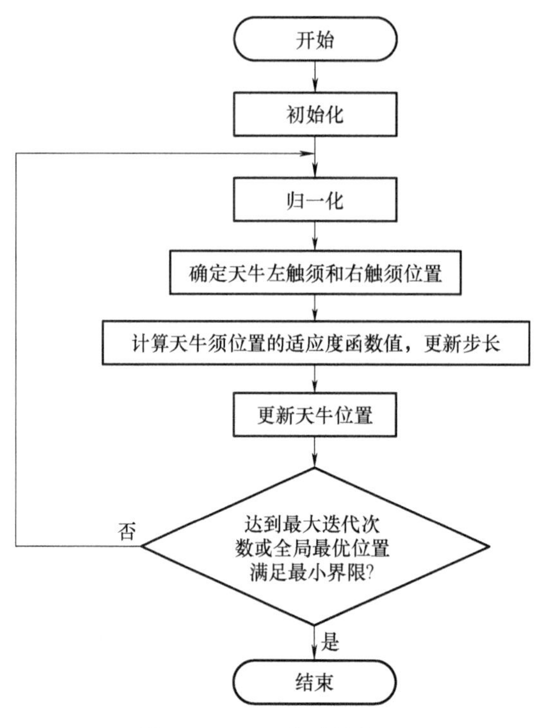

图 4.28　BAS 算法流程图

2. 算法设计

将天牛的位置信息的分解量分别赋值给上面提到的四个优化变量，也就是将 D_a、l_a、β_s 及 β_r 组合在一起作为一只"天牛"。在 k 维空间中，天牛的位置为 $X=(x_1,x_2,\cdots,x_n)$，天牛左、右两根触须的位置被定义为

$$\begin{cases}X_r=X+l\cdot\vec{d}\\X_l=X-l\cdot\vec{d}\end{cases}\tag{4.74}$$

式中，l 表示左、右触须之间的距离；$\vec{d}$ 表示随机单位向量。对于天牛个体来说，天牛的触须分布在头部两侧，呈现一定的弧度。理论研究将左、右触须抽象成一条直线和两个方向相反的矢量。整个天牛被抽象成一个非常简单的模型，头部表示质心，两根触须连成一条直线穿过质心，左、右触须距离质心的距离相等，该长度也是天牛触须的长度。

需对其进行归一化操作：

$$\vec{d}=\frac{\text{rands}(k,1)}{\|\text{rands}(k,1)\|_2}\tag{4.75}$$

式中，rands$(k,1)$ 表示随机生成的 k 维随机向量。根据左、右两根触须感知的气味浓度差进行对比，并判断天牛下一步的位置：

$$X_{t+1,\text{temp}}=X_t+\delta_t\cdot\vec{d}\cdot\text{sign}[f(X_r)-f(X_l)]\tag{4.76}$$

式中，t 表示当前的迭代次数；$f(\cdot)$ 表示适应度函数，即前面的目标函数式（4.71）；δ_t

表示第 t 次迭代的探索步长；sign(·) 表示符号函数。

各个变量的具体定义为

$$\mathrm{sign}(x)=\begin{cases}1, & x>0\\0, & x=0\\-1, & x<0\end{cases} \tag{4.77}$$

$$\delta_{t+1}=\delta_t\cdot\delta_{\mathrm{eta}} \tag{4.78}$$

式中，δ_{eta}为步长因子，即衰减系数。

BAS 算法在迭代过程中，位置更新规则如式（4.76）所示。通过比较当前位置的适应度值和预更新位置处的适应度值大小来判断是否接受预更新位置，如果预更新位置的适应度值优于当前位置，则更新当前位置至预更新位置，否则保持当前位置不变。

$$x_{t+1}=\begin{cases}x_{t+1,\mathrm{temp}}, f(x_t)\leqslant f(x_{t+1,\mathrm{temp}})\\x_t, f(x_t)>f(x_{t+1,\mathrm{temp}})\end{cases} \tag{4.79}$$

式中，x_{t+1} 为 $t+1$ 时刻个体的位置，$x_{t+1,\mathrm{temp}}$ 为 $t+1$ 时刻个体的预更新位置，$f(x_t)$ 和 $f(x_{t+1,\mathrm{temp}})$ 分别为 x_t和 $x_{t+1,\mathrm{temp}}$的适应度值。

算法的终止条件通常按照以下几种情况设置：①迭代次数达到了设定的最大迭代次数；②在一定的迭代次数内，算法的值始终未发生变化，未能搜寻到更优的解；③算法达到了收敛。

BAS 算法操作如下：

输入：寻优空间维度、最大迭代次数和初始步长。

输出：极值点 g_{best}。

Step1：初始化步长衰减因子、狩猎空间、位置信息 X。

Step2：根据式（4.75）进行归一化处理。

Step3：根据式（4.74）确定天牛左触须与右触须位置。

Step4：根据式（4.76）更新天牛移动位置。

Step5：计算个体天牛位置的适应度函数，迭代更新步长。

Step6：判断是否达到寻优算法迭代终止条件，若是则输出全局最优解，否则再次跳转至 Step2。

在 BAS 算法仿真中，各参数设置如下：天牛两触须之间的距离 l 设为 0.2，初始步长 δ 设为 1，δ_{eta}设为 0.95。初始步长取值应尽量大，使其覆盖当前所有搜索区域，也不易陷入局部最优。同时要采取变步长的优化策略，保证优化的精细化。

3. 优化结果

BAS 算法的寻优曲线如图 4.29 所示。从图中可以看出，一共迭代 70 次达到收敛，即 BAS 算法找到最优结构参数。优化后转子外径 $D_{\mathrm{a}}=113.8\mathrm{mm}$，单侧铁心长度 $l_{\mathrm{a}}=69\mathrm{mm}$，定子极弧 $\beta_{\mathrm{s}}=21°$，转子极弧 $\beta_{\mathrm{r}}=22°$。

根据优化结果对电机参数进行调整，图 4.30 为 BAS 算法优化后 DSCEM 转速在 1500r/min 的转矩、电流仿真波形，其 $T_{\max}$ 为 69.12N·m，$T_{\min}$ 为 19.78N·m，T_{ave} 为 52.07N·m，K_{T} 为 0.95。

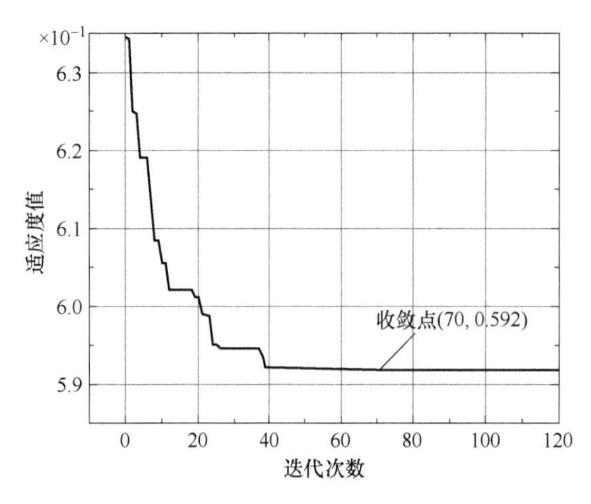

图 4.29　BAS 算法的寻优曲线图

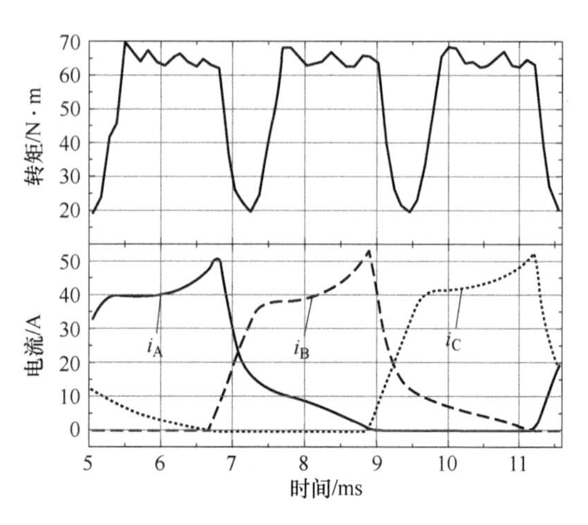

图 4.30　BAS 算法优化后的转矩、电流仿真波形

4.3.3　遗传算法

1. 算法简介

遗传算法（Genetic Algorithm，GA）是一种模拟自然选择与生物进化的智能优化算法。把求解过程转化成生物进化中染色体基因交叉、变异等过程，通过模拟生物遗传、进化规律获得全局最优解。GA 流程如图 4.31 所示，首先需要确定初始种群，这个初始种群应包括求解问题中所有可能解。再根据个体的适应度择优选取下一代，个体适应度大的被保留，反之被淘汰。同时通过组合交叉与变异运算得到更优质的后代种群，重复这样的择优选取直到满足终止条件，从而获得最佳的末代种群。最后，对末代种群中最优个体解码即可得到优化问题的近似最优解。

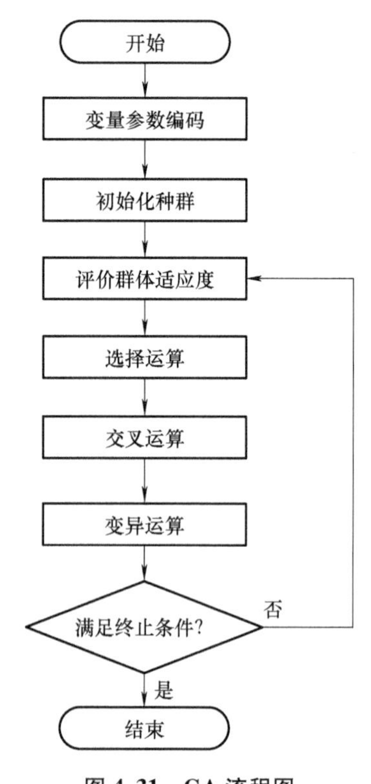

图 4.31　GA 流程图

GA 的操作对象是一个种群，以初始选择的种群为起点，一代代进化、筛选，最终生成最优个体。因此合理设置种群大小以及选择初始种群十分重要。

为了使算法快速收敛到最佳个体，需要对初始种群采用一定的策略。对于种群规模而言，种群规模过小时，种群的多样性不足，易陷入局部最优解，种群规模过大时，会导致算法搜索时间长，收敛速度慢。所以一般情况下，种群规模在 40～100 之间。同时，初始种群内个体的选择也会对算法造成影响，如果初始种群内个体聚集在最优值附近，会导致算法收敛速度很快，反之，个体偏离最优值，收敛速度缓慢，因此，在选取初始种群个体时，应在解空间内均匀地选取个体，以保证算法的执行效率。

在生物学中，适应度用来衡量生物对周围环境适应能力的强弱，适应能力强的生物个体存活率高，繁殖下一代的概率大，反之，适应能力弱的生物个体存活率低，繁殖下一代的概率小，甚至遭到淘汰。GA 是根据一个不受外界和种群内部情况影响的目标函数通过以下三个方面来确定个体适应度。

1）对个体编码的基因型进行解码，得到个体的表现型。

2）计算得出目标函数值。

3）根据所要求得的实际情况，求出个体适应度。

2. 算法设计

首先将问题的可行解从解析空间转换到 GA 中进行空间搜索。设 $\boldsymbol{X}=(x_1,x_2,\cdots,x_n)$，即为优化变量，$f(\boldsymbol{X})$ 为适应度函数，可有如下关系式：

$$\min f'(\boldsymbol{X})=f(\boldsymbol{X})+\sum_{j=1}^{m} r_j[g'_j(\boldsymbol{X})]^2 \tag{4.80}$$

式中，$g_j'(\boldsymbol{X})$ 表示约束条件，r_j表示第 j 个约束的惩罚因子。约束条件可表示为

$$g_j'(\boldsymbol{X})=\begin{cases} g_j(\boldsymbol{X}), & g_j(\boldsymbol{X})>0 \\ 0, & g_j(\boldsymbol{X})\leqslant 0 \end{cases} \tag{4.81}$$

GA 操作的求解过程如下：

（1）基因编码

编码是将待解决问题中的参数按照一定规则转化成 GA 中的染色体或者基因。编码的优劣也直接影响算法运行的效率，因此编码也在 GA 中发挥着举足轻重的作用。常见的编码方式有三种：二进制编码、实数编码和符号编码。其中，二进制编码是最简单的，它依靠二进制特有的 0 和 1，组成一系列 0、1 的符号串，其代表了目标的基因型。二进制编码具有编解码过程简单、易于实现 GA 的交叉和变异操作等优点。设用一个长度为 l 的二进制位串表示十进制整数，如 $l=3$，则 2^3 的 000～111 对应于整数为 0～7，共得到 8 个十进制整数。

1）连续与整形变量：设第 i 个优化变量 x_i的离散精度为 Δd_i，对应的二进制位串长度 l 应满足

$$2^l \geqslant \frac{x_{i\max}-x_{i\min}}{\Delta d_i}+1 \tag{4.82}$$

若取 $\Delta d_i=1$，则有

$$x_i=x_{i\min}+\frac{x_{i\max}-x_{i\min}}{2^l-1}(N_i-1) \tag{4.83}$$

式中，N_i为对应 l 个二进制位串的自然数，且 $0\leqslant N_i\leqslant 2^l$。

2）均匀与非均匀离散变量：第 i 个均匀离散优化变量 x_i的二进制位串如下式，其中 Δd_i 表示离散间隔。

$$x_i=x_{i\min}+(N_i-1)\Delta d_i \tag{4.84}$$

非均匀离散优化变量 x_i对应的长度 l 的二进制位串为

$$x_i=q_{ik} \quad k=1,2,\cdots,n \tag{4.85}$$

式中，q_{ik}为离散值中的第 k 个离散值。

本章共有 4 个优化变量，将它们所对应的不同二进制位串串联构成一个新的二进制位串，这个新的二进制位串就是优化问题中的解，即相当于遗传学中的染色体。

（2）选择

GA 选择是模拟生物进化中优胜劣汰的过程。即在适应度函数的基础上，选择操作根据适应度大小决定个体的质量和淘汰情况，适应度高的个体更容易被选择，反之，选择的概率小。在 GA 中，常见的选择方式有轮盘赌法、锦标赛法、排序选择法等。其中，轮盘赌法具有较强的随机性，是最常见的选择方法。

将父代种群中个体按照“轮盘赌选择”的方式进行随机采样，选取较优个体遗传到子代种群。种群中每一个体进入下一代的概率与其适应度值成正比，即

$$P_i = F_i / \sum_{i=1}^{N} F_i = F_i / F_{\text{sum}} \tag{4.86}$$

式中，种群规模用字母 N 表示，F_i为个体 i 的适应度，$\sum_{i=1}^{N} F_i$ 为种群的总适应度，P_i为个体 i 的选择概率。由此可以看出，适应度值越高就越容易被复制。如图 4.32 所示，设种群规模 $N=10$，个体被选中的概率可用图中扇形区域表示，满足 $\sum_{i=1}^{N} P_i = 1$。具体实现步骤为

步骤 1：在第 t 代，设种群为 P_1，利用式（4.86）求 P_i。

步骤 2：选取原点 O，然后转动圆盘，即产生［0，1］上的随机数 rand(·)，求 $s = \text{rand}(\cdot) \times \sum_{i=1}^{N} F_i$，并求 $\sum_{i=1}^{N} F_i \geqslant s$ 中最小的 k，则第 k 个个体被选中。

步骤 3：进行 N 次步骤 2 的操作，得到 N 个个体，成为 $t=t+1$ 代的种群 P_2。

轮盘赌选择法（roulette wheel selection）是最简单也是最常用的选择方法，在该方法中，各个个体的选择概率和其适应度值成比例，适应度越大，选中概率也越大。但实际在进行轮盘赌选择时个体的选择往往不是依据个体的选择概率，而是根据“累积概率”来进行选择。

轮盘赌选择法如图 4.32 所示。

（3）交叉

交叉运算提高了 GA 计算精度。将两个父代通过多点交叉的方式相互交换其部分二进制码，从而构成新的子代个体。利用交叉运算产生新的子代个体是 GA 有别于其他进化算法的重要特征。在实际问题中，交叉操作会产生更好的个体，进而产生更好的种群，使操作速率变快。该操作的操作步骤如下：

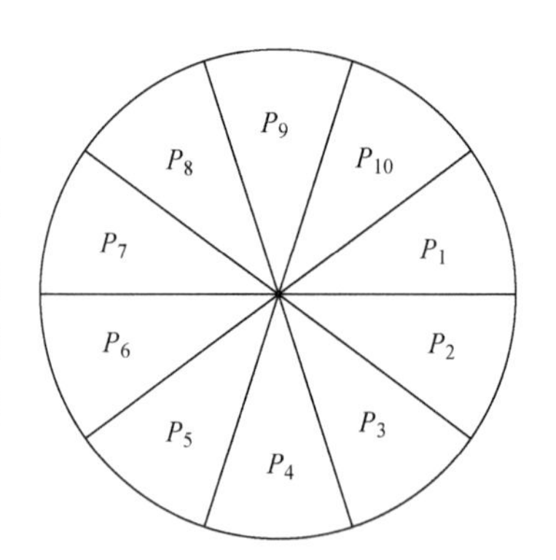

图 4.32　轮盘赌选择法

步骤 1：在整个种群中随机选取一对个体。

步骤 2：根据串长 L 的大小，将一对需要重新配对的个体随机选取多个交叉位置，其中 k 满足 $k \in [1, L-1]$。

步骤 3：交叉操作根据交叉概率 $P_c(0<P_c<1)$ 进行，在交叉时，两个个体需要互相复制各自的内容，形成一个新个体。

步骤 4：本章所选择的二进制编码的交叉算子有单点交叉、两点交叉、多点交叉和一致交叉等。

交叉概率用字母 P_c 表示，为种群交叉产生的后代与种群个体的比值。进行交叉操作，

原来的种群交叉概率为 P_c。假如增加交叉的概率，那么产生后代的速度就会变快，这样做会提升算法运算效率。但是假如这个值过高就容易造成局部最优，从而影响算法的性能和效率。根据研究发现，该值的取值范围一般为大于 0.5 而小于 1。

（4）变异

个体中以很小的概率发生转变叫作变异，变量转变的概率与 GA 无关。在 GA 中存在变异，主要原因是算法拥有随机搜索的功能，次要原因就是种群存在多样性。该算子的存在价值，主要是为了防止种群训练早熟。当交叉操作接近最优解时，变异算子可以使收敛加速，GA 通过这两个操作达到兼顾全局的目的。变异算子主要有：基本位变异算子、均匀突变算子、逆转算子和自适应变异算子等。对二进制编码串中的基因进行基本位变异形式处理，即将编码串中某些等位基因进行替换，从而构成新的子代个体。此过程是对解析空间做一次轻微变动，有助于提升 GA 的局部搜索能力。

变异概率就是变异基因个数除以基因总数，用 P_m 表示，它是种群多样性的比较重要的参数。假如它的值过低，有一些有用的信息不容易被发现，使这些信息过快的遗失，新信息就无法生成，使种群的多样性降低，最终使结果产生局部最优的不良后果，那么后代就容易有不良的基因产生，不能正常地搜索信息。根据研究发现，P_m 的值一般大于 0.0001 而小于 0.1。

3. 优化结果

GA 的寻优曲线如图 4.33 所示。从图中可以看出，一共迭代 120 次达到收敛，即 GA 找到最优结构参数。优化后电机转子外径 $D_a = 113\text{mm}$，单侧铁心长度 $l_a = 63.7\text{mm}$，定子极弧 $\beta_s = 20°$，转子极弧 $\beta_r = 21°$。根据优化结果对电机参数进行调整，图 4.34 为 GA 优化后 DSCEM 转速在 1500r/min 的转矩、电流仿真波形。其 T_{max} 为 77.38N · m，T_{min} 为 14.57N · m，T_{ave} 为 53.12N · m，K_T 为 1.18。

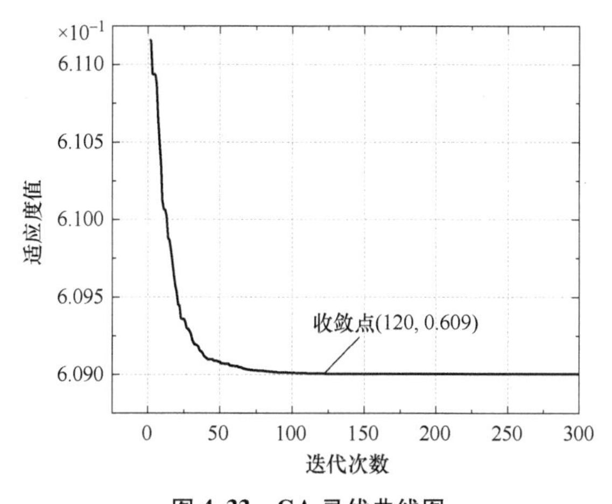

图 4.33　GA 寻优曲线图

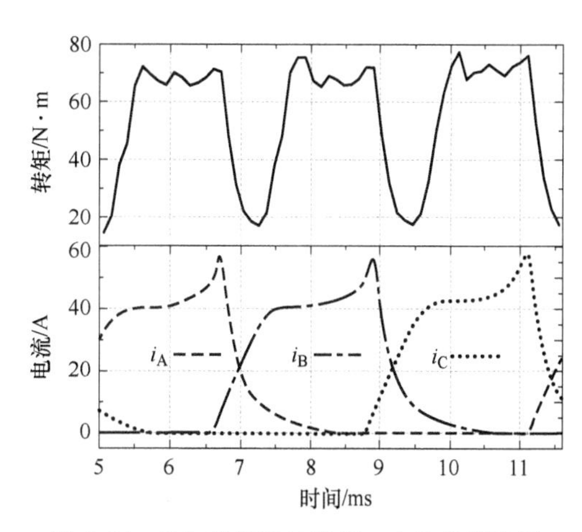

图 4.34　GA 优化后的转矩、电流仿真波形

4.3.4　粒子群优化算法

1. 算法简介

粒子群优化（Particle Swarm Optimization，PSO）算法的生物原理是模拟鸟群觅食的行为过程。即鸟群在一个有限空间区域里搜索一块食物，所有鸟都不知道食物的具体位置，它

们的最简单方法就是寻找鸟群中离食物最近的个体。PSO 算法是一种基于群体协作的随机优化算法，其运算流程如图 4.35 所示。

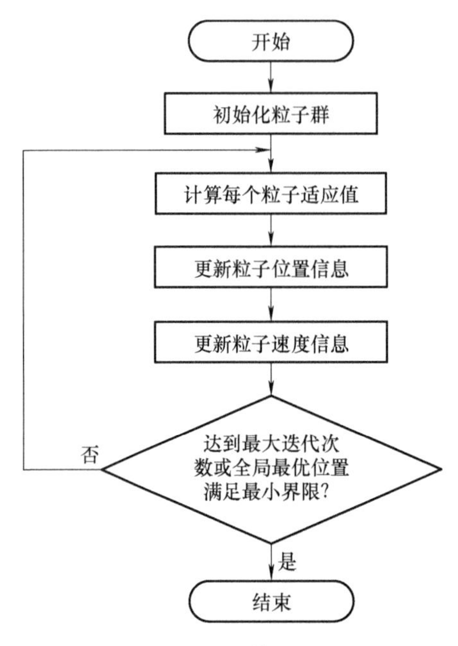

图 4.35　PSO 算法流程图

鸟类模型的特点是，群体无组织者却能进行组织，无协调者却能进行协调。每一只鸟相对独立，当一只鸟飞离鸟群而飞向栖息地时，将导致它周围的其他鸟也飞向栖息地。这些鸟一旦发现栖息地，将驱使更多的鸟落在栖息地，直到整个鸟群都落在此地。

PSO 算法与其他人工智能算法相比，对种群和进化的概念都进行了保留，对计算出的适应度值进行判断，并以此作为判断寻优好坏的标准。算法在寻找全局最优解的过程中，既能保留自己的经验进行自我学习，又能从其他粒子那里获取经验进行社会学习[9]。PSO 算法在进行寻优时具有良好的并行性，而且算法的鲁棒性强，抗干扰能力较强[10]。PSO 算法对于初始参数的设置要求较低，且算法的收敛速度较快，一直受到学术界的广泛关注。PSO 算法的主要优点如下：

1）操作简单。PSO 算法沿用实数编码，无需将问题进行进制转化，在编写方面较为简单。PSO 算法整体所设置的参数并不多，在解决一些问题时，通常只需要按照经验值设置参数即可获取较为不错的结果。

2）具有一定的鲁棒性。当某个粒子出现异常时，对整体问题的优化计算过程不会产生太大影响。

3）扩展性好。PSO 算法因为其本身算法简单、参数较少，所以经常与其他算法融合使用，从而填补算法本身的不足。

2. 算法设计

用一个粒子代替鸟群中的个体，粒子具有速度和位置两个重要特性，粒子的飞行速度是根据个体历史最优位置与种群历史最优位置进行动态调整，通过不断迭代更新粒子的速度与位置得到满足终止条件的最优解[11]。每个粒子单独搜索的最优位置叫作个体极值，粒子群中最优个体极值可视为全局最优解。粒子群中所有的粒子个体都服从以下 3 条原则：

1）与邻近的粒子保持距离，避免碰撞。

2）向目标移动。

3）向群体的中心移动。

PSO 算法操作的求解过程如下：

（1）初始化

设有 m 个粒子在一个 N 维空间进行搜索，将第 i 个粒子视为一个维度向量，即 $x_i=(x_{i1},x_{i2},\cdots,x_{iN})$，第 i 个粒子在搜索空间的位置可表示为 x_i；每个粒子的飞行速度可表示为 $v_i=(v_{i1},v_{i2},\cdots,v_{iN})$，粒子每次迭代的位移量取决于粒子速度。初始设置最大迭代次数为 300。在大多数的情况下粒子数 m 取值在 20~100 之间，对比较复杂或者特殊的问题，粒子数 N 的取值可以超过 150。

（2）个体极值与全局最优解

第 i 个粒子最优位置表示为 $p_i=(p_{i1},p_{i2},\cdots,p_{iN})$，粒子群的最优位置表示为 $p_g=(p_{g1},p_{g2},\cdots,p_{gN})$。选用 ITAE（时间乘以绝对误差积分）指标定义适应度函数，评价各个粒子的搜索情况，筛选出个体极值 p_i 和全局最优解 p_g 并存储它们的位置信息。

（3）更新位置和速度信息

$$V_{id}=\omega V_{id}+C_1\ \text{random}\ (0,1)(P_{id}-X_{id})+C_2\ \text{random}(0,1)(P_{gd}-X_{id}) \tag{4.87}$$

$$X_{id}=X_{id}+V_{id} \tag{4.88}$$

式中，random(0,1) 表示区间［0,1］上的随机数；ω 为惯性因子，其值为非负，局部寻优能力的强弱可通过调整 ω 大小实现。C_1 表示个体学习因子，C_2 表示社会学习因子，其值均为正，这两个系数决定着每个粒子分别向 p_i、p_g 位置的靠近程度。粒子受到自身最优解和全局最优解的影响，较小的值允许粒子在目标区域外探索，较大的值会让粒子迅速冲向目标值。与 ω 相似，较大的 C_1 能够使粒子群探索更多的求解空间，而较大的 C_2 提高了粒子群的收敛，效率本章设置 $C_1=C_2=2$。

一般建议惯性权重的取值在优化过程中动态地变化，通常为逐步减小，如下式所示：

$$\omega=(\omega_{\max}-\omega_{\min})\cdot\left(\frac{t_{\max}-t}{t_{\max}}\right)+\omega_{\max} \tag{4.89}$$

式中，$\omega_{\max}$ 和 $\omega_{\min}$ 分别是惯性权重的最大值和最小值；$t_{\max}$ 是算法设置的最大迭代步数，t 是当前迭代步数。惯性权重的最大值和最小值一般设为 0.9 和 0.4。由式（4.89）可以看出，惯性权重的取值是随着算法迭代而不断变小的。较大的惯性权重让单个粒子能够在算法前期具有较大的惯性，从而使粒子群能够探索整个求解空间中的较大区域，而较小的惯性权重在后期提升了粒子群在局部的搜索能力，进而提升了算法全局的效率。

（4）循环迭代

筛选出来的 p_i 和 p_g 是粒子之间唯一的共享信息。根据这两个极值，利用式（4.87）和式（4.88）更新粒子信息，循环迭代上述步骤寻找到最优解。

3. 优化结果

PSO 算法的寻优曲线如图 4.36 所示。从图中可以看出，一共迭代 135 次达到收敛，即

PSO 算法找到最优结构参数。优化后转子外径 $D_a=114.4\text{mm}$，单侧铁心长度 $l_a=65\text{mm}$，定子极弧 $\beta_s=20°$，转子极弧 $\beta_r=21°$。根据优化结果对电机参数进行调整，图 4.37 为 PSO 算法优化后 DSCEM 转速在 1500r/min 的转矩、电流仿真波形。其 T_{max} 为 78.86N · m，T_{min} 为 14.67N · m，T_{ave} 为 54.71N · m，K_T 为 1.17。

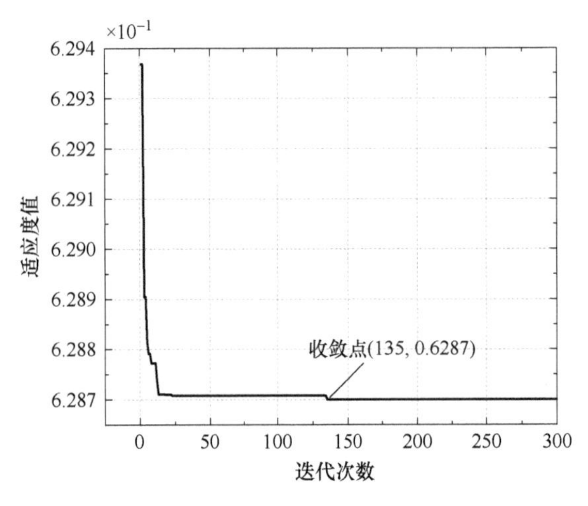

图 4.36 PSO 算法寻优曲线图

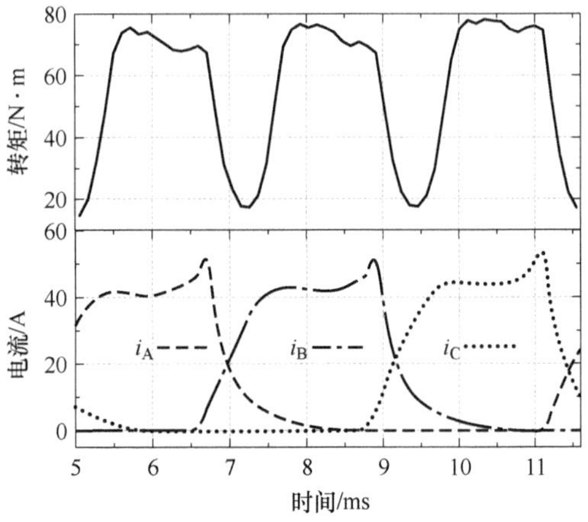

图 4.37 PSO 算法优化后的转矩、电流仿真波形

4.3.5 BAS 算法、GA 和 PSO 算法全局参数优化对比分析

初始设计、BAS 算法、GA 和 PSO 算法设计电机转速为 1500r/min 时转矩波形对比如图 4.38 所示，以及四种设计的电机转矩参数见表 4.5。经过对比分析可知，PSO 算法优化后电机的 T_{ave} 和 η 最高，但 K_T 较大；GA 优化后电机的 η 最低，但 K_T 同样较大；总体上三种算法优化后 η 相差不大，虽然 BAS 算法优化后电机的 T_{ave} 较小，但 52.07N · m 的转矩输出已达到电机设计指标，同时其 K_T 是最小的。本章主要目的是研究双凸极电机转矩脉动产生机理以及抑制 DSCEM 的转矩脉动，所以最终确定 BAS 算法电机优化方案。

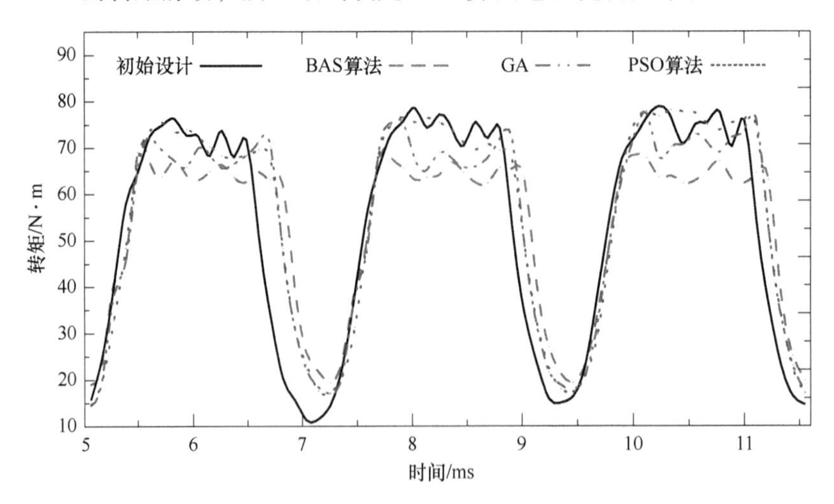

图 4.38 初始设计、BAS 算法、GA 和 PSO 算法设计电机转速为 1500r/min 时的转矩波形

BAS 算法优化后电机的 T_{ave} 高于初始设计电机，同时 K_T 相比于初始设计又减少了 30%，从图 4.38 可以看出，BAS 算法优化后电机“脉冲式”转矩的宽度大于初始设计，甚至大于其他两种优化算法；同时 T_{min} 被大幅度提升，增大 T_{min} 对于抑制转矩脉动的重要性在第 2 章已有论述。

表 4.5　初始设计、BAS 算法、GA、PSO 算法的电机转矩参数

	初始设计	BAS 算法	GA	PSO 算法
T_{ave}/N·m	50.42	52.07	53.12	54.71
T_{max}/N·m	79.58	69.12	77.38	78.86
T_{min}·N·m	10.16	19.78	14.57	14.67
K_T	1.38	0.95	1.18	1.17
P_{in}/kW	9.21	9.19	9.48	9.55
P_{out}/kW	7.92	8.18	8.34	8.59
η	86%	89%	88%	90%

三种优化算法的结果参数见表 4.6。分析三种优化算法原理，BAS 算法的优势在于只需要一只“天牛”就可以实现高效寻优，具有原理简单、参数少、运算量少等优点，缩短了寻优时间，在处理低维优化目标时具有非常大的优势。而 GA 和 PSO 算法需设置的参数过多，不同的参数设置对最终结果影响也比较大，因此在实际使用中要不断调整，加大了算法的使用难度。

表 4.6　三种优化算法的结果参数

	迭代次数	转子外径/mm	铁心长/mm	定子极弧/(°)	转子极弧/(°)
BAS 算法	70	113.8	138	21	22
GA	120	113	127.4	20	21
PSO 算法	135	114.4	130	20	21

上述根本原因是 BAS 算法优化后电机电感特性的改变，图 4.39 为 BAS 算法优化与初始设计电机的电感对比波形。虽然 BAS 算法优化后电感峰值小于初始设计，但电感波形的宽度大于初始设计，即 BAS 算法优化后电感超前于初始设计。同时从图中可明显看出，在电流导通期间 BAS 算法优化后的 $dL_p(\theta)/d\theta$ 大于初始设计，这是 T_{min} 被提升、换相转矩脉动减小的主要原因。

4.3.6　BAS 算法电磁方案

结合以上分析得出电机最终设计方案，表 4.7 为 DSCEM 最终电磁设计参数。

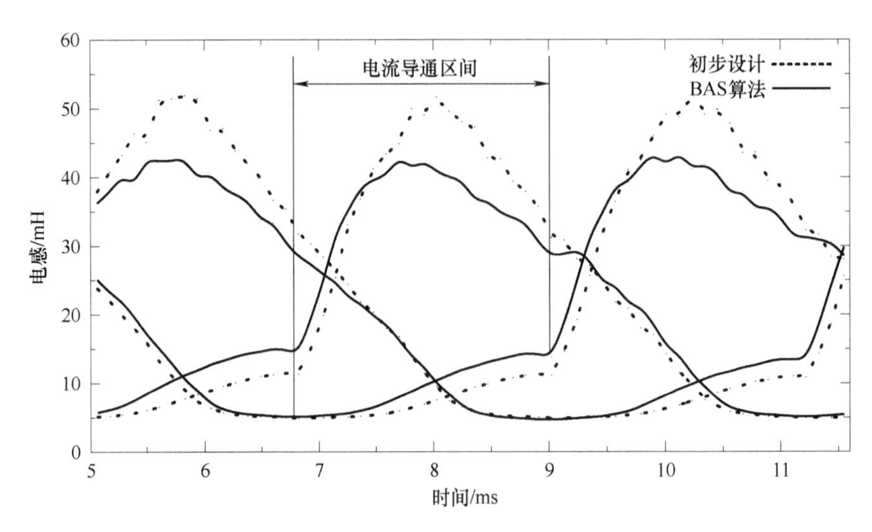

图 4.39 BAS 算法与初始设计电机的电感波形对比图

表 4.7 DSCEM 电磁设计参数

名称	设计值	名称	设计值
定子外径/mm	205	转子外径/mm	113.8
铁心长度/mm	138	轴径/mm	40
第一气隙/mm	0.4	第二气隙/mm	16.5
定子极弧/(°)	21	转子极弧/(°)	22
定子轭高/mm	20	转子轭高/mm	20.4
定子齿高/mm	25.6	转子齿高/mm	16.5
每极电枢绕组匝数	40	辅助线圈匝数	50

4.4 本章小结

本章依据技术指标对定/转子极弧、电磁负荷、绕组等电机参数进行计算，并详细推导了新型 DSCEM 尺寸方程，建立了其主要尺寸与功率之间的关系，完成了对 DSCEM 初始电磁设计。其次运用有限元静态场，深入研究分析了六个关键结构参数对电机转矩性能的影响。

采用磁路解析法研究计算了电机四个关键位置处的磁化曲线，基于四个关键位置的电感值模化出电机磁化曲线，并与有限元磁链、转矩结果进行对比分析，验证了此解析计算方法的准确性和正确性，以此建立的非线性模型作为电机全局算法优化的基础。

最后运用 BAS 算法、GA 和 PSO 算法三种寻优算法以 K_T 和 T_{ave} 为目标进行全局参数优化。重要的是，本章首次将 BAS 算法应用到电机本体优化中，经过三种算法原理学习与寻优结果的对比分析得出，BAS 算法优化后的电机 K_T（0.95）最小，相比于初始设计 K_T 减少了 30%，且具有原理简单、参数少、迭代次数少等优点，在处理低维度优化目标时具有非常大的优势，并确定 BAS 算法优化结果作为最终电磁设计方案。

参考文献

[1] Wang J, Chen H. BSAS: beetle swarm antennae search algorithm for optimization problems [J]. International Journal of Robotics and Control, 2018 (1): 1-6.

[2] 邵良杉，韩瑞达. 基于天牛须搜索的花朵授粉算法 [J]. 计算机工程与应用，2018，54 (18)：188-194.

[3] 赵玉强，钱谦. 一类带学习与竞技策略的混沌天牛群搜索算法 [J]. 通信技术，2018，51 (11)：60-66.

[4] 王甜甜，刘强. 基于 BAS-BP 模型的风暴潮灾害损失预测 [J]. 海洋环境科学，2018，37 (3)：140-146.

[5] 陈婷婷，殷贺，江红莉，等. 基于天牛须搜索的粒子群优化算法求解投资组合问题 [J]. 计算机系统应用，2019，28 (2)：171-176.

[6] 邹东尧，陈鹏伟，刘宽. 基于天牛须搜索优化的室内定位算法 [J]. 湖北民族学院学报（自然科学版），2018，36 (4)：70-74，98.

[7] 陈君宝，王宸，王生怀. 基于变步长天牛须搜索算法的空间直线度误差评定 [J]. 工具技术，2018，52 (8)：136-138.

[8] 徐佑宇，谭冲，刘洪. 基于天牛须搜索的无线传感网分簇路由协议 [J]. 信息技术，2019 (10)：1-5.

[9] 李君妍，童亚拉. 改进的粒子群算法在太阳能光伏发电资料同化中的应用研究 [J]. 华中师范大学学报（自然科学版），2021，55 (4)：567-572.

[10] 闫群民，马瑞卿，马永翔，等. 一种自适应模拟退火粒子群优化算法 [J]. 西安电子科技大学学报，2021，48 (4)：120-127.

[11] 李佩. 改进粒子群算法在电力系统无功优化中的应用 [D]. 汉中：陕西理工大学，2020.

Chapter 5

第5章 线圈辅助励磁双凸极电机电磁性能及拓扑结构特性分析

5.1 辅助线圈励磁磁场对转矩特性的影响

前面章节已介绍了通电的辅助线圈（i_f）所建立的励磁磁场可以调节气隙磁密，并从所推导的转矩方程式可知，i_f 可提升电磁转矩。本节将从静态场与稳态场两方面具体分析励磁磁场对 DSCEM 转矩特性的影响程度。

5.1.1 静态场调磁能力分析

当 DSCEM 定、转子在半对齐位置时，电枢电流（i_p）为 20A、不同的 i_f 气隙磁密分布如图 5.1 所示，当 i_f 为-6A 时，气隙磁密峰值为 1.1T；当 i_f 为 6A 时，气隙磁密峰值接近

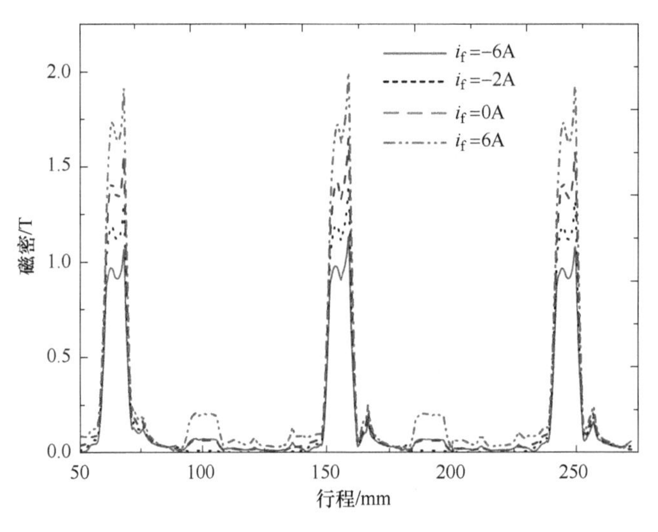

图 5.1 半对齐位置时 i_p 为 20A、不同的 i_f 气隙磁密分布图

1.9T。有限元分析表明，i_f 可使该电机在不同的模式下运行，即全磁模式（$i_f>0$）和弱磁模式（$i_f<0$）。

双凸极电机中定、转子在不对齐位置磁链和对齐位置磁链之间的区域就是磁共能（ΔW）区，两条磁链所夹区域面积越大，电机 ΔW 越大，同时 ΔW 决定了电磁转矩的大小。不同的 i_f 条件下 DSCEM 的磁共能如图 5.2 所示，从图中可看出，$i_f=8$A 时明显大于 $i_f=0$A 的 ΔW 区域面积。

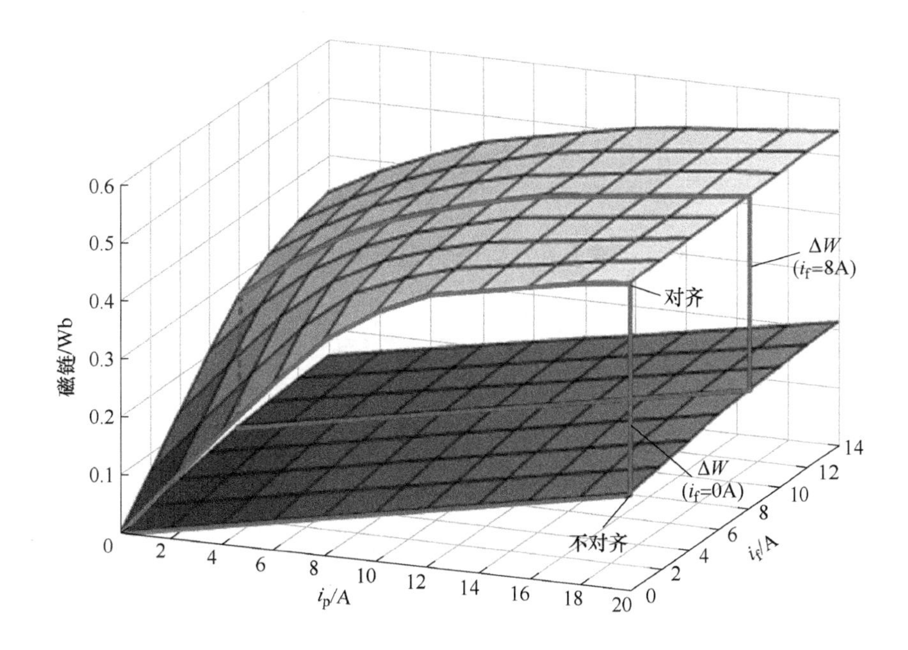

图 5.2　不同的 i_f 条件下 DSCEM 的磁共能图

根据式（2.9）推导了转矩差（ΔT）公式，如式（5.1）所示，同时依据有限元静态场矩角特性得出不同的 i_f 条件下，DSCEM 转矩差变化曲线如图 5.3 所示。从图 5.2 与图 5.3 可以看出，当 $0\text{A}\leqslant i_f\leqslant 8\text{A}$ 时，ΔW 和 ΔT 增量变化明显，即励磁磁场有效地提升了电磁转矩；当 $i_f>8$A 时，ΔW 和 ΔT 几乎没有增加，因此从能耗角度考虑，i_f 的最大值应选为 8A。

$$\Delta T=\frac{\partial\sum_{n=0}^{14}(\Delta W_{n+1}-\Delta W_n)}{\partial\theta},n=i_f=0,1\cdots,14 \tag{5.1}$$

5.1.2　稳态性能分析

当 DSCEM 转速为 1500r/min、不同的 i_f 转矩仿真波形如图 5.4 所示，其稳态转矩参数见表 5.1。可以看出，电励磁转矩的加入、随着 i_f 的增大，T_{max} 和 T_{min} 均有所提升，同时 K_T 均有所下降，$i_f=8$A 比 $i_f=0$A 转矩脉动减小了 8.42%。

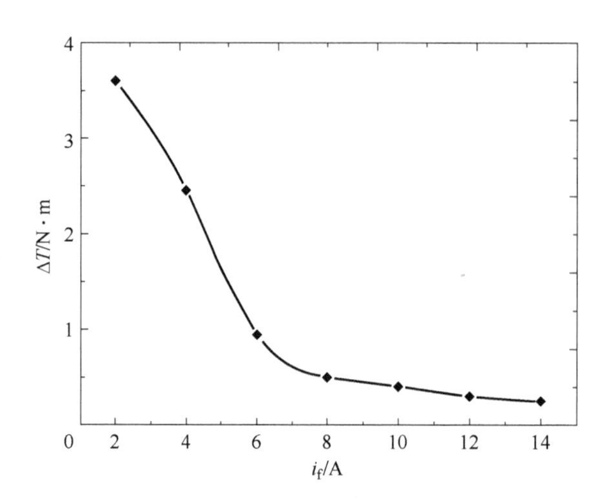

图 5.3　不同的 i_f 条件下 DSCEM 的转矩差变化曲线图

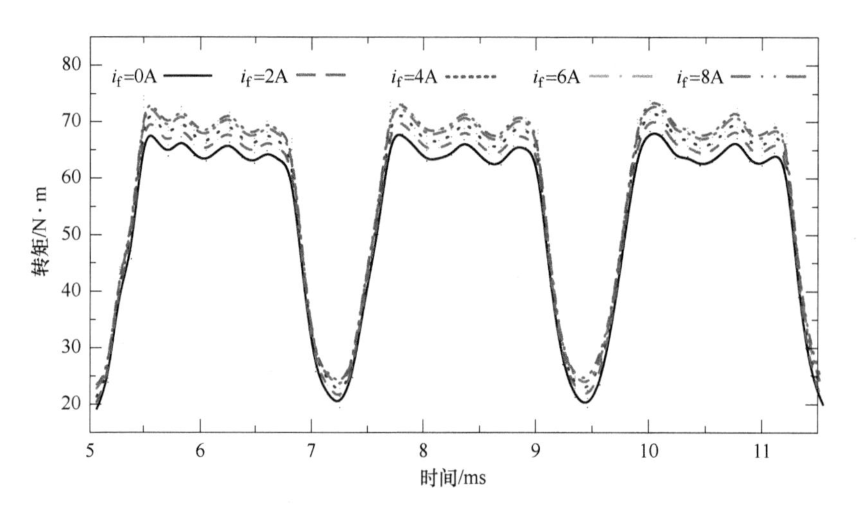

图 5.4　不同的 i_f 条件下 DSCEM 的转矩仿真波形图

表 5.1　不同的 i_f 条件下转矩参数

i_f/A	T_{max}/N·m	T_{min}/N·m	T_{ave}/N·m	K_T
0	69.12	19.78	52.07	0.95
2	70.42	21.38	53.89	0.91
4	71.79	22.77	55.07	0.89
6	73.16	23.50	56.43	0.88
8	73.84	24.15	57.11	0.87

根据图 5.4 稳态运行中 $i_f=0$A 和 $i_f=8$A 的电感、电流特性，图 5.5 为 $i_f=0$A 和 $i_f=8$A 的电枢电流和自感仿真波形，图 5.6 为 $i_f=8$A 的电流和互感仿真波形。从图中可知，$i_f=8$A 的

三相电枢自感峰值低于 $i_f=0A$，这是电枢磁场与励磁磁场耦合作用导致的，在此过程中形成电枢绕组与辅助线圈的互感，即产生电励磁转矩。同时，$i_f=8A$ 略低的阻态也使其在续流阶段电流更小，续流时间更短。

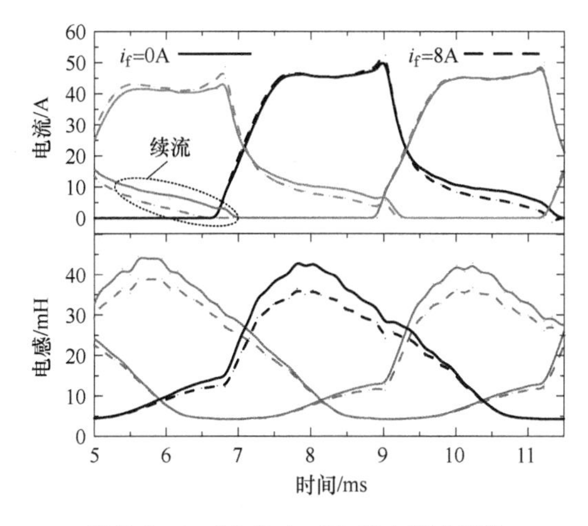

图 5.5　$i_f=0A$ 和 $i_f=8A$ 的电枢电流和自感仿真波形图

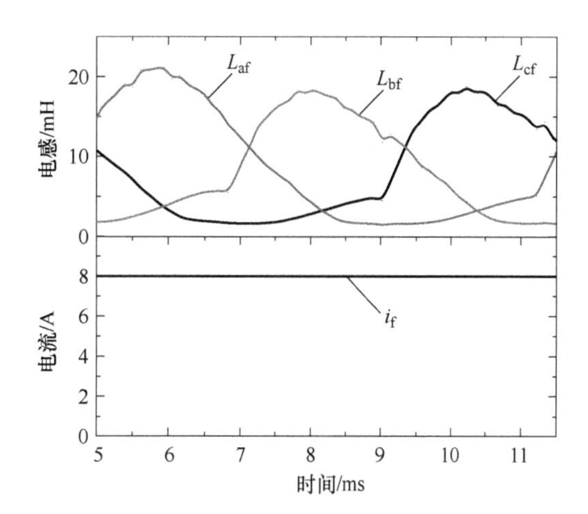

图 5.6　$i_f=8A$ 的电流和互感仿真波形图

5.2　新结构性能特征对比分析

5.2.1　不同的 i_f 条件下线圈辅助励磁双凸极电机的转矩仿真

图 5.7 为不同的 i_f 条件下，电枢绕组换相期间气隙磁密分布图。i_f 所建立的励磁磁场增强了气隙磁场，特别是在电枢绕组换相期间更为突出，因为相邻前后两相绕组分别处于续流阶段和刚导通阶段，两相电枢电流均很小，导致所建立的气隙磁场强度不高，励磁磁场有充分发挥的空间。

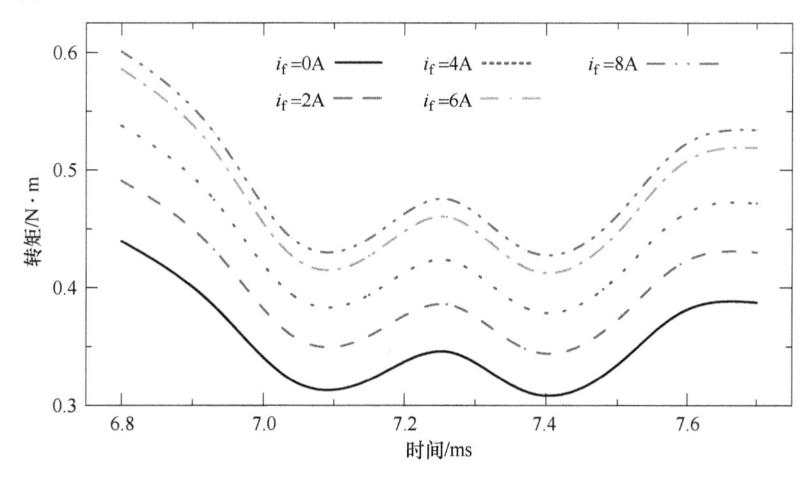

图 5.7　电枢绕组换相期间不同的 i_f 气隙磁密分布图

综上所述，通过改变 i_f 可有效地调节电机磁场性能，从而提高电机转矩性能、减小转矩脉动。i_f 还有一个优点就是使电机系统响应速度更快，将在下面电机控制系统中详细分析。

5.2.2 电励磁双凸极电机与永磁双凸极电机转矩特性分析

图 5.8 为 DSCEM 和 SRM 的标准角度控制，此种通电方式为半周期控制模式，只在电感上升区间通入正向电流，下降区间不通电；图 5.9 为 DSEM 和 DSPM 的标准角度控制，此种通电方式为全周期控制模式，即在任一时刻都有两相绕组通电，一相通正向电流，另一相通负向电流。这里所设计的 DSCEM 在运行原理上更接近于 SRM。相对半周期控制模式，全周期控制模式电机材料利用率、功率密度更高，但 DSEM 和 DSPM 全周期控制模式也会加剧电机的转矩脉动。

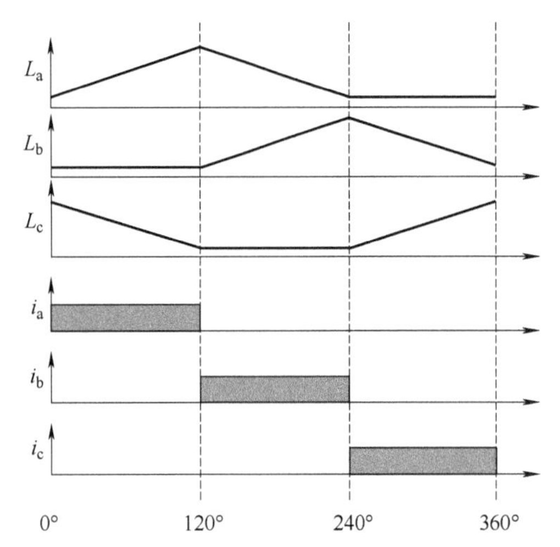

图 5.8 DSCEM 和 SRM 的标准角度控制

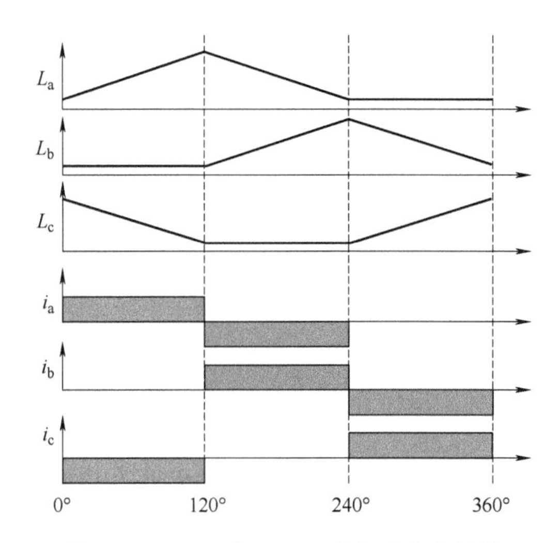

图 5.9 DSEM 和 DSPM 的标准角度控制

DSEM 可产生磁阻转矩和励磁转矩，DSPM 可产生磁阻转矩和永磁转矩。在全周期控制模式下，尽管电感随位置角的周期性变化会产生磁阻转矩，但同时导通两相所产生的正、负磁阻转矩大部分会相互抵消，所以 DSEM 与 DSPM 实际输出转矩中只有励磁转矩和永磁转矩。

5.2.3 电励磁双凸极电机与永磁双凸极电机产生转矩脉动的原因

DSEM 和 DSPM 产生转矩脉动的原因主要有两点[1,2]：

1）不对称的三相磁路。励磁磁链和永磁磁链匝链三相电枢绕组路径不同。三相磁路不对称导致稳态运行时三相绕组出力不均衡，易产生较大转矩脉动。

2）电流换相滞后。在图 5.9 中总有一相在电感最大处换相，由正向电流变为负向电流。以 A 相为例，如图 5.10 所示，自感最大处于高阻态，电流的变化率相对较慢、变换时间长。转矩骤然下降甚至出现负转矩，造成较大的换相转矩脉动，电机在低速、重载时尤为明显。

参考文献［3］在标准角度控制下，施加 6/4 极 DSPM 20A 额定电流，其 A 相磁阻转矩、永磁转矩波形如图 5.11 所示。在 45°换相电流由正变为负，单相一个周期磁阻转矩有

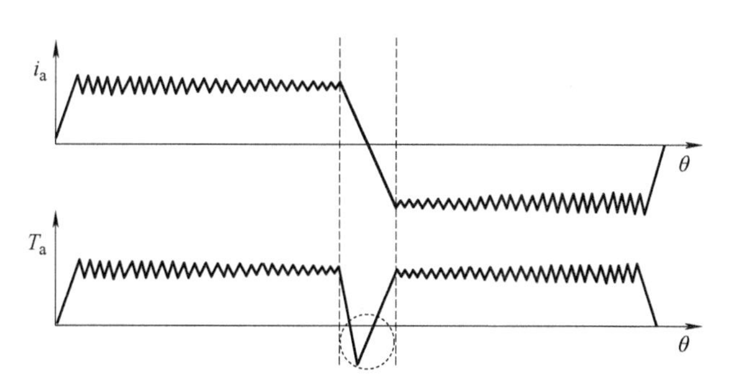

图 5.10　电感最大处换相电流、转矩示意图

四次波动，永磁转矩有两次波动。在合成转矩中，正、负磁阻转矩相互抵消，DSPM 的转矩脉动主要来源于永磁转矩脉动。

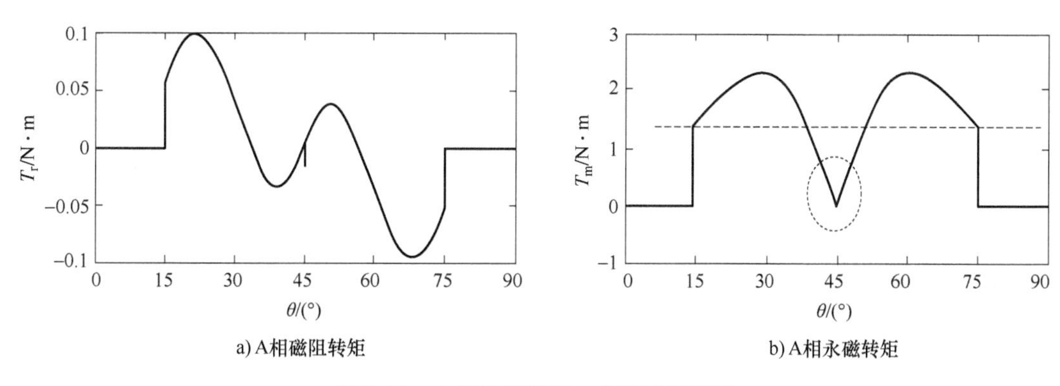

图 5.11　A 相磁阻转矩、永磁转矩波形

从上述分析可知，抑制双凸极电机转矩脉动主要可从两个方面入手：一是合理设计电机结构，二是采用合理的控制策略。参考文献［4］以一台 9kW 三相 12/8 极 DSPM 为研究对象，所提出的角度控制方式将电机原 1.8 的转矩脉动降低至 0.76；参考文献［5］设计了一台 5.5kW、额定转速为 1500r/min 的 12/8 极混合励磁双凸极电机，经结构参数优化后将电机原 0.99 的转矩脉动降低至 0.67；参考文献［6］提出一种不对称电流控制，将 12/8 极 DSEM 的转矩脉动控制在 0.75 左右。

图 5.12 为辅助线圈空间位置图，图 5.13 为电枢电流为 0A、辅助线圈电流施加 8A 的 DSCEM 轴向磁通矢量图，从图中可看出，DSCEM 的励磁线圈在空间上匝链三相电枢绕组的路径是相同的，三相磁路对称。与 DSEM 相比，稳态运行时三相绕组出力均衡，易于减小转矩脉动。图 5.14 为 DSCEM 电枢电流通入 20A、不同 i_f 的半周期矩角特性曲线，随着 i_f 值的增大，转矩得到提升，且在半周期通电过程中转矩无明显跌落和较大波动。

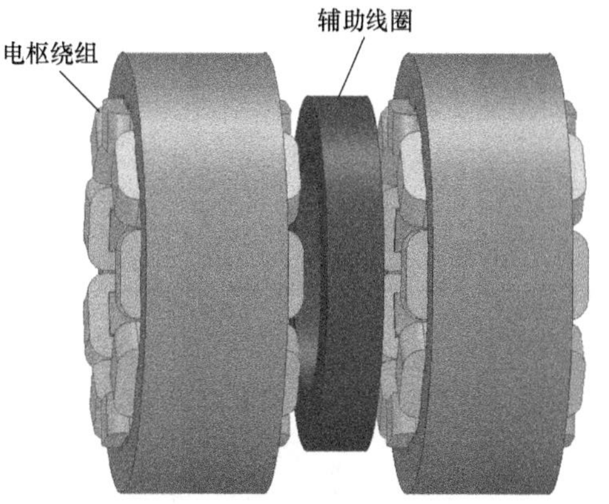

图 5.12　辅助线圈空间位置图

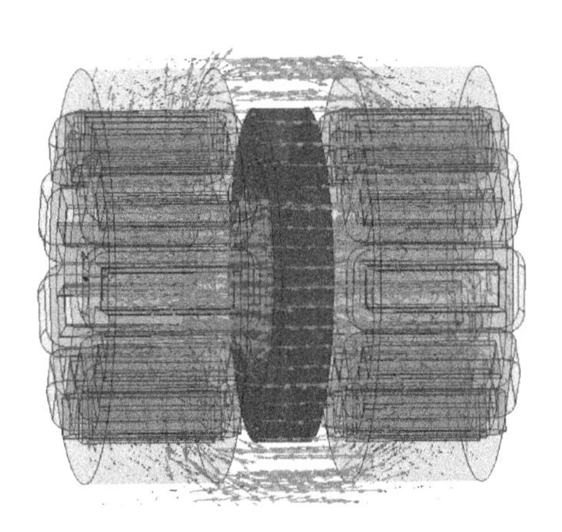

图 5.13 辅助线圈独立作用时电机轴向磁通矢量图

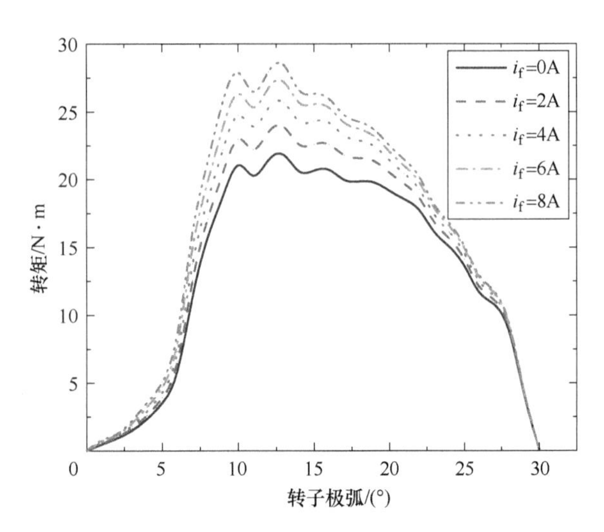

图 5.14 不同 i_f 的半周期矩角特性曲线

5.2.4 线圈辅助励磁双凸极电机与同容量三相 6/4 极和 8/6 极 SRM 转矩性能对比分析

这里所设计的 DSCEM 在结构、磁路设计上具有独特性，为进一步验证其设计原理可行性以及转矩性能上的优势，以 DSCEM 相同的技术指标分别设计了一台 6/4 极 SRM 和一台 8/6 极 SRM，两台传统双凸极电机的电磁设计参数见表 5.2，并对上述三台双凸极电机的特性进行对比分析。图 5.15、图 5.16 和图 5.17 分别是 6/4 极 SRM、8/6 极 SRM 和 9/6 极 DSCEM 定、转子在半对齐位置的径向磁通矢量图与三维磁密云图，可直观看出两台 SRM 均为径向导磁方式。6/4 极、8/6 极 SRM 能同时激励两个励磁齿，而 9/6 极 DSCEM 能同时激励 3 个励磁齿。

表 5.2 6/4 极和 8/6 极 SRM 电磁设计参数

名称	6/4 极 SRM	8/6 极 SRM
额定功率/kW	7.5	
额定电压/V	280	
额定转速/(r/min)	1500	
相数	3	4
定子外径/mm	205	205
转子外径/mm	113	113
铁心长度/mm	135.5	135.5
每极电枢绕组匝数	62	48
第一气隙/mm	0.4	0.4
第二气隙/mm	15.4	18.65
定子极弧/(°)	30	21

（续）

名称	6/4 极 SRM	8/6 极 SRM
转子极弧/(°)	31	22
定子轭高/mm	14	13
转子轭高/mm	19	15.75

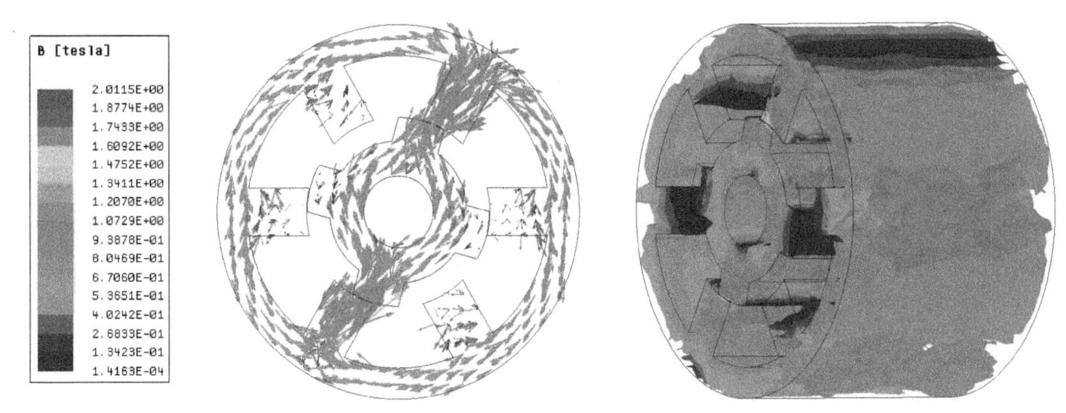

图 5.15　6/4 极 SRM 的径向磁通矢量和三维磁密云图

注：彩图见插页。

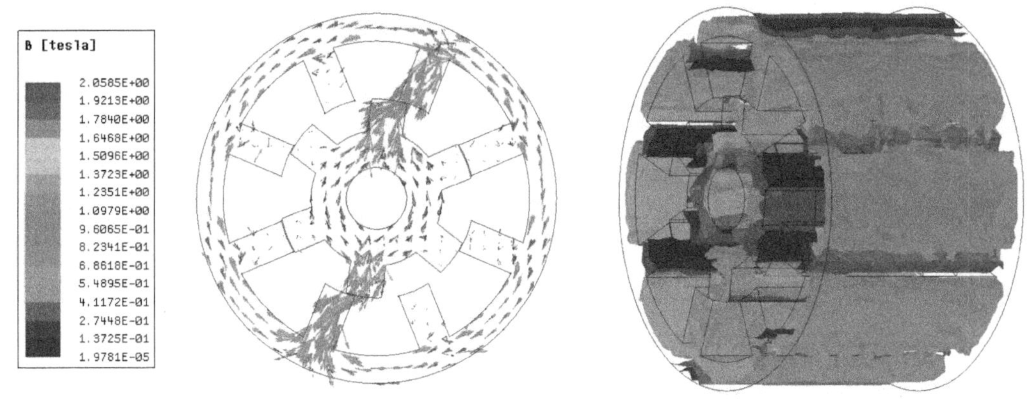

图 5.16　8/6 极 SRM 的径向磁通矢量和三维磁密云图

注：彩图见插页。

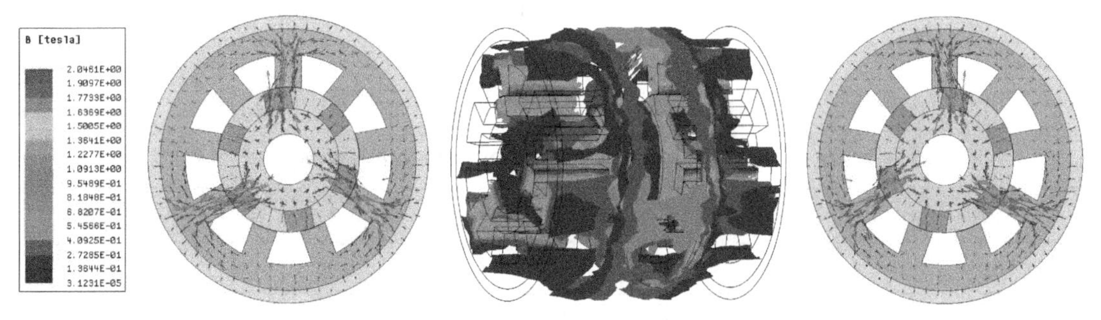

图 5.17　9/6 极 DSCEM 的径向磁通矢量和三维磁密云图

注：彩图见插页。

图5.18为6/4极、8/6极SRM和DSCEM在转速为1500r/min时的转矩、电流仿真波形图，上述三种电机的转矩参数见表5.3。可以看出，在同一时间段内四相8/6极SRM电枢绕组换相次数最多、频率最大；而三相6/4极SRM定子凸极齿数最少，换相频率最小，K_T最大；在这三种双凸极电机中，DSCEM的T_{ave}最大、K_T最小，转矩性能最好，其原因首先是DSCEM能同时激励的励磁齿数更多，其次是DSCEM经历了以T_{ave}、K_T为目标的BAS算法全局优化。

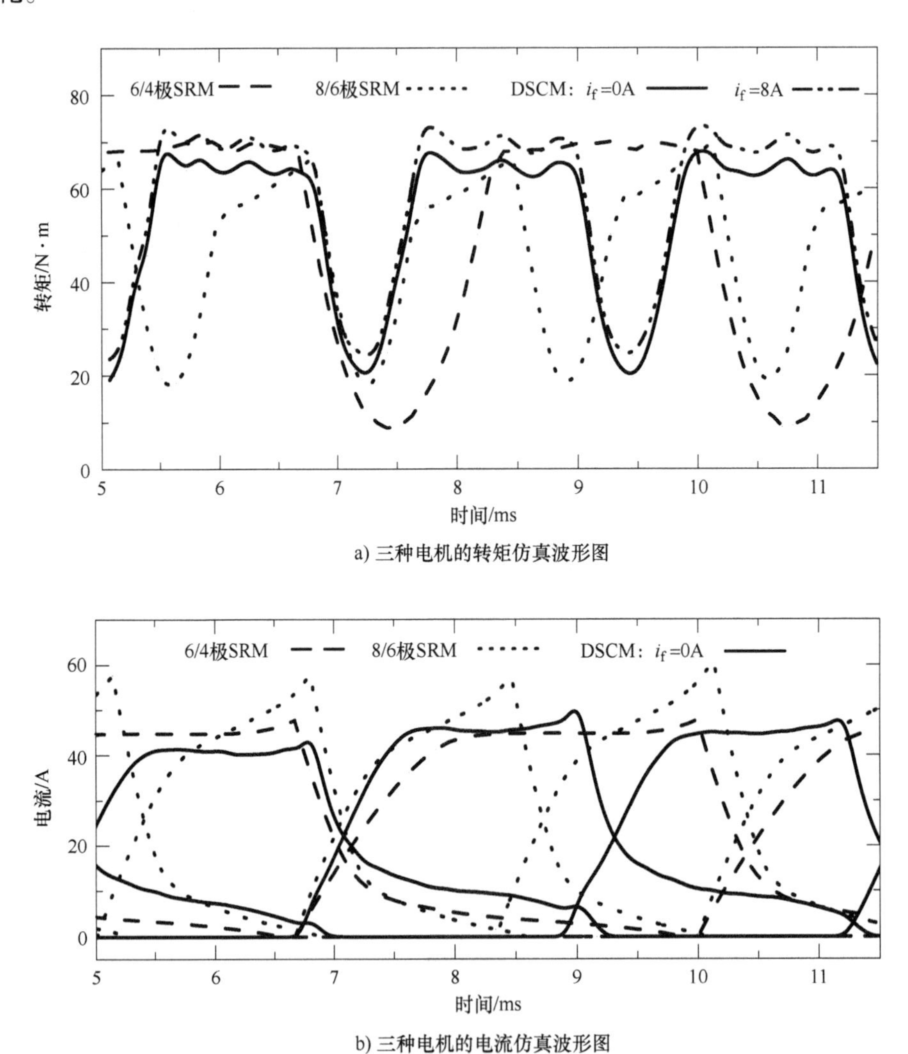

a) 三种电机的转矩仿真波形图

b) 三种电机的电流仿真波形图

图5.18　6/4极、8/6极SRM和DSCEM的转矩、电流仿真波形图

表5.3　6/4极、8/6极SRM和DSCEM瞬态转矩参数

名称	T_{max}/N·m	T_{min}/N·m	T_{ave}/N·m	K_T
6/4极SRM	72.62	8.65	49.42	1.29
8/6极SRM	69.84	17.86	47.55	1.09

（续）

名称	T_{max}/N·m	T_{min}/N·m	T_{ave}/N·m	K_T
DSCEM（i_f=0A）	69.12	19.78	52.07	0.95
DSCEM（i_f=8A）	73.84	24.15	57.11	0.87

机械特性是电机最重要的特性，它反映了转速与转矩之间的关系。图 5.19 为 6/4 极、8/6 极 SRM 和 9/6 极 DSCEM 的机械特性曲线，从图中可知，在恒转矩区（≤1500r/min）时，DSCEM 具有很强的机械特性。相对于 6/4 极和 8/6 极 SRM，速度越低，DSCEM 可输出的转矩越大，证明了 DSCEM 特殊的 9/6 极结构增大了定、转子重叠区域，以及辅助线圈所建立的励磁磁场有效提升了电机输出转矩。

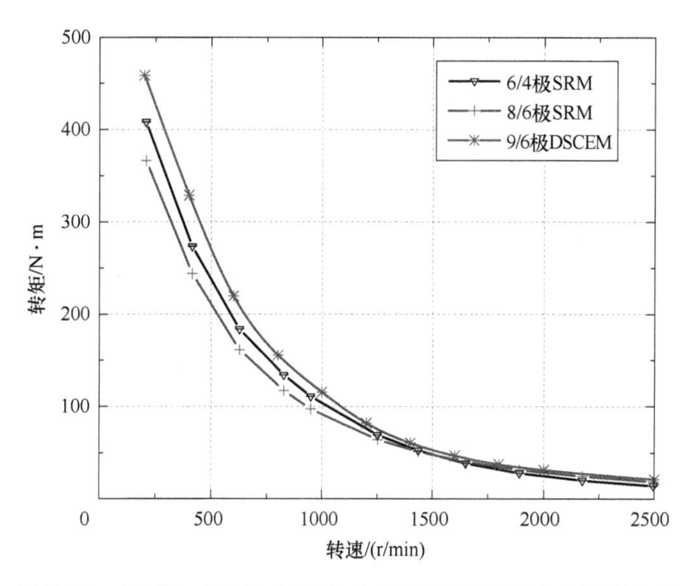

图 5.19　6/4 极、8/6 极 SRM 和 9/6 极 DSCEM 的机械特性曲线

5.3　线圈辅助励磁双凸极电机模态分析及振动预测方法

5.3.1　DSCEM 振动分析研究方法

DSCEM 运行过程中产生的定子振动和噪声是其突出问题，其中噪声的产生与电机振动有高度相关性。本章建立了电机定子的振动模型，表征定子振动与定子凸极所受径向力的关系，并通过有限元和实验方法对振动模型中的关键参数进行辨识，基于振动模型可以对电机的振动进行准确预测。电机具有的双凸极结构，在运行过程中，受到磁场径向力激励作用，定子和机座产生形变。当激励频率接近电机本身的固有频率时，电磁力引发的振动明显加剧，在电机的振动分析中，径向力、振动模态和频率响应是三个关键要素。在电机的多物理场分析中，已经对 SRM 的径向力进行了数值建模，获得了径向力-电流-位置特性曲线。考

虑到 DSCEM 与 SRM 有相似的定、转子结构以及同样的通电方式，其分析过程可以借鉴 SRM 的振动分析方法。振动模态是机械结构的固有特性，每一个模态具有特定的固有频率和模态振型。得益于计算机性能的提升和有限元软件的发展，有限元仿真计算成为模态分析的主要方法[7-9]，现有的有限元模态仿真方法分为两大类。一类是自由模态仿真，即计算在无约束和无受力条件下结构的自由模态。参考文献［10］应用该方法对 SRM 的定子模态进行仿真，并通过实验验证。参考文献［11］对一种车用电机进行了整机的有限元自由模态仿真，并通过锤击实验验证。自由模态反映的是电机结构的固有特性，与电机的实际运行环境无关[12]。对于在特定工况下运行的电机，自由模态与电机实际被激发的模态往往会存在较大的误差，无法为后续振动和噪声的研究提供足够准确的指导[13,14]。另一类是约束模态仿真，该方法计算的是约束条件下结构振动的固有特性。由于考虑了边界条件的影响，约束模态仿真的结果能够反映电机在实际工作中的振动特性，从而指导进一步的研究工作，这种仿真方法的难点在于电机物理模型的搭建和模型约束条件的合理设置，要保证仿真的结果符合实际。参考文献［15］就 SRM 绕组和前后端盖对仿真结果的影响进行了研究。参考文献［16］就多种不同的约束条件设置和模型的简化对有限元仿真的影响进行了对比分析。在保证电机模型和边界设置准确的基础上，约束模态仿真结果能够作为 SRM 振动噪声特性研究的理论基础，并逐渐成为主流的模态计算方法。但是，现有的约束模态仿真方法忽略了电机安装后装配应力以及自身重力对刚度的影响，如转子的重力造成主轴的微变形。这种刚度的细微改变对电机低频振动具有较大的影响，从而导致低阶模态的计算出现较大的误差。而低阶模态，由于固有频率低，在小功率电机运行和大功率电机起停过程中最容易发生共振现象，而现有的约束模态仿真方法无法满足这类研究的需求。

5.3.2 DSCEM 模态分析

1. 模态分析的数学模型

在电机振动研究过程中，可以用多自由度系统来简化代替 SRM 振动系统进行分析。假设系统的自由度为 n，系统的振动位移为位移矢量 $\boldsymbol{x}_{n\times1}$，则 SRM 振动遵循的动力学平衡方程如下：

$$\boldsymbol{M}_{n\times n}\ddot{\boldsymbol{x}}_{n\times1}+\boldsymbol{C}_{n\times n}\dot{\boldsymbol{x}}_{n\times1}+\boldsymbol{K}_{n\times n}\boldsymbol{x}_{n\times1}=\boldsymbol{F}(t)_{n\times1} \tag{5.2}$$

式中，$\boldsymbol{M}$ 是质量矩阵；$\boldsymbol{C}$ 是结构阻尼矩阵；$\boldsymbol{K}$ 是弹性刚度矩阵；$\boldsymbol{x}$ 是位移矢量；$\dot{\boldsymbol{x}}$是速度矢量；$\ddot{\boldsymbol{x}}$是加速度矢量；$\boldsymbol{F}(t)$ 是关于时间 t 的力函数矢量。

电机的固有频率和振型与外载荷无关，即令 $\boldsymbol{F}(t)=0$。此外，电机本身的结构阻尼影响很小，可以忽略不计，即令 $\boldsymbol{C}=0$，此时得到系统的无阻尼自由振动方程为

$$\boldsymbol{M}_{n\times n}\ddot{\boldsymbol{x}}_{n\times1}+\boldsymbol{K}_{n\times n}\boldsymbol{x}_{n\times1}=[\boldsymbol{0}]_{n\times1} \tag{5.3}$$

自由模态分析是经典的特征值问题，结构的自由振动为简谐振动，即对于无阻尼自由振动方程，方程的解为正弦函数：

$$\boldsymbol{x}_{n\times1}=[\boldsymbol{u}]_{n\times1}\sin(\omega t+\theta) \tag{5.4}$$

系统中的所有质点以同一相位 θ 和同一频率 ω 进行振动，而振幅则按比例分配，该比例由特征向量 $[\boldsymbol{u}]_{n\times1}$决定。

式（5.4）的特征值 ω_i（$i=1,2,3,\cdots,n$）为电机振动系统在约束条件下第 i 阶模态的固

有频率，对应的特征向量 $[\boldsymbol{u}_f]_i$为其固有振型。

考虑到 DSCEM 的实际安装是，一般将机座底座通过螺栓固定在工作台上。因此，在约束面上，由于约束力 R_i 的作用，质点满足约束方程

$$\begin{cases} x_i = 0 \\ \ddot{x}_i = 0 \end{cases} \quad (x_i \in \{\boldsymbol{x}_r\}) \tag{5.5}$$

式中，$\{\boldsymbol{x}_r\}$ 表示约束质点的集合，r 为约束质点的个数。令 $f=n-r$，表示不受约束的质点数，令 $\{\boldsymbol{x}_f\}$ 表示不受约束质点的集合，令 $\{\boldsymbol{R}_r\}$ 为约束力矢量集合。此时，式（5.3）可改写成

$$\begin{bmatrix} \boldsymbol{M}_{ff} & \boldsymbol{M}_{fr} \\ \boldsymbol{M}_{rf} & \boldsymbol{M}_{rr} \end{bmatrix}_{n\times n} \begin{bmatrix} \{\ddot{\boldsymbol{x}}_f\} \\ \{\ddot{\boldsymbol{x}}_r\} \end{bmatrix}_{n\times 1} + \begin{bmatrix} \boldsymbol{K}_{ff} & \boldsymbol{K}_{fr} \\ \boldsymbol{K}_{rf} & \boldsymbol{K}_{rr} \end{bmatrix}_{n\times n} \begin{bmatrix} \{\boldsymbol{x}_f\} \\ \{\boldsymbol{x}_r\}_{n\times 1} \end{bmatrix}_{n\times 1} = \begin{bmatrix} \boldsymbol{0} \\ \{\boldsymbol{R}_r\} \end{bmatrix}_{n\times 1} \tag{5.6}$$

将式（5.4）和式（5.5）代入，式（5.6）将变成

$$\left(\begin{bmatrix} \boldsymbol{K}_{ff} & \boldsymbol{K}_{fr} \\ \boldsymbol{K}_{rf} & \boldsymbol{K}_{rr} \end{bmatrix}_{n\times n} - \omega^2 \begin{bmatrix} \boldsymbol{M}_{ff} & \boldsymbol{M}_{fr} \\ \boldsymbol{M}_{rf} & \boldsymbol{M}_{rr} \end{bmatrix}_{n\times n} \right) \begin{bmatrix} \{\boldsymbol{u}_f\} \\ \boldsymbol{0} \end{bmatrix}_{n\times 1} = \begin{bmatrix} \boldsymbol{0} \\ \{\boldsymbol{R}_r\} \end{bmatrix}_{n\times 1} \tag{5.7}$$

根据式（5.7）可得（ω^2，$\{\boldsymbol{u}_f\}$）的求解方程为

$$(\boldsymbol{K}_{ff} - \omega^2 \boldsymbol{M}_{ff})\{\boldsymbol{u}_f\} = 0 \tag{5.8}$$

对式（5.8）求解得 ω_i（$i=1,2,3,\cdots,f$）为电机振动系统在约束条件下第 i 阶模态的特征频率，对应的特征向量 $\{\boldsymbol{u}_f\}_i$为其固有振型。

2. 基于静力学预计算的模态仿真分析方法

现有的约束模态仿真方法忽略了电机安装后装配应力以及自身重力对刚度的影响，如转子的重力造成主轴的微变形。这种刚度的细微改变对电机低频振动具有较大的影响，从而导致低阶模态的计算出现较大的误差。

由于固有频率低，低阶模态在小功率电机运行和大功率电机的起停过程中最容易发生共振现象，而现有的约束模态仿真方法无法满足这类研究的需求。

针对现有方法低频模态计算存在的不足，本节提出了一种基于静力学预计算的 SRM 模态仿真方法。该方法通过模态仿真之前的静力学仿真预计算，引入电机自重所产生的预应力和装配应力对电机模态的影响。

新方法引入了重力和装配应力对 SRM 振动系统的影响，在考虑电机安装约束的基础上，添加了电机部件之间的装配约束，进行重力环境下的静力学计算。满足的静力学平衡方程为

$$\left\{ \begin{bmatrix} \boldsymbol{K}_{ff} & \boldsymbol{K}_{fr} \\ \boldsymbol{K}_{rf} & \boldsymbol{K}_{rr} \end{bmatrix}_{n\times n} + \begin{bmatrix} \boldsymbol{S}_{ff} & \boldsymbol{S}_{fr} \\ \boldsymbol{S}_{rf} & \boldsymbol{S}_{rr} \end{bmatrix}_{n\times n} \right\} \cdot \begin{bmatrix} \{\boldsymbol{x}_f\} \\ \{\boldsymbol{x}_r\} \end{bmatrix}_{n\times 1} = \begin{bmatrix} \boldsymbol{M}_f \cdot g \\ \{\boldsymbol{R}_r\} + \boldsymbol{M}_r \cdot g \end{bmatrix}_{n\times 1} \tag{5.9}$$

$$\begin{bmatrix} \boldsymbol{S}_{ff} & \boldsymbol{S}_{fr} \\ \boldsymbol{S}_{rf} & \boldsymbol{S}_{rr} \end{bmatrix}_{n\times n} \begin{bmatrix} \{\boldsymbol{x}_f\} \\ \{\boldsymbol{x}_r\} \end{bmatrix}_{n\times 1} = \begin{bmatrix} \{\boldsymbol{F}_f\} \\ \{\boldsymbol{F}_r\} \end{bmatrix}_{n\times 1} \tag{5.10}$$

$$\{\boldsymbol{x}_r\} = \{0\} \tag{5.11}$$

式中，$\boldsymbol{M}_f \cdot g$ 和 $\boldsymbol{M}_r \cdot g$ 为结构的重力；$\{\boldsymbol{F}_f\}$ 和 $\{\boldsymbol{F}_r\}$ 为结构的内应力；$\{\boldsymbol{R}_r\}$ 为安装约束力；$\begin{bmatrix} \boldsymbol{S}_{ff} & \boldsymbol{S}_{fr} \\ \boldsymbol{S}_{rf} & \boldsymbol{S}_{rr} \end{bmatrix}_{n\times n}$ 为应力刚化矩阵，表示结构在变形状态下的刚度变化。

求解该方程组，得到

$$\begin{bmatrix} S_{ff} & S_{fr} \\ S_{rf} & S_{rr} \end{bmatrix}_{n\times n}=\begin{bmatrix} \{F_f\} \\ \{F_r\} \end{bmatrix}_{n\times 1}\cdot\begin{bmatrix} M_f\cdot g-\{F_f\} \\ \{R_r\}+M_r\cdot g-\{F_r\} \end{bmatrix}_{1\times n}^{-1}\cdot\begin{bmatrix} K_{ff} & K_{fr} \\ K_{rf} & K_{rr} \end{bmatrix}_{n\times n} \tag{5.12}$$

将应力刚化矩阵代入式（5.7），得到此时振动系统的动力学平衡方程为

$$\left[\begin{bmatrix} K_{ff} & K_{fr} \\ K_{rf} & K_{rr} \end{bmatrix}_{n\times n}+\begin{bmatrix} S_{ff} & S_{fr} \\ S_{rf} & S_{rr} \end{bmatrix}_{n\times n}-\omega^2\begin{bmatrix} M_{ff} & M_{fr} \\ M_{rf} & M_{rr} \end{bmatrix}_{n\times n}\right]\begin{bmatrix} \{u_f\} \\ 0 \end{bmatrix}_{n\times 1}=\begin{bmatrix} 0 \\ \{R_r\} \end{bmatrix}_{n\times 1} \tag{5.13}$$

此时，式（5.13）就是结构在考虑重力和装配应力条件下的动力学平衡方程。其特征方程为

$$(K_{ff}+S_{ff}-\omega^2 M_{ff})\{u_f\}=0 \tag{5.14}$$

结合式（5.12）和式（5.14），就可以求出各阶次模态的特征频率 ω 和特征向量 $\{u_f\}$ 对应振动系统的固有频率和模态振型。

5.3.3 DSCEM 振动预测方法

从振动的角度看，DSCEM 的定子等效于薄壁壳体，是一个多自由度（MDOF）系统。薄壁壳体的振动可以分为切向振动、轴向振动和径向振动。在实际运行中，定子所受径向力垂直于表面，不易激发切向振动；同时径向力沿轴向分布均匀，不易激发出 0 阶模态外的轴向模态，因此本节仅考虑径向振动模态，即 $m=0$。

通过坐标变换可以进行解耦，将多自由度系统等效为多个单自由度（SDOF）系统的叠加。假设系统的自由度为 n，系统的振动位移为矢量 $y_{n\times 1}$，则 DSCEM 振动遵循的动力学平衡方程为

$$M_{n\times n}\ddot{y}_{n\times 1}+C_{n\times n}\dot{y}_{n\times 1}+K_{n\times n}y_{n\times 1}=F(t)_{n\times 1} \tag{5.15}$$

式中，M 是质量矩阵；C 是结构阻尼矩阵；K 是弹性刚度矩阵；y 是位移矢量，对 DSCEM 来说，位移同时是空间位置（θ）和时间（t）的函数；$\dot{y}$ 是速度矢量；$\ddot{y}$ 是加速度矢量；$F(t)$ 是关于时间 t 的力函数矢量。利用模态坐标 ϕ_i 进行坐标变换

$$y=[\psi]\cdot x \tag{5.16}$$

式中，$[\psi]=[\psi_0,\psi_1,\cdots,\psi_i]$，为模态坐标；$x$ 是位移矢量在模态坐标下的位置，可以将定子振动简化为多个弹簧阻尼系统的叠加，其运动方程为

$$m\ddot{x}_i+c\dot{x}_i+kx_i=F_r(t) \tag{5.17}$$

在该弹簧阻尼系统中，定子振动的输入为径向力 F_r，输出为定子位移。对式（5.17）进行拉普拉斯变换，可以得到径向力到位移的传递函数为

$$x_i(s)=\frac{F_r(s)}{m_i}\cdot\frac{1}{s^2+2\zeta_i\omega_{ni}s+\omega_{ni}^2} \tag{5.18}$$

式中，$\omega_{ni}=\sqrt{k/m}$，是模态 i 的特征频率；$\zeta_i=c/2m\omega_n$，是模态 i 的阻尼系数。

径向力到位移的传递函数为

$$V_i=\frac{F_r(s)}{m_i}\cdot\frac{s}{s^2+2\zeta_i\omega_{ni}s+\omega_{ni}^2} \tag{5.19}$$

径向力到加速度的传递函数为

$$a_i=\frac{F_r(s)}{m_i}\cdot\frac{s^2}{s^2+2\zeta_i\omega_{ni}s+\omega_{ni}^2} \tag{5.20}$$

定子振动等效为 n 个单自由度系统的叠加，因此振动的传递函数为

$$x(s) \approx \sum_{i=1}^{n} A_i \frac{1}{s^2 + 2\zeta_i\omega_{ni}s + \omega_{ni}^2} \tag{5.21}$$

式中，A_i为模态 i 下的增益系数。从谐响应的角度看，当径向力作用于定子时，定子相当于一系列二阶低通滤波器。

可采用实验方法和有限元方法对 SRM 的特征频率进行辨识。实验方法采用正弦激励，通过激光测振仪记录 SRM 定子的振动，通过振动数据分析确定电机的特征频率。正弦激励是测试系统振动特性的常用方法，通过模态激振器向待测对象施加不同频率的正弦力信号，获得待测对象的频率响应。正弦激励的设置如图 5.20 所示。

测试在无约束自由振动条件下进行，利用弹性棉将 SRM 固定在桌面上，由激振器产生正弦激振力，通过激光多普勒测振仪记录并分析定子的表面振动。激振器首先产生频率不断变化的正弦激励，对电机的振动响应进行遍历扫描。测振仪在测试过程中会记录电机表面多个点的振动情况。由于位置不同，每个测振点的振动幅值及相位均不同，不同测振点幅值的分布反映了电机的振动模态。

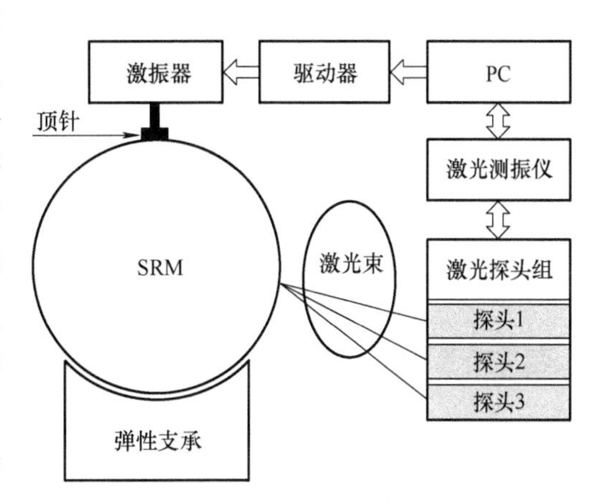

图 5.20　正弦激励测试系统

当对 DSCEM 的定子施加正弦激励时，会引起电机定子的同频振动，振动的幅值与激励的频率有关；当激励停止后，由于阻尼系数的存在，振动的幅值呈衰减趋势，衰减的速率与定子的阻尼系数有关。实验方法辨识定子振动阻尼系数的基本原理就是通过实验测定激励停止后振动幅值的衰减速率，根据衰减速率与阻尼系数的定量关系确定阻尼系数。

激励停止后定子的振动是由角频率为$\sqrt{1-\zeta^2}$的简谐运动和指数衰减运动相结合产生的。ζ 表示振动的衰减速度。任意 t_1 和 t_2，时间的振动幅值比值为

$$\frac{x_1}{x_2}=\frac{X_0 e^{-\zeta\omega_n t_1}\cos(\omega_d t_1-\phi_0)}{X_0 e^{-\xi\omega_n t_2}\cos(\omega_d t_2-\phi_0)} \tag{5.22}$$

将 t_1、t_2 时刻振动幅值的比值定义为 δ，则 δ 可表示为

$$\delta=\ln\frac{x_1}{x_2}=\zeta\omega_n\frac{2\pi}{\omega_d}=\zeta\omega_n\frac{2\pi}{\sqrt{1-\zeta^2\omega_n}}=\frac{2\pi}{\omega_d}\frac{c}{2m} \tag{5.23}$$

当 $\zeta\ll1$ 时，$\delta\approx2\pi\zeta$。根据式（5.23），当得到 t_1、t_2 时刻振动幅值的比值 δ 时，可以间接求得阻尼比

$$\zeta=\frac{\delta}{\sqrt{\delta^2+(2\pi)^2}} \tag{5.24}$$

当 $\zeta\ll1$ 时，还可以简化为 $\zeta=\frac{\delta}{2\pi}$。当正弦激励停止后，定子进入自由振动状态，由于

阻尼的存在，振动幅值呈衰减趋势。

5.4 本章小结

为验证所设计的新型 DSCEM 在结构和电磁性能的优越性，本章进行了以下分析研究。

从静态场与瞬态场两方面具体分析励磁磁场对转矩特性的影响程度。根据有限元分析结果得出，通过改变中央励磁电流 i_f 可有效地调节电机气隙磁场，提高电机转矩性能、减小转矩脉动；并确定 i_f 最大值为 8A，当 $i_f=8$A 时，T_{ave}为 57.11N·m，K_T 为 0.87。

通过分析 DSEM 与新型 DSCEM 转矩特性可知，新型 DSCEM 在运行原理上更接近于 SRM；新型 DSCEM 辅助励磁线圈在空间上匝链三相电枢绕组路径是相同的，三相磁路对称。与 DSEM 相比，稳态运行时三相绕组输出转矩更均衡，易于减小转矩脉动。

通过与同容量的 6/4 极、8/6 极 SRM 对比分析得出，同一时间段内三相 8/6 极 SRM 电枢绕组换相次数最多、频率最大；而三相 6/4 极 SRM 换相频率最小，K_T 最大；新型 DSCEM 因其能同时激励 3 个励磁齿，从而获得最大的 T_{ave}、最小的 K_T，特别是在低转速（<1500r/min）时，新型 DSCEM 具有很强的机械特性、转矩性能最好。

参考文献

[1] 赵星，周波，史立伟. 一种新型低转矩脉动电励磁双凸极无刷直流电机［J］. 中国电机工程学报，2016，36（15）：4249-4257.

[2] 程明，张淦，花为. 定子永磁型无刷电机系统及其关键技术综述［J］. 中国电机工程学报，2014，34（29）：5204-5220.

[3] 马长山. 永磁式双凸极电机新型驱动系统研究［D］. 南京：南京航空航天大学，2007.

[4] 胡勤丰. 永磁式双凸极电机稳态特性研究［D］. 南京：南京航空航天大学，2005.

[5] 宋秀西. 电动车用新型混合励磁分段转子开关磁阻电机研究［D］. 赣州：江西理工大学，2020.

[6] 梁睿. 电励磁双凸极电机转矩特性和转矩脉动抑制技术的研究［D］. 南京：南京航空航天大学，2018.

[7] 孙国栋，李欢，赵大兴，等. 基于有限元法的成形磨齿机立柱模态研究及改进［J］. 机床与液压，2014，42（8）：12-15.

[8] 代颖，崔淑梅，宋立伟. 车用电机的有限元模态分析. 中国电机工程学报，2011，31（9）：100-104.

[9] 陈琼忠，孟光，莫雨峰，等. 开关磁阻电机的非线性解析模型及其在航空系统仿真中的应用［J］. 上海交通大学学报，2008，42（12）：2041-2046.

[10] 严加根，周昱英. 开关磁阻电机定子模态仿真分析与实验研究［J］. 南京工业职业技术学院学报，2009，9（2）：16-20.

[11] 崔淑梅，于天达，宋立伟. 基于 ANSYS 和 SYSNOISE 的电机噪声仿真分析方法［J］. 电机与控制学报，2011，15（9）：63-67.

[12] Sezen S，Karakas E，Yilmaz K，et al. Finite element modeling and control of a high-power SRM for hybrid electric vehicle［J］. Simulation Modelling Practice and Theory，2016，62：49-67.

[13] Labiod C，Srairi K，Mahdad B，et al. Speed control of 8/6 switched reluctance motor with torque ripple reduction taking into account magnetic saturation effects［J］. Energy Procedia，2015，74：112-121.

[14] Yang C, Li S, Lan Y, et al. Coupling time-varying modal analysis and FEM for real-time cutting simulation of objects with multi-material sub-domains [J]. Computer Aided Geometric Design, 2016, 43: 53-67.

[15] Cai W, Pillay P, Tang Z J. Impact of stator windings and end-bells on resonant frequencies and mode shapes of switched reluctance motors [J]. IEEE Transactions on Industry Applications, 2002, 38 (4): 1027-1036.

[16] 郝清亮，朱少林，华斌. 考虑复杂边界条件的电机结构模态分析 [J]. 船电技术，2014, 34 (6): 1-4.

Chapter 6

第6章 线圈辅助励磁双凸极电机控制策略及转矩脉动抑制

6.1 基于感应电动势的无位置传感器控制策略

6.1.1 无位置传感器控制简介

1. 感应电动势概述

感应电动势分为感生电动势和动生电动势。感生电动势的大小与穿过闭合电路的磁通量改变的快慢有关系，$E=n\Delta\phi/\Delta t$。理论和实践表明，长度为 L 的导体，以速度 v 在磁感应强度为 B 的匀强磁场中做切割磁感应线运动时，在 B、L、v 互相垂直的情况下导体中产生的感应电动势的大小为 $E=BLv$，式中的单位均应采用国际单位制，即伏特（V）、特斯拉（T）、米每秒（m/s）。

2. 励磁绕组感应电动势与转子位置的关系

本章中在电机的辅助线圈中通入幅值不变的高频电流脉冲，即 t 时刻内辅助线圈内的电流在最大值与最小值间来回跳跃变换，致使由通电的辅助线圈在气隙中产生一个磁通量不断改变的时变的磁场。电机转子位置决定了电机转子凸极与定子凸极的重叠面积的大小，在电磁感应定理中，感应电动势 E 的大小与导体长度 L 有关，即电机的转子与定子重叠面积越大，L 的值也越大。

所以，当在电机辅助线圈中通入高频脉冲时，测得的励磁绕组感应电动势的值与通入的高频脉冲的幅值和频率有关，也与转子位置有关。本章只研究励磁绕组感应电动势的值与转子位置的关系。

电机起动时需要准确的转子位置信息，来确定起动相，电机的转动需要实时捕获准确的转子位置信息，来确定换相点。所以本章新型无位置传感器控制策略既需要检测起动前的转子位置，也需要在电机工作时实时获取转子位置。故本章从电机静止时和转动时两个角度分析总结励磁绕组感应电动势与转子位置的关系。

3. 电机静止时励磁绕组感应电动势与转子位置的关系

根据感应电动势公式 $E=BLv$，式中 E 与 L 成正比，即检测相的感应电动势大小与转子凸极和检测相定子凸极的重叠面积成正比。为验证此理论的正确性，本章使用 Maxwell 仿真软件对 CAR-BLDCM（线圈辅助磁阻型无刷直流电机）在不同的转子位置角下进行仿真分析。数据整理与分析时实际从转子位置角 0°~90°，共进行了 90 组仿真，本章将不一一列举仿真结果，将以转子位于 0°、5°、10°三组仿真进行分析与阐述。仿真环境为 Maxwell 静态仿真，需要设置通入辅助线圈的电流脉冲频率与幅值，还需要设置电机转子位置角，以下为仿真的详细参数设置过程。

图 6.1 为在 Maxwell 环境下辅助线圈通入电流设置窗口，值的选择为一个名为“f”的函数。

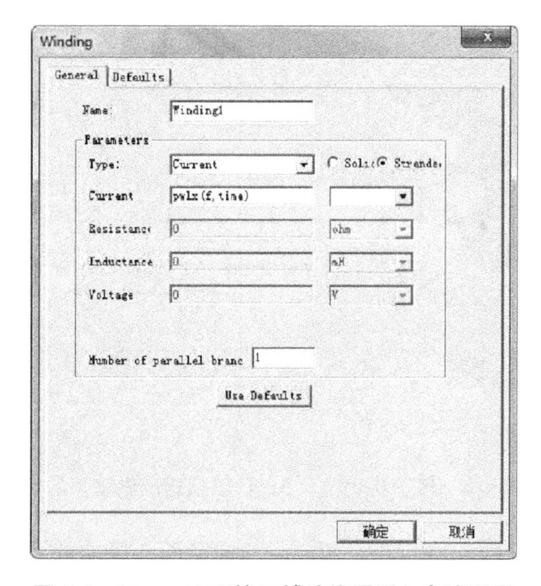

图 6.1　Maxwell 环境下辅助线圈通入电流设置

如图 6.2 所示，“f”函数图像设为基于时间的脉冲波形图，其值在 0~0.1 之间不断跳变，频率为 1000Hz。这样就相当于给辅助线圈通入一个幅值为 0.1A、频率为 1000Hz 的高频电流脉冲。

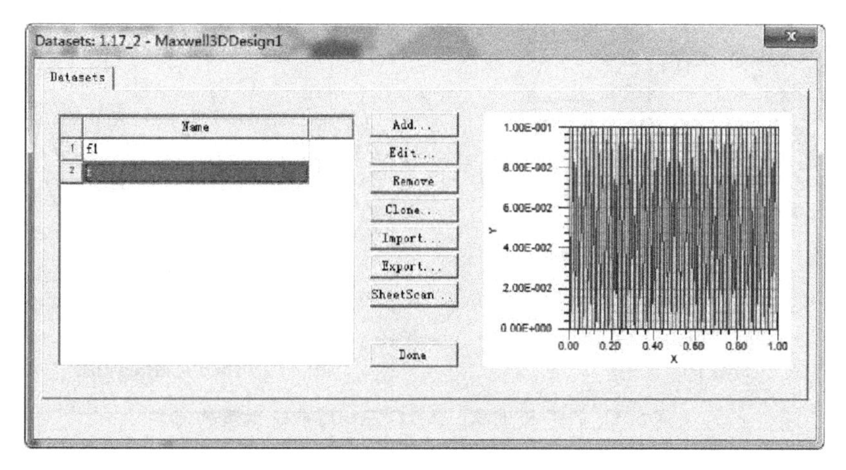

图 6.2　“f”函数的设置

为探究电机的转子静止于不同的角度时，A、B、C 三相感应电动势的幅值如何变化，将对转子的不同位置分别仿真分析，这里列出几个角度的仿真结果。

如图 6.3a 所示，0°角度下，转子凹槽与 A 相定子凸极正对齐，转子凸极与 A 相定子凸极几乎没有重叠面积，而 B、C 两相定子凸极与转子凸极重叠面积相同，根据公式 $E=BLv$，此时 $L_A\approx0$，$L_B=L_C$，可以得到 $E_A<E_B=E_C$。图 6.3b 为 Maxwell 仿真所得的数据波形图，蓝色线与红色线为 B、C 两相感应电动势波形，黑色线为 A 相感应电动势波形，可见 $E_A<E_B=E_C$，与公式所推得的结果一致。

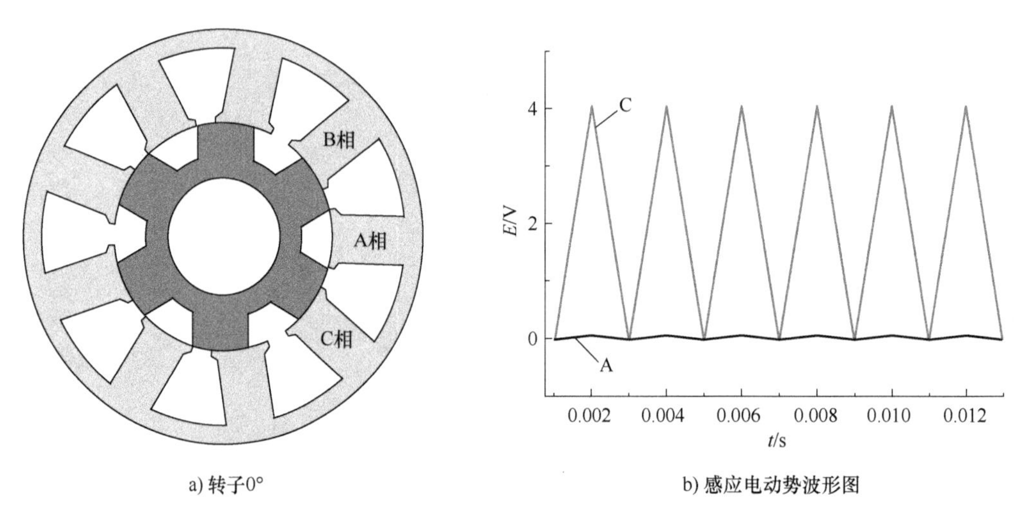

a) 转子0°　　b) 感应电动势波形图

图 6.3　转子 0°时 A、B、C 三相感应电动势的值

如图 6.4a 所示，5°时转子凸极与 A、B、C 三相定子凸极重叠面积大小的关系为 C>B>A，即 $L_C>L_B>L_A$，根据 $E=BLv$，可以推知 $E_C>E_B>E_A$。在图 6.4b 的仿真结果中，同样得出 $E_C>E_B>E_C$，与公式所推得的结果一致。

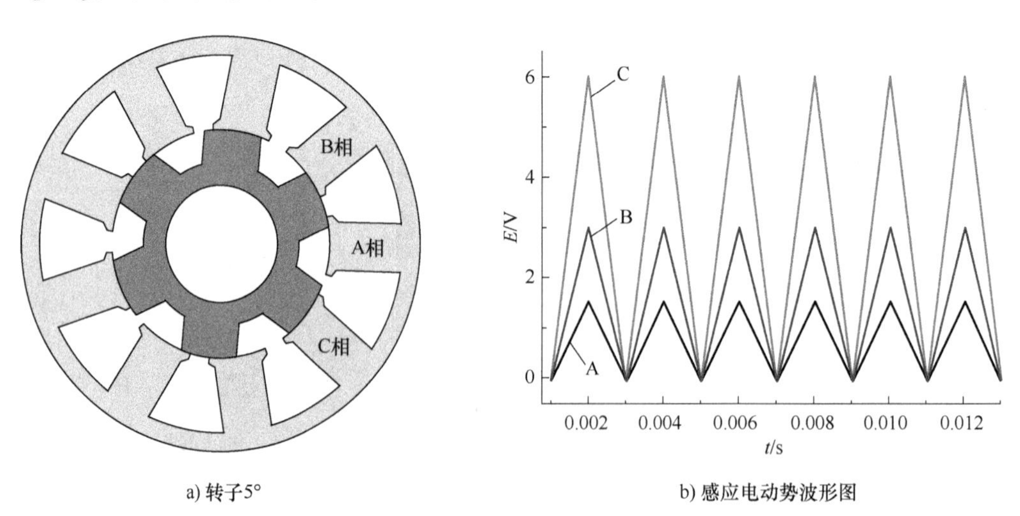

a) 转子5°　　b) 感应电动势波形图

图 6.4　转子 5°时 A、B、C 三相感应电动势的值

如图 6.5 所示，10°时转子凸极与 A、B、C 三相定子凸极重叠面积大小的关系为 C>B=

A，即 $L_C > L_B = L_A$，根据 $E = BLv$，可以推知 $E_C > E_B = E_A$。在图 6.5b 的仿真结果中，同样得出 $E_C > E_B = E_A$，与公式所推得的结果一致。

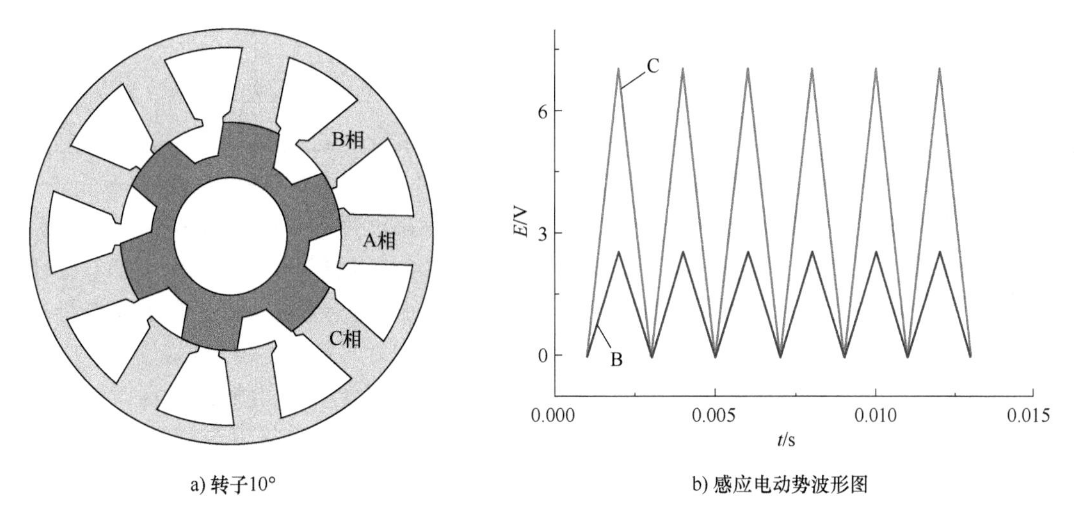

a) 转子10°　　b) 感应电动势波形图

图 6.5　转子 10°时 A、B、C 三相感应电动势的值

上面已列举 0°、5°、10°三个转子位置下 A、B、C 三相感应电动势大小关系，往下不再列举，三个角度例子已经证明，转子凸极与某相定子凸极重叠面积越大，则与该相的感应电动势越大。由此，在转子位于不同的角度下时，可以准确得到 A、B、C 三相感应电动势大小的排列关系，如图 6.6 所示。

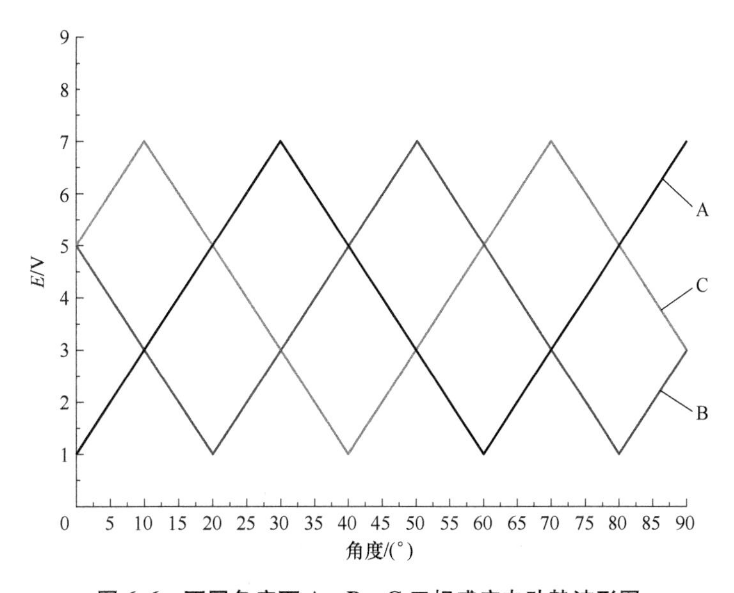

图 6.6　不同角度下 A、B、C 三相感应电动势波形图

如图 6.6 所示，可见转子每一个不同的角度对应 A、B、C 三相不同的感应电动势关系，例如 5°时三相感应电动势大小的关系为 C 相最大而 A 相最小，而在 25°时 A 相最大而 B 相最小。由此，以 60°为一个周期，E_A、E_B、E_C 值的大小排列关系做循环交替变化。于是，若得知转子静止于某一角度，则可根据图 6.6 得到 A、B、C 三相感应电动势的大小关系。相反，若可测得 A、B、C 三相感应电动势的值，也可根据大小关系来估算转子此时停止的位置。

4. 电机转动时励磁绕组感应电动势与转子位置的关系

电机转动时，转子位置在不断变化，CAR-BLDCM 的一个角度周期为 60°，根据感应电动势公式 $E=BLv$，不断变化的角度使每一相 B 的值不断变化，进而使每一相的感应电动势不断改变，以 60°为一个周期做周期性变化。下面使用 Maxwell 仿真软件进行仿真验证。

Maxwell 仿真环境参数设置中，同样在辅助线圈通入幅值为 0.1A 的 1000Hz 高频电流脉冲。如图 6.7 所示，设置电机转速为 1r/min，并将仿真时长设置为 10s，如此可使电机在仿真中正好转过 60°。之所以设置的转速较慢，是为了使电机在转动时，每一个角度内能捕获足够多的感应电动势脉冲波形，从而方便计算。

图 6.8 为 A、B、C 三相感应电动势波形的仿真结果，虽能看得出较强的规律性，并在 60°周期内呈现出严格的周期性，但由于其为锯齿波，在转子位置角度与感应电动势值的一一对应上比较杂乱，不利于总结出角度位置信息与感应电动势的直接关系。所以，这里需要增加一个有效值计算环节，将锯齿波转变为平滑的曲线波形，处理完成后的波形如图 6.9 所示。

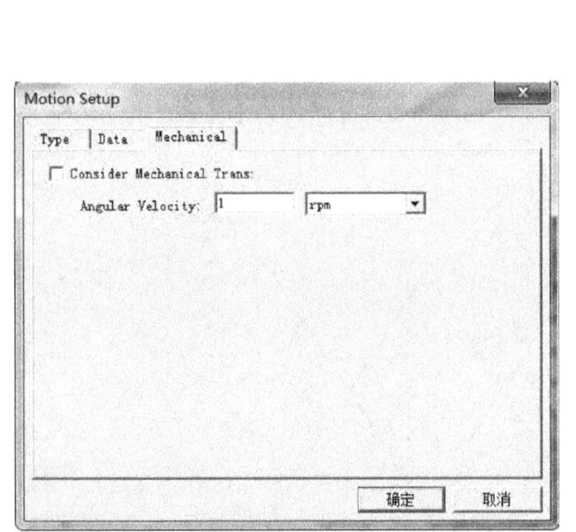

图 6.7　Maxwell 环境下的电机转速设置

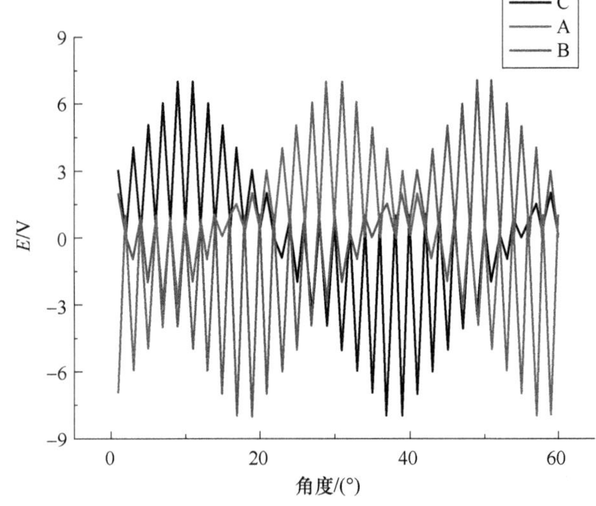

图 6.8　A、B、C 三相感应电动势波形图

注：彩图见插页。

曲线 Ca、Aa、Ba 为锯齿波 C、A、B 经有效值处理后所得的波形，三条曲线均为正弦波，以 60°为一个周期，交替规律增减。转子位置为 10°时，Ca 达到峰值；30°时，Aa 达到峰值；50°时，Ba 达到峰值。这也正好对应在转子位置为 10°时，C 相与转子凸极正对面积最大，30°时，A 相与转子凸极正对面积最大，50°时，B 相与转子凸极正对面积最大。由图 6.9 也可以得到，在 0°~60°的角度范围内，每个角度都对应于不同的 Ca、Aa、Ba 的值。所以，在已知转子实时位置的前提下可以推算出三相感应电动势的有效值。反之，在实时测得三相感应电动势有效值的前提下，也可以实时推算出转子位置信息，进而得到下一个换相点。

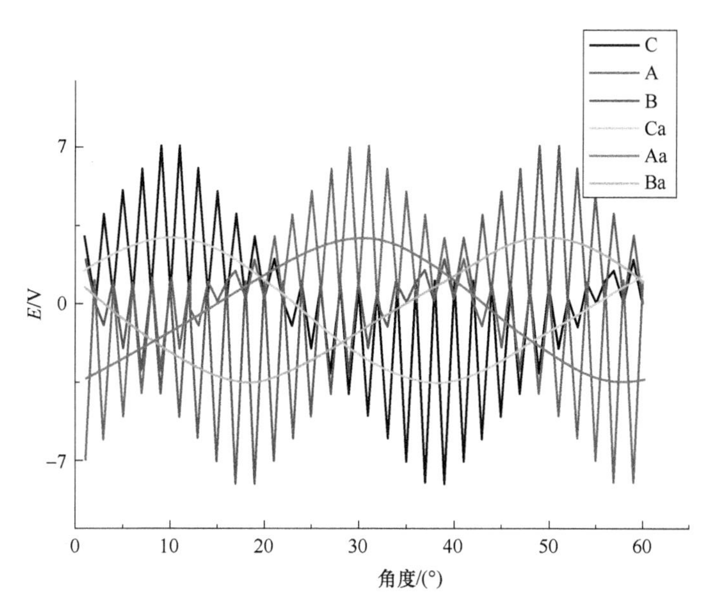

图 6.9　有效值处理后的数据与原数据对比图

注：彩图见插页。

6.1.2　无位置传感器控制策略

前面分别分析了 CAR-BLDCM 静止和转动时励磁绕组感应电动势与转子位置的关系。在电机静止于某一角度时，通过检测三相感应电动势的幅值，就可以估算此时的转子位置角度。当电机转动时，通过检测和计算三相感应电动势的有效值，也可以估算实时的转子位置，从而判断出下一个换相点的到来。在电机起动阶段，第一个导通相的具体判断依据由表 6.1 列出。

表 6.1　初始导通相判断依据

E 值大小关系	$E_C \geqslant E_B$ 且 $E_A \geqslant E_B$	$E_A \geqslant E_C$ 且 $E_B \geqslant E_C$	$E_B \geqslant E_A$ 且 $E_C \geqslant E_A$
初始导通相	A 相	B 相	C 相

这一阶段电机已在初始导通相通电后开始旋转，过程中电机转子与三相定子极的相对位置不断改变，定子绕组所感应的脉冲幅值也在不断改变。当转子极完全对准一相定子极时，该相产生最大电动势值；当转子处于完全未对准位置时，产生最小电动势值。当电机转动时，一相始终接通，因此，其他两个相位可用于检测转子位置。通过比较非导通相上的感应电动势，可以进行转子位置检测。当非导通相两相电动势值相等时，导通相的定子与转子凸极已完全对准，此时必须关闭导通相，这一时刻作为电机的换相点，开始下一相导通。这样，电机便可以在检测到的换相点实现换相，平稳运行下去。如果电机正转，导通相顺序为 A-B-C-A，如果为反转，导通相顺序为 C-B-A-C。图 6.10 为基于感应电动势无位置传感器控制策略的控制原理图，与常规的闭环控制系统相比较，这里主要增加了三相感应电动势检测和辅助线圈的脉冲注入。

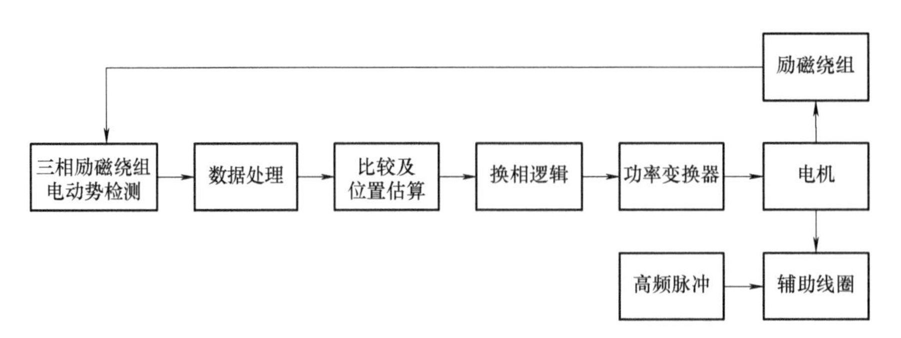

图 6.10　无位置传感器控制原理图

基于感应电动势无位置传感器控制的过程如下：

1）辅助线圈通入幅值为 0.1A 的 1000Hz 高频电流脉冲，三相励磁绕组将感应出电动势。

2）检测得到三相励磁绕组感应电动势值，并将测得的数据进行比较排列，根据表 6.1 的规则得到初始导通相，换相逻辑发出指令控制功率变换电路，使电机初始导通相导通。

3）初始导通相通电，电机开始旋转，实时检测三相感应电动势，并将数据做有效值处理。

4）通过比较非导通相的三相感应电动势有效值，根据表 6.1 的规则得到下一相换相点，换相点到来时发出指令，换相逻辑控制功率变换器进行动作，关闭当前导通相并导通下一相。

6.1.3　无位置传感器控制联合仿真

图 6.11 所示为基于感应电动势的无位置传感器控制策略联合仿真结构图。

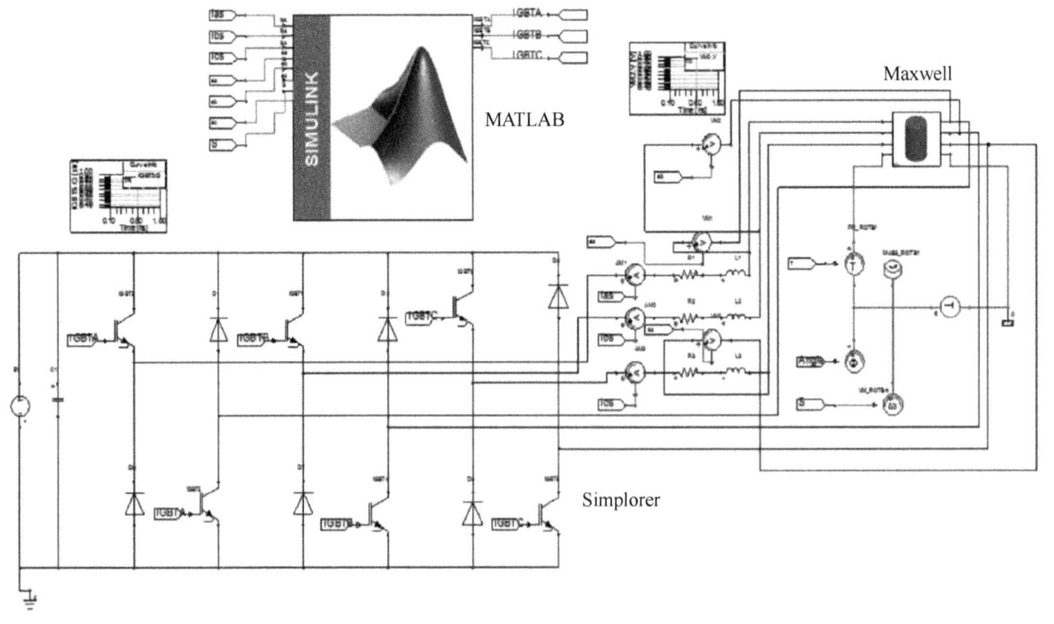

图 6.11　联合仿真结构图

图 6.12 为本仿真的 Simulink 控制系统部分，由 Simplorer 得到的实时电流、转速、感应电动势值传递到 Simulink 中，三相感应电动势值经过有效值计算，再由 MATLAB 的 Function

模块进行判断，得出导通相信息，控制电机运行。本章还增加了 PID 与电流斩波双闭环控制，将电机的转速控制在 700r/min。

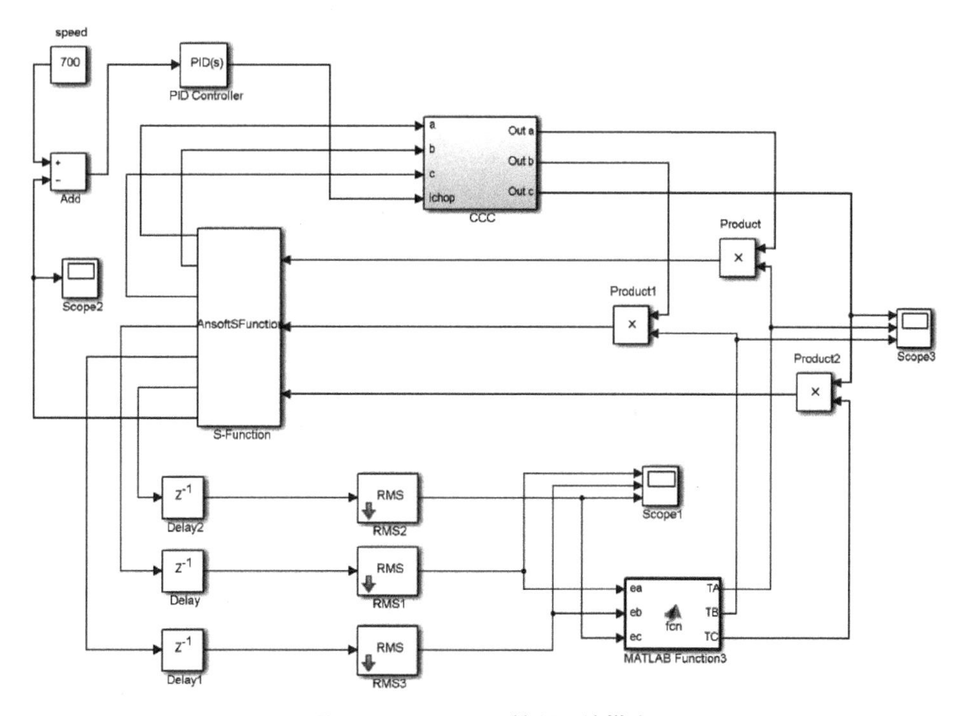

图 6.12　Simulink 控制系统搭建

图 6.13 为控制系统仿真中 MATLAB 的 Function 模块的输出逻辑量，该控制信号输入到 Simplorer 中控制 IGBT 的导通与关断，其值为 1 时，该相导通，其值为 0 时，该相关断。图中，从上到下为 A、B、C 相的排列顺序，A 相先为 1，B、C 相为 0，此时电机以 A 相为起动相开始旋转，之后三相交替导通。

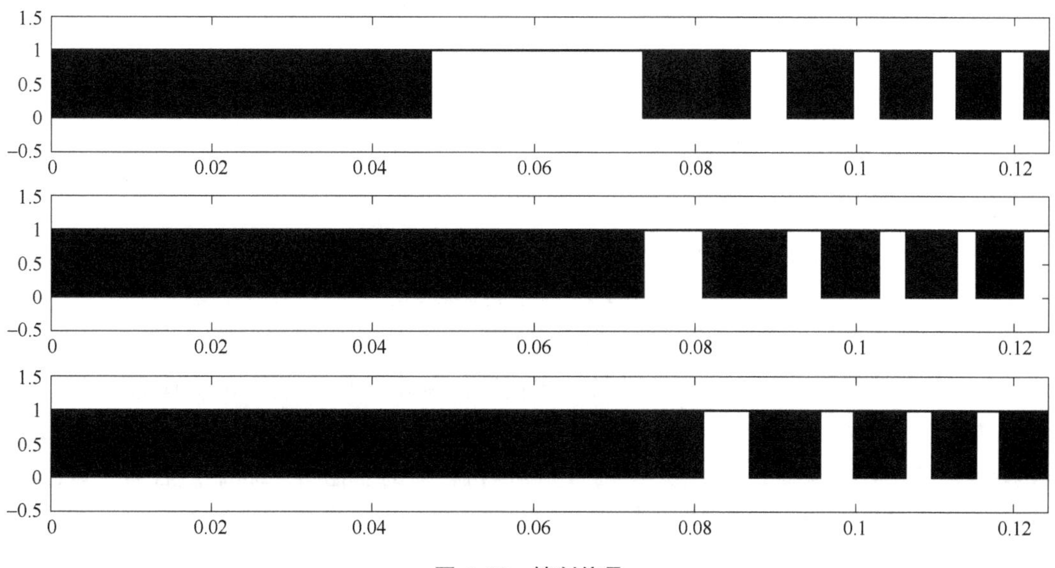

图 6.13　控制信号

图 6. 14a 为感应电动势随时间变化的波形图，初始导通相导通时间较长，因为电机起动时转速较慢。图 6. 14b 为感应电动势随转子位置角度变化的波形图，高电平时导通，低电平时关断，可以看转子位置角 0°～20°时 A 相导通，20°～40°时 B 相导通，40°～60°时 C 相导通，以此循环。

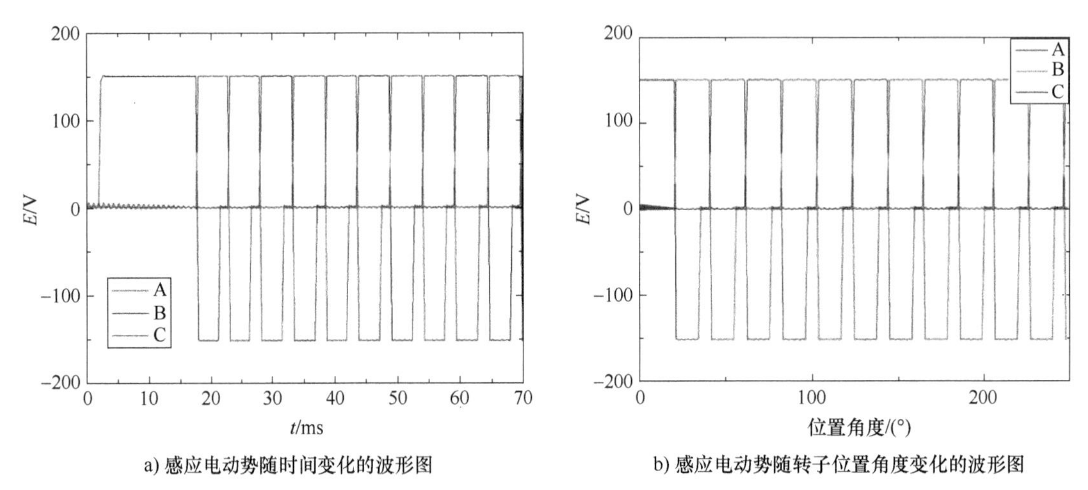

a) 感应电动势随时间变化的波形图　　b) 感应电动势随转子位置角度变化的波形图

图 6. 14　感应电动势的波形图

注：彩图见插页。

图 6. 15a 为起动电流波形图，A 相为起动相，起动时峰值较高，随着电机起动，电机旋转逐渐趋于平稳，平稳时电流波形如图 6. 15b 所示。

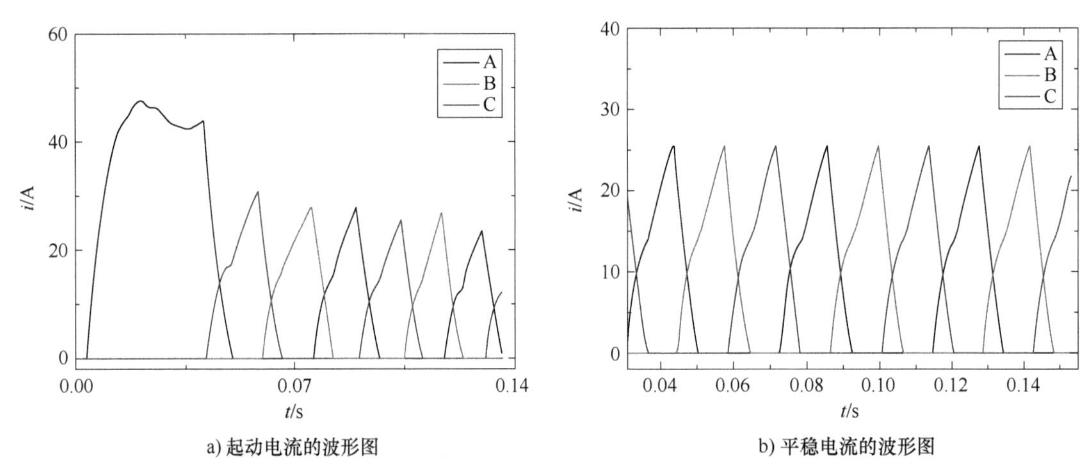

a) 起动电流的波形图　　b) 平稳电流的波形图

图 6. 15　电流的波形图

注：彩图见插页。

图 6. 16 为电机转子位置角度随时间的变化图，角度由 0°升至 360°，意为电机旋转了一圈，可见图中电机刚开始旋转时位置变化较平缓，而后斜率变大且不再改变，因为起动时电机转速较慢，而很快便趋于平稳。图 6. 17 为电机转速的变化图，20ms 左右的时间，电机转速便稳定在 700r/min。图 6. 18 为电机转矩的波形图，可见电机起动转矩很大，之后转矩较稳定。

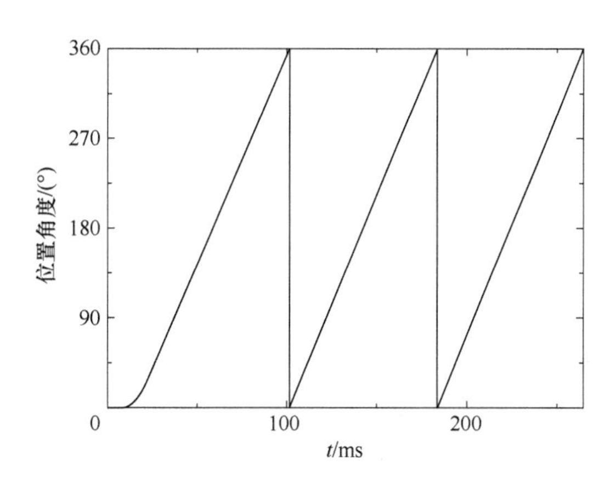

图 6.16　转子位置角度的变化图

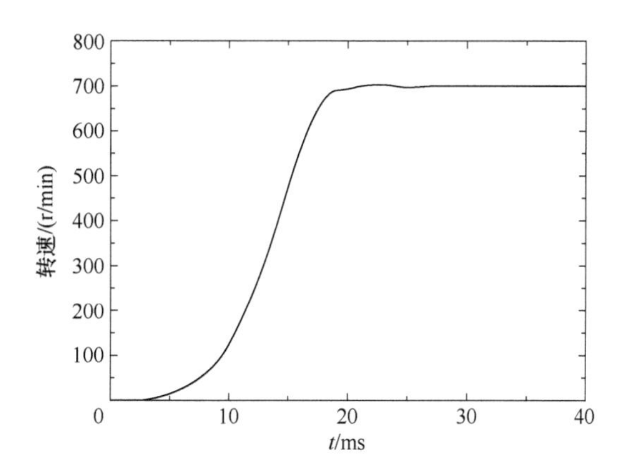

图 6.17　转速的变化图

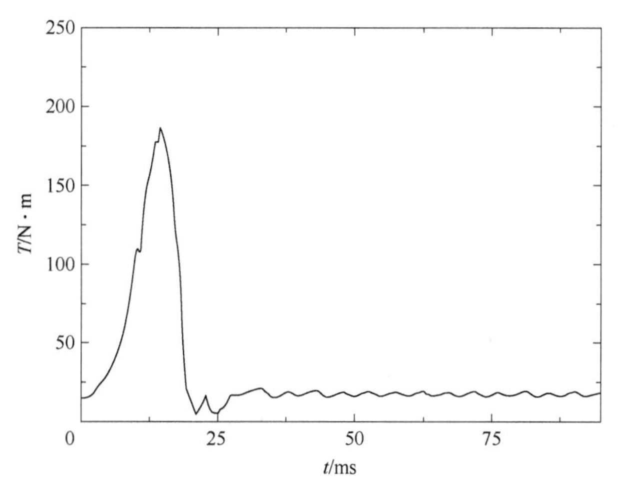

图 6.18　转矩的波形图

6.2 抑制转矩脉动控制策略

6.2.1 径向基函数神经网络结构及其原理

径向基函数（RBF）神经网络具有良好的输入层和输出层之间的映射性能，并且可以解决局部存在极小的缺点，具有很好的唯一的逼近性能，且通过研究发现，其可以在更好地完成映射功能的同时，收敛速度及分类性能也更加优异。

如图 6.19 所示，输入层、隐含层以及输出层构成了 RBF 神经网络结构，其中线性结构表现在隐含层与输出层之间，而输入层与隐含层之间表现为非线性，从而来模仿大脑皮层的结构。RBF 神经网络中基节点构成了隐含层，其中每个节点中包括中心向量及其影响范围，然后通过这个节点来计算由中心向量和输入向量组成的欧几里得距离，最终由隐含层的输出和隐含层与输出层之间的连接权值计算出网络的输出，连接权值可以通过线性方程来得到，不仅加快了学习的效率，还避免了局部极小的问题。

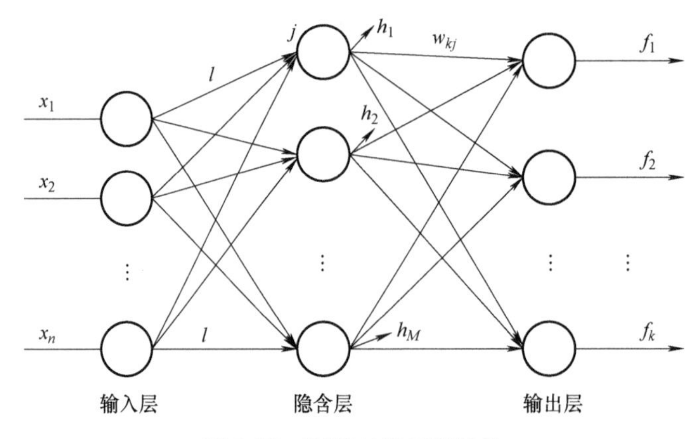

图 6.19 RBF 神经网络结构

网络输入-输出关系为

$$F(X,P)=\begin{bmatrix} y_1(x,p)\\ y_2(x,p)\\ \vdots\\ y_k(x,p)\end{bmatrix}=\begin{bmatrix} \sum\limits_j W_{1j}\cdot h_j(x,c_j,s_j)\\ \sum\limits_j W_{2j}\cdot h_j(x,c_j,s_j)\\ \vdots\\ \sum\limits_j W_{kj}\cdot h_j(x,c_j,s_j)\end{bmatrix}=\begin{bmatrix} W_{11} & \cdots & W_{1M}\\ \vdots & \ddots & \vdots\\ W_{k1} & \cdots & W_{km}\end{bmatrix}=W\cdot H(x,c,s) \quad (6.1)$$

式中，P 为 M 维的网络参数，$X=(x_1,x_2,\cdots,x_N)^{\mathrm{T}}$为输入向量，$W_{kj}$为连续权值。

隐含层的高斯基函数表示为

$$h_j(t)=\varphi(\|x(t)-c_j\|)=\exp\left(-\sum_{i=1}^{N}\frac{(x_j(t)-c_j)^2}{2s_j^2}\right),1\leqslant j\leqslant M;s_j>0 \quad (6.2)$$

式中，$h_j(t)$ 为隐含层单元的输出，即高斯势函数；$x(t)$ 为 t 时刻的网络输入向量；c_j为隐含层单元中第 j 个单元的变换中心矢量；s_j 为隐含层节点宽度；$\|\cdot\|$表示欧几里得距离，$\varphi(\cdot)$ 为高斯基函数。

6.2.2　径向基函数神经网络学习算法及辨识系统

合理并且准确地调节隐含层神经元的中心参数是 RBF 神经网络算法的重点问题。通常我们根据已有的训练样本来进行对中心参数、初始量的选取，或者通过聚类的方式来对其进行赋值，主要分为以下几种方法：

（1）直接计算法（随机选取 RBF 中心）

直接计算法的中心参数是固定无法改变的，是通过在给定训练样本中随机选取的。随着中心参数的固定，其输出也是固定的，神经网络的连接权值是通过分析求解线性的方程组得到的。对于给定的数据分布具有代表性的神经网络，该方法更适用。

（2）自组织学习选取 RBF 中心法

为了实现神经网络结构重新组合的目的，通过网络的自组织学习能力将隐含层中的中心向量放到输入空间中重要的区域。这种自组织属于无监督学习方法，主要采用 K-均值聚类的方法。

（3）有监督（导师）学习选取 RBF 中心法

常用梯度下降法来进行有监督学习，再采集训练样本经过监督训练来选取 RBF 的中心及连接权值。

（4）正交最小二乘法选取 RBF 中心法

正交最小二乘法选取 RBF 中心法，即隐含层中神经元对输入值的相应参数与隐含层对输出层之间连接权值的线性组合。将隐含层中每个神经元的回归因子作为回归向量，通过回归向量正交化的方式来进行学习。

设一个单输入单输出非线性系统的近似自回归滑动平均（NARMAX）模型可用下式表示

$$y(t)=s(y(t-1),\cdots,y(t-n_y),u(t-1),\cdots,u(t-n_u))+\varepsilon(t) \tag{6.3}$$

式中，$y(t)$、$u(t)$ 分别为系统的输出和输入；n_y、n_u 分别为输出和输入的最大延迟；$\varepsilon(t)$ 为不相关噪声；$s(\cdot)$ 为非线性函数。由于式（6.3）非线性关系一般非常复杂，难以用同一类统一模型表示，本电机模型同样非线性复杂，本章提出 RBF 神经网络通过学习逼近 $s(\cdot)$，完成动态建模，使网络输出 $f(t)\approx y(t)$。

在线辨识网络需要更快地令 $f(t)\to y(t)$，需要找到一种更有效的训练方法。传统的梯度最速下降搜索算法——LMS（最小均方）算法是通过沿误差曲面梯度最大的方向进行下降搜索，然后逐渐逼近误差曲面梯度为零的平均点，但是这样收敛的速度比较缓慢。而 RLS（递推最小二乘）算法每次进行迭代过程时都是以误差梯度等于零为基础，收敛的速度相比于 LMS 算法增加了不少。因此采用 RLS 算法来训练 RBF 的隐含层到输出层的线性网络及基函数参数（c，s）。CAR-BLDCM 控制方法中，没有分布规律的训练样本无法通过计算来直接找到神经元中心，也无法通过聚类来得到理想中心参数，所以我们采用 RLS 算法来训练 RBF 神经网络，使神经网络更快地逼近目标，更好地反映出采集信息。

由图 6.19 所示，第 k 个单元的输出为

$$\begin{cases} f(t)=\sum_{j=0}^{M} W_{kj}\cdot h_j(t)=H(t)^{\mathrm{T}}\cdot W_k(t) \\ W_k(t)=[W_{k1}(t),W_{k2}(t),\cdots,W_{kM}(t)]^{\mathrm{T}} \\ H(t)=[h_1(t),h_2(t),\cdots,h_M(t)] \end{cases} \tag{6.4}$$

定义加权误差目标函数为

$$\begin{aligned} E^M(n) &= \frac{1}{2}\sum_{j-1}^{n}\lambda^{n-j}\cdot\sum_{k=1}^{L}e_k^2(t) \\ &= \frac{1}{2}\sum_{j-1}^{n}\lambda^{n-j}\cdot\sum_{k=1}^{L}(y_k(t)-\hat{y}_k(t))^2 \\ &= \lambda E^M(n-1)+\frac{1}{2}\sum^{L}[y_k(t)-H^{\mathrm{T}}(t)\cdot W_k(t-1)]^2 \end{aligned} \tag{6.5}$$

式中，$e_k(t)$、$y_k(t)$、$\hat{y}_k(t)(1\leqslant k\leqslant L)$ 分别表示输出层第 k 个节点的误差信号、实际系统输出和网络的输出；λ 为加权遗忘因子，它的作用是逐渐减小过去的样本信息对当前估计的样本信息的影响，使估计计算出来的参数尽量体现当前时刻样本信息的特性，通常取值范围为 $0<\lambda<1$。

在式（6.4）中

$$h_j(t)=\exp(-\|x_i-c_j\|^2/2s_j^2) \tag{6.6}$$

网络输入

$$x_i(t)=[y(t),y(t-1),\cdots,y(t-n),u(t),u(t-1),\cdots,y(t-m)] \tag{6.7}$$

将 $E^M(n)$ 对 $W_j(n)$ 求导，令其等于零，得

$$\frac{\partial E^M(n)}{\partial W_j(t)}=-\sum_{j=1}^{n}\lambda^{n-j}\cdot\frac{\delta f(t)}{\delta W_j(t)}\cdot e_j(t)=0 \tag{6.8}$$

将式（6.4）代入式（6.8）得

$$\sum_{j=1}^{n}\lambda^{n-j}\cdot H(t)\cdot[y_j(t)-H^{\mathrm{T}}(t)\cdot W_j(t)]=0 \tag{6.9}$$

$$\sum_{j=1}^{n}\lambda^{n-j}\cdot H(t)\cdot y_j(t)=\sum_{j=1}^{n}\lambda^{n-j}\cdot H(t)\cdot H^{\mathrm{T}}(t)\cdot W_j(t) \tag{6.10}$$

上式可进一步写成

$$\hat{R}(n)\cdot W_j(n)=\hat{D}_j(n) \tag{6.11}$$

式中，

$$\hat{R}(n)=\sum_{j=1}^{n}\lambda^{n-j}\cdot H(t)\cdot H^{\mathrm{T}}(t)=\lambda\hat{R}(n-1)+H(n)\cdot H^{\mathrm{T}}(n) \tag{6.12}$$

$$\hat{D}(n)=\sum_{j=1}^{n}\lambda^{n-j}\cdot H(t)\cdot y_j(t)=\lambda\hat{D}(n-1)+H(n)\cdot y_j(n) \tag{6.13}$$

令 $P(n)=\hat{R}^{-1}(n)$，根据求逆定理及式（6.11）可得

$$W_j(n)=\hat{R}^{-1}(n)\cdot\hat{D}(n)=P(n)\cdot\hat{D}_j(n) \tag{6.14}$$

经整理可得

$$
\begin{aligned}
W_j(n) &= P(n)[\lambda \hat{D}_j(n-1)+H(n)y_j(n)] \\
&= W_j(n-1)-\lambda^{-1}P(n-1)H(n)[1+H^{\mathrm{T}}(n)\lambda^{-1}P(n-1)H(n)]^{-1}H^{\mathrm{T}}(n)\cdot \\
&\quad W_j(n-1)+\lambda^{-1}P(n-1)H(n)[1+H(n)\lambda^{-1}P(n-1)H(n)]^{-1}y_j(n) \\
&= W_j(n-1)+K(n)[y_j(n)-H^{\mathrm{T}}(n)\cdot W_j(n-1)]
\end{aligned} \tag{6.15}
$$

式中，

$$K(n)=\frac{P(n-1)H(n)}{\lambda+H^{\mathrm{T}}(n)\lambda^{-1}P(n-1)H(n)} \tag{6.16}$$

至此，训练 RBF 网络的连接权值矢量的广义 RLS 算法可归结为

$$K(n)=\frac{P(n-1)H(n)}{\lambda+H^{\mathrm{T}}(n)P(n-1)H(n)} \tag{6.17}$$

$$P(n)=\frac{1}{\lambda}[P(n-1)-K(n)H^{\mathrm{T}}(n)W_j(n-1)] \tag{6.18}$$

$$W_j(n)=W_j(n-1)+K(n)[y_j(n)-H^{\mathrm{T}}(n)W_j(n-1)] \tag{6.19}$$

网络中的参数对网络计算影响很大，由高斯基函数计算的隐含层节点宽度对于网络训练时间有很大的影响，但是如果人为选择的话又会导致训练时间过长或者不收敛，因此本章使用自适应的梯度下降法来选择（C，S）参数。

对于式（6.5）定义的加权误差目标函数，由 $E^M(n)$ 分别对 S_j 和 C_j 求负梯度得

$$
\begin{aligned}
\delta_j &= -\frac{\partial E^M(n)}{\partial S_j(n)} \\
&= \lambda\delta_j(n-1)+\sum_{k=1}^{L}(y_k(t)-\hat{y}_k(t))\cdot W_{kj}(n)\cdot h_j(n)\cdot(\|X(n)-C_j\|^2/S_j^3(n))
\end{aligned} \tag{6.20}
$$

由此，负梯度可得到隐含层节点宽度的迭代学习公式为

$$S_j(n)=S_j(n-1)+\eta\delta_j(n)+\alpha[S_j(n-1)-S_j(n-2)] \tag{6.21}$$

式中，η 为学习率，取 $0<\eta<0.1$，$0<\alpha<0.01$。

以同样的方法可求出参数 C（变换中心矢量）的自适应调整式为

$$
\begin{aligned}
\beta_j(n) &= -\frac{\partial E^M(n)}{\partial C_j(n)} \\
&= \lambda\beta_j(n-1)+\sum_{K=1}^{L}(y_k(t)-\hat{y}_k(t))\cdot W_{kj}(n)\cdot h_j(n)\cdot\frac{\sum(x_j(t)-C_j(n))}{S_j^2(n)}
\end{aligned} \tag{6.22}
$$

$$C_j(n)=C_j(n-1)+\eta\beta_j(n)+\alpha[C_j(n-1)-C_j(n-2)] \tag{6.23}$$

6.2.3　单神经元自适应 PID 在线补偿直接瞬时转矩控制

双凸极电机的控制具有两个层面：一是基本控制方式，直接调节电机自身某一控制参数改变电机输出特性，但此方式对于降低双凸极电机转矩脉动有局限性；二是系统控制层面，这个层面是将控制策略应用于整个电机系统中，包括电机本体、功率变换器及控制器等，并使整个电机系统为达到控制目标而协调运作。

为得到更好的电机系统传动性能，对电机的控制不能仅着重于转矩，更要对电机转速实现实时有效的控制。因此依据 DSCEM 绕组的结构特点，本章提出了一种单神经元自适应

PID 在线补偿的直接瞬时转矩控制策略，即电枢电流（i_p）实现直接瞬时转矩控制（Direct Instantaneous Torque Control，DITC），辅助线圈电流（i_f）实现单神经元自适应 PID（Single Neuron Adaptive PID，SNAPID）控制，两者的结合将实现 i_p 和 i_f 联合控制。运用 MATLAB/Simulink 仿真平台，构建直接瞬时转矩的滞环控制模块，编译 M 函数实现 SNAPID 在线辨识网络功能，并搭建转速-转矩双闭环控制系统，通过与传统 DITC 和增量式 PID 控制仿真结果对比分析，证明所提控制策略能够有效抑制转矩脉动、提升电机动态性能。

1. i_p-DITC

i_p-DITC 系统主要由速度控制器、转矩滞环控制器、三相不对称半桥功率变换器等单元组成，其系统结构框图如图 6.20 所示。

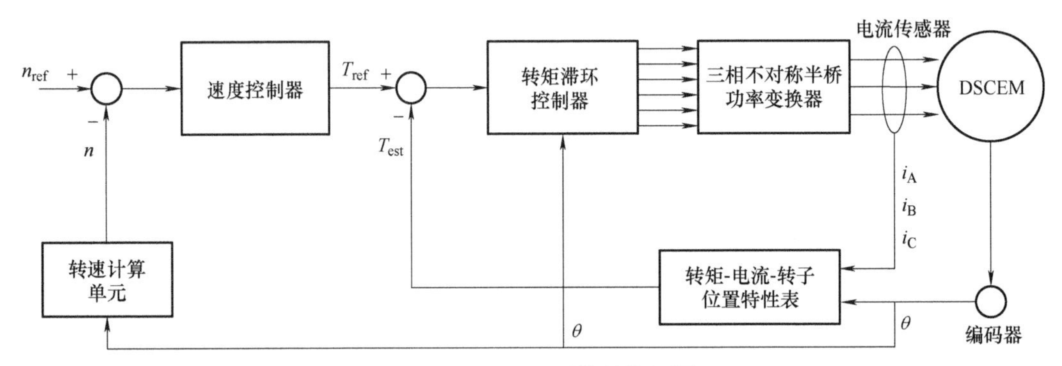

图 6.20 i_p-DITC 系统结构框图

根据参考转速与实际转速的偏差计算出参考转矩 T_{ref}；根据检测的三相电枢电流和转子位置，通过查找包含 DSCEM 转矩-电流-转子位置特性的数据表，得到电机瞬时输出转矩 T_{est}。转矩滞环控制器根据参考转矩与瞬时输出转矩之差，结合电机转子位置产生当前电机运行状态下所需的开关状态信号，再通过功率变换器实现对三相 i_p 的控制，进而调整 DSCEM 的运行状态。

（1）功率变换器三种工作状态

三相 DSCEM 所采用的不对称半桥功率变换器具有三个桥臂，每个桥臂均由两个主开关器件和两个续流二极管组成。直流电源的输入端有一个电容与之并联，具有稳定母线电压以及滤波的作用，同时该电容还可以吸收绕组回馈的能量。以 A 相为例，图 6.21 所示的不对称半桥功率变换器可实现励磁、非能量回馈续流以及能量回馈续流三种工作状态。

图 6.21a 为励磁状态，i_A 上升。两个开关管 VT1 和 VT2 都处于导通状态，此时直流母线电压 U_S 直接加在 A 相电枢绕组两端，即 $U_A=U_S$。定义此时的工作状态为“+1”状态，定义 S_A 表示 A 相的开关状态，则 $S_A=+1$。

图 6.21b 为非能量回馈续流状态，i_A 缓慢减小。图中只有 VT2 管导通，此时 i_A 流过下桥臂二极管 VD2，即 $U_A=0$。能量都消耗在由 A 相绕组、VT2 和 VD2 组成的回路中，i_A 自然续流下降较慢，整个过程中电流波动小，转矩波动也小。定义此时的工作状态为“0”状态，记为 $S_A=0$。

图 6.21c 为能量回馈续流状态，i_A 快速减小。两个开关管 VT1 和 VT2 都处于关断状态，此时上、下桥臂的二极管 VD1 和 VD2 正向导通，直流母线电压 U_S 反向加在 A 相绕组两端，

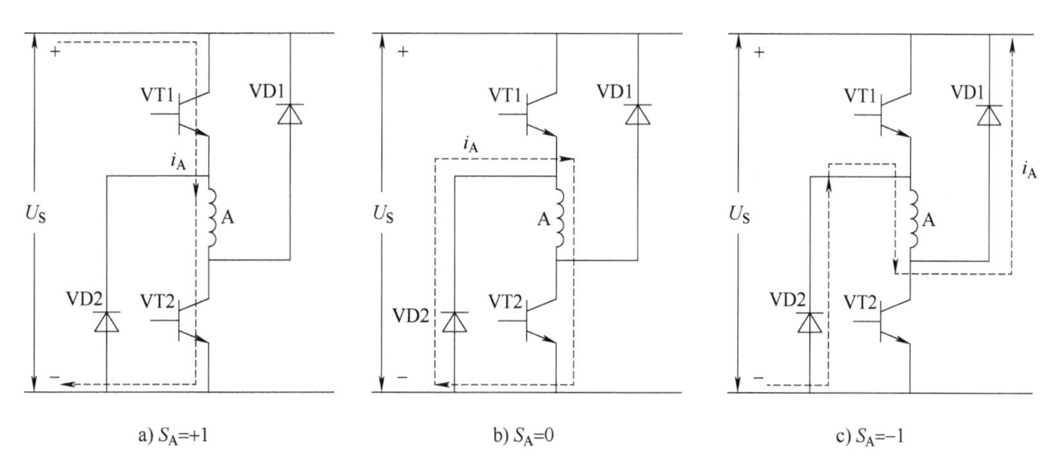

图 6.21　不对称半桥功率变换器的三种工作状态

即 $U_A=-U_S$。这个过程是把残留的磁能回馈给直流电源，电流迅速下降，整个过程电流波动较大，转矩波动也较大。定义此时工作状态为“-1”状态，记为 $S_A=-1$。

（2）转矩滞环控制

为保持转矩的稳定输出，必须根据不同转子位置对各相制定不同的控制策略，依次给各相励磁。i_p-DITC 策略将一个导通周期分为单相导通区域和换相区域。以 A、B 两相为例，图 6.22 为 DSCEM 运行过程中各相电感、电流和转矩的变化规律示意图。

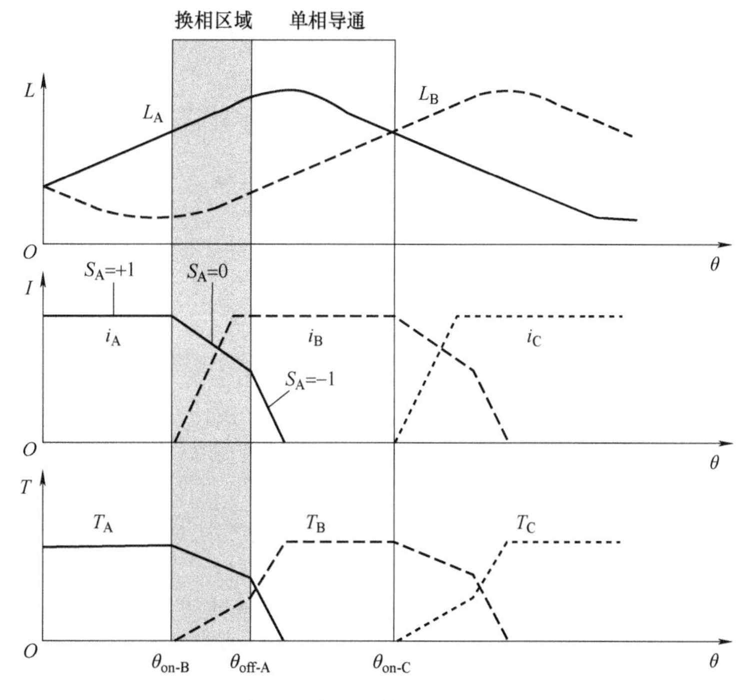

图 6.22　电感、电流和转矩的变化规律示意图

换相区域为 B 相开通角 $\theta_{on\text{-}B}$ 到 A 相关断角 $\theta_{off\text{-}A}$，单相导通区域为从 A 相关断角 $\theta_{off\text{-}A}$ 到 C 相开通角 $\theta_{on\text{-}C}$。前面已分析了换相区域相邻两相的瞬时转矩都很小，拉低了电机整体输出转

矩，是双凸极电机转矩脉动大的主要原因。但 DITC 的转矩滞环控制实现了电枢绕组三种工作状态，在本质上控制了瞬时转矩的同时，也增加了相邻两相电枢电流的重叠区域，提升了 T_{min}，降低了转矩脉动。

图 6.23 为转矩滞环控制原理图，图中 $-T_L$ 和 T_L 为内部滞环极限，$-T_H$ 和 T_H 为外部滞环极限，ΔT 为转矩偏差，可由式（6.24）计算得出。A 相电枢绕组工作状态由外滞环控制，B 相电枢绕组工作状态由内滞环控制。

$$\Delta T = T_{ref} - T_{est} \tag{6.24}$$

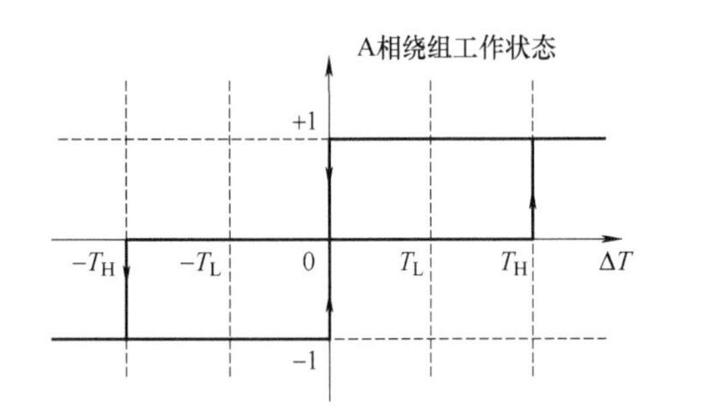

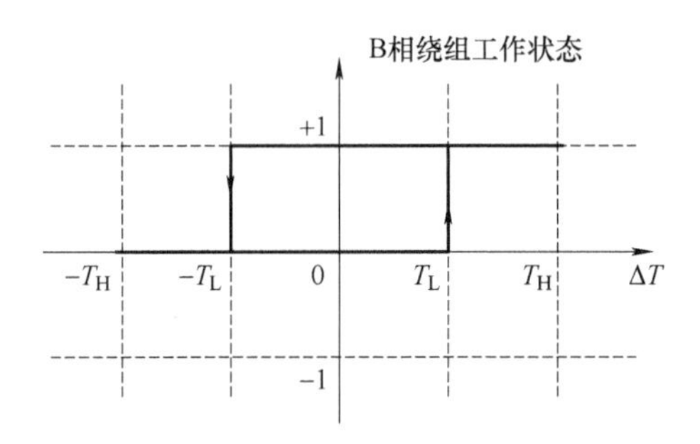

a) 换相区域转矩滞环控制

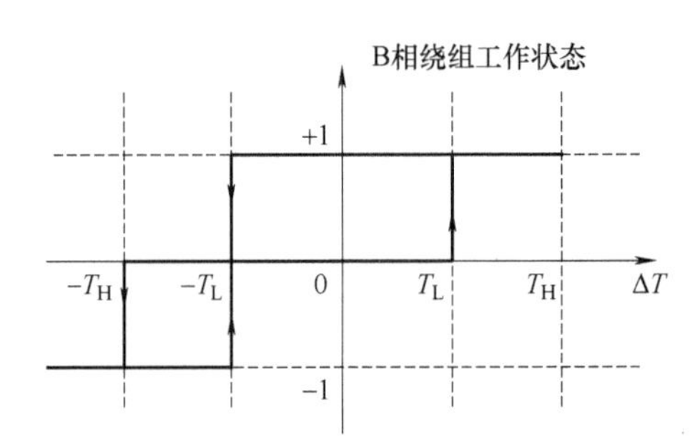

b) 单相导通区域转矩滞环控制

图 6.23　转矩滞环控制原理图

从图 6.23 分析可知：

在换相区域，转矩内外滞环可交替控制。当 T_{est} 小于 T_{ref} 时，可优先设置 $S_B=+1$，即 B 相励磁来增大输出转矩；当 T_{est} 超出 T_{ref} 时，可优先设置 $S_A=-1$，即减小 A 相转矩。为实现平稳换相，需内部滞环和外部滞环共同作用，且在换相过程中需要尽快建立 B 相电流，A 相则主要负责调节电机输出转矩去跟随参考转矩。

在单相导通区域，A 相绕组被关断，即 $S_A=-1$，i_A 迅速下降直至为零。此时只有 B 相绕组被激励，主要控制 B 相绕组的导通与关断实现 T_{est} 对 T_{ref} 的跟随。通过内滞环控制 B 相的开关状态在"+1"和"0"状态之间变化，同时控制 ΔT 保持在 $-T_L$ 至 T_L 的范围内，仅当 ΔT 超过外部滞环极限 $-T_H$ 时，B 相转为"−1"能量回馈续流状态，使其输出转矩迅速减小。

2. i_f-SNAPID

SNAPID 是神经网络的基本单位，同样具有自学习与自整定的能力，可根据控制环境的变化进行权值在线动态调节，且因结构简单，学习速率快，弥补了神经网络速度慢、时间长等问题。结合上述优势以及 DSCEM 系统的控制要求，在此选用 SNAPID 实现对 i_f 的在线控制。

（1）传统增量式 PID 控制

增量式 PID 控制算法结构框图如图 6.24 所示，其增量式方程为式（6.25）。

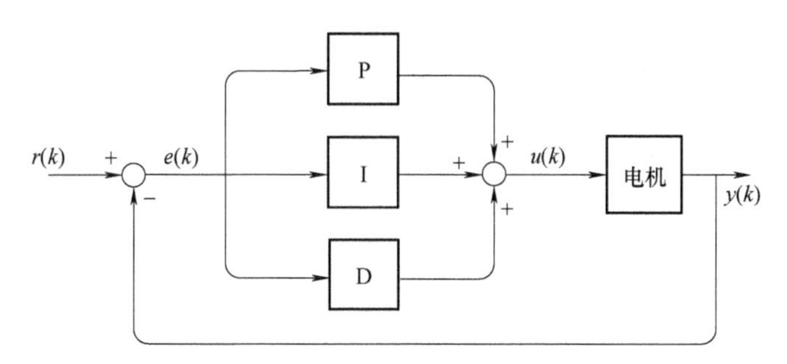

图 6.24　增量式 PID 控制算法结构框图

$$\begin{aligned}\Delta u(k) &= u(k)-u(k-1)\\ &= K_P[e(k)-e(k-1)]+K_Ie(k)+K_D[e(k)-2e(k-1)+e(k-2)]\end{aligned}\tag{6.25}$$

式中，K_P为比例系数，K_I为积分系数，K_D为微分系数，$e(k)$ 为第 k 次采样时刻输入偏差值。增量式 PID 控制算法的核心是控制量的增量 $\Delta u(k)$，如图 6.20 所示，由电机调速系统中的转速偏差，得到目标转矩的增量，再与上一时刻的目标转矩相加，得到当前的目标转矩值，再送入 DITC 算法中进行控制。

（2）SNAPID

对 i_f 采用 SNAPID 算法并实现转速闭环控制，其控制系统原理如图 6.25 所示。

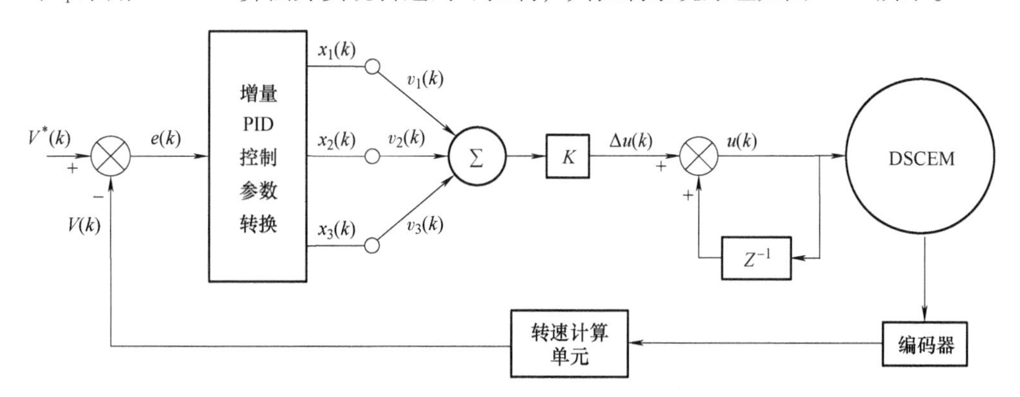

图 6.25　i_f-SNAPID 控制系统原理图

从式（6.25）可以看出，控制的增量仅与最近 3 次采样值有关，所以将 $x_i(k)$ 作为输入量可表示为式（6.26）。

$$\begin{cases}x_1(k)=e(k)-e(k-1)\\ x_2(k)=e(k)\\ x_3(k)=e(k)-2e(k-1)+e(k+2)\end{cases}\tag{6.26}$$

在图 6.25 中，SNAPID 是把式（6.26）作为神经元的输入，$v_1(k)$、$v_2(k)$、$v_3(k)$ 分别是对应神经元输入 $x_1(k)$、$x_2(k)$、$x_3(k)$ 的加权值，图中 K 为神经元比例系数。将传统增量式 PID 的控制参数转换成 $v_i(k)$，通过神经元在线辨识系统实现 $v_i(k)$ 的实时调节。

$$u(k)=u(k-1)+K\sum_{i=1}^{3}v_i(k)x_i(k) \tag{6.27}$$

SNAPID 控制器是通过调整加权值，实现电机控制系统的自适应与自学习功能。与传统增量式 PID 算法不同，加权值的调整不是线性设定的，而是采用不同的学习规则在线辨识得到的。本章采用有监督的 Hebb 学习算法对加权值进行调整。输入的速度偏差 $e(k)$ 作为导师信号，考虑到加权值 $v_i(k)$ 与神经元的输入、输出和输出偏差有关，因此有式（6.28）和式（6.29）的关系。

$$v_i(k+1)=(1-c)v_i(k)+\eta\beta_i(k) \tag{6.28}$$

$$\beta_i(k)=e(k)u(k)x_i(k) \tag{6.29}$$

式中，$\beta_i(k)$ 为递进信号，在学习过程中逐渐衰减；η 为学习速率，$\eta>0$；c 为常数，$0\leqslant c<1$。

将式（6.29）代入式（6.28）中，得到

$$\Delta v_i(k)=v_i(k+1)-v_i(k)=-c\left[v_i(k)-\frac{\eta}{c}e(k)u(k)x_i(k)\right] \tag{6.30}$$

对加权值 $v_i(k)$ 求偏微分，得到

$$\frac{\partial f_i}{\partial v_i}=v_i(k)-\frac{n}{c}g_i(e(k)u(k)x_i(k)) \tag{6.31}$$

那么式（6.30）可进一步表示为

$$\Delta v_i(k)=-c\frac{\partial f_i(\cdot)}{\partial v_i(k)} \tag{6.32}$$

式（6.32）说明加权值的在线调整是按函数 $\partial f_i(\cdot)$ 对应于 $v_i(k)$ 的负梯度方向进行搜索的。当 c 足够小时，加权值一定可以收敛到一个稳定值。

为保证式（6.27）和式（6.30）的收敛性和鲁棒性，对上述的学习方法进行规范处理后，可以得到

$$\begin{cases}u(k)=u(k-1)+K\sum\limits_{i=1}^{3}\overline{v_i}(k)x_i(k)\\ \overline{v_i}(k)=\dfrac{v_i(k)}{\sum\limits_{i=1}^{3}|v_i(k)|}\\ v_1(k+1)=v_1(k)+\eta_I e(k)u(k)x_1(k)\\ v_2(k+1)=v_2(k)+\eta_P e(k)u(k)x_2(k)\\ v_3(k+1)=v_3(k)+\eta_D e(k)u(k)x_3(k)\end{cases} \tag{6.33}$$

式中，η_P、η_I、η_D 分别为比例、积分、微分的学习速率，通过对它们的调节，可以对加权值进行调节。

3. 整体控制策略

图 6.26 为本章所设计单神经元自适应 PID 在线补偿直接瞬时转矩控制（SNAPID-DITC）系统结构框图。DSCEM 的控制主要针对转矩与转速，参考转速 n_{ref} 与实际转速 n_{est} 的偏差量一路给到 DITC 的速度控制器，并以转速偏差计算出参考转矩 T_{ref}，再与瞬时输出转矩 T_{est} 比较，最终以瞬时转矩为控制目标，形成 i_p-DITC 对电机输出转矩的闭环控制；另一路给到 SNAPID 控制单元，发出的控制信号给到全桥功率变换器，实现对 i_f 在线辨识的实时控制。融合两种控制算法的 SNAPID-DITC 是以转速偏差为出发点，实现了转矩滞环控制，抑制了转矩脉动；也实现了电励磁转矩对磁阻转矩在线的补偿，进一步减小转矩脉动的同时也提升了电机动态响应速度。

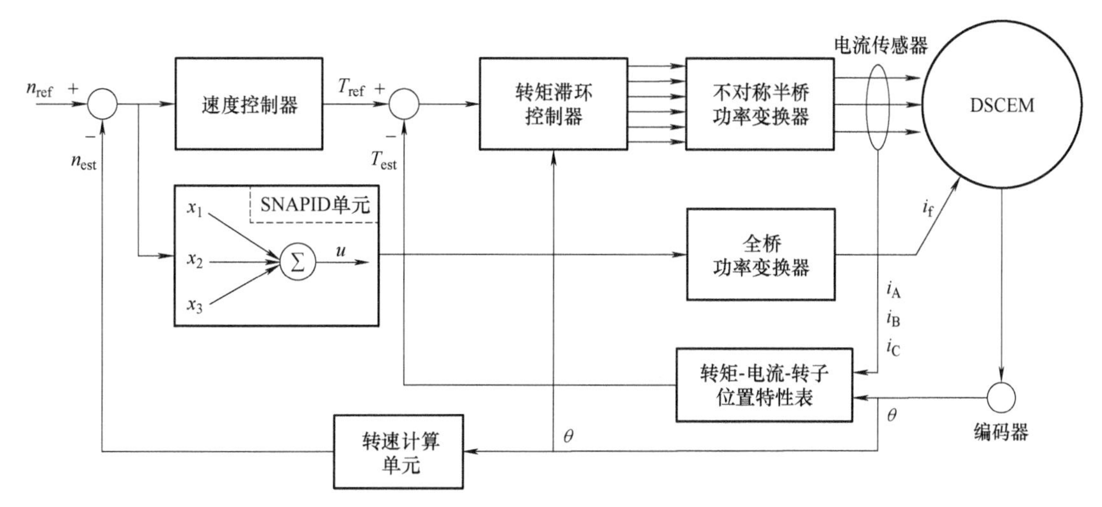

图 6.26　SNAPID-DITC 系统结构图

6.3　线圈辅助励磁双凸极电机控制系统动态仿真

6.3.1　控制系统模型搭建

为验证所提出的控制策略的可行性与有效性，本章基于 MATLAB/Simulink 搭建了 DSCEM 的 SNAPID-DITC 系统仿真模型，如图 6.27 所示。其系统主要由转矩滞环控制器、SNAPID 控制单元、功率变换器以及 DSCEM 本体构成。

1. DSCEM 本体模型

由于双凸极电机磁路的高度非线性以及磁通分布复杂等因素，其电磁特性模型很难被描述出来，电机本体建模是一项比较困难的工作。目前，双凸极电机建模方法主要有查表插值法、函数解析法以及智能建模法。查表插值法的优点是计算量小、简单直观，适用于电机的实时控制，样本数据数量越大，其模型精度越高；函数解析法是通过一个或者多个函数解析式拟合电机的非线性电磁特性，其优点是数学模型中控制变量明晰，适合于控制算法设计，该方法的局限性是其模型精度过度依赖解析式和解析式中系数的准确度；智能建模法是用实

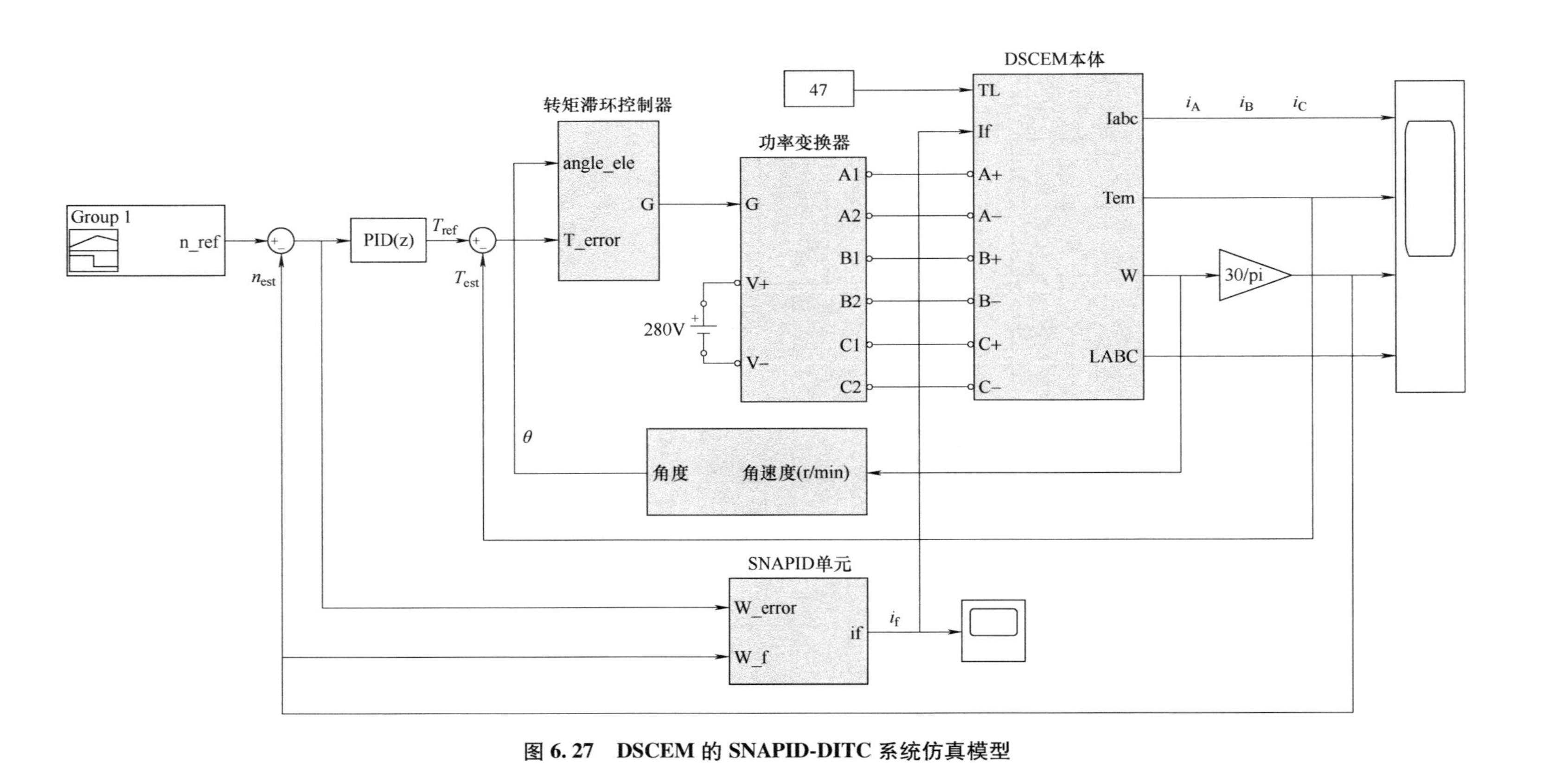

图 6.27 DSCEM 的 SNAPID-DITC 系统仿真模型

际测量的磁链样本数据来建立电机模型，优点是可以很好地映射出双凸极电机的非线性特点，但其输入、输出之间的映射关系无法为电机控制器提供简单清晰的模型，且实际测量过程繁琐、工作量大。

三种电机建模方法各有优点与缺点，综合考虑本章采用查表插值法建立 DSCEM 本体模型。通过 ANSYS 有限元计算获得了 54000 组转矩-电流-转子位置数据，保证了电机模型的精度，图 6.28 为 i_f 为 8A 时转矩-电流-转子位置的三维特性曲线。

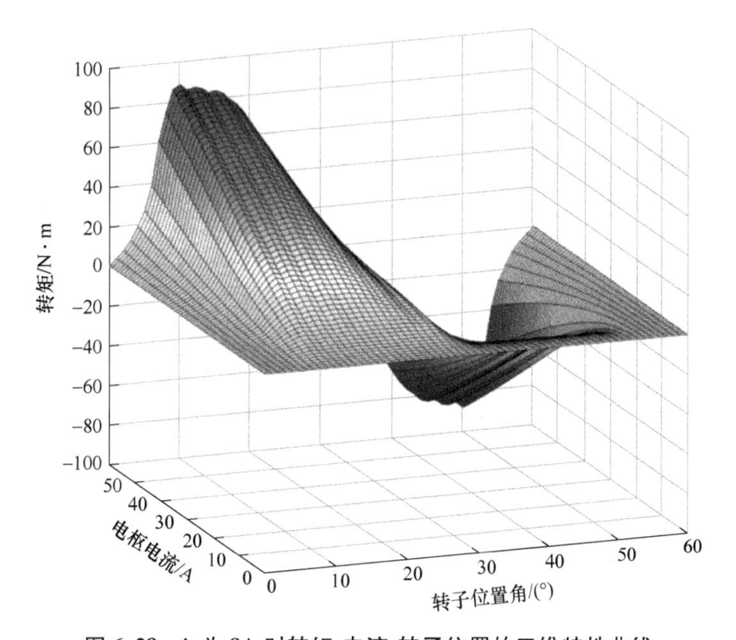

图 6.28　i_f 为 8A 时转矩-电流-转子位置的三维特性曲线

图 6.29 为 DSCEM 本体仿真模型，根据单相电流值、转子位置角通过查表可得到一相的电磁转矩，然后经过三相合成即可得到电机整体瞬时输出转矩。

2. 转矩滞环控制器

转矩滞环控制器仿真模型如图 6.30 所示。需事先设定好内、外滞环极限值 T_L 和 T_H，结合位置判断模块所给的信号对应到不同的滞环策略，根据转矩偏差以及滞环策略给定各相的工作状态，输送给功率变换器相应的控制信号，将输出转矩控制在一定范围内。滞环策略编写在 MATLAB 的 Function 模块中，采集上一时刻的工作状态并结合转矩偏差的大小做出判断，进而给出下一时刻的工作状态。

3. SNAPID 控制单元

SNAPID 控制单元仿真模型如图 6.31 所示，其函数同样是编写在 MATLAB 的 Function 模块中。

根据式（6.27）计算神经元输出，作为神经元 PID 控制器输出的控制量；将 $u(k)$ 分别输送给被控对象和辨识网络，根据式（6.32）计算辨识网络的输出。在线辨识网络可实时提供神经元控制器梯度信息，改变神经元网络的加权值，实现对转速的在线辨识控制。

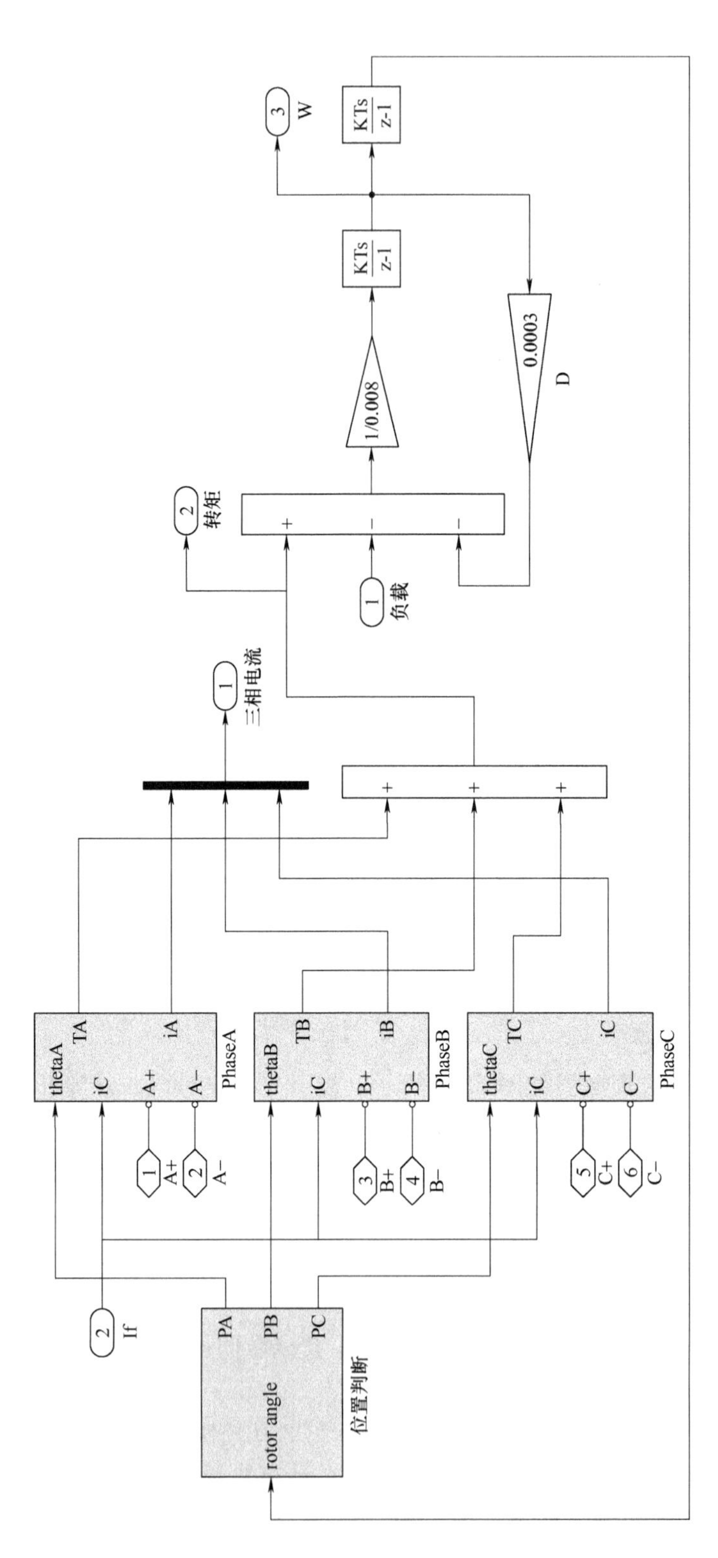

图 6.29 DSCEM 本体仿真模型

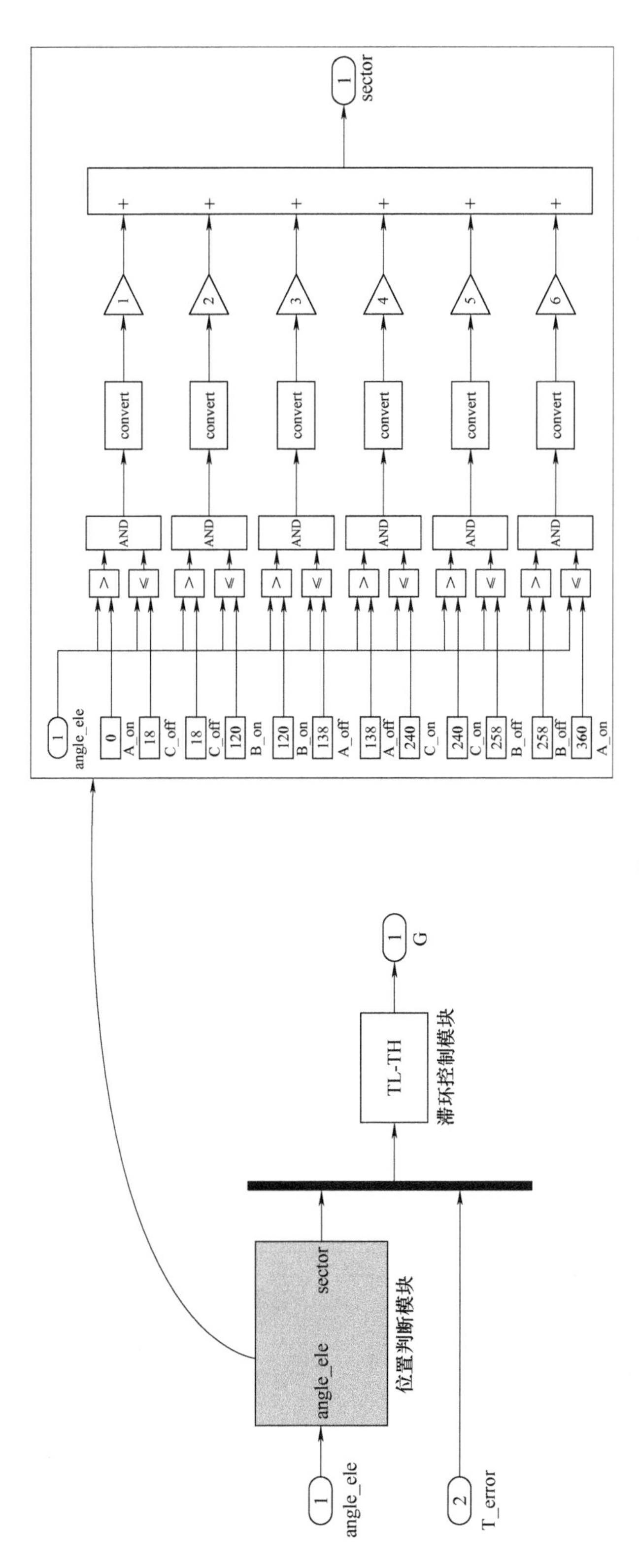

图 6.30 转矩滞环控制器仿真模型

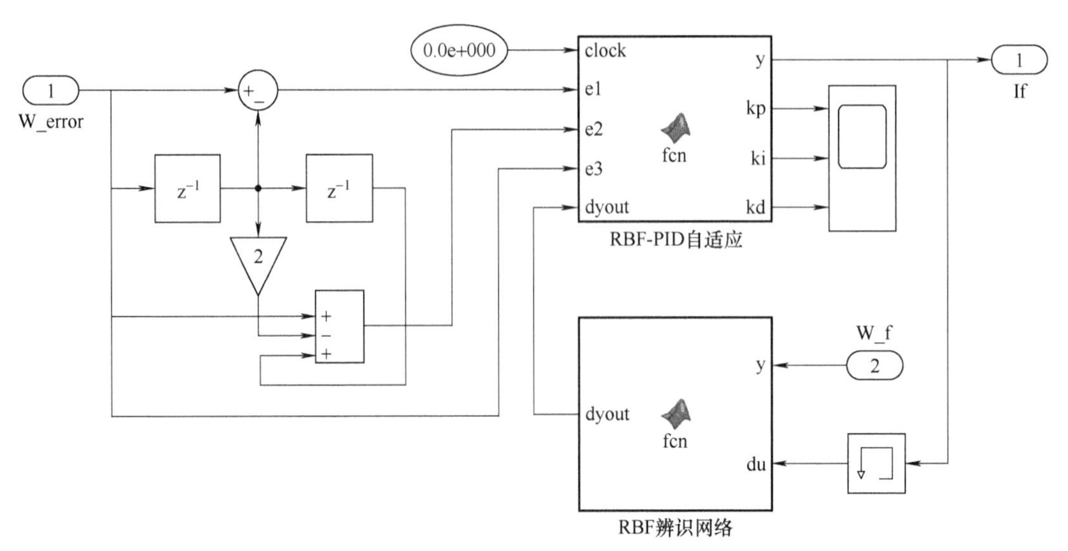

图 6.31　SNAPID 控制单元仿真模型

6.3.2　动态仿真结果分析

在 MATLAB/Simulink 平台分别对 DSCEM 的 SNAPID-DITC、传统 DITC 和 PID 控制进行仿真。仿真系统中 i_f 初始值为 6A，变化范围为-6～+8A；电流斩波为 100A。

1. 恒定负载变速分析

图 6.32 为在给定转速突变条件下的三种控制策略转速仿真曲线，恒定负载转矩为 10N · m，给定转速变化为 0～0.3s：500r/min；0.3～0.7s：1500r/min；0.7～1.0s：500r/min。可看到在起动阶段和 0.3s、0.7s 给定转速突变时，均是 SNAPID-DITC 的速度最先达到给定

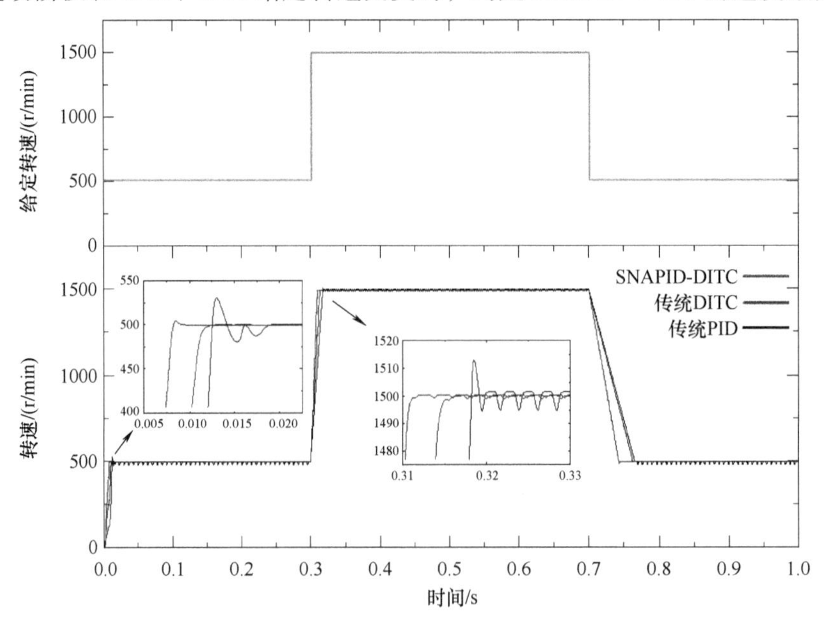

图 6.32　给定转速突变条件下三种控制策略转速仿真曲线

注：彩图见插页。

转速，速度响应最快，转速超调较小；传统 DITC 和 PID 控制回归给定转速较慢，且 PID 控制的转速有明显超调。

图 6.33、图 6.34、图 6.35 为给定转速突变条件下三种控制策略的转矩、电流仿真曲线。随着给定转速的改变，三种控制策略都实现了转矩跟随输出。在此过程中转速稳定时，SNAPID-DITC 的转矩调节能力最强，且转矩波动最小，传统 PID 控制转矩波动最大。

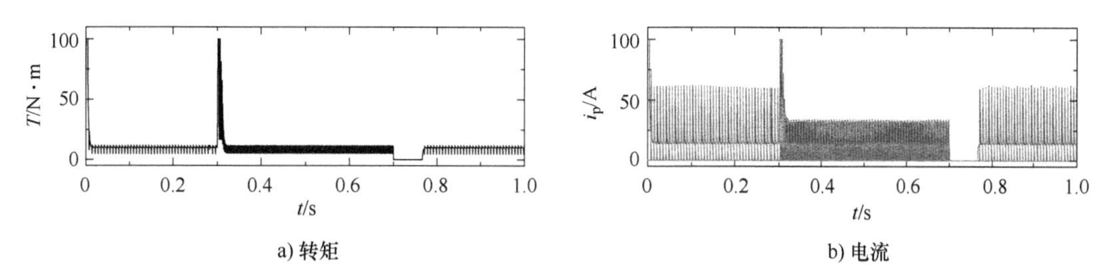

图 6.33　给定转速突变条件下传统 PID 控制的转矩、电流仿真曲线

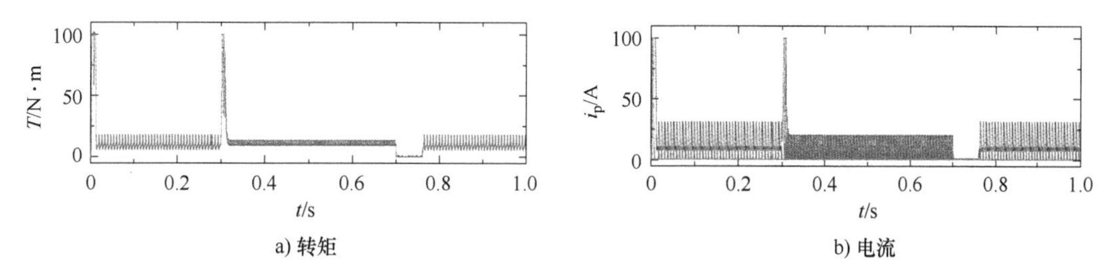

图 6.34　给定转速突变条件下传统 DITC 控制的转矩、电流仿真曲线

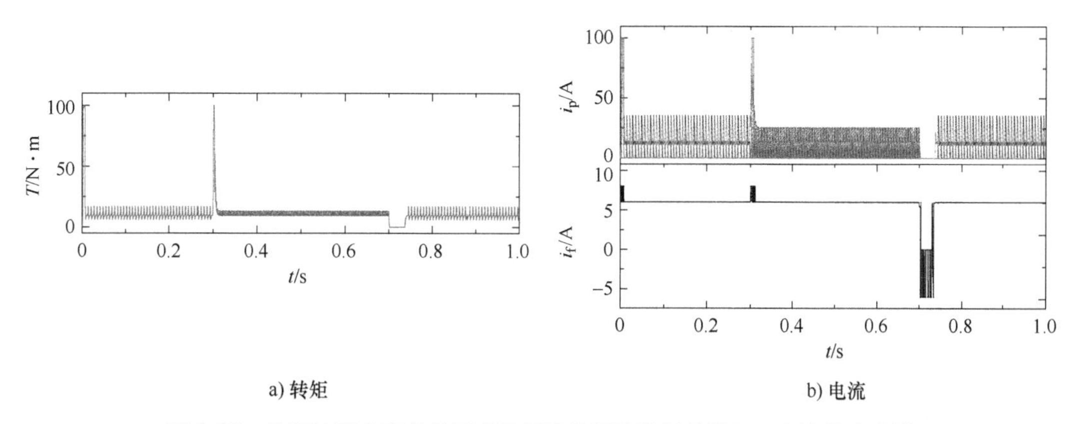

图 6.35　给定转速突变条件下 SNAPID-DITC 控制的转矩、电流仿真曲线

2. 恒定转速变载分析

图 6.36 为在负载转矩突变条件下的三种控制策略的转速仿真曲线，给定转速为 1000r/min；在 0.5s 时负载转矩由 10N·m 突变为 20N·m。对比仿真结果可看出，负载转矩突变时，三种控制策略的转速均有波动，其中 PID 控制的转速出现一个明显跌落，降幅约为 2.4%。而 SNAPID-DITC 的速度波动较小，且回归给定转速最快，系统具有较强的抗扰动能力。

图 6. 37、图 6. 38、图 6. 39 为负载转矩突变条件下三种控制策略的转矩、电流仿真曲线。从转矩数据可看出，SNAPID-DITC 系统在转矩突变时，转矩波动最小，转矩无大幅度振荡。

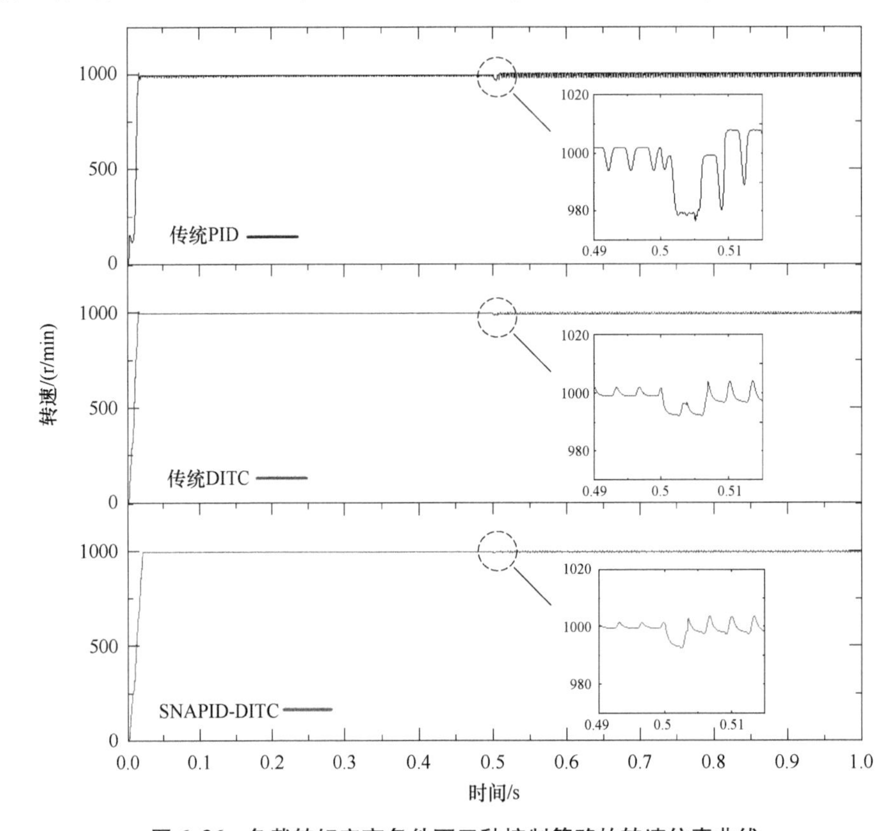

图 6. 36　负载转矩突变条件下三种控制策略的转速仿真曲线

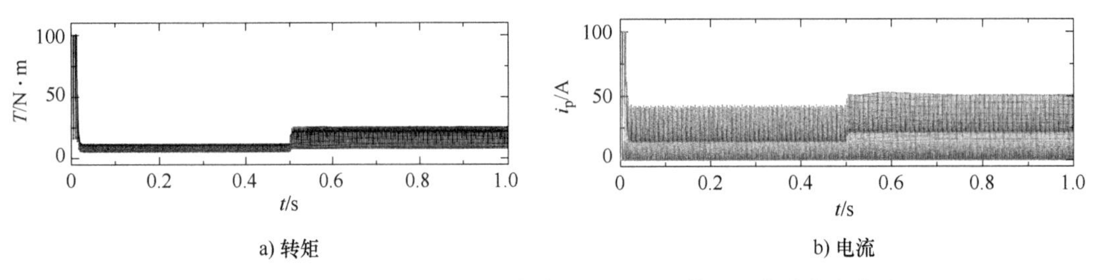

a) 转矩　　b) 电流

图 6. 37　负载转矩突变条件下传统 PID 控制的转矩、电流仿真曲线

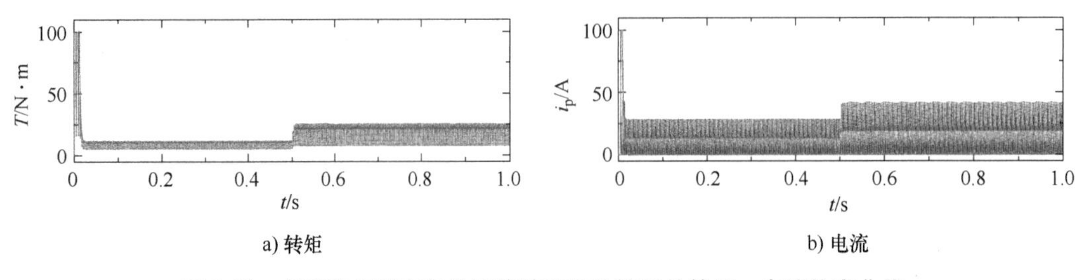

a) 转矩　　b) 电流

图 6. 38　负载转矩突变条件下传统 DITC 控制的转矩、电流仿真曲线

上述分析已说明 DSCEM 在 SNAPID-DITC 控制下的速度响应最快、抗扰动能力最强。SNAPID-DITC 优越于传统 DITC 的原因是 i_f-SNAPID 控制的融入，例如图 6.39 所示，在稳态运行时 i_f 保持为 6A，提升了平均转矩，减小了转矩脉动；在转速提升时 i_f 调节为 8A，增大了电机输出转矩，使得电机转速更快地达到给定转速；在转速降低、制动时 i_f 调节为 -6A，反向的电励磁转矩降低了磁阻转矩，使得电机转速迅速下降。整个过程说明本章所设计的 SNAPID-DITC 实现了电励磁转矩对磁阻转矩的在线补偿，实现了 i_p 和 i_f 协同控制。

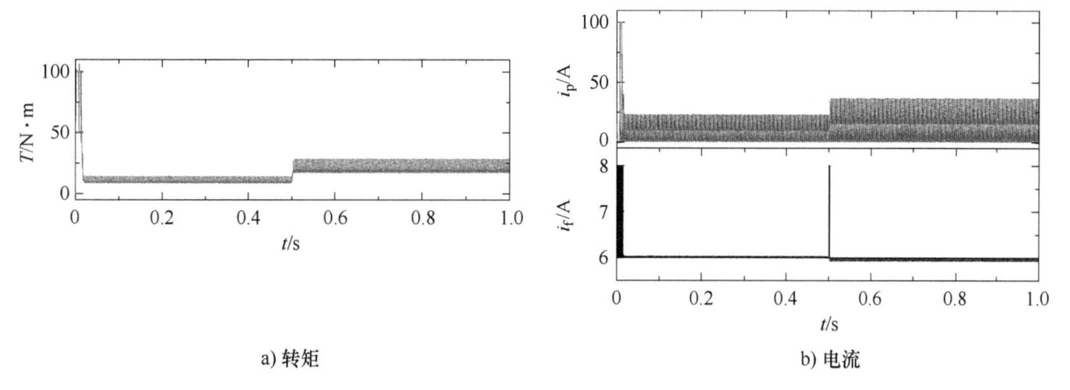

a) 转矩　　b) 电流

图 6.39　负载转矩突变条件下 SNAPID-DITC 控制的转矩、电流仿真曲线

3. 稳态分析

DSCEM 转速为 1500r/min、负载转矩为 47N · m，三种控制策略的转矩脉动曲线如图 6.40 所示，其三种控制策略的转矩参数见表 6.2。可看出，DSCEM 在 SNAPID-DITC 控制下转矩波动最小，K_T 为 0.47；传统 DITC 控制下的 K_T 为 0.55，SNAPID-DITC 比传统 DITC 的转矩脉动小的原因是由于 i_f 的加入提升了 T_{min}；DSCEM 在传统 PID 控制下转矩波动最大，K_T 达到 1.04。

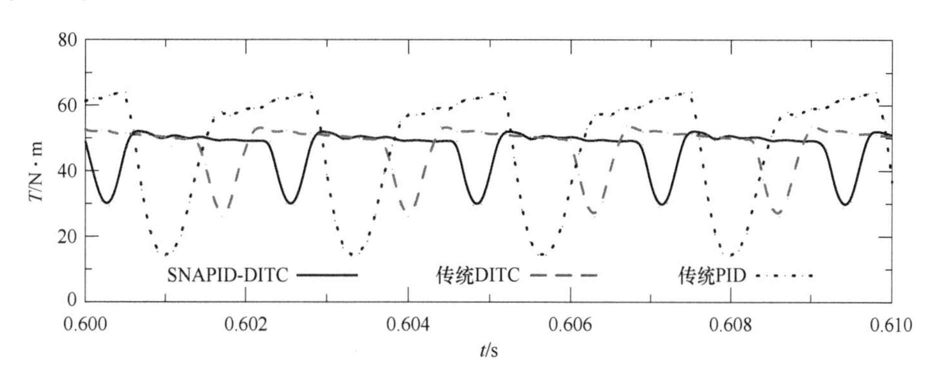

图 6.40　n=1500r/min、T_L=47N · m 时三种控制策略的转矩仿真曲线

表 6.2　n=1500r/min、T_L=47N · m 时三种控制策略的转矩参数

名称	T_{max}/N · m	T_{min}/N · m	T_{ave}/N · m	K_T
SNAPID-DITC	52.20	30.05	47	0.47
传统 DITC	53.44	27.50	47	0.55
传统 PID	63.52	14.41	47	1.04

图6.41为图6.40所示的三种控制策略的电流仿真曲线。以A相和B相电流为例，可看出，传统PID控制中A相的关断角$\theta_{off\text{-}A}$和B相的开通角$\theta_{on\text{-}B}$在同一时刻，而DITC策略中B相的开通角$\theta_{on\text{-}B}$超前于A相的关断角$\theta_{off\text{-}A}$，两相电流有重叠区。这种电流重叠区提升了T_{min}，减小了换相转矩脉动，再融合i_f-SNAPID控制，可进一步减小转矩脉动，这也是SNAPID-DITC可有效抑制转矩脉动的根本原因。

三种控制策略仿真条件相同，输出功率均在7.5kW左右。传统PID控制的输入功率为9.09kW，传统DITC控制的输入功率为8.82kW，SNAPID-DITC控制的输入功率为8.59kW，从中可看出，电机在SNAPID-DITC控制下系统损耗最小，效率最高，这是由于辅助线圈的加入降低了电枢电流。

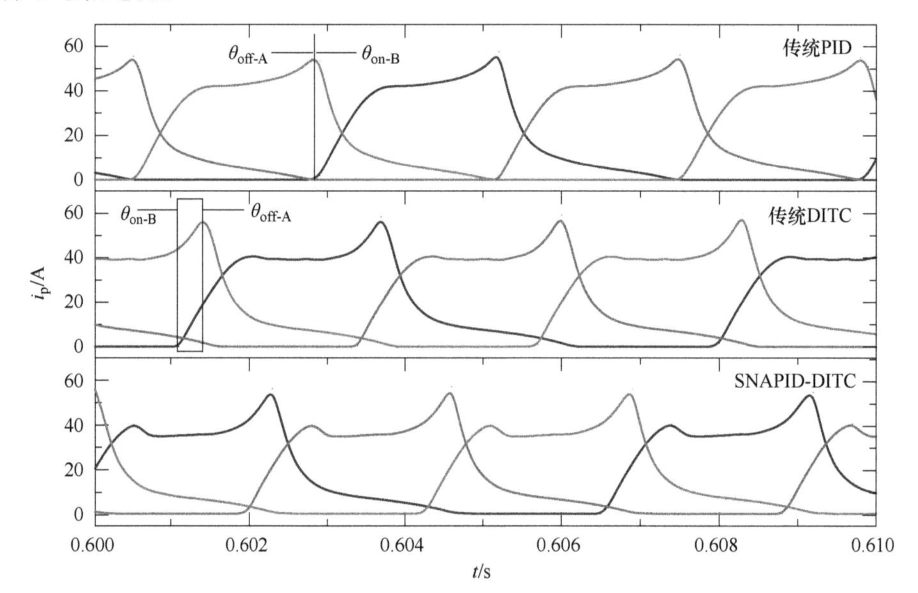

图6.41 三种控制策略的电流仿真曲线

注：彩图见插页。

图6.42为转速1500r/min、不同负载转矩的三种控制策略转矩脉动系数对比图，图6.43为负载转矩20N·m、不同给定转速的三种控制策略转矩脉动系数对比图。从图中可

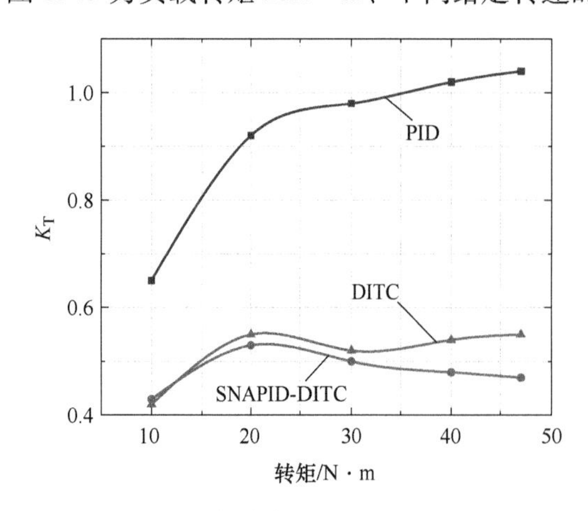

图6.42 不同负载转矩的转矩脉动系数对比

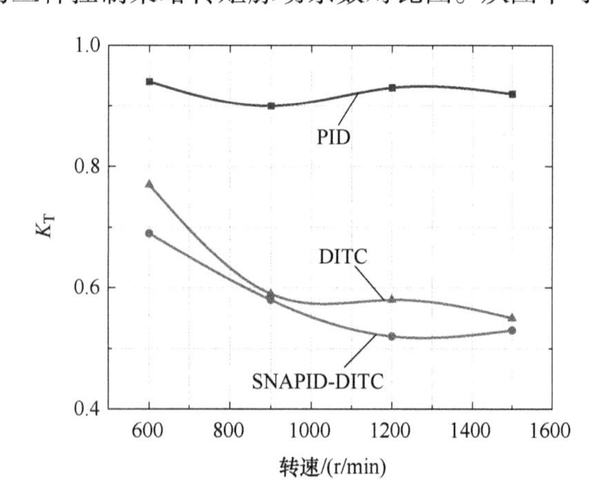

图6.43 不同给定转速的转矩脉动系数对比

看出，无论在任何工况下 PID 控制的转矩脉动都比其他两种控制策略大，再结合前面分析，说明传统线性控制方法很难满足动态较快的双凸极电机非线性、变结构、变参数的控制要求。在大部分工况下，SNAPID-DITC 都比传统 DITC 的转矩脉动要小，特别是重载工况下，因为负载转矩越大，i_f 作用越明显。

DSCEM 的调速范围是 200～2000r/min，图 6.44 为转速 200r/min 时 SNAPID-DITC 控制转矩、电流仿真曲线，K_T 为 0.91；图 6.45 为转速 2000r/min 时 SNAPID-DITC 控制转矩、电流仿真曲线，K_T 为 0.48。电机转速较低时换相时间较长，转矩波动大，速度越快，转矩波动越小。

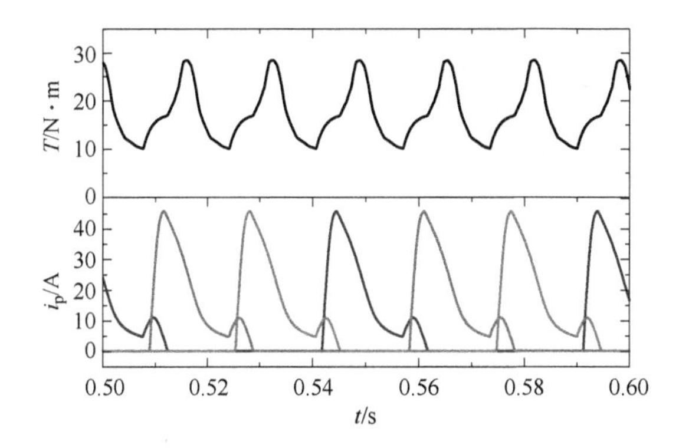

图 6.44　转速 200r/min 时电机转矩、电流仿真曲线

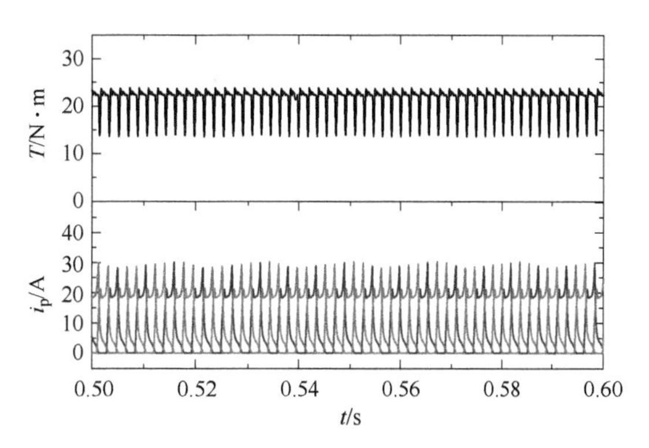

图 6.45　转速 2000r/min 时电机转矩、电流仿真曲线

6.4　本章小结

为应对 DSCEM 非线性、变结构、变参数的特点，本章提出了一种单神经元自适应 PID 在线补偿的直接瞬时转矩控制（SNAPID-DITC）策略。以转矩为控制目标，形成 i_p-DITC 对输出转矩的闭环控制；同时利用单神经元自学习与自整定的能力，以转速为控制目标，形成 i_f-SNAPID 转速闭环控制。最终运用 MATLAB/Simulink 仿真平台搭建了 SNAPID-DITC 转速-转矩双闭环控制系统，并通过与传统 DITC 和 PID 控制策略仿真结果对比分析得到以下结论：

1）i_f 不但可以减小 DSCEM 的转矩脉动，同时也提升了电机动态响应速度。

2）SNAPID-DITC 比传统 DITC 和 PID 控制更能有效地抑制转矩脉动，将 DSCEM 转矩脉动从上一章本体优化设计后的 0.87 降至 0.47。

3）SNAPID-DITC 实现了电励磁转矩对磁阻转矩的在线补偿，实现了 i_p 和 i_f 联合控制，并使其电机系统具有不错的自适应能力和抗干扰能力。

Chapter 7

第7章 线圈辅助励磁双凸极电机控制系统平台设计与试验

本章实现对 DSCEM 实验平台的搭建与调试，在硬件上针对本电机搭建了以 DSP（TMS320F28335）为控制核心的功率逆变电路及其驱动电路、电流检测电路以及位置检测电路。软件上在 CCS6.0 环境下对 DSP 控制芯片进行编程，实现电机的 SNAPID-DITC 等控制策略。本章从硬件和软件两个方面分别介绍了电机的实验控制系统，图 7.1 所示为硬件的控制设计框图，电源由 380V 交流整流为直流后为逆变模块供电，然后通过 DSP 接收传感器信号并发出驱动信号实现电机控制。

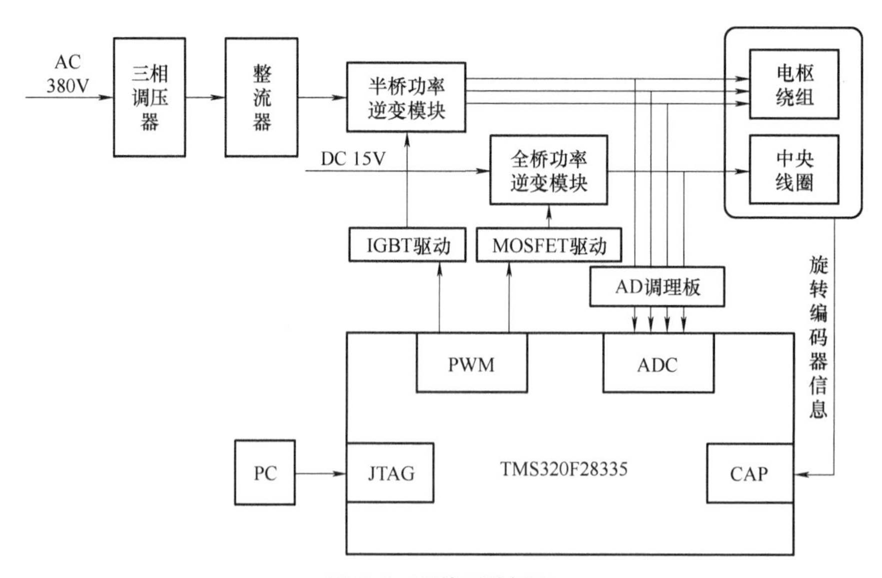

图 7.1 硬件设计框图

7.1　电机系统硬件设计

7.1.1　DSP 控制器

系统采用的主控制芯片如图 7.2 所示，为研旭嵌入板卡式 TMS320F28335 工控旗舰版，主要包括最小系统核心板、外部 AD7606 模块、AD 调理模块、W5300 以太网模块、PWM 模块和 eQEP 模块，通过嵌入板卡的形式不仅可以单独调试使用各个模块，还可以在模块损坏时方便更换。通过 TMS320F28335 的 AD 和 eQEP 等模块接收控制系统速度、位置、电流等数据的传感器信号，通过程序计算后发出 PWM 控制信号，实现电机的多种控制策略。

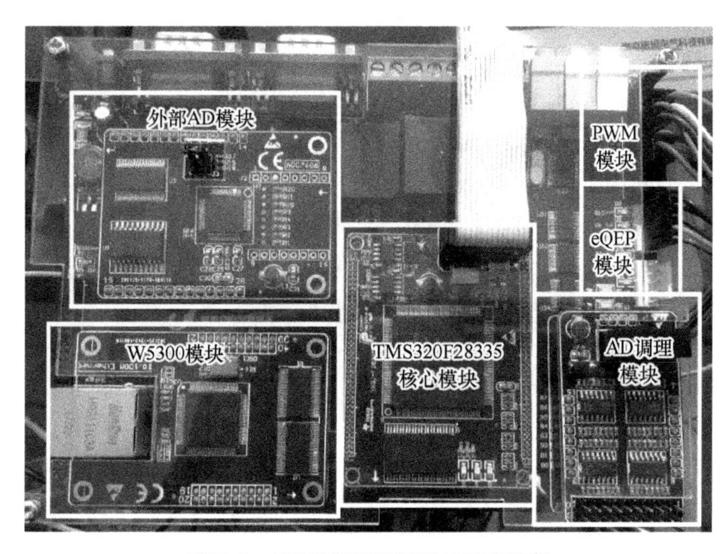

图 7.2　TMS320F28335 工控旗舰版

1. 中断介绍

DSP-28335 内部有 16 个中断线，其中包括 2 个不可屏蔽中断（RESET 和 NMI）与 14 个可屏蔽中断。可屏蔽中断通过相应的中断使能寄存器使用或者禁止产生的中断，在这 14 个可屏蔽中断中，其中 TIM1 和 TIM2 产生的中断请求通过 INT13、INT14 中断线到达 CPU，这两个中断已经预留给了实时操作系统，因此剩下的 12 个可屏蔽中断可供外部中断和处理器内部单元使用。外设中断源远远不止 12 个，共有 58 个。那么如何将这 58 个外设中断源分配给这 12 个中断线呢？这就需要 DSP-28335 的 PIE 外设中断扩展模块来完成。DSP-28335 的中断源及连接如图 7.3 所示。

DSP-28335 中断采用的是 3 级中断机制，分别是外设级中断、PIE 级中断和 CPU 级中断，最内核部分为 CPU 级中断，即只能响应从 CPU 中断线上过来的中断请求，但中断源很多，CPU 没有那么多中断线，在有限中断线的情况下，只能安排中断线进行复用，其复用管理就有了中间层的 PIE 级中断，外设要能够成功产生中断响应，就要首先经外设级中断允许，然后经 PIE 允许，最终 CPU 做出响应。其工作原理流程图如图 7.4 所示。

从图中可以看到，中断响应过程可以分为两部分，下半部分为 PIE 小组响应外设级中断

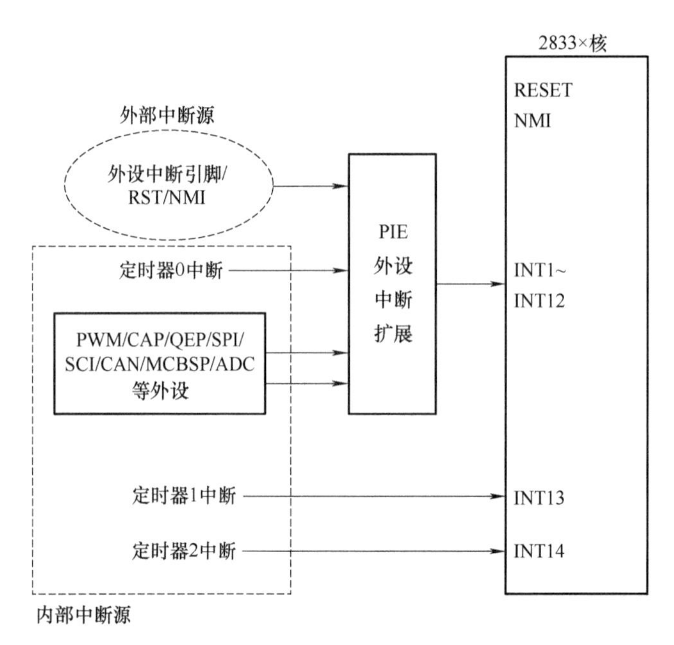

图 7.3 DSP-28335 中断源及连接图

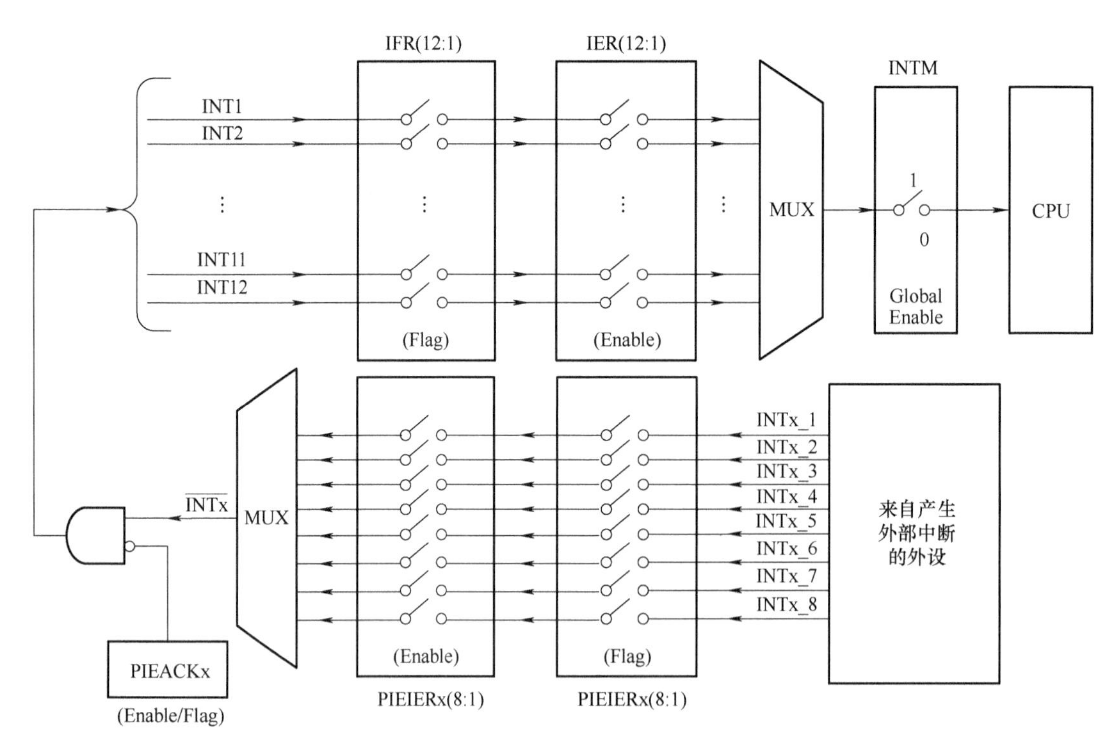

图 7.4 3 级中断机制工作原理流程图

的过程，上半部分为 CPU 响应 12 组 PIE 级中断的过程。下面就来详细介绍这 3 级中断。

1）外设级中断。CPU 正常处理程序过程中，外设产生了中断事件（比如定时器定时时间到，串口接收数据完成），那么该外设对应中断标志寄存器（IF）响应的位将被自动置位，如果该外设对应中断使能寄存器（IE）中响应的使能位正好置位（需要软件控制），则外设产生的中断将向 PIE 控制器发出中断申请。如果对应外设级中断没有被使能，就相当于该中断被屏蔽，不会向 PIE 提出中断申请，不会产生 CPU 中断响应，但此时中断标志寄存器的标志位将保持不变，一直处在中断置位状态，要使该中断信号消失，中断标志寄存器复位，就需要软件编程清除，如果没有被清除，中断产生以后，一旦中断使能位被使能，同样会向 PIE 申请中断。进入中断服务后，有部分硬件外设会自动复位中断标志寄存器，多数外设需要在中断服务中手动复位中断标志寄存器。

2）PIE 级中断。处理器内部集成多种外设，每个外设都会产生一个或者多个外设级中断。由于 CPU 没有能力处理所有外设级的中断请求，因此 CPU 让出了 12 个中断线交给 PIE 模块进行复用管理。PIE 模块内部结构如图 7.5 所示。

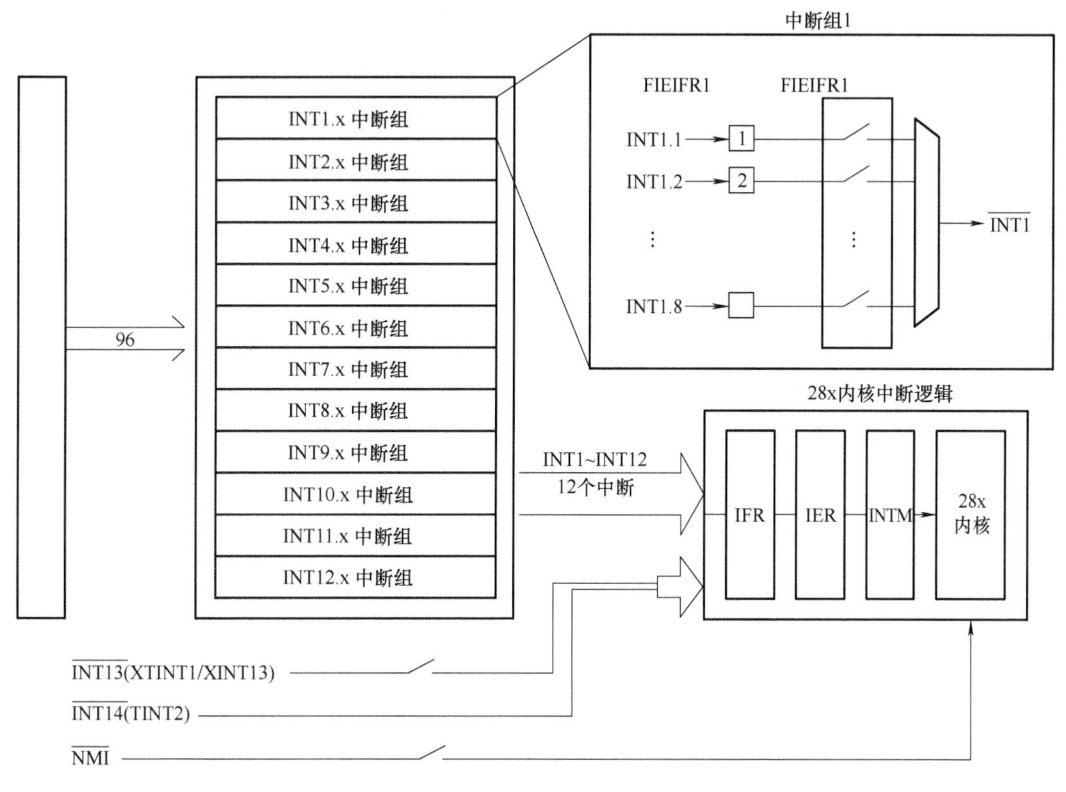

图 7.5　PIE 模块内部结构图

从图中可以看出，PIE 将外设级中断分成了 12 组，分别对应着 CPU 的 12 条可屏蔽中断线，每 1 组由 8 个外设级中断组成，这 8 个外设级中断分别对应相应外设接口的中断引脚，PIE 通过一个 8 选 1 的多路选择器将这 8 个外设级中断组成 1 组。具体连接关系如图 7.6 所示。

实际有效外设级中断为 58 个，其余为保留。PIE 第一组中断分别为 WAKE、TIMER0、ADC、XINT2、XINT1、第三个中断保留、SEQ2、SEQ1。与外设级中断类似，在 PIE 模块内每组中断有相应的中断标志位（PIEIFRx）和使能位（PIEIERx. y）。除此之外，每组 PIE 级中断（INT1～INT12）有一个响应标志位（PIEACK）。一旦 PIE 控制器有中断产生，相应的中断标志位（PIEIFRx. y）将置 1。如果相应的 PIE 级中断使能位也置 1，则 PIE 将检查相应

INTX	INTx.8	INTx.7	INTx.6	INTx.5	INTx.4	INTx.3	INTx.2	INTx.1
1	WAKE	TIMER0	ADC	XINT2	XINT1	保留	SEQ2	SEQ1
2	保留	保留	EPWM6_TZINT	EPWM5_TZINT	EPWM4_TZINT	EPWM3_TZINT	EPWM2_TZINT	EPWM1_TZINT
3	保留	保留	EPWM6_INT	EPWM5_INT	EPWM4_INT	EPWM3_INT	EPWM2_INT	EPWM1_INT
4	保留	保留	ECAP6_INT	ECAP5_INT	ECAP4_INT	ECAP3_INT	ECAP2_INT	ECAP1_INT
5	保留	保留	保留	保留	保留	保留	EQEP1_INT	EQEP1_INT
6	保留	保留	MXINTB	MRINTB	MXINTA	MRINTA	SPITXINTA	SPIRXINTA
7	保留	保留	DINTCH6	DINTCH5	DINTCH4	DINTCH3	DINTCH2	DINTCH1
8	保留	保留	SCITXINTC	SCIRXINTC	保留	保留	I2CINT2A	I2CINT1A
9	ECAN1INTB	ECAN0INTB	ECAN1INTA	ECAN0INTA	SCITXINTB	SCIRXINTB	SCITXINTA	SCIRXINTA
10	保留	保留	保留	保留	保留	保留	保留	保留
11	保留	保留	保留	保留	保留	保留	保留	保留
12	LUF	LVF	保留	XINT7	XINT6	XINT5	XINT4	XINT3

图 7.6　中断向量表

的 PIEACKx 以确定 CPU 是否准备响应该中断。如果相应的 PIEACKx 清零，PIE 向 CPU 申请中断；如果置 1，PIE 将等待到相应的 PIEACKx 清零才向 CPU 申请中断。PIE 通过对 PIEACKx 的位控制来控制每 1 组中只有 1 个中断能被响应，一旦响应后，就需要将相应位清零，以让它能够响应该组中后边过来的中断。

3）CPU 级中断。一旦 CPU 申请中断，CPU 级中断标志位（IFR）将置 1。中断标志位锁存到标志寄存器后，只有 CPU 中断使能寄存器（IER）或中断调试使能寄存器相应的使能位和全局中断屏蔽位（INTM）被使能时才会响应中断申请。CPU 级使能可屏蔽中断采用 CPU 中断使能寄存器（IER）还是中断调试使能寄存器与中断处理方式有关。标准处理模式下，不使用中断调试使能寄存器。只有当 DSP 使用实时调试（Real-time Debug）且 CPU 被停止（Halt）时，才使用中断调试使能寄存器，此时 INTM 不起作用。如果使用实时调试而 CPU 仍然工作运行，则采用标准的中断处理。

CPU 响应中断，就是 CPU 要去执行相应的中断服务程序，其响应过程是 CPU 将现执行程序的指令地址压入堆栈，跳转到中断服务程序入口地址，中断服务程序的入口地址就是中断向量，这个中断向量用 2 个 16 位寄存器存放。入口地址是 22 位的，寄存器地址的低 16 位保存该向量的低 16 位；寄存器地址的高 6 位则保存该向量的高 6 位，寄存器更高的 10 位保留。

中断向量分配 PIE 最多可支持 96 个中断，每个中断都有自己对应的中断向量，即每个中断源都对应着自己的中断服务程序的入口地址，这些中断向量均连续存放在 RAM 中，这就构成了整个系统的中断向量表，用户可以根据需要适当地对中断向量表进行调整，在响应中断时，CPU 将自动地从中断向量表中获取响应的中断向量。CPU 获取中断向量和保存重要的寄存器需要 9 个时钟周期，因此 CPU 能够快速响应中断。CPU 响应中断是通过中断线的，而且只能 1 次响应其中 1 条中断线，每条中断线连接的中断向量都在中断向量表中占

32位地址空间，用来存放中断服务程序的入口地址。有可能这16条中断线上的中断请求同时到达CPU，这时就要对各个中断请求进行优先级定义。每条中断线对应的不是唯一中断，每组PIE对应的也不是唯一中断，中断服务程序要处理所有输入的中断请求，这就要求编程人员在服务程序的入口处采用软件方法将这些中断线复用的中断分开，以便能够正确响应中断。但是软件分离的方法会影响中断的响应速度，在实时性要求高的应用中不能使用。这就涉及如何加快中断服务程序的问题。

中断向量表在DSP中采用PIE中断向量表来解决上述问题，通过PIE中断向量表使得96个可能产生的中断都有各自独立的32位入口地址。PIE中断向量表由256×16B的SRAM连续存放，如果这部分空间不用作PIE模块时，可用作数据RAM。复位时，PIE中断向量表内容没有定义。CPU的中断优先级由高到低依次是INT1~INT12。每组PIE控制的8个中断优先级依次是INTx. 1~INTx. 8。

2. ePWM介绍

一个有效的PWM外设能够占用最少的CPU资源和中断，但可以产生灵活配置的脉冲波形，并且可以方便被理解与使用。单周期的PWM波形很简单，主要就是控制脉冲的周期、脉冲的宽度、脉冲起落的时间和一个周期内的脉冲个数，但事实是产生PWM波形时，要结合实际应用，每个要素都要顾及，需要灵活配置，涉及强电控制与弱电控制的结合，有一定的难度和技术门槛，需要耐心的研究。DSP-28335的ePWM模块是加强模块，与DSP-F2812的PWM模块有较大不同，在DSP-F2812中，PWM模块采用事件管理器控制，与eCAP和eQEP共享定时器信号，而DSP-28335中每个ePWM模块都是一个独立的小模块，这样的体系结构更方便我们使用与理解。每个模块由两路ePWM输出组成，分别为ePWMxA和ePWMxB，这一对PWM输出可以配置成两路独立的单边沿PWM输出，或者两路独立的但互相对称的双边沿PWM输出，或者一对双边沿非对称的PWM输出，共有6对这样的ePWM模块，因为每对PWM模块中的两个PWM输出均可以单独使用，所以也可以认为有12路单路ePWM，除此之外还有6个APWM，这6个APWM通过CAP模块扩展配置，可以独立使用，所以DSP-28335最多可以有18路PWM输出。每一组ePWM模块都包含7个模块：时基模块TB、计数比较模块CC、动作模块AQ、死区产生模块DB、PWM斩波模块PC、错误联防模块TZ、时间触发模块ET。

7.1.2　功率逆变电路及其驱动电路

逆变电路一般拥有斩单管模式、斩双管模式、激励模式三种工作方式。图7.7所示为逆变电路的四种通电模式，图中粗线部分为电路流通路径，箭头为电流流通方向。其中图7.7a和b分别为斩单管模式的斩上管、斩下管，斩单管模式回路由功率器件、续流二极管及绕组构成，这种工作方式可以避免上下两个功率器件频繁地导通和关断，不仅可以减少工作噪声，还可以减小相电流的脉动。图7.7c所示为斩双管模式，该模式下绕组作为感性负载，其电压与母线电压方向相反，通过闭合回路将存储能量回馈给母线电压。斩双管的工作方式与斩单管的工作方式相比较，其工作方式会导致绕组相电流和电压的脉动，因此，本章电机控制模式采用斩单管的续流方式，同时可以加快续流速度，避免电机换相过程中产生负转矩。图7.7d为工作在激励状态下，绕组上下双管同时导通，形成闭合回路。

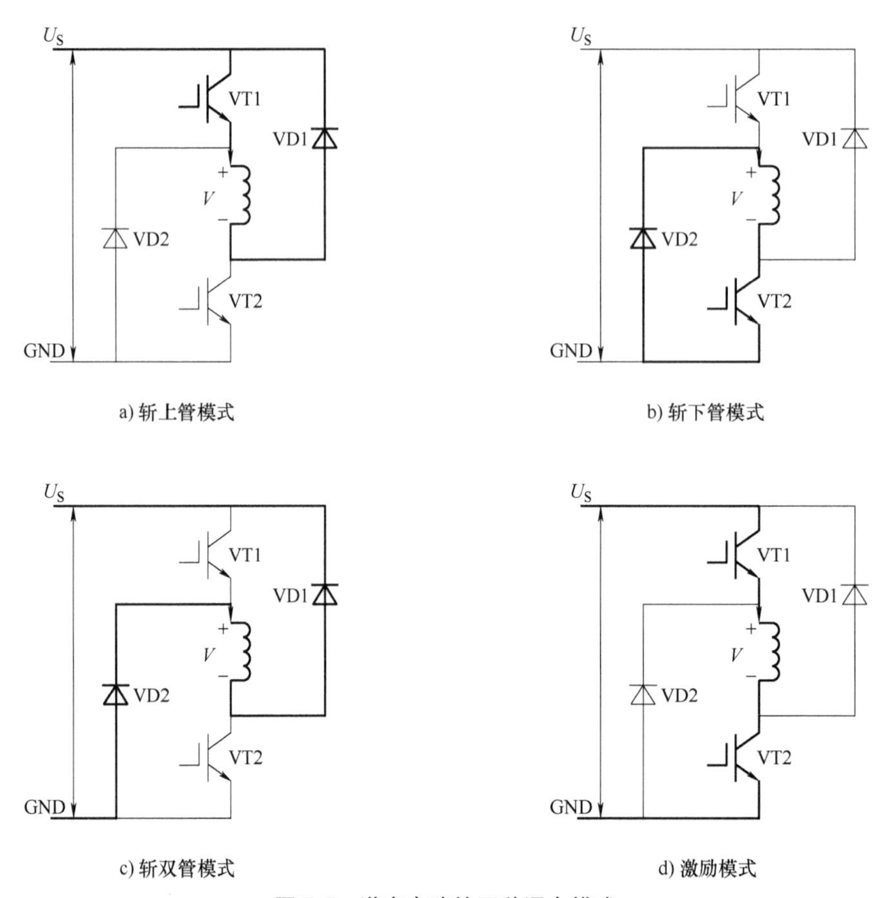

a) 斩上管模式　b) 斩下管模式

c) 斩双管模式　d) 激励模式

图 7.7　逆变电路的四种通电模式

本章电机实验控制平台，采用三相不对称逆变电路控制电机定子绕组，全桥逆变电路控制电机中央线圈。图 7.8 所示为三相不对称逆变电路的结构拓扑图，此电路结构可每相单独工作，提高了电路的容错性。三相不对称逆变电路主要由功率器件与续流二极管组成，VT1～VT6 采用 IGBT 作为开关控制绕组导通，VD1～VD6 为续流二极管，在 IGBT 关断时为电机绕组提供续流，防止功率器件烧坏。以电机 A 相绕组为例，由 VT1、VT4 作为 A 相绕组的开关，VD1、VD4 为 A 相绕组提供续流，其余两相与 A 相结构相同。

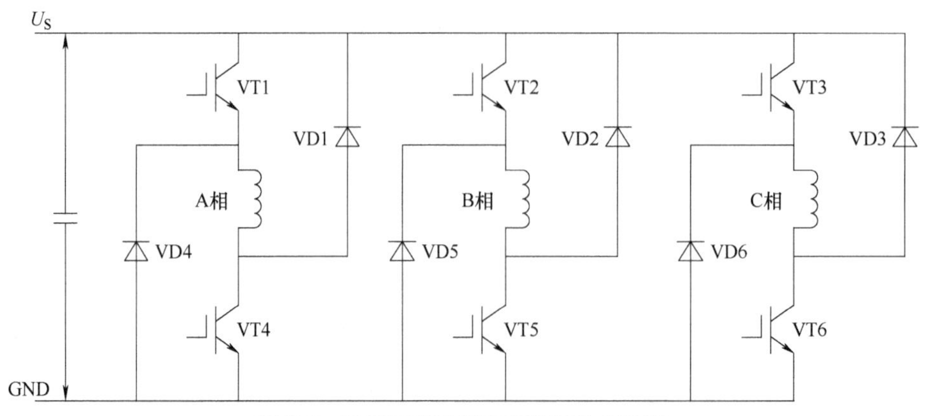

图 7.8　三相不对称逆变电路结构拓扑图

线圈辅助励磁无刷直流电机控制各相绕组时各相功率器件是独立运行的，但在电机换相时各相间存在重叠的断电和通电区域。以 A 相为例，电机 A 相绕组控制方式采用斩下管控制，其详细过程为，VT1 在维持开通的条件下，通过改变 VT4 的导通和关断时间来控制电机绕组上的平均电压。

三相不对称半桥功率逆变电路可实现电枢电流（i_p）的开关顺序与幅值控制，其实物如图 7.9 所示。考虑到 DSCEM 为新型电机，需测试其在各种状态下的运行能力，开关管选用了额定电流为 300A，最大承受电压 600V 的 IGBT 开关管，其型号为 IGBT-FF600R12KE3；二极管采用的是 MMF300YB050U 型续流二极管，其最大直流反向电压为 500V，平均正向电流为 300A，可充分满足电机控制电路中对电流和电压的需求。

全桥功率逆变电路可实现辅助线圈电流（i_f）的方向与幅值控制，其实物如图 7.10 所示。该控制电路包括稳压电源模块、MOSFET 驱动模块 IR2110 和 MOSFET 全桥控制模块。

图 7.9　三相不对称半桥功率变换电路

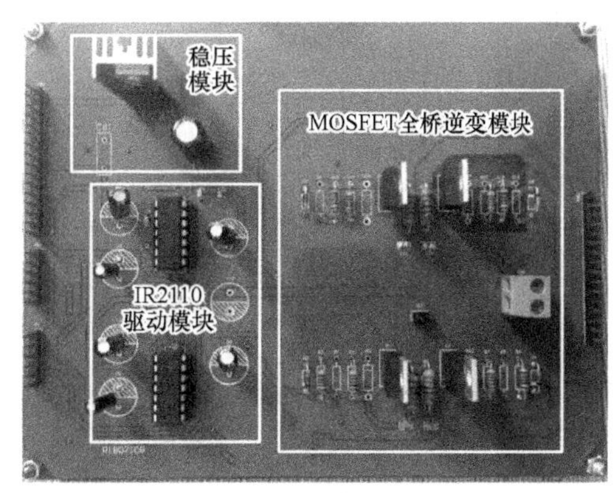

图 7.10　全桥功率逆变电路

图 7.11 所示为 IR2110 驱动芯片的内部结构图，由图中可知，芯片主要包括输入的逻辑处理、电平转换和保护芯片输出三部分。全桥逆变电路常常存在需要多组供电电源的问题，而 IR2110 驱动芯片的高输出端口采用的是自举悬浮电源设计，只需要一个供电电源。

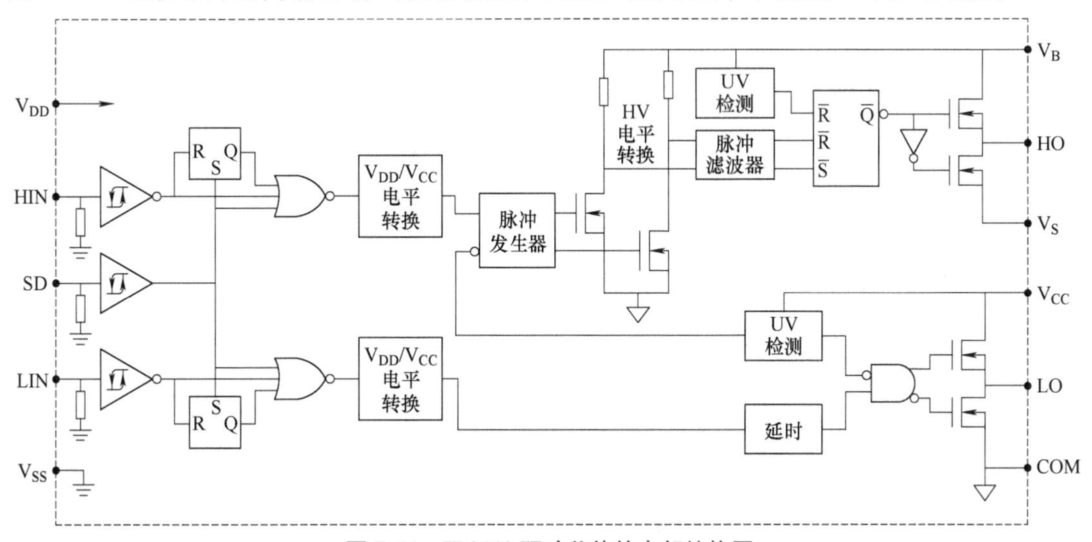

图 7.11　IR2110 驱动芯片的内部结构图

图7.12a所示为IR2110在HIN高电平时的工作状态，自举电容C1在HIN为高电平时作为电源为S1栅源极之间提供电压，使S1导通。在芯片驱动时LIN和HIN作为互补的驱动信号，因此在HIN为高电平时，LIN为低电平，此时VM3关断且VM4导通，经电阻Rg2可以将附在S2源极与栅极之间的电荷快速放电。

图7.12b所示为IR2110在HIN低电平时的工作状态，此时VM1为关断状态，VM2为关断状态，经电阻Rg1可以将附在S1源极与栅极之间的电荷快速放电，从而使S1关闭导通。LIN与HIN互补，因此LIN为高电平状态，VM3为导通状态，VM4为关断状态，电路由VCC供电，在Rg2和S2之间形成电流回路，从而在C1两端形成充电电压为其充电，这样来进行循环驱动。经图7.12的两种工作状态，可实现一个供电电源对全桥逆变电路的控制。

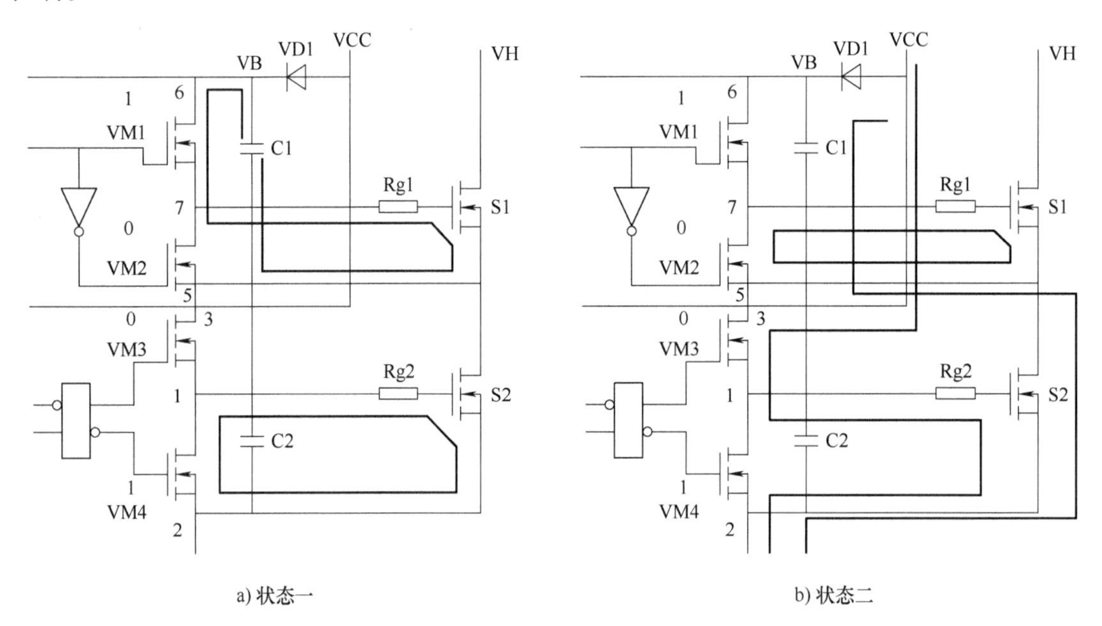

a) 状态一　　b) 状态二

图7.12　IR2110运行状态

7.1.3　电流采集单元

电流采集单元采用两种霍尔型电流传感器。一种是CHB-10A/5V型电流传感器，供电电压为12～15V，电流测量范围为-10～+10A，主要负责采集辅助线圈电流值；另一种是CHB-200SF/5V型电流传感器，供电电压同样为12～15V，电流测量范围为-200～+200A，主要负责采集电枢绕组电流值，两者均输出-5～+5V的电压信号。

由于AD模块只接收范围为0～3V的电压信号，需对上述两种霍尔电流传感器输出的-5～+5V电压信号进行降压处理，其处理电路如图7.13所示，输入信号幅值与采集数字值关系如下式：

$$V_0=\frac{250}{24.9}-\frac{300D}{4095\times15} \tag{7.1}$$

式中，V_0为输入信号的幅值，D为ADC转换后的数字值。

在实际工程应用中受限于参考电压精度以及电阻精度等因素影响，理论值可能会有±0.6%的偏差。

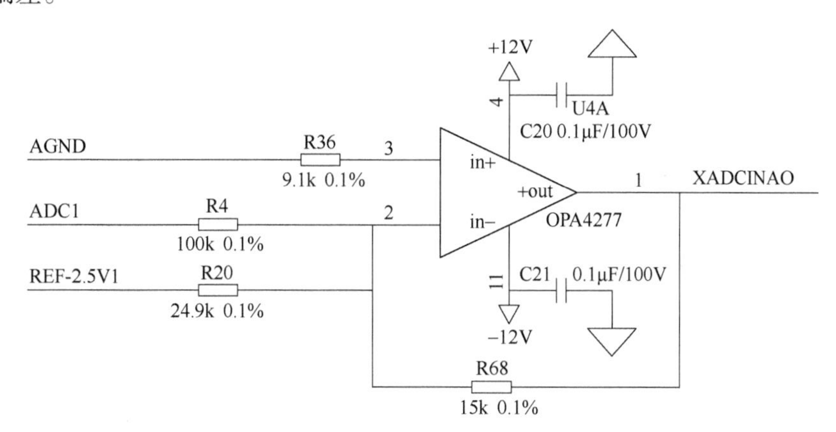

图 7.13　信号处理电路

7.1.4　速度及转矩采集单元

速度采集单元的旋转编码器型号为 E6B2-CWZ6C。根据式（7.2）可知，旋转编码器分辨率与最大响应转速的关系。编码器的分辨率为 2000P/r，即电机每转动一圈（360°）编码器将发出 2000 个脉冲。最高响应频率为 100kHz，经计算极限响应转速为 3000r/min，可满足 DSCEM 的转速控制需求。

$$S_{max}(r/min)=\frac{f_{max}}{N}\times 60 \tag{7.2}$$

式中，S_{max}为最大响应转速，f_{max}为最高响应频率，N 为分辨率。

转矩采集单元选用的是 0264 型转矩传感器。通过传感器内部旋转与非旋转机械部件采集转矩信号，并转换成精确的电压信号，再将此电压信号反馈给控制器 DSP 构成转矩闭环。转矩传感器的电压信号输出范围是-5～+5V，可测量转矩范围为 0～500N · m，测量精度为 1/40，以上参数满足 DSCEM 的转矩控制需求。

7.2　系统软件设计

利用 C 语言在软件 CCS6.0 环境下，实现 SNAPID-DITC 策略的程序编译。系统软件设计主要包括主程序和各子程序的设计，下面予以具体说明。

1. 主程序与初始化子程序

主程序主要由初始化、循环及中断三部分组成。当程序开始运行后，GPIO、定时器、QEP、PWM 等模块需要进行初始化，否则程序无法开始执行。然后在循环模块内等待定时器中断信号的触发，中断响应后通过 ADC 与 QEP 模块采集转速、转矩电信号，最后将采集到的电信号作为系统的输入，主程序会不断地循环计算以实现对电机的实时控制。初始化子程序是在 DSP 上电后首先需对其各个模块、I/O 端口和中断进行初始化，此外还需进行变量说明和常数赋值。

2. i_p-DITC 与 i_f-SNAPID 控制子程序

图 7.14 和图 7.15 分别为 i_p-DITC 子程序流程图和 i_f-SNAPID 子程序流程图。针对单神经元与转矩滞环控制相结合的 SNAPID-DITC 策略在系统定时程序中的实现，主要是结合实时反馈的转子位置、转速以及转矩电信号，对单相导通区和换相区对 i_p 实施不同的滞环控制；同样结合反馈的转速电信号，通过辨识系统提供的梯度信息，实时修正神经元的连接权值，实现对电机转速的实时修正。

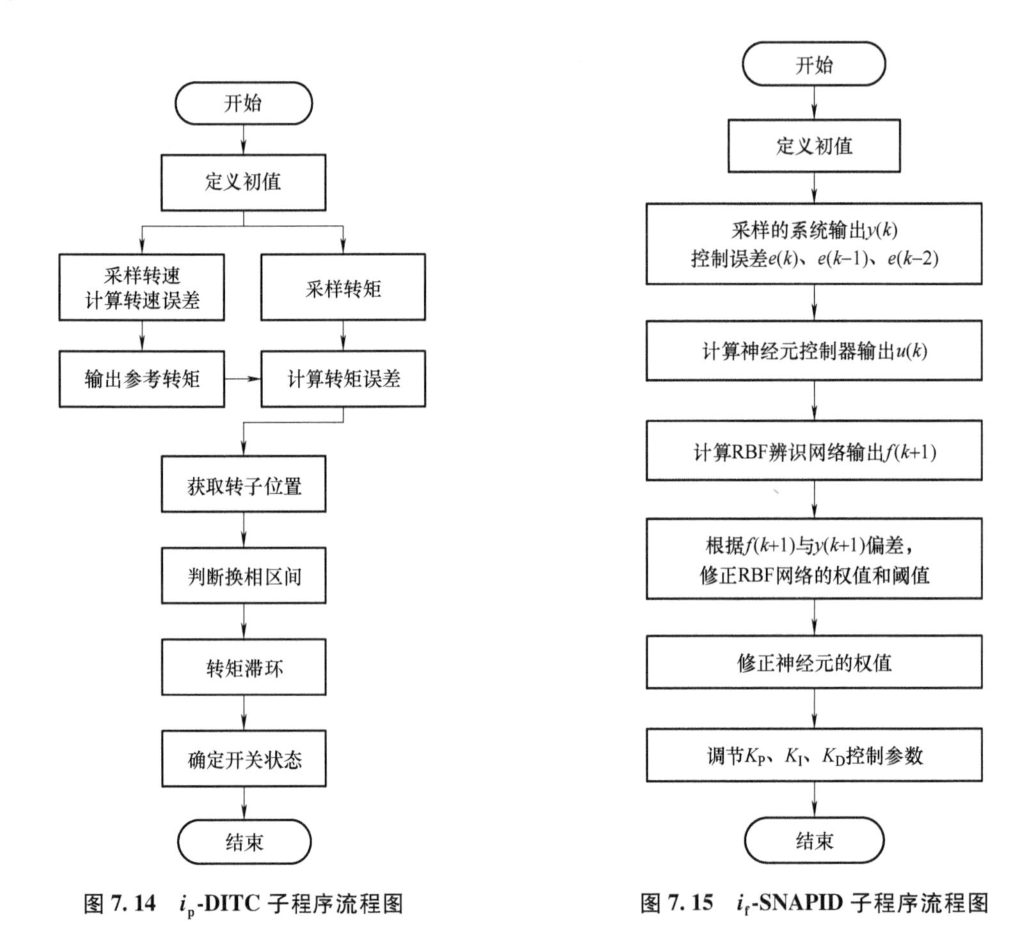

图 7.14　i_p-DITC 子程序流程图

图 7.15　i_f-SNAPID 子程序流程图

7.3　试验验证

在完成上述电机系统硬件与软件设计后，搭建 DSCEM 样机及其控制系统实验平台，如图 7.16 所示。其中，磁粉制动器为样机提供负载。并针对所提出的 SNAPID-DITC 策略进行与前面动态仿真相同的变速实际运行性能测试。

图 7.17 为转速跳变时 DSCEM 速度响应实验波形图。从图中可看出，无论是电机转速从 500r/min 跳变到 1500r/min，还是从 1500r/min 跳变到 500r/min，虽有较小超调，但系统都能在短时间内迅速恢复到稳定运行状态。

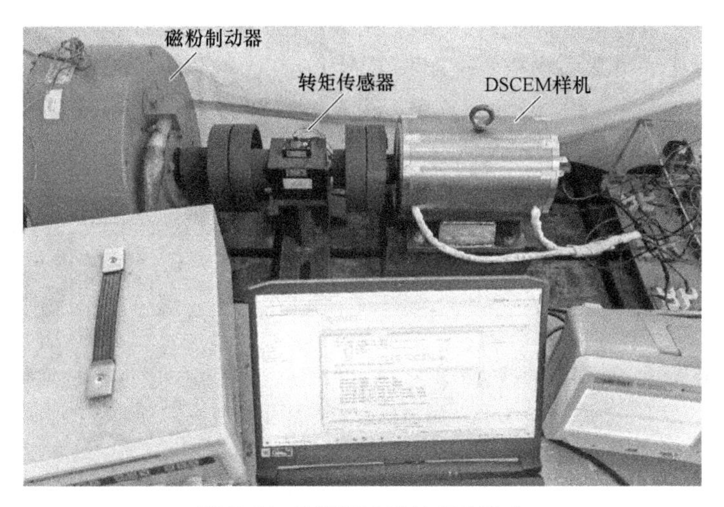

图 7.16　DSCEM 系统实验平台

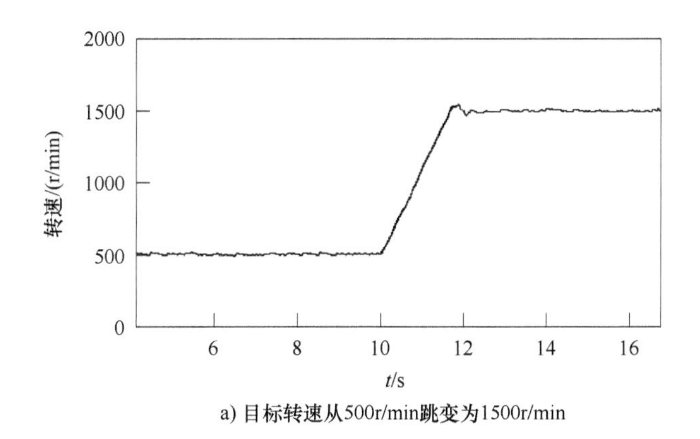

a) 目标转速从500r/min跳变为1500r/min

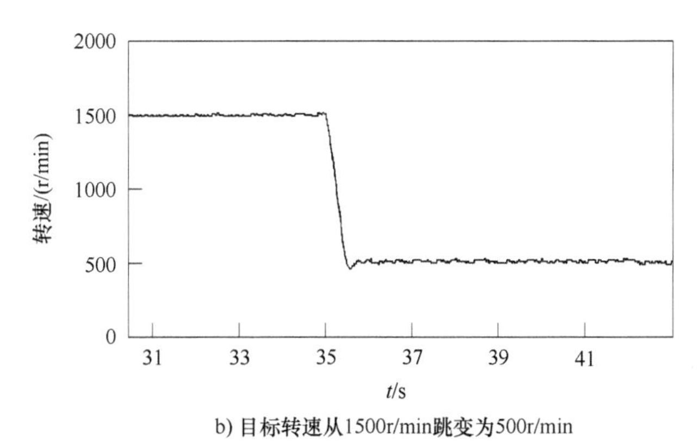

b) 目标转速从1500r/min跳变为500r/min

图 7.17　转速跳变时 DSCEM 速度响应实验波形

图 7.18 为在上述两种转速跳变过程中 i_f 的实验波形，可看出，电机稳定运行时，i_f 输出 6A 左右；当目标转速跳变为 1500r/min 时，i_f 输出调整为 8A 左右；当目标转速再跳变为 500r/min 时，i_f 输出调整为-6A 左右。i_f 的实验波形与前面仿真结果略有差别，这是因为电机高速运行时辅助线圈与电枢绕组的互感处于一个很高的水平。特别是 i_f 从 6A 增大到 8A

时，互感的高阻态会阻碍电流的上升，所以在图 7.18a 中 i_f 是缓慢增加到 8A 的。但 i_f 的整体趋势和作用与仿真结果基本吻合，证明 i_f 实现了 SNAPID 控制，实现了电励磁转矩对磁阻转矩的在线辨识补偿。

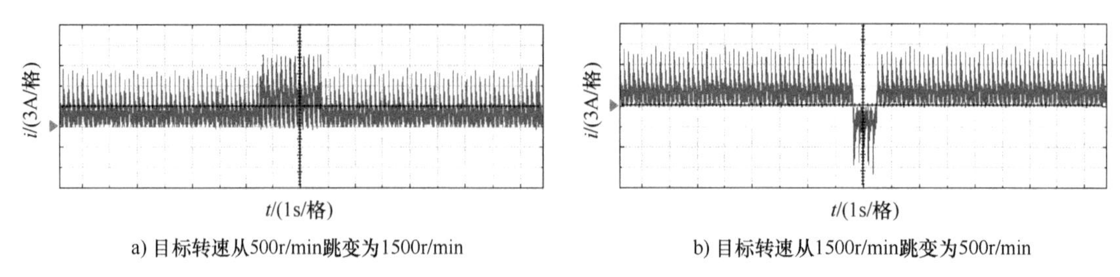

图 7.18　转速跳变时 i_f 的实验波形

图 7.19 为 $n=500\text{r/min}$、$T_L=10\text{N}\cdot\text{m}$ 的样机转矩、三相电枢电流实验波形，平均转矩脉动在 1.3 左右；图 7.20 为 $n=1500\text{r/min}$、$T_L=10\text{N}\cdot\text{m}$ 的样机转矩、三相电枢电流实验波形，平均转矩脉动在 0.6 左右；图 7.21 为 $n=1500\text{r/min}$、$T_L=47\text{N}\cdot\text{m}$ 的样机转矩、三相电枢电流实验波形，平均转矩脉动在 0.53 左右。在相同的负载转矩条件下，电机转速越高，转矩脉动越小。

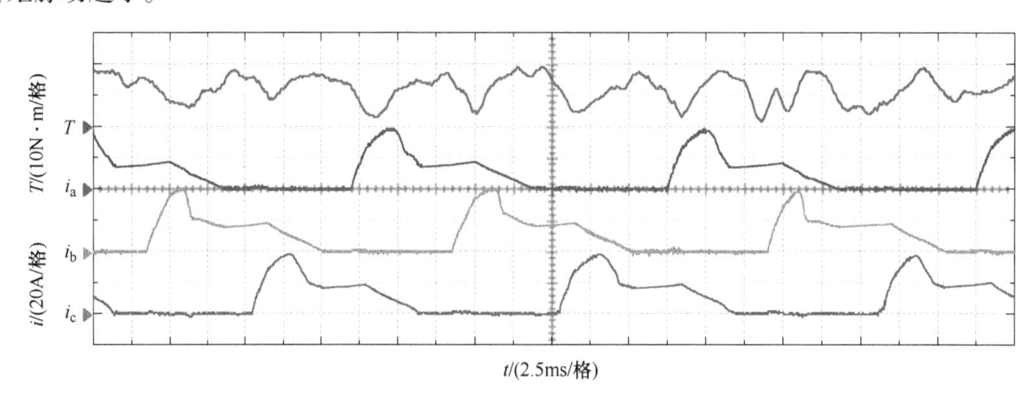

图 7.19　$n=500\text{r/min}$、$T_L=10\text{N}\cdot\text{m}$ 的样机转矩、三相电枢电流实验波形

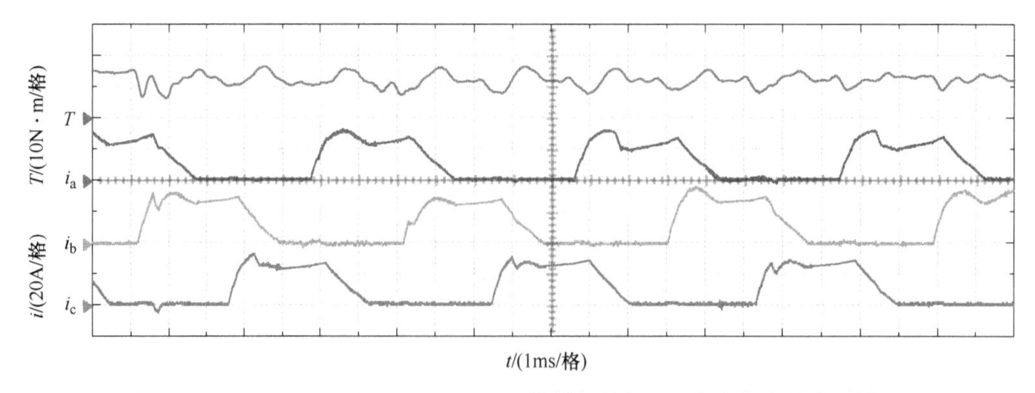

图 7.20　$n=1500\text{r/min}$、$T_L=10\text{N}\cdot\text{m}$ 的样机转矩、三相电枢电流实验波形

从中可看出，与仿真数据稍有偏差，这个偏差主要是由样机制作工艺精度不够以及现场

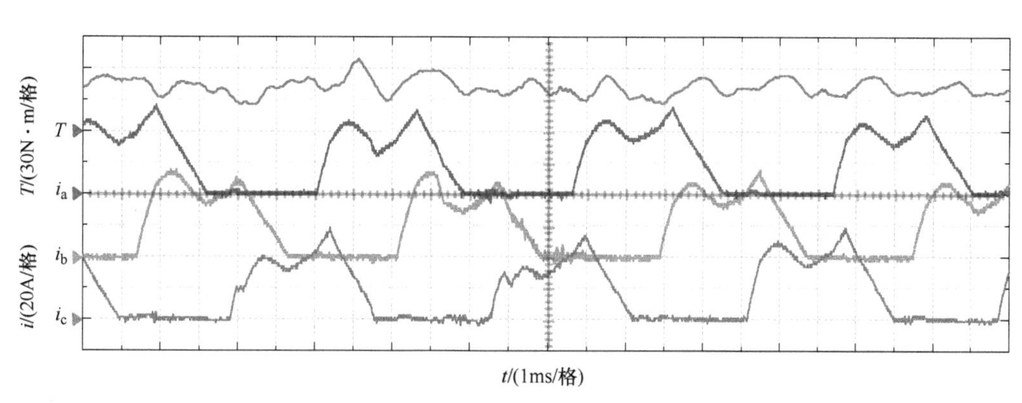

图 7.21　n=1500r/min、T_L=47N · m 的样机转矩、三相电枢电流实验波形

试验控制系统存在电磁干扰导致的。但实验数据与不同工况下的仿真波形大致相同，同时相对于 DSCEM 的初始设计（K_T 为 1.38）以及同容量级的双凸极电机来说，上述样机系统动态性能测试结果足以证明本章电机设计理论的正确性和 SNAPID-DITC 策略的有效性。

7.4　本章小结

本章主要阐述了以 DSP 芯片 TMS320F28335 为核心的 DSCEM 样机控制系统硬件和软件部分的设计与实现。

1）首先对 DSCEM 样机内部结构及其控制系统各个部分具体硬件构成及功能进行了详细介绍，同时也介绍了系统各功能模块具体的软件流程。在此基础上搭建系统实验平台，并对 DSCEM 样机及其 SNAPID-DITC 策略进行了变速动态性能测试。

2）实验数据与前面介绍的理论及仿真结果基本吻合。在转速发生跳变的情况下，电机系统的响应速度较快，并具有较强的抗干扰能力；实现了电励磁转矩对磁阻转矩的在线辨识补偿，抑制了转矩脉动。

Chapter 8

第8章 新结构双凸极电机高速化研究

基于高速电机行业发展的急需以及目前高速电机研究所面临的现实问题，针对高速磁阻电机和高速永磁电机的固有缺陷，借鉴前面的 DSCEM 模型，本章提出并研究一种新型特殊结构的高速电机：轴向永磁辅助磁阻型复合转子高速电机（High Speed Machine With Composite Rotor of Axial PM Assisted Reluctance，HSM-CR），目的在于从电机本体结构上解决高速磁阻电机和高速永磁电机的关键技术难题。

8.1 HSM-CR 结构与工作原理

本章所提出的额定转速 20000r/min、额定功率 3kW 的 HSM-CR，基本结构如图 8.1 所示。HSM-CR 主要由双侧定转子、转轴、定子导磁桥、转子导磁桥、永磁体等构成。其中，两侧定子径向对齐，两侧转子齿周向错开一定角度，从而实现两侧转矩的互补；永磁体为圆环形结构串联在定子导磁桥中间且为轴向充磁、磁通方向不交变。这种结构解决了传统高速开关磁阻电机定子轭部磁场交变造成电机铁耗较大的问题。电机轴向磁路如图 8.2 所示。

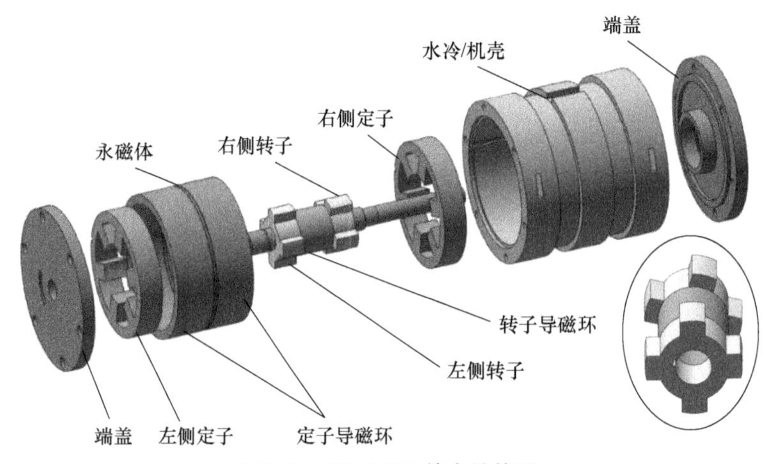

图 8.1 HSM-CR 基本结构图

电机为双组三相 6/4 极结构，左右两侧分别绕有 A、B、C 和 X、Y、Z 六相绕组，其中左侧绕组产生指向转子方向的磁场，右侧绕组产生反方向磁场，两侧绕组通电分别形成 S 极和 N 极；电枢磁场从一侧定转子经转子导磁桥到另一侧定转子，再与永磁体磁场叠加形成轴向磁场，两侧绕组单独控制，每侧额定电压为 135V。

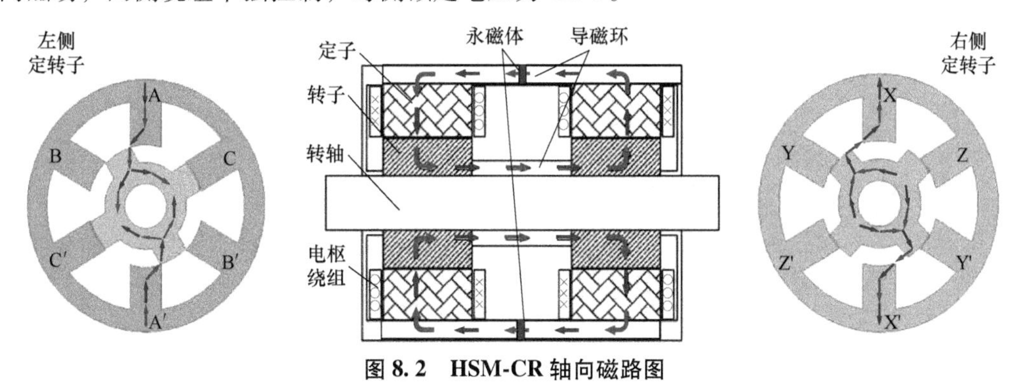

图 8.2　HSM-CR 轴向磁路图

当定子 A 相通入励磁电流时，在 A 和 a 这两个凸极上的绕组反相串联的情况下，单侧定子将形成一个单极磁场，如图 8.3a 所示。假设在定子 A 相凸极上形成 N 极，则另一侧对应定子 X 相凸极上形成 S 极，如图 8.3b 所示，由于两侧原理基本相同，只讨论单侧定子内磁场分布。在靠近定子 A 相两个定子凸极的转子凸极上将感应出 S 极磁场，并受到一个逆时针方向的磁阻转矩 T_{em}，使转子凸极转向对齐位置，即使得 A 相励磁磁动势所形成的磁路其磁阻成为最小，自感成为最大。当转子某一齿转到对齐位置后，磁阻转矩基本为零，如图 8.3c 所示。接着 A 相关断，B 相导通，于是定子的励磁磁动势及 N 极将“移动”到 B 相绕组轴线处，如图 8.3d 所示。这时转子齿上会受到一个逆时针方向的磁阻转矩 T_{em}，使得转子凸极转向对齐位置，以此类推。

若三相线圈电路按顺序依次开关，转子对应齿将受到一个圆周方向的电磁拉力，换相后逐渐使转子旋转。这便是 HSM-CR 的运转原理。应当关注的是，如果定子绕组通电相按照 A-B-C 通断，那么电机将逆时针运行，相反地，如果线圈按照 C-B-A 通断，那么电机将顺时针运行，转子的旋转方向一直与相绕组换相方向相反。

开关磁阻电机转矩必须在电感上升区产生，在电感下降区到来之前尽量完成绕组续流，以免产生制动转矩。因此，传统开关磁阻电机换相时一相绕组续流而下一相绕组刚起动，不可避免地产生转矩跌落。为解决开关磁阻电机的这一缺点，本章首先在无永磁体辅助励磁的条件下，设计了一台轴向磁通高速磁阻电机，在此基础上将两组转子凸极在周向上错开一定机械角形成转子错角高速磁阻电机（HSM-CR）。根据步距角公式，得到 HSM-CR 的步距角（θ）为 30°，即一相通电周期内，转子转过 30°。因此，若一侧绕组换相时另一侧刚好处于峰值转矩区域，当两侧六相相继导通后可得到更加平稳的转矩波形。转子错位角应为 15°。

电机电感曲线如图 8.4 所示。根据电感曲线变化规律可以确定 HSM-CR 的通断角度：$\theta_{on}=\theta_u$，$\theta_{off}=\theta_{hr}$。单相励磁时关断角由下式计算：

$$\theta_{off}=\frac{1}{2}\left(\frac{2\pi}{N_r}-\beta_r\right)+\theta_{on} \tag{8.1}$$

式中，N_r 是转子齿数；β_r 是转子极弧；θ_u 为电感最小位置角。根据电机结构选取开通角度 $\theta_{on}=\theta_u=0°$、$\theta_{off}=30°$，因此电机导通角为 30°。

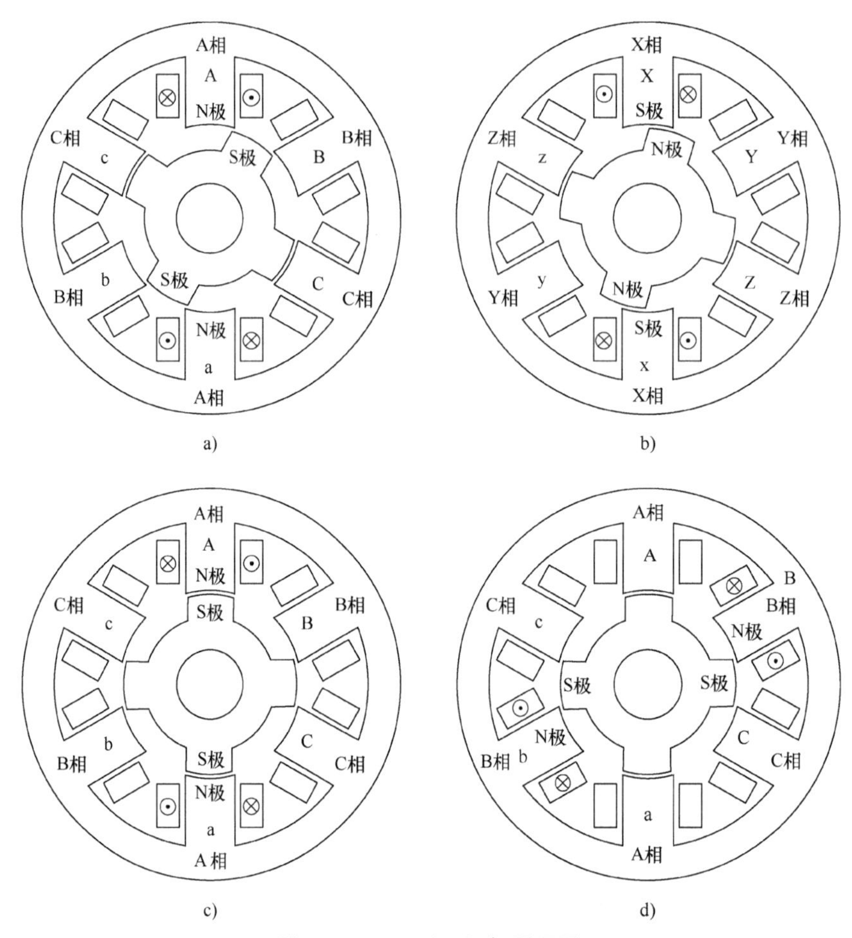

图 8.3　HSM-CR 运行原理图

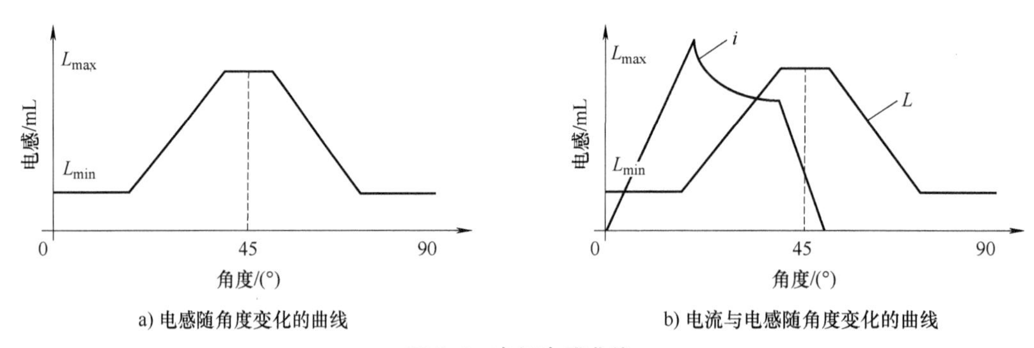

a) 电感随角度变化的曲线　　b) 电流与电感随角度变化的曲线

图 8.4　电机电感曲线

8.2　HSM-CR 设计与电磁场分析

8.2.1　HSM-CR 设计

前期轴向磁路设计是抛开永磁体如何嵌入的问题而单纯考虑轴向磁路的设计过程，并且该电机双凸极结构以及运行机理均与磁阻类电机相类似，因此，关于 HSM-CR 的本体轴向磁路前期设计可以借鉴经典开关磁阻电机的设计流程，即“电机 1”的设计流程。然后将“电机 1”转化为“电机 2”，即磁路由经典径向磁路转换为轴向磁路的过程。

“电机 1”的设计首先要初步确定电机的电磁负荷，然后根据额定转速、额定功率等设计目标通过经典开关磁阻电机的输出方程来初步确定电机的体积，根据所得体积进而初步估算电机转子尺寸、定子尺寸等。针对初步确定的电机尺寸在有限元软件 Maxwell 的 RM 模块中搭建磁路计算模型，针对电磁性能以及设计目标进行仿真分析，进而不断修改估算的电机尺寸，直到各项性能满足设计要求。本章最终设计的电机 HSM-CR 的设计目标如下：额定功率为 3kW，额定电压为 270V（DC），额定转速为 20000r/min，额定效率为≥83%，额定转矩为 1.42N·m，工作方式为连续运行。

1. 电机电磁负荷的选取

HSM-CR 的设计要求为连续工作制高速电机，即在额定工况下足以使电机达到热稳定。由于 HSM-CR 转速较高，设计使用风冷和水冷联合的方式。风冷方式的构造简单，成本低廉，但冷却效果较差；水冷方式效果好，可有效降低额定工作时的温度。由于 HSM-CR 是高速电机，为保证材料利用率高、可靠性较好，其电负荷的选取不宜过高。HSM-CR 是双凸极形式构造，并且包括双侧励磁绕组，从等效的角度分析，其电负荷 A 选用与“电机 1”相同。HSM-CR 属于中小型电机，故电负荷取中小型电机取值范围内的最小值，即 15000A/m。电负荷确定后直接影响电机转子直径，再通过额定转速 20000r/min 时各相绕组中的电流频率初步估算绕组线径，从而可以估算绕组中的电流密度 J，为方便在有限元软件中验算电负荷，需在设计之初估算匝数范围，再根据有限元仿真后得到的仿真电流密度进行尺寸微调。电流密度定义式为

$$J=\frac{I}{S_a}=\frac{1}{S_a}\cdot\frac{\pi D_a A}{qN_{ph}} \tag{8.2}$$

式中，S_a 为铜线截面积，D_a 为转子外径，q 为电机相数，N_{ph} 为绕组匝数。而电流密度 J 的取值范围则根据冷却方式及绝缘等级有不同的范围，本电机根据风冷电机要求设计，将电流密度范围控制在 5~8A/mm^2，绝缘等级选取越高，设计的电机额定运行时电流密度就越大，反之，电流密度就越小。

普遍的传统开关磁阻电机运转到定转子齿部重合时其定子齿部平均磁通密度 B_{ps} 范围一般在 1.3~1.7T 之间，故由式（8.2）可计算得 6/4 极磁阻电机的 B_δ 取值范围一般在 0.36~0.62T 之间。本项目 B_δ 取 0.4T。同理，为使有限元仿真微调方便，计算得出 B_{ps} 约为 1.4T。

2. 电机主要尺寸的确定

HSM-CR 的结构中主要尺寸为：定子外直径 D_s、转子外直径 D_a、轴径 D_i、定子齿极弧 β_s、转子齿极弧 β_r、定子轭厚 h_{cs}、转子轭高 h_{cr}。这些尺寸都与“电机 1”相同。单侧铁心长 L_d 则是“电机 1”铁心长度的一半。三相 HSM-CR 单侧定转子结构主要参数如图 8.5 所示。

根据前述设计过程，电机的大体尺寸初步确定，此外，还有电机绕组匝数没有确定，由于匝数在有限元仿真时需要不断调整修正，故只预设电机绕组匝数为 50 匝，有限元仿真后

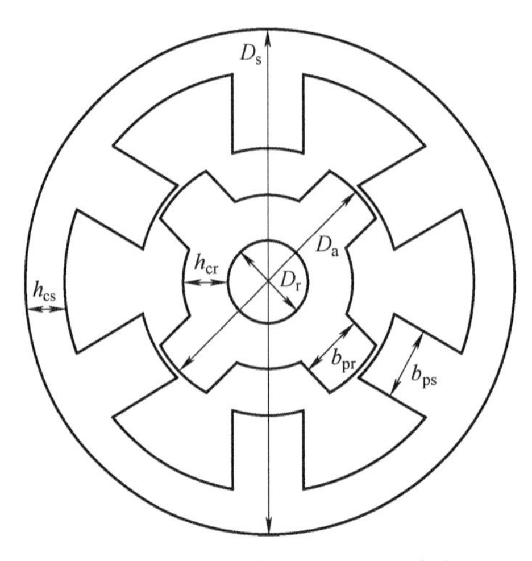

图 8.5　单侧定转子结构主要参数

经过不断修改各部分尺寸参数得到更符合设计要求的电机各部分尺寸大小以及经过仿真修改后的绕组匝数，此时叠压系数暂取为 0.97。表 8.1 为“电机 1”初步设计的尺寸参数。

表 8.1　“电机 1”初步设计的尺寸参数

项目	设计值	项目	设计值
定子外径	98mm	定子极弧	32°
转子外径	49mm	转子极弧	30°
定子轭高	8.84mm	定子极数	6
转子轭高	8.82mm	转子极数	4
铁心长度	39mm	相数	3
气隙长度	0.4mm	转轴直径	18.4mm
绕组匝数	50 匝	叠压系数	0.97

经过有限元软件 Maxwell 中 RM 电机磁路仿真模块仿真并调整相关参数后得到“电机 1”的最终参数，见表 8.2。需要说明的是，调整后的电机槽满率为 57%，大于 50%，与常规集中绕组电机相比过高，但由于后期电机分层和转子周向错角需要减少绕组匝数，此处可以略大于 50%。

表 8.2　“电机 1”修正后的参数

项目	设计值	项目	设计值
定子外径	105mm	定子极弧	32°
转子外径	50mm	转子极弧	30°
定子轭高	8.84mm	定子极数	6
转子轭高	8.82mm	转子极数	4
铁心长度	41.5mm	相数	3
气隙长度	0.4mm	转轴直径	18.4mm
绕组匝数	44 匝	叠压系数	0.97

“电机 1”参数确定后前期设计工作就基本完成，将“电机 1”转换为“电机 2”再由“电机 2”转换为 HSM-CR 不嵌入永磁体需要根据 Maxwell 三维瞬态模块做绕组参数化处理，由于此转换过程只参数化绕组匝数以控制电流有效值保持不变，在此不再赘述，直接给出参数化后和转子周向错角后的 HSM-CR 不嵌入永磁体参数见表 8.3。与表 8.2 相比，虽然只有绕组匝数发生变化，但实际上电流波形图及磁路都有微小的变化，此过程为保证电机额定功率等额定参数不会有太大变化，所以要控制电流有效值大小基本不变，这样既符合效率体积比不变的合理性，又使槽满率有一定下降，使之符合常规集中绕组的槽满率范围。铁心长度由 41.5mm 变为两个 21mm 长度主要是因为将电机分层后铁心长度要减小为原来的一半，而硅钢片厚度取 0.5mm，为了保证硅钢片数量为整数，铁心长度取 21mm。

表 8.3　HSM-CR 的参数

项目	设计值	项目	设计值
定子外径	105mm	定子极弧	32°
转子外径	50mm	转子极弧	30°
定子轭高	8.84mm	定子极数	6
转子轭高	8.82mm	转子极数	4
铁心长度	21mm×2	相数	3
气隙长度	0.4mm	转轴直径	18.4mm
绕组匝数	35 匝	叠压系数	0.97

8.2.2　HSM-CR 电磁场仿真分析

HSM-CR 的设计初衷是为了提升经典开关磁阻电机的性能，在仿真时为了便于阐述各相性能的提升大小，本章会将经典开关磁阻电机即“电机 1”与 HSM-CR 的各相性能进行对比，这样可以直观地了解到 HSM-CR 的各相性能。仿真包括静态性能分析与动态性能分析，而动态性能分析又分为起动性能与额定转速下的仿真分析。最后经过调整开通关断角及电流斩波等得出 HSM-CR 的特性曲线。

1. HSM-CR 静态仿真分析

静态特性分析主要目的是观测 HSM-CR 在不同输入电流、不同转子位置角下的输出转矩、线圈电感以及其所对应的磁链曲线。由于 HSM-CR 是三相双凸极结构，并且电能输入需要依赖互相独立工作的集中式绕组的相继通断，故其线圈之间的互感可以忽略。由于磁阻类电机的运行机理是通过励磁线圈的电感变化反映的，仅需研究定子的一相绕组，然后进行简单叠加即可。仅单相线圈导通时，可通过有限元静态仿真求解求出不同励磁电流与不同转子位置所对应的静态特性曲线。

由于上述三种曲线的绘制均需要分析电流 i 和角度 θ 两个变量，仿真时发现重复性较大。为提高仿真速度，在此采用参数化有限元仿真法，即将一相绕组电流当作变量，转子转速设置为 1°/s，由于转速很低，电机旋转引起的反电动势忽略不计。电机转子旋转一个周期 90°时所得不同电流的磁链、转矩和电感数据，即为不同电流下的磁链、转矩和电感参数。

通过电磁场有限元仿真，研究转子相对定子不同位置下以及不同励磁电流下的磁链、转矩和电感变化对于深入理解该类电机是有很大帮助。

（1）磁链特性曲线

根据上述动态仿真方法，对电机绕组相电流实行参数化仿真扫描，从而得到电机磁化的曲线，如图 8.6 所示。随着转子空间相对位置和电机相电流的变动，HSM-CR 的磁化曲线是由线性过渡到非线性。磁路处于不饱和位置时（在转子位置角度较小时），磁链曲线与绕组相电流的变换规律可以看作线性正相关；磁路处于饱和位置时（在转子位置角度较大时），磁链与相电流非线性很明显，磁链随电流的增加而变大，但变化程度较上一阶段不明显；转子位置角度大于 30°时，电机磁场出现严重过饱和的状况，磁链曲线非线性严重，磁链随电流的增加而变小。

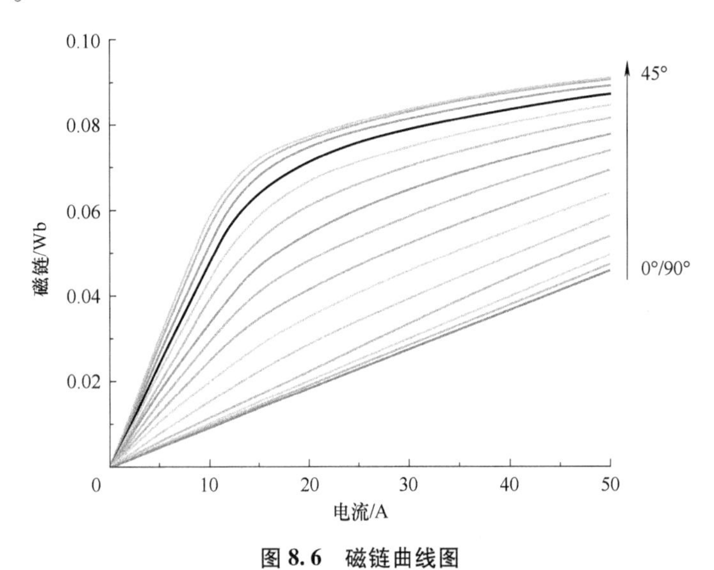

图 8.6 磁链曲线图

（2）电感特性曲线

采用上述方法，整理出的电感曲线簇如图 8.7 所示，随着转子的旋转，通电线圈的电感呈现周期性循环，可看出磁阻类电机转矩发生原理。相电感变化周期为转子的齿间距角 θ_r（$\theta_r=360°/N_r$），也为矩角特性曲线的周期角。相电流为恒定值时，电感波形随转子旋转呈现周期性循环的规律。通电线圈的电感 $L(I,\theta)$ 曲线在 $\theta=0°$ 和 $\theta=90°$ 时最小；在 $\theta=45°$ 时，相电感 $L(I,\theta)$ 曲线取得最大值。

（3）矩角特性分析

不同电流下 HSM-CR 的电磁转矩与转子位置角度 θ 的变化关系大体一致，通过仿真软件得到的一系列两者之间的关系曲线，通常称之为电机的矩角特性。对于一种新型电机，研究其矩角特性是设计的基石。在研究磁阻类电机的带载情况、转矩波动大小、起动时转矩控制以及电机定转子构造的优化等方面，可以通过分析电机的矩角特性来实现。依旧采用上述动态仿真方法，相电流初始值为 0A，步长为 5A，终值为 50A。有限元软件瞬态仿真解析得出其曲线如图 8.8 所示。在线圈输入电流不变时，随着转子的变化，转矩呈现近似正弦变化规律，表明矩角特性曲线的周期为某单相通电情况下转子转过的位移角 θ_r。

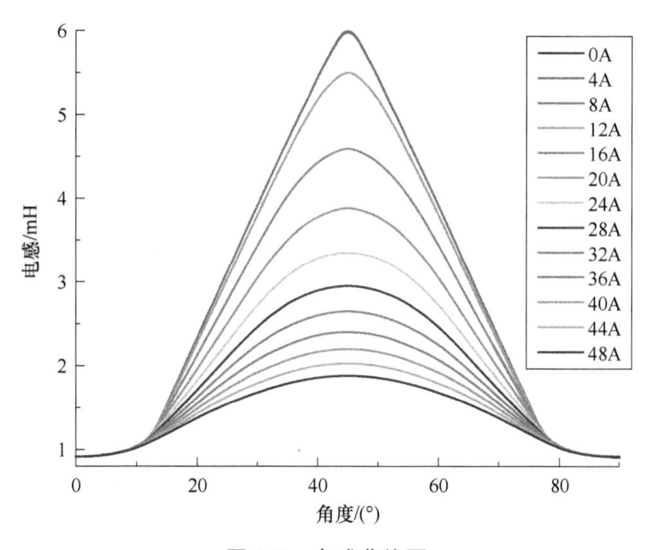

图 8.7　电感曲线图

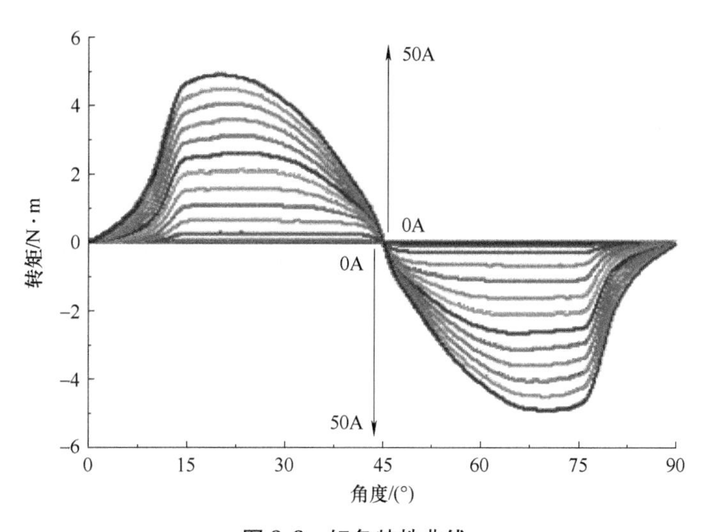

图 8.8　矩角特性曲线

由于 HSM-CR 是对称结构，单侧各相对应的转矩曲线完全相同，只在空间上相距一步距角度 $\alpha_p = 360°/mN_r = 30°$，$\alpha_p$ 是电机步距角，m 是电机相数。转子位置角在 0°和 45°以及 90°时转矩为 0N · m，0°到 45°时电机转矩为正，45°之后转矩为负。如图 8.8 所示，不同电流下的转矩曲线大致相同，但是小电流相比大电流，转矩能在较大转子位置角区间内维持高转矩，此时各相合成电磁转矩脉动小；线圈电流高，大转矩区域变小且转矩迅速下降，此时合成转矩波动大，影响电机平稳运行，45°之后出现负转矩。因此要保证电机运行状况好，避免进入负转矩区，开关器件需在 $dL/d\theta<0$ 前完成续流。

2. HSM-CR 动态仿真分析

（1）额定转速下的仿真分析

在额定转速 20000r/min 下，经典开关磁阻电机转矩与 HSM-CR 未嵌永磁体时的转矩波形如图 8.9 所示，经典开关磁阻电机转矩最大值为 2.52N·m，最小值为 0.49N·m，在有限元仿真软件中取多个转矩周期计算得到的平均值为 1.4237N·m，计算得出转矩脉动为 1.43。而 HSM-CR 未嵌永磁体时转矩最大值为 1.78N·m，最小值为 1.09N·m，在有限元仿真软件中取多个转矩周期计算得到的平均值为 1.4212N·m，同理计算转矩脉动为 0.49。转矩脉动是传统磁阻电机的 0.34 倍。从转矩波形可以看出，HSM-CR 未嵌永磁体时转矩频率是经典开关磁阻电机的 2 倍，这是由于转子周向错角削弱转矩脉动导致的。

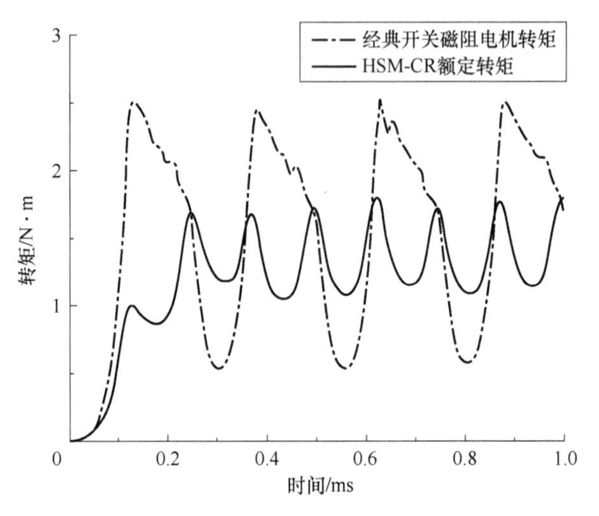

图 8.9 错角转矩波形对比

当 HSM-CR 嵌入永磁体时，其转矩波形与未嵌入永磁体时转矩波形图的对比，如图 8.10 所示，加入永磁磁钢之后，其转矩最大值变成 1.84N·m，最小值变成 1.21N·m，在有限元仿真软件中取多个转矩周期计算得到的平均值是 1.4972N·m，用上述方法计算转矩波动为 0.42。对比未嵌入永磁体时，转矩频率不变，平均转矩提升了 0.076N·m，是未嵌入永磁体时的 1.0535 倍。即使转矩最大和最小值的差并无很大变化，但因为平均转矩的略微提升，所以转矩脉动也减小一些。通过有限元仿真分析，HSM-CR 嵌入永磁体时铁耗为 315W，铜耗为 47W，计算得出电机效率为 85.32%；而“电机 1”的铁耗为 285W，铜耗为 40W，计算得出电机效率为 84.72%。可见 HSM-CR 在嵌入永磁体后铁耗增加了 30W，铜耗增加了 7W，效率提升了 0.6 个百分点。

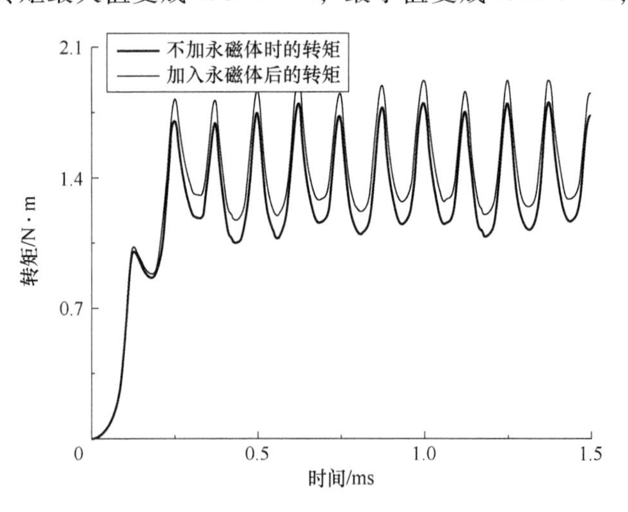

图 8.10 有无嵌入永磁体时的转矩波形

在 HSM-CR 外电压为额定电压 270V、额定转速为 20000r/min 运行时单侧电流的波形如

图 8. 11a 所示。电流最大值约为 22. 5A，有效值为 11. 7A。电流在上升区由于电感较小，上升速度较快，变为最大值之后因为磁路的饱和、电感很大，电流会有一定下降。当转子转到关断角度时，由于绕组电感存在续流过程，电流下降较缓慢。

单侧绕组在转速 20000r/min 时，电感波形如图 8. 11b 所示，从图中可以看出，电感最大值为 1. 86mH，最小值为 0. 4mH，电感最大值与最小值比为 4. 65。电感波形较为平滑，电感上升区电感对时间的导数即斜率较大，对形成转矩有较好的效果。图 8. 11c 为本章设计的 HSM-CR 额定转速 20000r/min 运行时单侧磁链波形图。

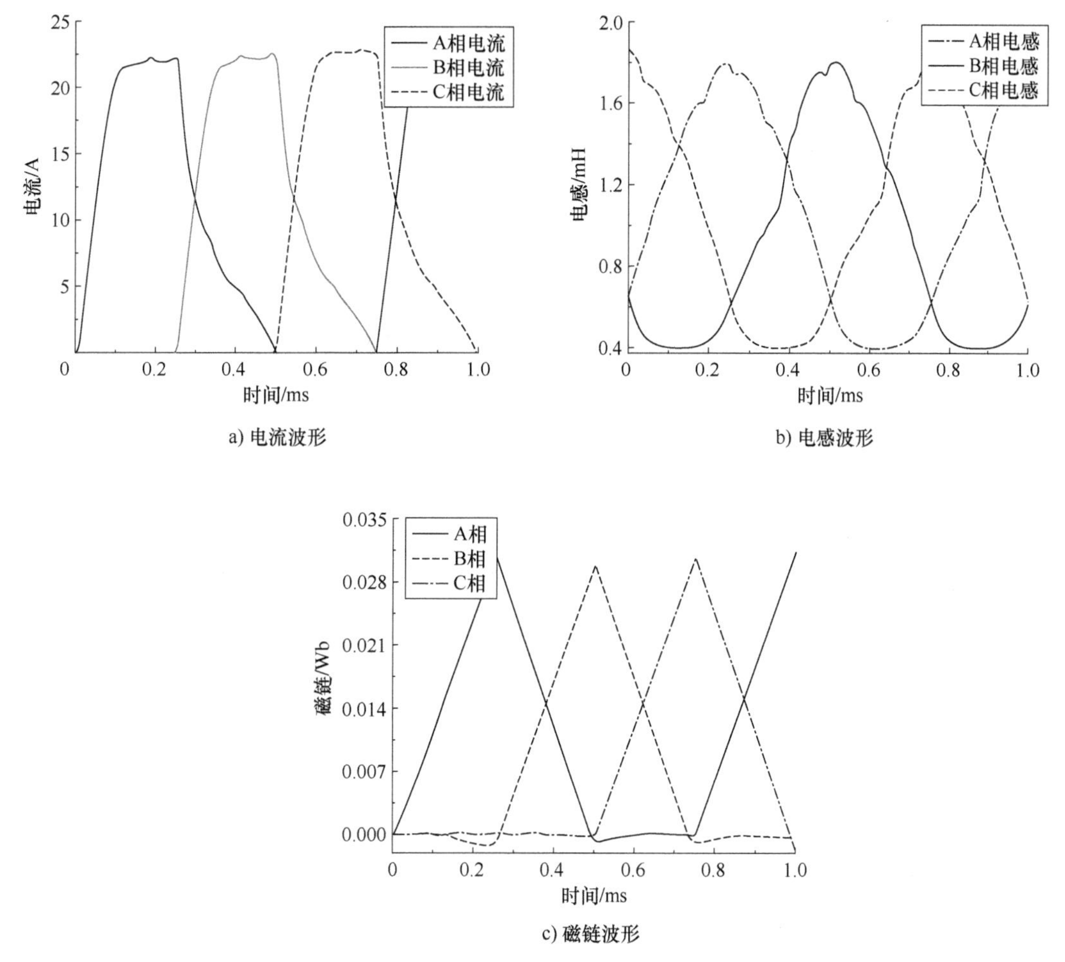

图 8. 11　HSM-CR 额定转速下的单侧波形

（2）起动状态下的仿真分析

HSM-CR 在起动时转速从 0r/min 到 20000r/min 过程中采用电流限流的方式以保证控制器件及电机绕组不会被烧坏。在额定转速时电流的最大值为 22. 5A，为了能正常起动，我们限制电流最大值在 35A。起动过程主要分析电流、转矩、转速的变化。下面详细分析电机起动运转过程中的转矩、电流、转速波形以及通过与经典开关磁阻电机对应性能的对比来分析 HSM-CR 的性能指标。

当起动电流最大值限制在 35A 时，控制电流在导通角度内到达 35A 则关断，小于 25A

则开通，但是由于有限元仿真的不连续性以及仿真步长的影响导致电流波形出现尖峰及毛刺，如图 8. 12a 所示，由于电流波形较密集，所以只给出单侧电流变化的情况，由于起动过程中转速的上升使得转子经过每相绕组电流的开通角度 30°的时间越来越短，在电流波形里体现为每一相电流宽度越来越窄。若仿真步长再细化，则使得在低速运行时电流呈方波形状。

当电流最大值限制在 30A 时其起动转矩波形如图 8. 12b 所示，由于在仿真时对电流有不断的开通关断过程，所以转矩也随着电流的通断进行有规律的振荡。限流起动时平均转矩值是 1. 5N · m，符合本电机设计要求中额定转矩的要求，这是由于限流最大值 30A 仅略大于额定运行时电流最大值 24A 所导致的，这也验证了电机起动时运行在恒转矩区间的特性。

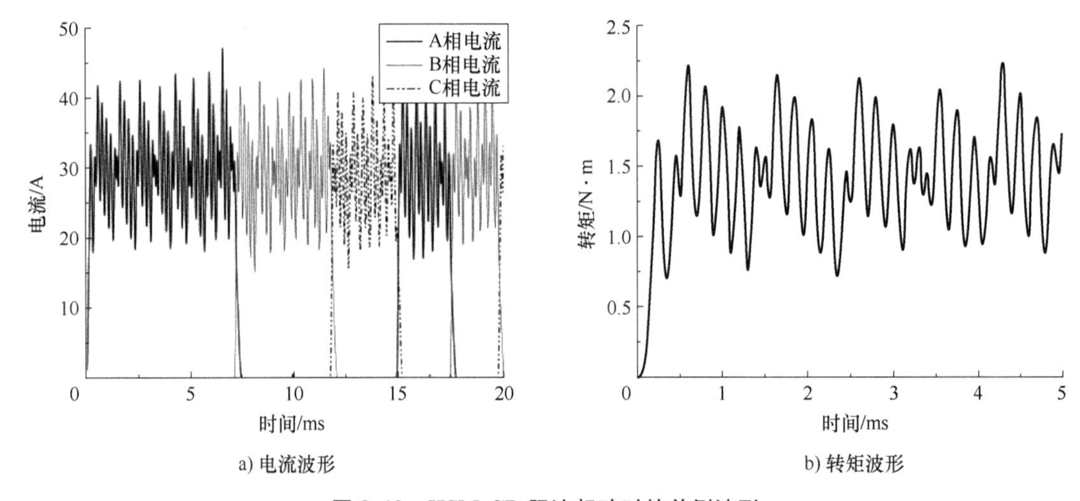

a) 电流波形　　b) 转矩波形

图 8. 12　HSM-CR 限流起动时的单侧波形

在实际电机起动时可以在保证开关器件不受损害的情况下适当加大电流的限制值以便于更快速的起动。图 8. 13a 为 HSM-CR 限流起动时的转速波形，图 8. 13b 为电机起动时转速随时间的变化关系曲线。

从图 8. 13a 中可知，在 160ms 时电机达到额定转速 20000r/min 并且仍有上升的趋势，这是因为限制电流的大小在额定转速时已经不适用，需要进一步控制电流开通关断角度来控制电机的功率不变，使电机从恒转速区过渡至恒功率区。

为了便于比较经典开关磁阻电机与 HSM-CR 起动的响应速度，在有限元软件中通过不限制电流最大值进行电机的瞬态起动仿真分析，得到电机起动时转速随时间的变化关系曲线，如图 8. 13b 所示。从图中可知，HSM-CR 在不限流起动时转速上升较快，电机响应速度较快。这主要是由于转子周向错角后 HSM-CR 在起动时两侧通电绕组定子极对转子产生的磁拉力比经典开关磁阻电机产生的磁拉力大，转子周向错角后由于转子两侧受力不均匀，在起动时总有一侧有较大的磁拉力；而传统磁阻类电机起动时由于转子高度对称，受到磁拉力较小，所以起动较慢。转子周向错角的另一个优点是减小了转速脉动，HSM-CR 在不限流起动时转速波形几乎没有较大的振荡形状，而传统磁阻类电机会有十分显著的转速脉动，所以转子周向错角不仅使电机起动响应较快，而且很大程度上减小了转矩脉动和转速脉动。

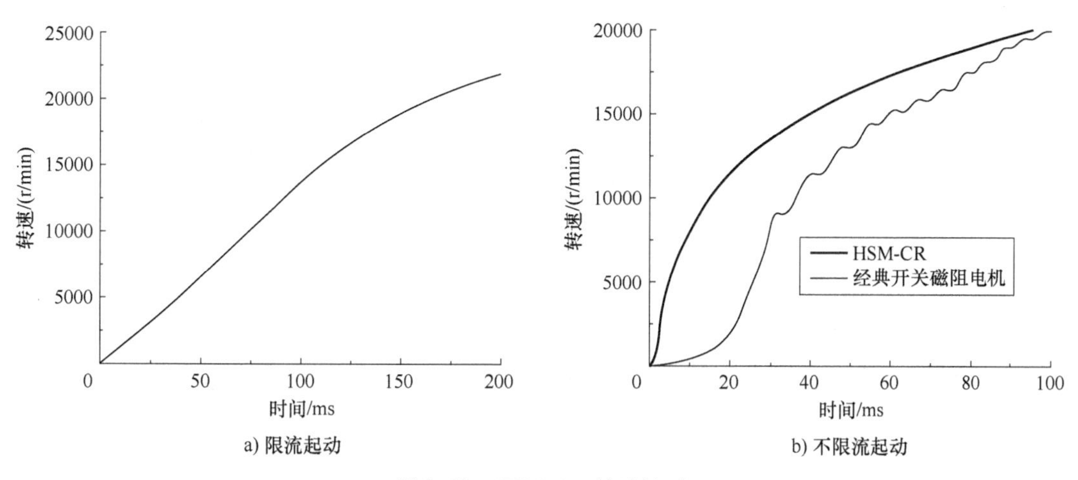

a) 限流起动　　b) 不限流起动

图 8.13　HSM-CR 转速波形

8.3　HSM-CR 振动噪声与转子应力分析

8.3.1　HSM-CR 定子模态分析

研究固有频率的主要方法有解析式法和能量法。解析式法通过机电类比的方法，得到固有频率的解析式，缺点是结果的精度较差。能量法使用最多的是傅里叶级数法和有限元法，两者的共同点是都无法得到解析解，只能得到数值解；区别在于在定子结构对称时，傅里叶级数法求解的精度能达到工程的要求，有限元法可以适用不规则的定子形状，求解结果精度较高。

HSM-CR 具有双定、转子特殊性结构，而且都于转轴中线对称，为了简化计算结果，选择单侧定子进行分析求解，图 8.14 所示为定子三维模型的建立（定子铁心为硅钢片。材料属性：杨氏模量 E，取值为 $2.07\times10^{11}\ \mathrm{N/m^2}$；泊松比 v，取值为 0.30；密度 ρ，取值为 $7800\mathrm{kg/m^3}$）。定子的模态分析是抑制噪声电机必要的条件，本章使用 ANSYS 软件搭建 6/4 极电机的 3D 几何模型和有限分析模型，将定子外径上均匀开 6 个槽，为模拟工程实际情况，

a) 几何模型

b) 有限元网格剖分

图 8.14　定子三维模型

将 6 个槽加载固定约束，通过模态分析求解了定子前六阶 $m=1$、2、3、4、5、6 的固有频率所对应的模态振型，如图 8.15 所示。

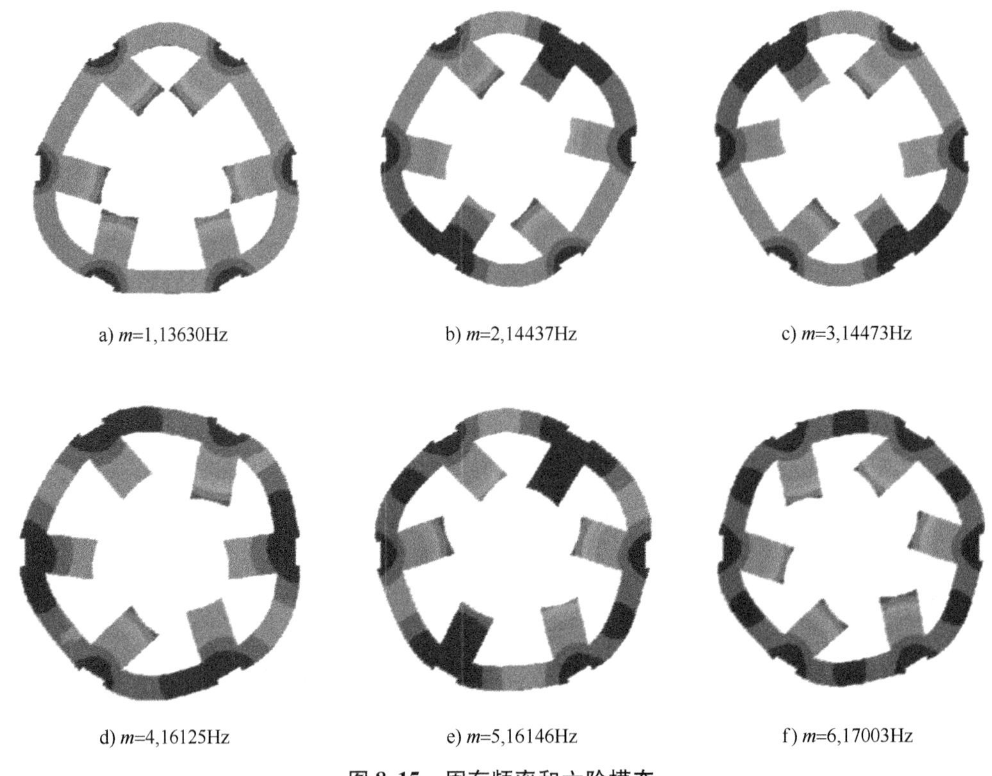

a) m=1,13630Hz　b) m=2,14437Hz　c) m=3,14473Hz

d) m=4,16125Hz　e) m=5,16146Hz　f) m=6,17003Hz

图 8.15　固有频率和六阶模态

根据对 HSM-CR 的定子模态分析结果来看，1 阶的模态振型主要使定子发生径向的振动，2、3 阶的模态振型主要使定子产生整体轴向的振动，4、5、6 阶的模态振型引起定子发生弯曲振动。在设计电机本体和选择功率变换器时，要参考定子的固有频率，以免电机在正常工作中产生强烈的振动噪声，导致电机的运行性能达不到期望的标准。如果前 6 阶模态的结果无法满足对电机本体参数的分析，可以在模型分析中扩展模态，直到到达预期的结果。

8.3.2　不同转子结构应力分析

转子错角能够降低转矩脉动，同时也可以减小径向力。转矩的形成靠着磁拉力线不断地扭曲改变，周而复始地使电机旋转。通过 Maxwell 张量法，运用有限元仿真得到两种结构的径向力对比曲线，如图 8.16 所示。

从径向力的对比曲线图分析得到，在同等圆周长度下，转子极和定子极恰好处于对齐位置，转子不错角达到的最大径向力幅值是 2.11×10^6N，转子错角达到的最大径向力幅值是 4.0×10^5N，两种结构之间相差 5 倍多，所以转子错角能够大幅度地削弱径向力，减小电机振动的影响。为了进一步了解两种结构对电机定子的影响，还需要对定子谐响应仿真，分析振动变形情况。

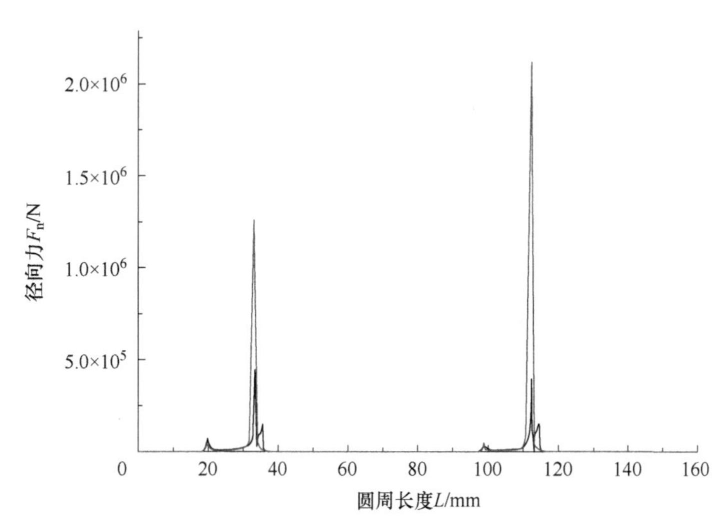

图 8.16　径向力对比曲线

8.3.3　HSM-CR 的谐响应分析

HSM-CR 的谐响应分析过程是通过将电机在 Maxwell 中进行瞬时动态仿真，根据上述过程，应用麦克斯韦理论求解齿部电磁力分布，将有限元中圆周上的径向磁密和切向磁密进行积分，获得时域内的电磁力。依据谐响应的分析基础，将 Maxwell 求解出的电磁力转化为频域内的电磁力，作为激励源加载到搭建好的三维模型定子齿上，应用有限元谐响应模块对定子进行振动分析。

运用 ANSYS Maxwell，将 HSM-CR 的定子齿重新进行切割和网格加密，目的是得到更加精确的时域的电磁力分布情况，将切割后的定子齿进行激活谐响应的分析耦合功能，基于 Maxwell 张量法，自动求解定子齿尖受到的电磁力分布的情况，将 Maxwell 计算得到的时域中的电磁力，通过谐响应模块自动转化为频域内的电磁力，作为外加的激励源加载到定子齿尖上，分析定子的振动变形，如图 8.17 所示。

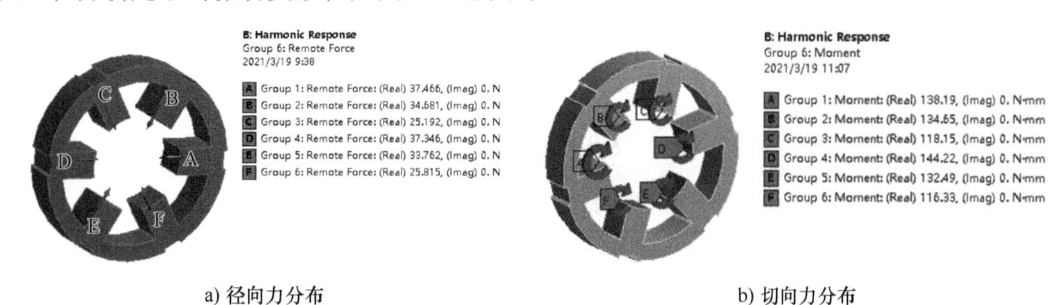

a) 径向力分布　　b) 切向力分布

图 8.17　定子齿的电磁力分布

HSM-CR 的谐响应，主要将转子错角和转子不错角结构的电机进行仿真对比分析，都将电磁力作为激励源加载到定子齿面，对比两种结构产生的应力和形变的结果，如图 8.18 所示。

从图 8.18 的对比图可知，转子错角和转子不错角的定子齿上单位面积所受到的最大应力值分别为 $P=0.00386\text{MPa}$ 和 $P=0.0613\text{MPa}$，定子的最大变形量分别为 $x=1.368\times10^{-8}\text{mm}$ 和 $x=3.07\times10^{-7}\text{mm}$。从应力和应变最大值的比较来看，转子错角的结构要比转子不错角的结构应力和应变都要小，所以也验证了转子错角比转子不错角的转矩脉动小，产生的振动程度较弱。

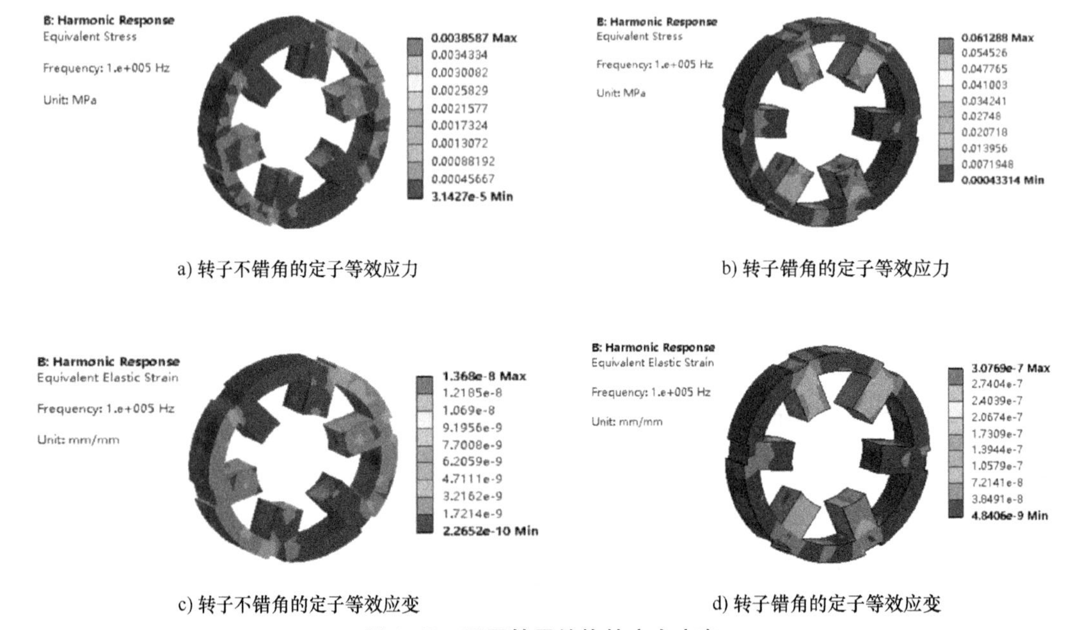

a) 转子不错角的定子等效应力　　b) 转子错角的定子等效应力

c) 转子不错角的定子等效应变　　d) 转子错角的定子等效应变

图 8.18　不同转子结构的应力应变

8.3.4　HSM-CR 噪声分析

电磁噪声是电机的振动产生的，电机旋转使其定子在径向受到不平衡的力，当径向力的频率与定子频率相近时，电磁噪声最大，使定子机壳发生形变，引起机壳周围的空气分子发生振动，以波的形式辐射到各个方向。

对于电磁噪声的分析，学者们主要研究的是声压级，简称声压，其是有效值声压和参考值声压的比值的对数，可表示为

$$L_{\mathrm{p}}=10\log\frac{P_{\mathrm{e}}^{2}}{P_{0}^{2}}=20\log\frac{P_{\mathrm{e}}}{P_{0}} \tag{8.3}$$

式中，L_{p}为声压级（dB），P_{e}为有效声压，P_0为基准声压。

有效值声压也可以用瞬时声压来表示，可表示为

$$P_{\mathrm{e}}=\sqrt{\frac{1}{T}\int_{0}^{T}p^{2}\mathrm{d}t} \tag{8.4}$$

当有多个声源时，可以进行声能量的叠加，由于噪声由不同的声源产生，所以叠加过程中不会互相干扰。叠加的声压级表达式如下：

$$L_{\mathrm{PT}}=10\left[\sum_{i=1}^{n}\left(\frac{p_{\mathrm{i}}^{2}}{p_{0}^{2}}\right)\right] \tag{8.5}$$

对于电磁噪声来讲，HSM-CR 是通过谐响应的振动作为激励源，得到电机的声学性能。针对电磁噪声，其实可以通过多物理场耦合仿真分析，流程如图 8.19 所示。

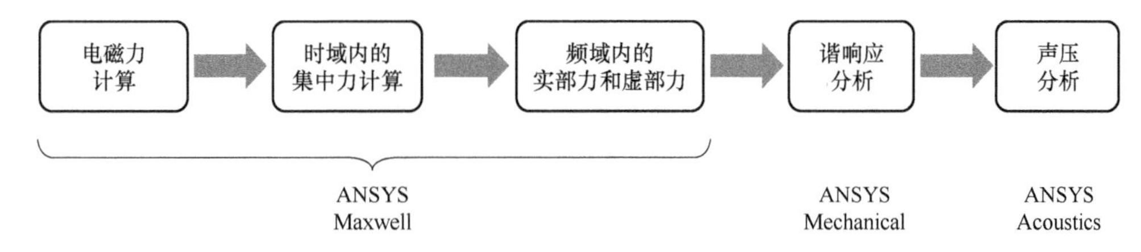

图 8.19　电磁噪声分析流程图

在求解 HSM-CR 的噪声时，需要建立噪声的传播区域的模型，一般电机振动产生的噪声都是经过机壳振动使空气发生变形，沿着各个方向进行辐射传播。本章建立一个比定子直径大 10 倍的空气求解域，以便其他参数的设定，如图 8.20 所示。

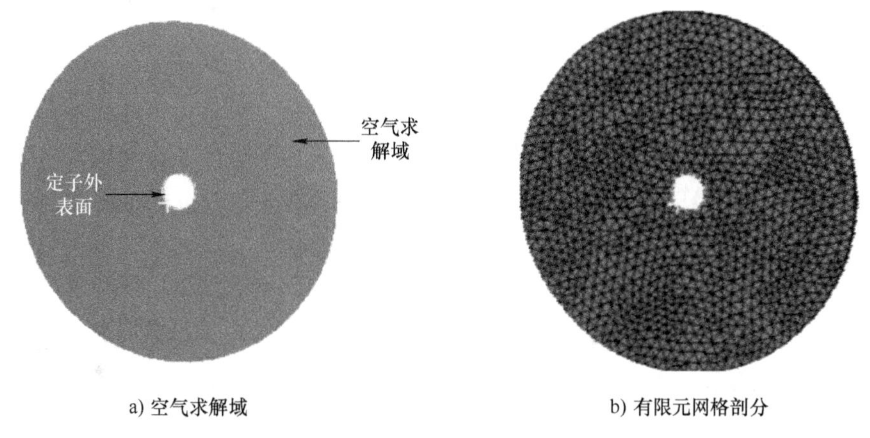

a) 空气求解域　　b) 有限元网格剖分

图 8.20　噪声仿真模型

将对转子错角谐响应分析中产生的振动响应作为激励源，加载到定子齿面，并对空气域进行求解，如图 8.21 和图 8.22 所示。

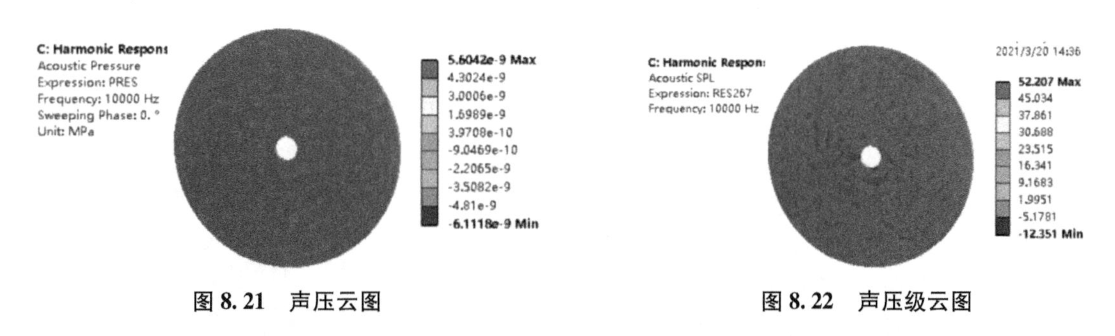

图 8.21　声压云图　　图 8.22　声压级云图

对噪声仿真云图分析可知，噪声沿着定子表面向各个方向辐射传播，噪声向远处传播时能量会发生衰减，靠近噪声源的地方声压级和声压值都最大，HSM-CR 采用转子错角的结构时，所对应的声压级为 52.207dB，声压为 5.60×10^{-9}MPa。对于人耳能够识别的噪声来讲，HSM-CR 在实际应用中不会影响居民的正常生活。

8.4 HSM-CR 高速运行损耗特性研究

8.4.1 铁耗的计算

使用有限元法对电机的磁场分布进行仿真分析，找到转子铁心及定子铁心的磁密变化规律，进而计算出电机的铁心损耗。

有限元法的基本思想是将电机的整体结构离散成众多小单元的结构，在每个单元中存在有限个节点，将电机整体看成是仅由有限个节点相连接的单元集合体。首先选定一个节点作为参考节点，每个单元中假设的插值函数可以用来表示单元中的场函数分布，从而运用力学基本原理建立关于节点的有限元方程，最终将整体问题化解为离散域的求解问题。最后利用节点的数值及插值函数求出关于集合体的分布函数。

图 8.23 为转子在不同位置时电机的铁心磁密分布情况，分析发现定子轭部的磁密分布情况大不相同。对于定子轭部的某一部分来说，随着转子的转动，导通相发生着变化，定子的磁密也在发生着变化，时而逆时针变化，时而顺时针变化。定子齿中是否存在磁密是由导通相的变化决定的，而定子齿中的磁密分布是与导通相下转子的位置相关的。由于转子的对称性，在分析时可以只关注一个转子齿及两个转子齿间的转子轭部。转子齿部的磁密会随着导通相的不同而发生变化，同样的，转子轭部也会发生变化。

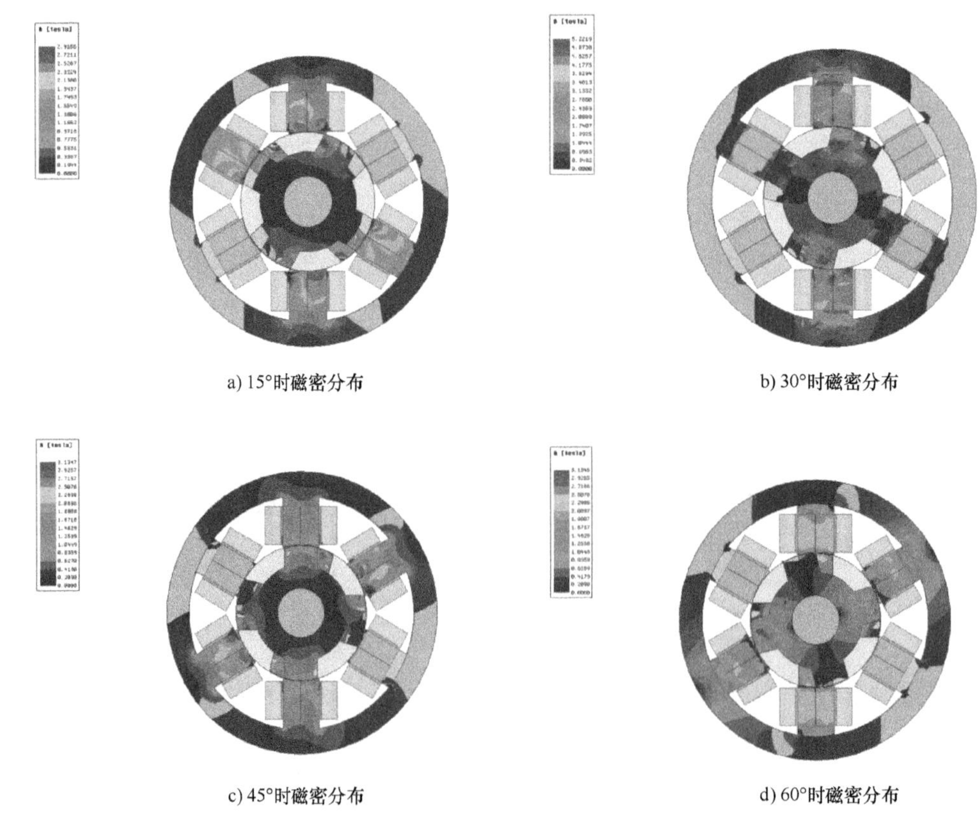

a) 15°时磁密分布　　b) 30°时磁密分布

c) 45°时磁密分布　　d) 60°时磁密分布

图 8.23　不同角度的磁密分布图

图 8.24 中各点对应的区域为：定子齿尖部的磁密对应的是关键点 1，定子齿中部的磁密对应的是关键点 2，定子齿根部的磁密对应的是关键点 3，定子轭 AB 间的磁密对应的是关键点 4，定子轭 BC 间的磁密对应的是关键点 5；转子齿尖部的磁密对应的是圆圈 1，转子齿根部的磁密对应的是圆圈 2，转子轭磁密对应的是圆圈 3。关键位置的选取与电机定子、转子铁心各区域是相对应的，因此只要查看关键点处的磁密变化情况就可以知道电机定子、转子铁心各区域的磁密变化规律，在此磁密的变化通过径向分量和切向分量来表示。

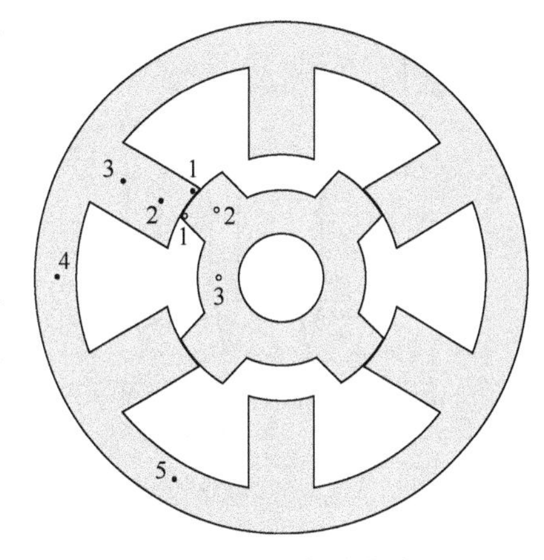

图 8.24　关键部分的选取

经过 Ansoft 有限元仿真后得到的电机各位置磁密波形的径向和切向分量如图 8.25～图 8.29 所示。

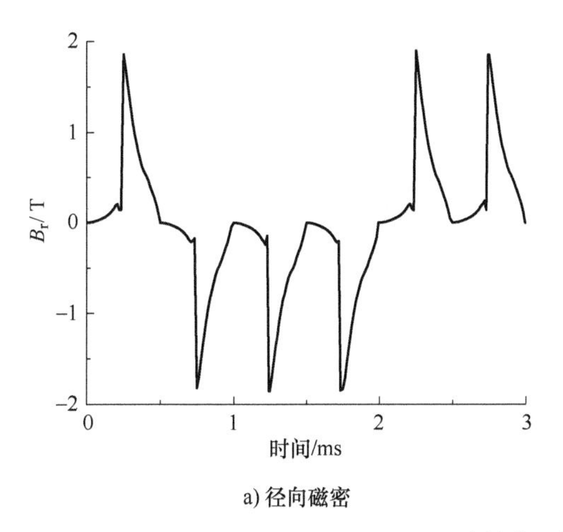

a) 径向磁密

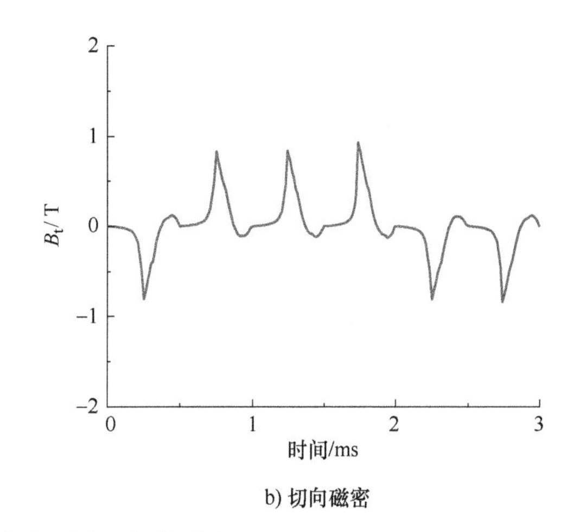

b) 切向磁密

图 8.25　关键点 1 的径向磁密及切向磁密

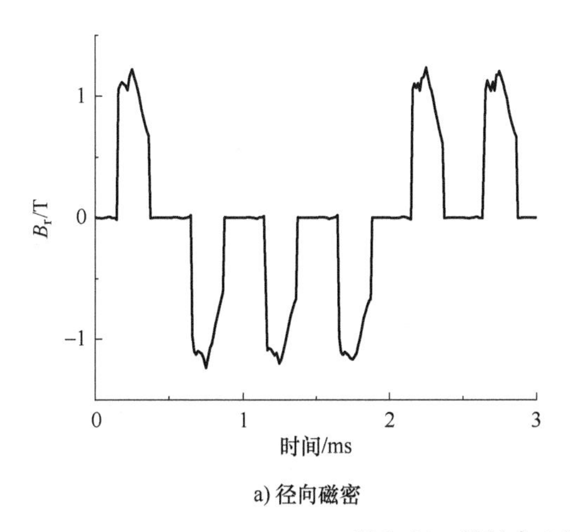

a) 径向磁密

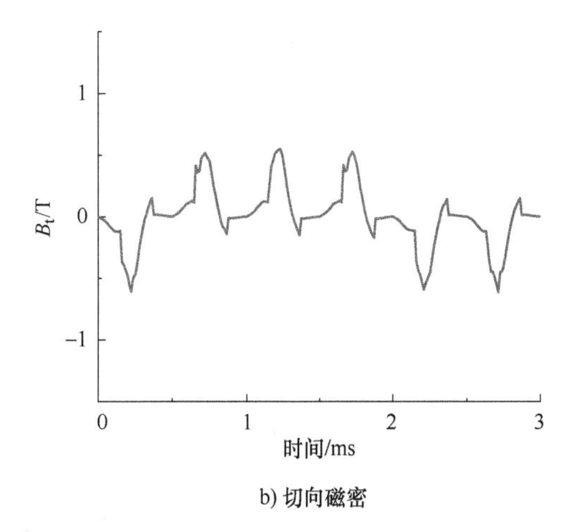

b) 切向磁密

图 8.26　关键点 2 的径向磁密及切向磁密

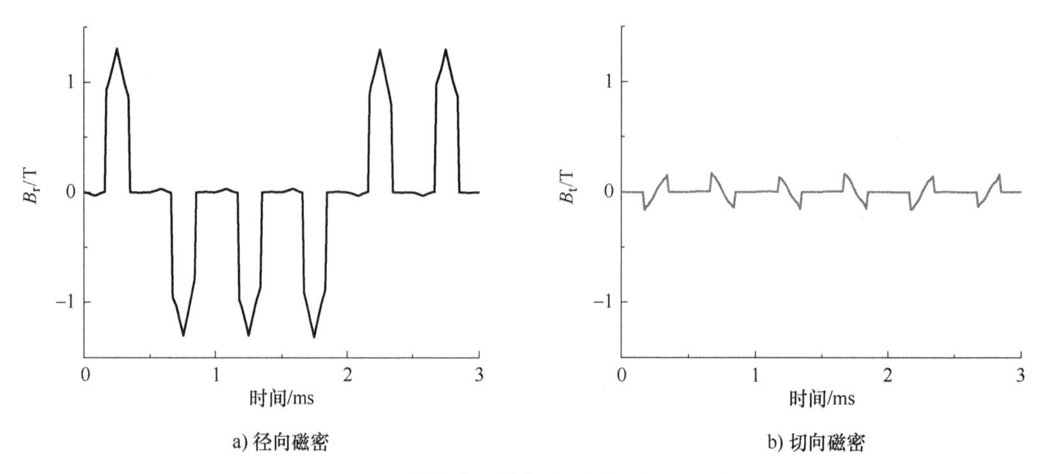

a) 径向磁密　　b) 切向磁密

图 8.27　关键点 3 的径向磁密及切向磁密

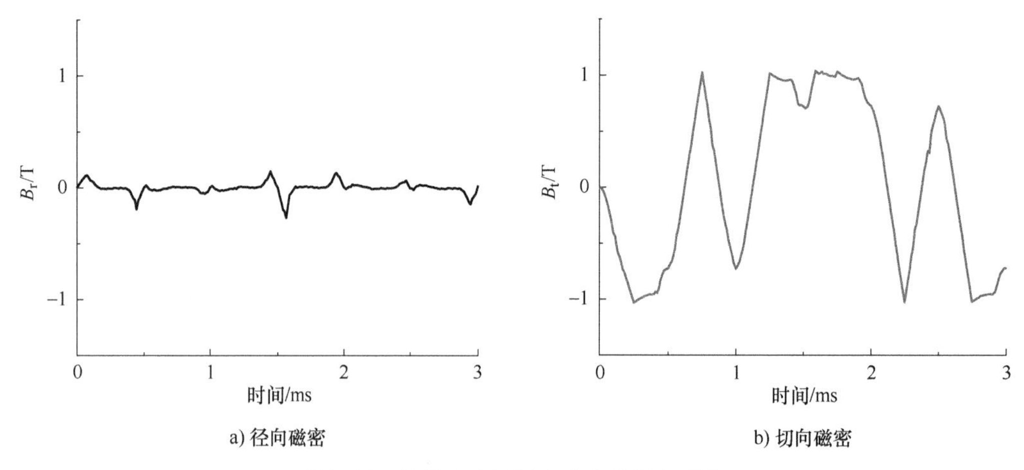

a) 径向磁密　　b) 切向磁密

图 8.28　关键点 4 的径向磁密及切向磁密

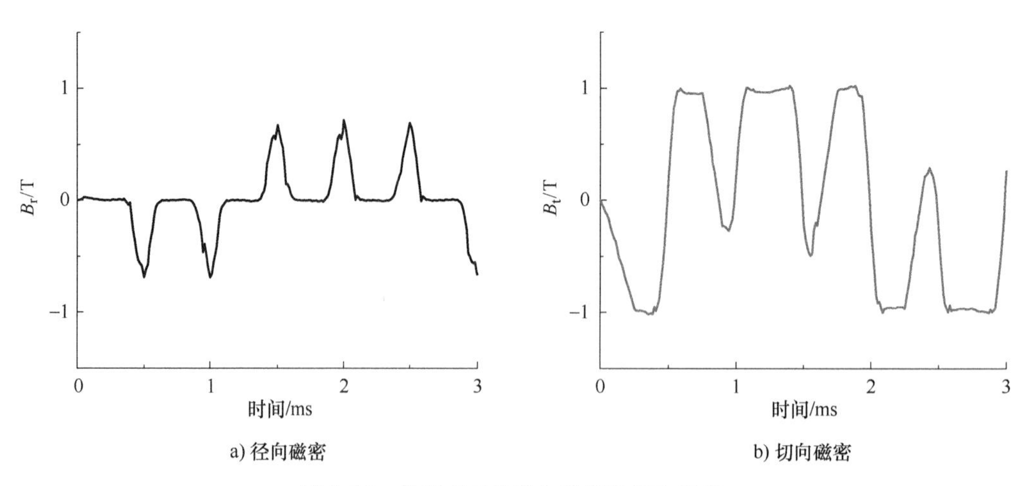

a) 径向磁密　　b) 切向磁密

图 8.29　关键点 5 的径向磁密及切向磁密

由关键点的磁密图可以看出，定子磁密的波形图存在较大差异，这说明对定子磁密进行区域划分求解是非常有必要的。定子齿尖部的磁密的径向分量是较大的，极大值将近 2T；由关键点 2、3 的磁密可以发现，定子齿部磁密的径向分量大于切向分量，而定子轭部的磁密则是切向分量大于径向分量。

由于转子处于高速旋转的状态，磁密的仿真计算与定子不同，在此所用到的方法是在转子的特殊位置选取圆圈，将圆圈参数化后与转子转速一致，进而仿真得到圆圈的磁密，即为转子相对应位置的磁密。圆圈处磁密的波形图如图 8.30 和图 8.31 所示。

由图 8.30 和图 8.31 可以看出，在转子齿尖部和转子齿根部的磁密是径向分量大于切向分量，而在转子轭部的磁密是切向分量远大于径向分量。在正负半周都出现了径向和切向分量是因为随着转子的旋转，当经过不同的磁极时，磁通的方向会发生改变。磁密从转子齿根部到转子齿尖部存在增大的趋势。

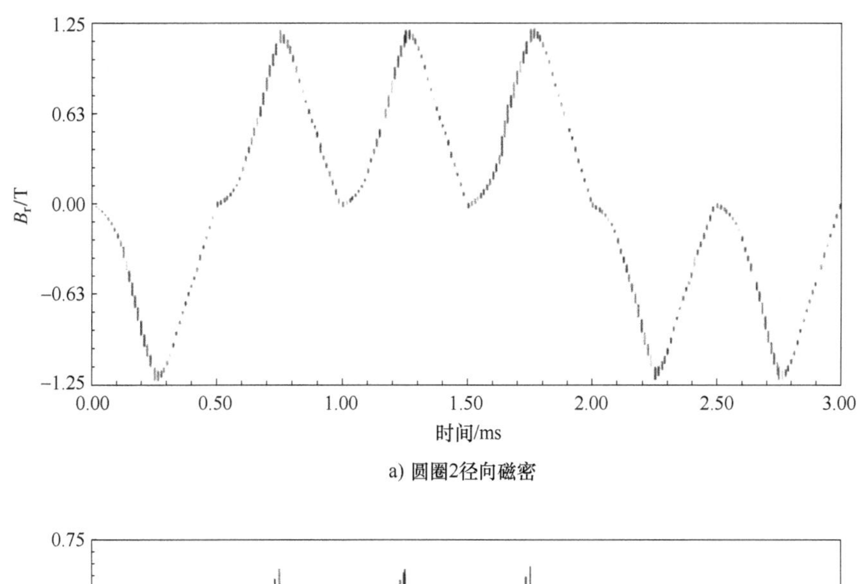

a) 圆圈2径向磁密

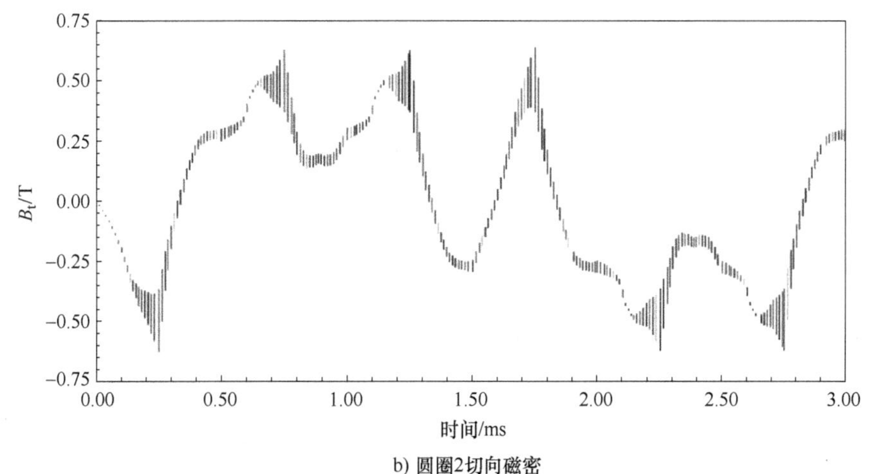

b) 圆圈2切向磁密

图 8.30　转子上圆圈 2 的径向磁密及切向磁密

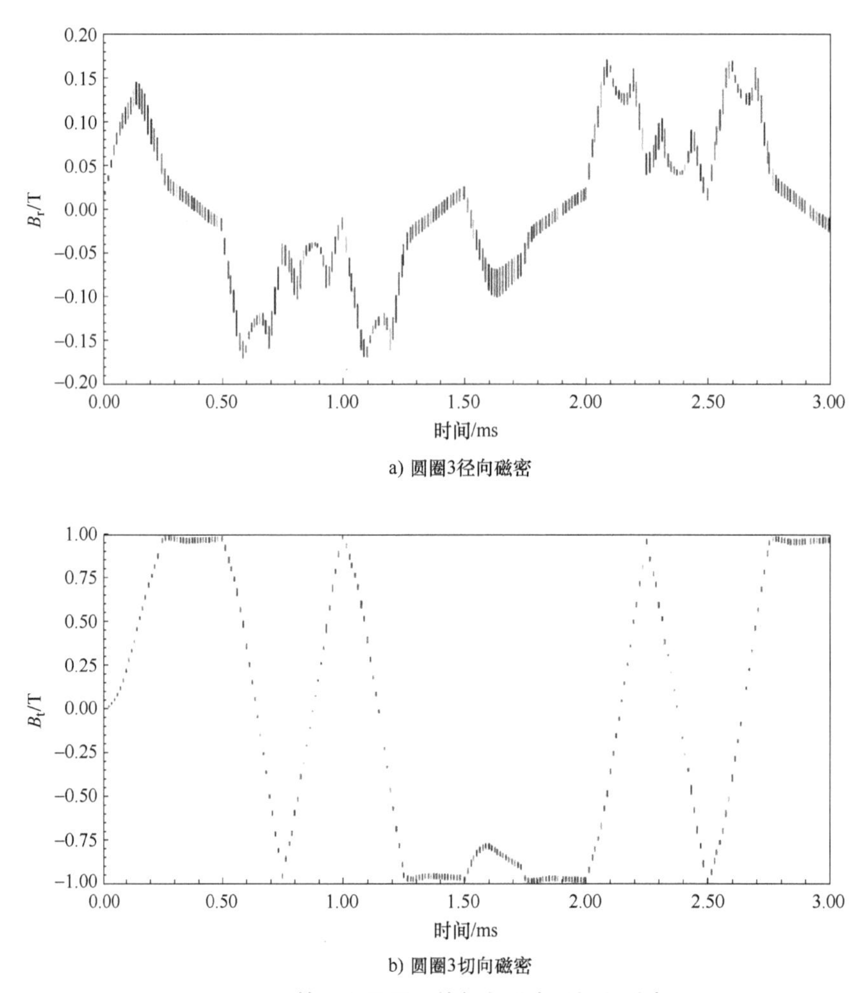

图 8.31　转子上圆圈 3 的径向磁密及切向磁密

8.4.2　绕组铜耗的计算

传统电机的频率较低，计算绕组铜耗时可忽略电阻的趋肤效应及邻近效应。高速电机由于其频率较高，可达上千赫兹，使绕组上的趋肤效应及邻近效应明显，产生了较多的铜耗，导致电机温度升高、效率降低。因此在分析计算绕组铜耗时应该考虑到趋肤效应及邻近效应，从而更加准确地计算出高速电机的绕组铜耗。

高速电机的绕组铜耗可表示为

$$P_{ac}=P_{ad}+P_{dc} \tag{8.6}$$

式中，P_{ac}为绕组铜耗，P_{ad}为附加涡流损耗，P_{dc}为直流损耗。

直流损耗 P_{dc}可由下式计算得出：

$$P_{dc}=nI^2R \tag{8.7}$$

式中，n 为电机相数，I 为电流有效值，R 为直流电阻。

附加涡流损耗的计算公式如下式所示：

$$P_{ad}=P_{dc}(k_d-1) \tag{8.8}$$

$$k_d=\varphi(\xi)+\left[\frac{N^2-1}{3}-\left(\frac{N}{2}\sin\frac{\gamma}{2}\right)^2\right]\psi(\xi) \tag{8.9}$$

$$\varphi(\xi)=\xi\frac{\sinh(2\xi)+\sin(2\xi)}{\cosh(2\xi)-\cos(2\xi)} \tag{8.10}$$

$$\psi(\xi)=2\xi\frac{\sinh(\xi)-\sin(\xi)}{\cosh(\xi)+\cos(\xi)} \tag{8.11}$$

式中，k_d为平均电阻系数，γ 为上下层绕组相角，ξ 为导体相对高度，N 为总导体数。

对于趋肤效应的透入深度计算公式如下所示：

$$\delta=\sqrt{\frac{2}{\omega\mu\sigma}} \tag{8.12}$$

式中，δ 为趋肤效应的透入深度，ω 为角频率，μ 为材料的磁导率，σ 为材料的电导率。

平均电阻系数与频率的关系有如下结论：

1）当频率 $f<12$kHz 时，平均电阻系数 $k_d<1.01$。

2）当频率 $f=50$kHz 时，平均电阻系数 $k_d=1.16$。

本电机的转速为 20000r/min，电机的频率由下式可得：

$$f=\frac{nP}{60} \tag{8.13}$$

式中，P 为旋转磁场极对数，可求得频率为 1kHz。因此可忽略趋肤效应对绕组电阻的影响，由直流电阻阻值近似等效交流电阻阻值，即绕组铜耗计算阻值。绕组电阻的计算公式如下所示：

$$R=\frac{\rho\cdot 2L_Z\cdot Z_{\phi1}}{a_1\cdot S_1\cdot N_1} \tag{8.14}$$

式中，ρ 为在 100℃时铜的电阻率，L_Z为绕组线圈半匝的长度，$Z_{\phi1}$为每相匝数，a_1为相绕组的并联数，S_1为导线截面积，N_1为线圈并绕根数。通过上面的计算公式可求得绕组的铜耗为 43.5W。

由 Ansoft 软件进行有限元仿真可得到高速电机的铁耗值波形图和绕组铜耗的波形图如图 8.32 所示。求平均值后可得该电机的铁耗平均值为 251W，根据仿真的波形图可知，铜耗解析计算值与仿真结果相近。

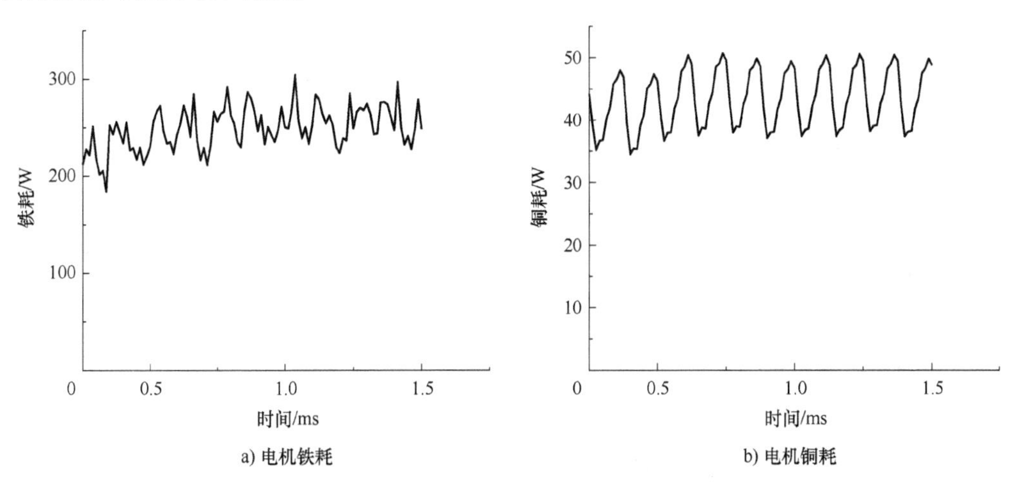

图 8.32　电机铁耗和铜耗

8.4.3 机械损耗的计算

电机在运行时，转子与转轴之间会由于转子的旋转而产生轴承摩擦损耗，加上前面计算的风摩损耗，两者组成了电机的机械损耗，机械损耗的数值与电机的负载无关。在工程实际中，通常是由工厂的实际电机通过试验测得的数据来估算机械损耗的数值。

对于轴承摩擦损耗的估算可由下式计算：

$$P_f = 0.15\frac{F}{d}v\times10^{-5} \tag{8.15}$$

式中，F 为轴承的载荷，v 为滚珠的线速度，d 为滚珠的直径。

8.4.4 杂散损耗的计算

由于杂散损耗会受到很多因素的影响，因此想要得到准确的计算结果比较困难。在设计电机时，铁耗、铜耗、机械损耗三者之和的7%可以近似等于杂散损耗。开关磁阻电机杂散损耗的计算，在实际工程中通常是参考相近尺寸电机的实测值或根据电机设计技术要求，杂散损耗约占总损耗的6%。开关磁阻电机的杂散损耗计算公式为

$$P_S = (P_1 - P_2)\times6\% \tag{8.16}$$

$$P_1 = T_1 \cdot \Omega \tag{8.17}$$

$$P_2 = U_2 \cdot I_2 \tag{8.18}$$

式中，P_1为发电机输入功率，T_1为原动机输出转矩，Ω 为原动机旋转角速度，P_2为发电机输出功率，U_2为电动机输出电压平均值，I_2为发电机输出电流平均值。

8.5 HSM-CR 高速运行温升研究

8.5.1 热源分布

电机运行时将电能转化为机械能的过程中，必然会伴随能量的损失，且能量大多会转变为热能，其中一部分热能会使电机温度升高，另一部分热能会释放到周围的空气中，使电机周围的温度有所升高。温度的升高会引起绝缘受损、电机老化、安全性降低等问题。因此，首先应找到电机内的发热热源，然后对电机进行热分析，最后采取措施控制电机的温升，以保证电机安全可靠的运行。

本高速电机的发热热源主要有铁心损耗、绕组线圈的铜损耗和风摩损耗等。具体的损耗值以计算出的为准，下面是热生成率的计算方法。对于定、转子，热生成率的公式为

$$Q = P_e / V \tag{8.19}$$

式中，Q 为热生成率（W/m^3）；P_e为齿部或轭部损耗值；V 为齿部或轭部的体积。绕组的热生成率表达式为

$$Q = \rho J^2 \tag{8.20}$$

式中，ρ 是绕组线圈的电阻率，J 是绕组的电流密度。

在计算热源时，考虑铁心损耗、铜损耗及风摩损耗，忽略轴承摩擦损耗及杂散损耗。结

合前面的数据结果，得到热源的结果见表 8.4。

表 8.4 样机热源参数

热源	定子铁耗	转子铁耗	绕组铜耗	风摩损耗
损耗/W	198	52	43.5	54

虽然在热分析中，需要综合考虑电机的损耗情况，但在电机温升仿真实验中，只用到了转子的一个旋转周期，对于本电机来说，转子的一个旋转周期为0.003s。事实上，电机从起动运行到稳定状态需要几分钟甚至十几分钟，对于温升的计算结果存在偏差，所以不能将两者的结果直接结合，应将损耗进行多次计算，求取稳态的平均值，再计算得到电机的温升。

8.5.2 对流换热系数

损耗使电机产生热量，在电机定子、转子、绕组及气隙产生的热量经过热传导和热对流，再由电机表面的冷却系统将热量带走，实现了散热。固体与流体间的热对流过程是比较复杂的，不仅与固体的形状及材质有关，还与流体的性质及流速有关。对流换热可由下式表示：

$$\begin{cases} -k\dfrac{\partial T}{\partial t}\Big|_b = h_1(T_b - T_x) \\ -k\dfrac{\partial T}{\partial t}\Big|_b = h_2(T_b - T_x) \end{cases} \tag{8.21}$$

式中，h_1和 h_2分别为电机外部和电机内部空气的对流换热系数。

机壳与外界空气间的对流属于自然对流，h_1 可通过实验得到，一般的可取值为 $10\text{W}/(\text{m}^2 \cdot \text{K})$。转子及定子与电机内气隙间的对流属于强迫换流，换流过程剧烈且复杂。强迫换流的剧烈程度取决于转速及内部传热系数 h_2，因此在研究温升前对气隙进行流体力学分析是非常有必要的。内部气隙包围着转子，在研究温升问题中，温升不受转子位置变化的影响，也就是说，可忽略定子齿间气隙的热对流，但不能忽略转子齿间气隙的热对流。因此，对于温升分析的建模就有了两种方案：一种是将电机定子、转子分开建模，分别对其进行温度场仿真计算；另一种是将定子、转子及中间的气隙作为一个整体来建模分析。在此考虑到模型的完整性及结果的准确性，本次采用第二种建模方法。

8.5.3 流体场基本方程

根据流体的性质、流速及流体的分布可以将流体的状态分为层流和湍流。流体的状态是由雷诺数确定的。对于本试验所研究的高速电机温升模型，流体有两部分：一部分是电机定子外部的水道，另一部分是转子与定子间的气隙。对电机的流体场分析后可以发现，在高转速电机转子的带动下，内部气隙的流动状态属于湍流；而对于电机外部流速较慢的冷却水道，则认为是层流状态。在对温升模型进行仿真分析前，需要对流体的控制方程做一些基本假设：

1）由于冷却水道中水的流速较慢，可认为冷却水的状态为不可压缩的层流，且重力可忽略。

2）将气隙在通风道内的运动看作定常流动，忽略重力且不考虑气体的物性参数变化。

湍流场的流体需要满足三大物理守恒定律，由此可得电机内流场的控制方程为

$$\frac{\partial}{\partial t}(\rho \Phi)+\nabla\cdot(\rho u \Phi)=\nabla\cdot(\Gamma \nabla \Phi)+S \tag{8.22}$$

上式为控制方程的矢量形式，控制方程的一般式为

$$\frac{\partial}{\partial t}(\rho \Phi)+\frac{\partial}{\partial x_j}(\rho u_j \Phi)=\frac{\partial}{\partial x_j}\left(\Gamma \frac{\partial \Phi}{\partial x_j}\right)+S \tag{8.23}$$

再对一般式进行积分，得到下式：

$$\frac{\partial}{\partial t}\iiint_V \rho \Phi \mathrm{d}V+\oint_A \rho \Phi u n \mathrm{d}A=\oint_A \nabla_{\Phi} n \mathrm{d}A+\iiint_V S_{\Phi} \mathrm{d}V \tag{8.24}$$

式中，Γ 为广义上的扩散系数，Φ 为通用变量，S_{Φ}为与对应 Φ 的广义源项，ρ 为流体密度。

8.5.4 温升分析

在建立温升分析模型时，需增设绕组等效绝缘，为了简化计算，将绕组等效为一个面域。电机温升的仿真建模需要用到前面计算出的各部件的发热量及等效导热系数，将计算值添加到 Workbench 的热流耦合分析模块中，将参数设置完成后便可进行仿真计算。

对于模型所用到的流体力学理论的连续方程为

$$\frac{\partial \rho}{\partial t}+\frac{\partial}{\partial x_i}(\rho u_i)=0 \tag{8.25}$$

动量方程为

$$\frac{\partial u_i}{\partial t}+u_j\frac{\partial u_i}{\partial x_j}=-\frac{1}{\rho}\frac{\partial p}{\partial x_i}+\frac{1}{\rho}\frac{\partial}{\partial x_j}\left[\mu\left(\frac{\partial u_i}{\partial x_j}+\frac{\partial u_j}{\partial x_i}\right)\right]+\frac{1}{\rho}\frac{\partial}{\partial x_i}\left(\lambda \frac{\partial u_i}{\partial x_j}\right)+f_i \tag{8.26}$$

能量方程为

$$\rho c_{\mathrm{V}}\left(\frac{\partial T}{\partial t}+u_j\frac{\partial T}{\partial x_j}\right)=-p\frac{\partial u_j}{\partial x_j}+\phi+\frac{\partial}{\partial x_j}\left(k\frac{\partial T}{\partial x_j}\right) \tag{8.27}$$

在 Fluent 仿真时所用到的方程类型为 $k-\varepsilon$ 方程，表达式如下：

$$\frac{\partial}{\partial t}(\rho k)+\frac{\partial}{\partial x_i}(\rho k u_i)=\frac{\partial}{\partial x_j}\left[\left(\mu+\frac{\mu_t}{\sigma_k}\right)\frac{\partial k}{\partial x_j}\right]+G_k-\rho\varepsilon \tag{8.28}$$

$$\frac{\partial}{\partial t}(\rho \varepsilon)+\frac{\partial}{\partial x_j}(\rho \varepsilon u_i)=\frac{\partial}{\partial x_j}\left[\left(\mu+\frac{\mu_t}{\sigma_{\varepsilon}}\right)\frac{\partial \varepsilon}{\partial x_j}\right]+C_{1\varepsilon}\frac{\varepsilon}{k}G_k-C_{2\varepsilon}\rho\frac{\varepsilon^2}{k} \tag{8.29}$$

式中，G_k为湍流产生率，μ_t为湍流黏性系数，σ_k、σ_{ε}分别为 k 方程和 ε 方程的湍流普朗特数，$C_{1\varepsilon}$和 $C_{2\varepsilon}$为常数。

因本高速电机是双层对称结构，在做仿真分析时，本章采用了两种模型：模型一是将电机全模导入 Workbench 进行整体的温升仿真；模型二是选择电机单层的 1/6 模型作为研究对象，对该模型进行热流耦合仿真。

8.5.5 热流耦合温升模型的建立

对于高速电机热流耦合仿真，首先需要在 Workbench 的 DM 中划分出质量合格的网格，

并对电机各部分设置旋转边界条件，再对边界命名，尤其注意对交界面的配对命名，以便模型导入 Fluent 后可以准确识别。在 Fluent 进行计算前，需要对各参数进行设置：流动方程的选择为湍流 k-ε 下的 RNG 模型，且具有能量交换；分别对水道及电机内通风道的 Velocity-inlet 赋予边界入口流速，边界压力为 0Pa，其余默认；对于固体与流体间的耦合壁面需要检查配对是否完整和准确；由前面算出的电机绕组铜损耗、铁心损耗、风摩损耗除以各部分的体积得到相应的热密度，添加至区域条件设置中。电机热流耦合模型的温升建模如图 8.33 所示。

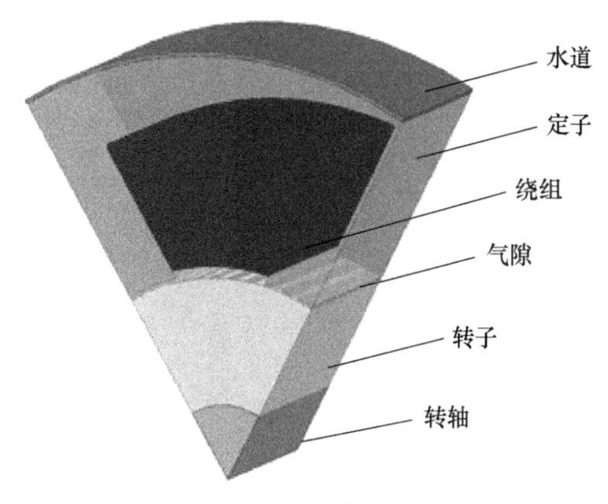

图 8.33　电机热流耦合温升模型

8.5.6　热流耦合温升计算

针对该模型中的两个流体流速，水道及轴向通风，在仿真时对不同的流速做了对比。电机的主要部件的热密度见表 8.5。

表 8.5　电机主要部件热密度

部件	热密度/(W/m³)
电机定子	1318680
电机转子	420221
绕组	631064

当没有给电机内部加入轴向通风时，水道的流速分别设置为 0.2m/s、1m/s、1.5m/s 和 2m/s，温升结果如图 8.34 所示。

图中显示的温度为热力学温度，经过单位换算可知，流速为 0.2m/s、1m/s、1.5m/s 和 2m/s 时的最高温度分别为 117℃、114℃、114℃和 113℃，由此可以看出，水道内水的流速对电机的冷却效果是十分有限的，对电机内温度最高的转子及转轴部分起不到降温作用，这是由于水道与定转子间还隔着一层气隙，水道的冷却范围不足以到达转子及转轴。随着水道流速的增加，定子侧的温度呈现下降的趋势，且能够冷却到的定子部分在增加。

对于转子及周围如此高的温升，本章加入了轴向通风来解决。轴向通风的流速分别为 5m/s、10m/s、15m/s 和 20m/s，仿真结果如图 8.35~图 8.38 所示。

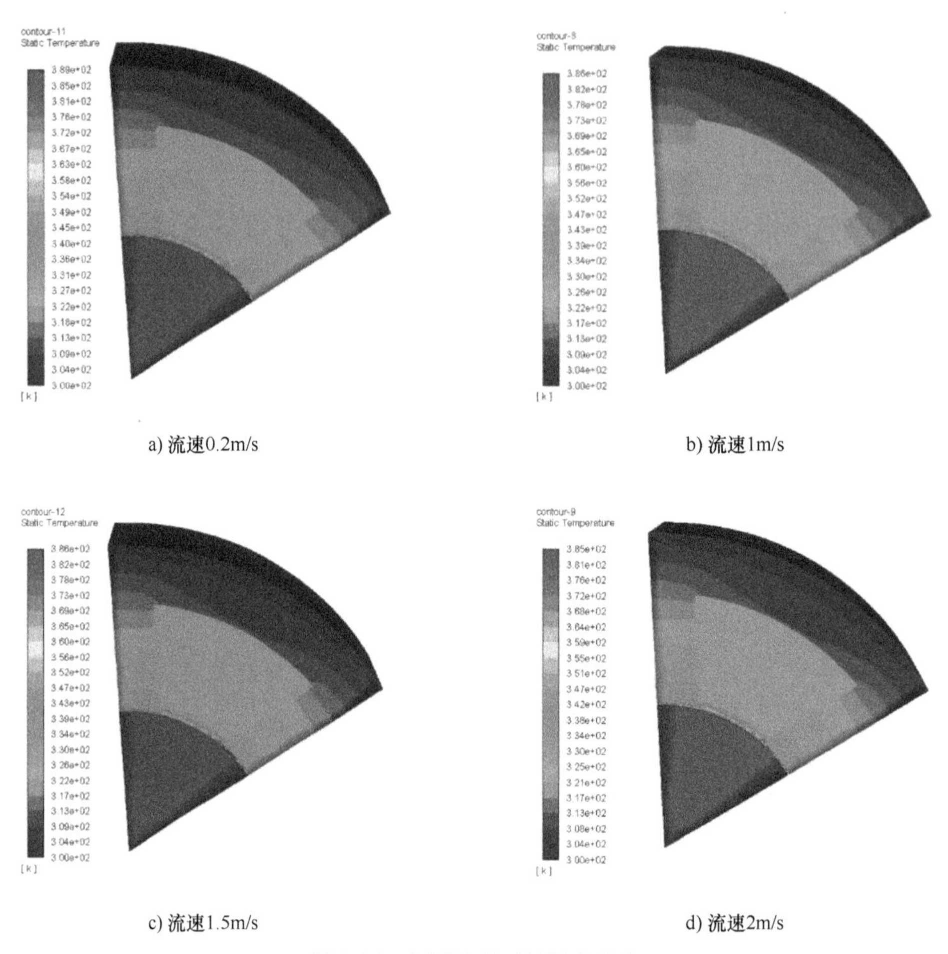

a) 流速0.2m/s　　b) 流速1m/s

c) 流速1.5m/s　　d) 流速2m/s

图 8.34　不同流速时的温升分布

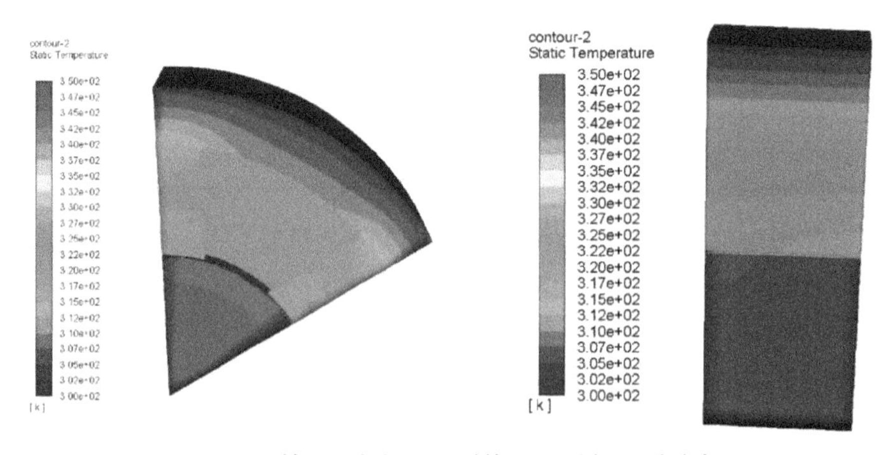

图 8.35　轴向风速为 5m/s 时的正面及侧面温升分布

经过对图中温度单位的换算可以看出，当风速为 5m/s、10m/s、15m/s 和 20m/s 时，电机的最高温度分别为 78℃、64℃、58℃和 54℃，且在通风入口处的温度明显降低，从侧面

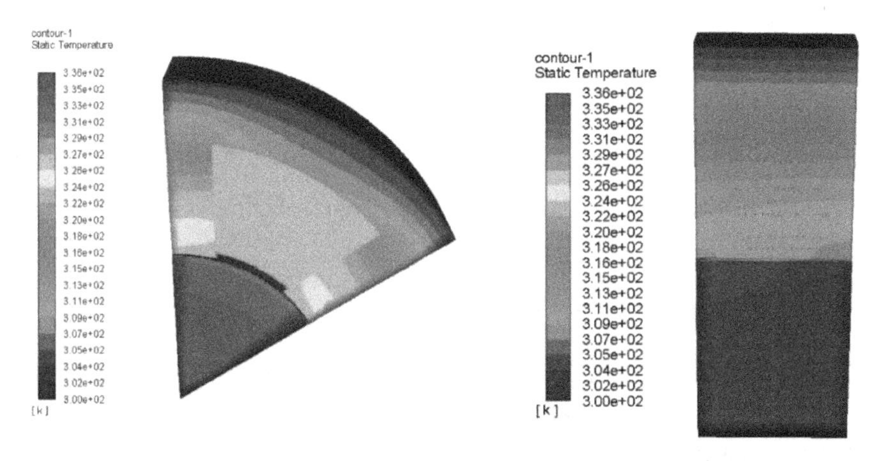

图 8.36　轴向风速为 10m/s 时的正面及侧面温升分布

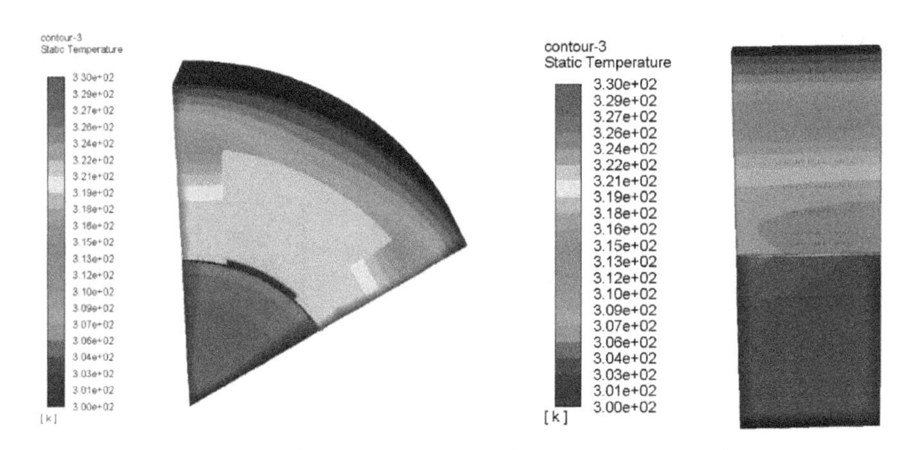

图 8.37　轴向风速为 15m/s 时的正面及侧面温升分布

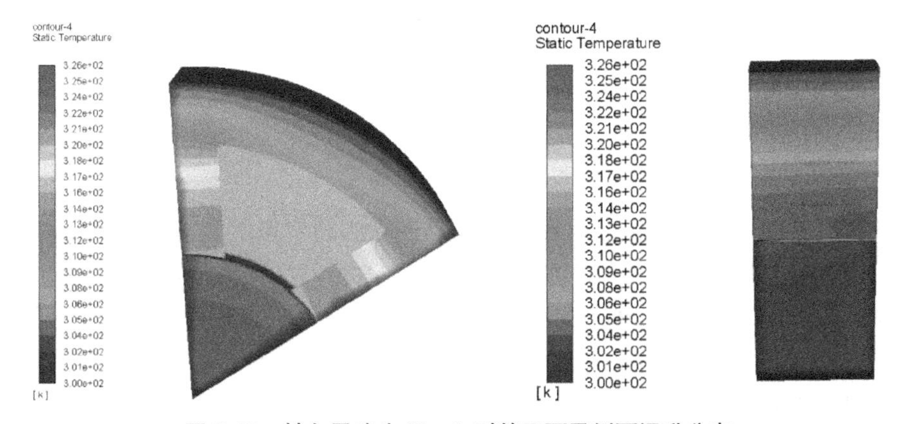

图 8.38　轴向风速为 20m/s 时的正面及侧面温升分布

图可以看出，温升分布存在梯度分布。通过对比轴向通风的流速可以发现，对气隙强迫通风的效果十分明显，一方面是冷却气流降低了绕组及定子齿处的温度；另一方面是降低了转子及转轴的温度，相较于不加轴向通风时的结果，转子处的温度降低了 60℃左右。

8.6 HSM-CR 无位置传感器控制技术研究

为了提升 HSM-CR 的可靠性和高性能控制，根据电机的工作条件以及转速要求，结合可行性较高的滑模观测器法、磁链-电流法与信号注入法对 HSM-CR 进行无位置传感器控制，搭建仿真模型并对比仿真结果。

8.6.1 三种无位置传感器模型搭建

无位置传感器调速控制系统为双闭环调速系统，外环和内环分别为电流环和速度环。给定转速 ω 与滑模观测估算的转速 $\hat{\omega}$ 的差值作为速度环 PI 调节器的输入，而其输出的电流值 i_{ref} 需要与从终端检测的实际相电流 i_{ph} 比较形成电流偏差，并以此来控制 PWM 信号的脉宽，使相电流能够时时跟随 i_{ref}。通过电机终端检测到的实际相电流 i_{ph} 与相电压 u_{ph} 可以得到磁链 ψ，并与滑模观测器估算的转子位置角 $\hat{\theta}$ 作为参数在 SRM 模型中得出反馈电流的估算电流 $\hat{i}$。终端检测电流 i_{ph} 与估算电流 $\hat{i}$ 比较而得的误差 e 为滑模观测器的输入。系统结构框图如图 8.39 所示。

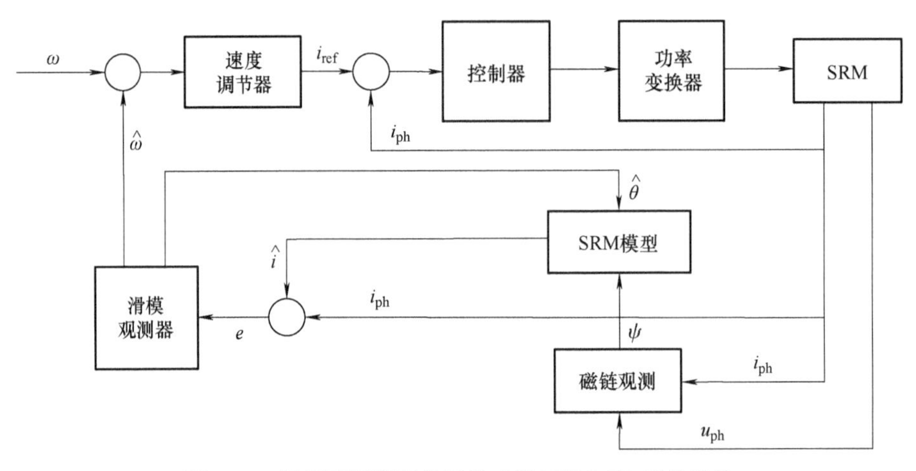

图 8.39 滑模观测器无位置传感器 HSM-CR 系统结构

磁链法控制 HSM-CR 电机正常运转首先需要在离线的状态下测得任意转子位置任意电流的磁链，经过数据整理得到一个三维表。这个三维表可以反映三者的对应关系，就如同本章前面对电机进行有限元分析后得到的三维图一样，可以通过查询任意时刻的电流和磁链来对应得到该时刻的转子位置，再判断电机的开通关断。如图 8.40 所示，基于磁链法的 HSM-CR 控制系统还包含电流斩波控制器与 PI 速度控制器。

脉冲注入法的主功率电路如同前面介绍的一样都是三相不对称半桥型功率电路。工作情况也如前面提及的一样。其原理是在 HSM-CR 运行时，通过控制功率电路上 IGBT 的开通与关断，向非导通相注入检测脉冲信号，HSM-CR 的转子位置就可以根据响应电流峰值信息来判断。图 8.41 展示了检测脉冲信号与响应电流之间的关系。

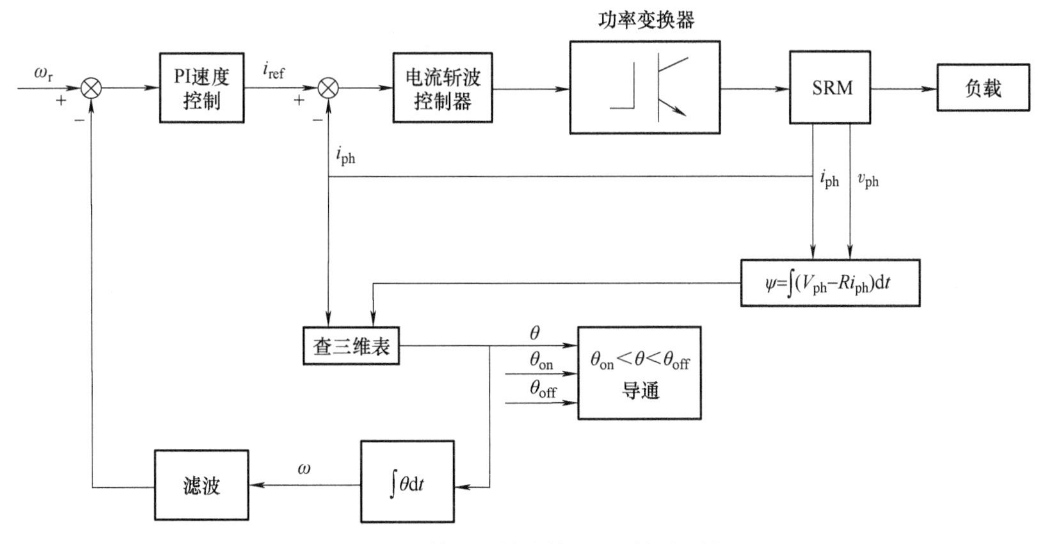

图 8.40　基于磁链法的 SRM 控制系统

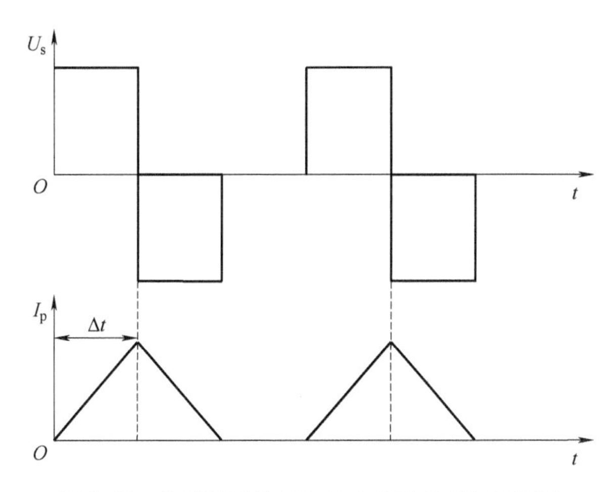

图 8.41　检测脉冲信号与响应电流关系的示意图

8.6.2　三种无位置控制方法仿真结果对比

为验证三种方法的有效性，在 MATLAB/Simulink 环境分别对三种方法进行了仿真，通过双闭环控制，以当前转速与目标转速做差，通过 PID 控制器运算电流限幅指令，由于实际电路中存在最大允许通过电流的硬性要求，故在仿真时将其幅值限制在 0~50A。再经过滞环比较器对电流斩波上下限进行调节，最后通过电流斩波信号与角度导通信号之间的逻辑运算得出触发信号，并实现电机的双闭环控制。

仿真中电源为 270V，开通角 $\theta_{on}=0°$、关断角 $\theta_{off}=30°$。三相电机的转子转动惯量：$J=0.000127\text{kg}\cdot\text{m}^2$，相绕组电阻：$R_d=0.01\Omega$，目标转速是从 0r/min 到 10000r/min，带载 5N · m，在 $t=0.5$s 时突加 5N · m 的负载，仿真步长 1μs。通过转速、转子位置、转矩的仿真波形进行对比，判断三种方法对于本章样机 HSM-CR 的适用性。

接下来先对三种方法的转速进行对比，图 8. 42~图 8. 44 为三种不同控制方式下的电机转速曲线。蓝色曲线代表实际转速，红色曲线代表估算转速，因转速较高，而且上升速度快，所以在每张仿真图中都放了局部放大图以便对比分析。

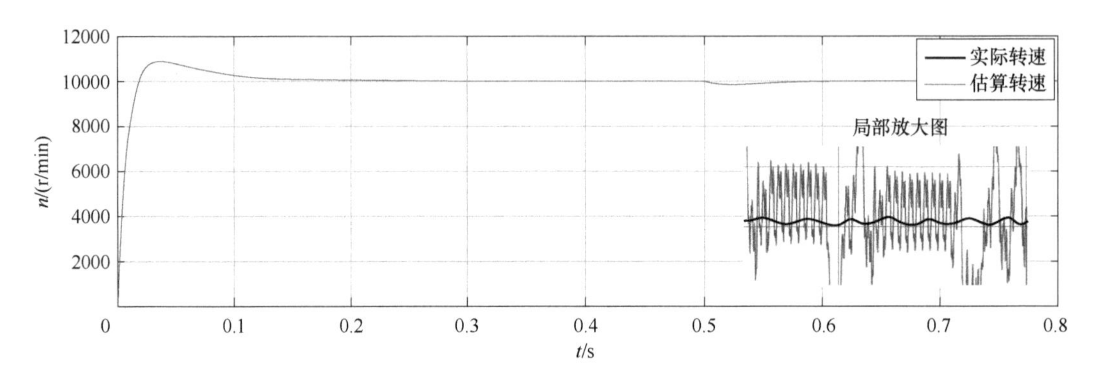

图 8. 42　滑模观测器法转速曲线

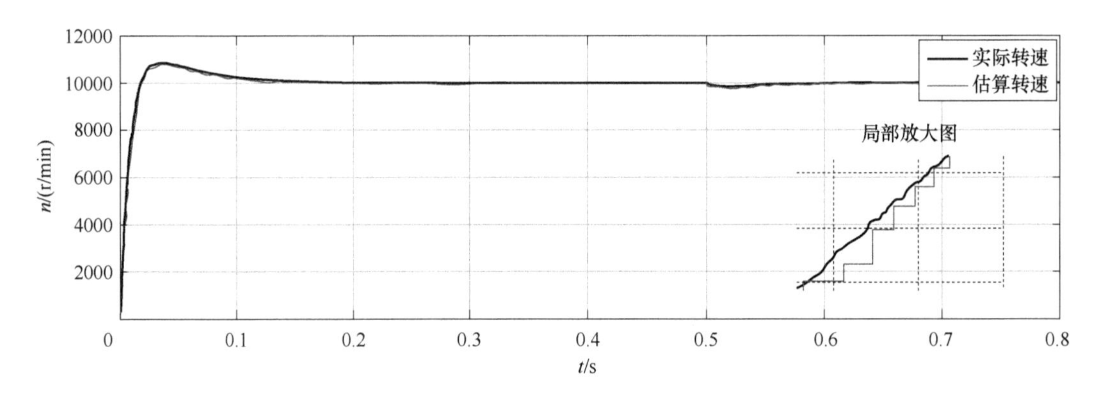

图 8. 43　简化磁链法转速曲线

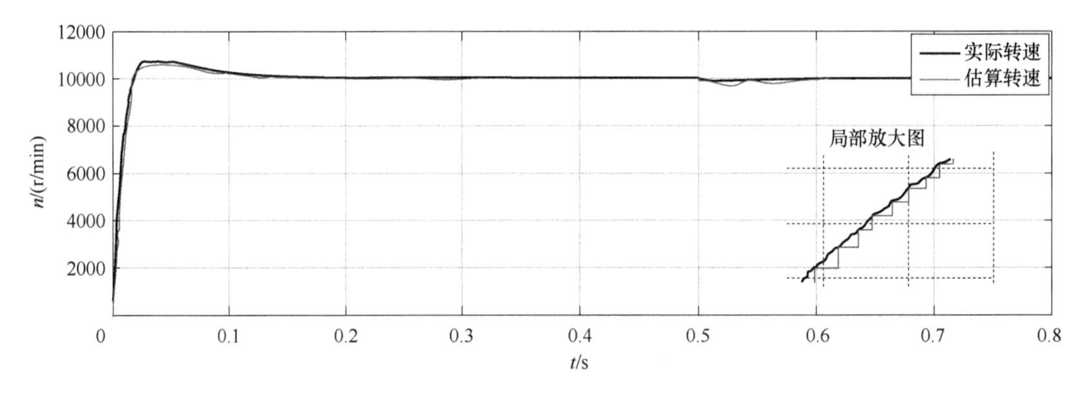

图 8. 44　脉冲注入法转速曲线

通过仿真分析可以发现，电机起动后，三种控制方法下的实际转速和估算转速都能够同时变化上升，并在 0. 1s 左右到达系统给定的速度参考值 10000r/min，估算转速能够满足电机正常运行的要求。但基于滑模观测器的无位置控制方法在电机达到最高转速和突加负载时的稳定性要优于其他两种方法。且在转速趋于平稳时，通过局部放大图可看出，基于滑模观测器的无位置控制方法具有更低的转速误差。

图 8.45~图 8.47 分别为在 $t=0.5\text{s}$ 前后突加负载时上述三种无位置控制方法的局部转矩放大波形，基于滑模观测器的无位置控制方法在电机转动过程中的转矩波动明显更小。

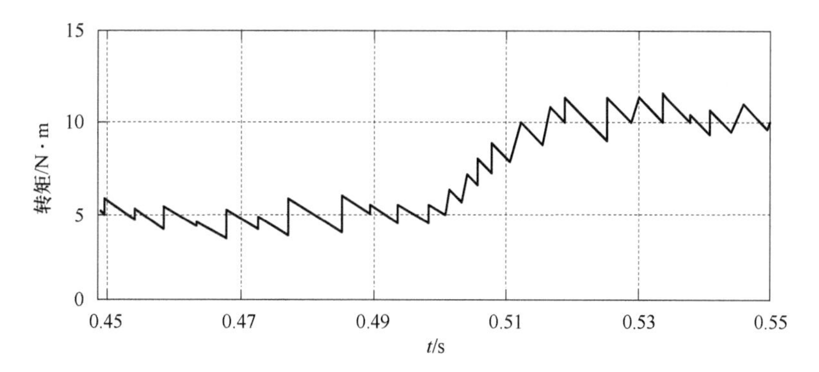

图 8.45 滑模观测器法转矩曲线

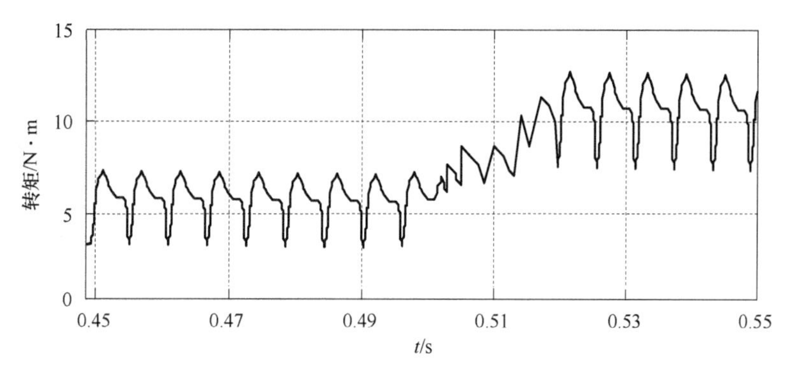

图 8.46 简化磁链法转矩曲线

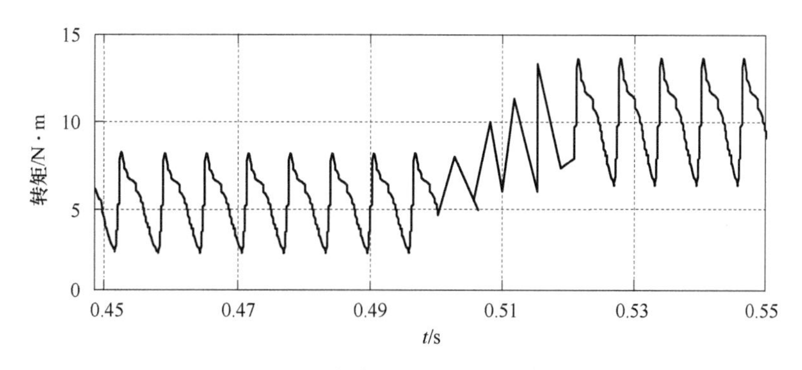

图 8.47 脉冲注入法合成转矩曲线

图 8.48~图 8.50 分别为三种控制方法的转子位置波形，从这三幅图中可以看出，电机转子位置角的估算值和实际值基本能够保持一致变化。即便突加负载后也比较稳定，算法可行。

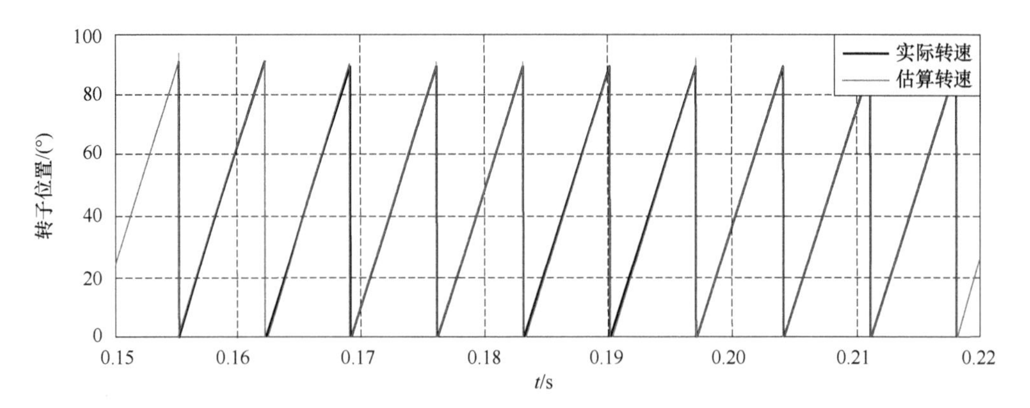

图 8.48　滑模观测器法估计位置与真实位置

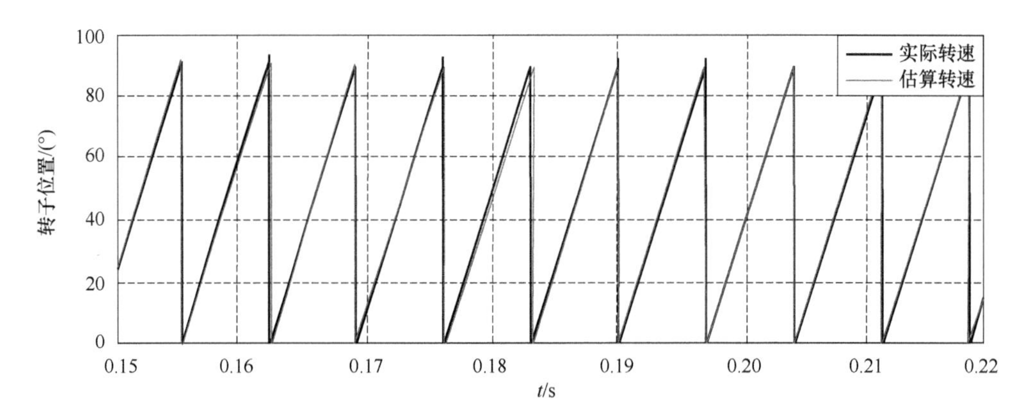

图 8.49　简化磁链法估计位置与真实位置

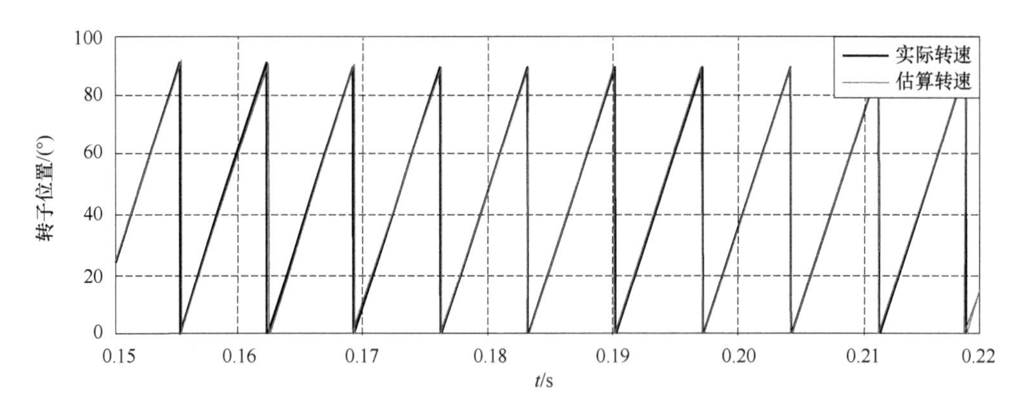

图 8.50　脉冲注入法估计位置与真实位置

图 8.51~图 8.53 为转子位置误差图，图中可以看出，简化磁链法和脉冲注入法的转子位置误差最大波动范围基本控制在 5°以内，而滑模观测器法的转子位置误差最大波动范围更小，达到了 2°以内，可以满足更高的控制精度要求。

通过以上仿真结果分析，可知滑模观测器自身的鲁棒性更适用于非线性严重的 HSM-CR 的转子位置和速度估计。该方法更适用于电机的高速控制，具有一定的实用价值。在实际控

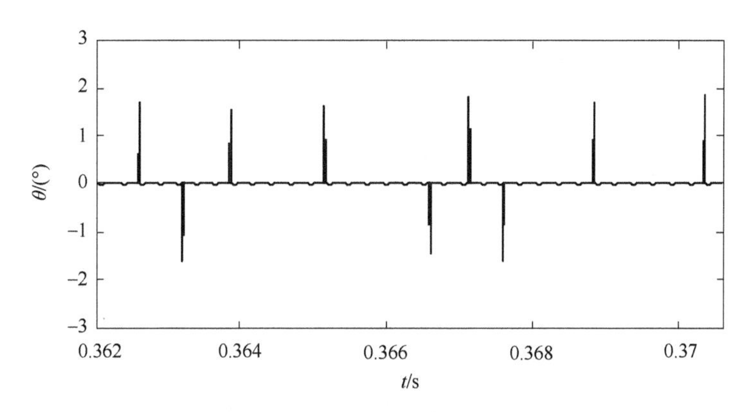

图 8.51　滑模观测器法转子位置误差

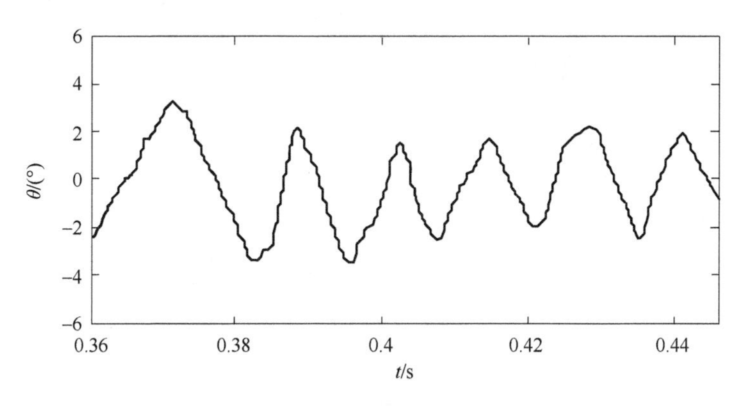

图 8.52　简化磁链法转子位置误差

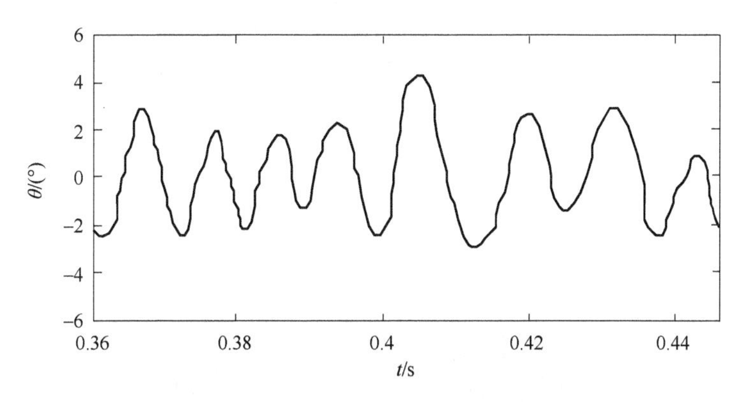

图 8.53　脉冲注入法转子位置误差

制时简化磁链法需要较高精度的磁链曲线，导致实际中电机需要多次校正参考曲线；而脉冲注入法没有在自然换相点向绕组通电的情况，会减小电机的出力，因为其换相点固定并且只能单相运行，检测精度会随着转速升高而不断下降，到最后无法进行控制。基于滑模观测器的无位置控制方法不会遇到这些问题，因此选择滑模观测器的方法对 HSM-CR 进行无位置控制。

8.7 HSM-CR 样机研制与硬件驱动平台搭建

8.7.1 实验平台设计

为了验证 HSM-CR 新结构的可行性，设计了一台转速 20000r/min、转矩 1.5N·m、额定电压 270V 的样机，样机结构如图 8.54 所示。为实验对象搭建的实验平台如图 8.55 所示，其实验系统主要由新结构 HSM-CR 样机、双套功率变换器、数字信号处理器（TMS320F28335）、信号采集单元、示波器、转矩传感器、电容器组、调压器等组成。其中信号采集单元包括电机速度采集单元、相绕组电流采集单元以及电容器组电压采集单元。

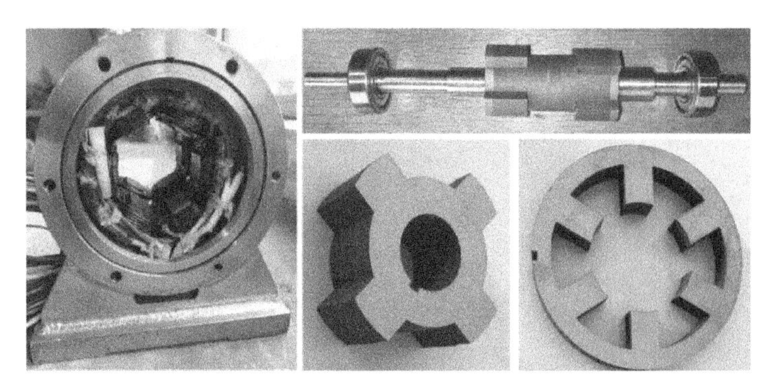

图 8.54　HSM-CR 样机

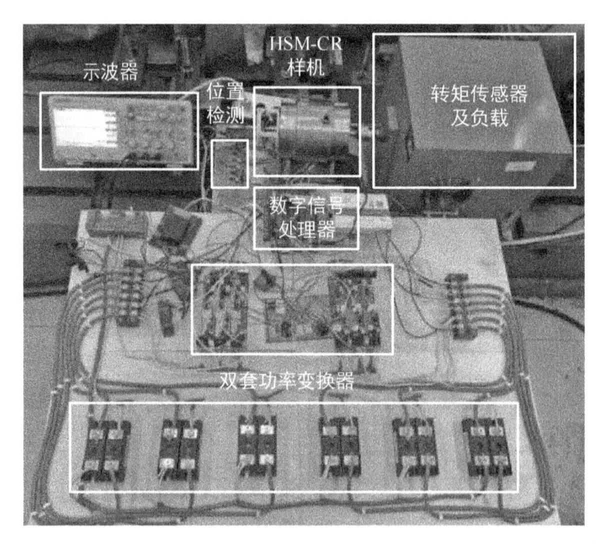

图 8.55　HSM-CR 实验平台

8.7.2 加载实验

通常旋转编码器不能实现高速转子位置采集，因此通过 6 个光电开关分别检测左右两侧转子位置，从而完成绕组换相。图 8.56 为样机在 20000r/min 下一相绕组电流与换相信号波形，信号改变两次进行换相。图 8. 57 为样机一侧三相绕组及母线总电流实验波形。A、B 两相绕组的电流重叠时间大约为 0. 08ms，与样机在仿真中同侧相邻两相电流重叠时间结果基本一致；绕组电流总有效值的计算结果为 32. 1A。电机输入功率为 4333. 5W。

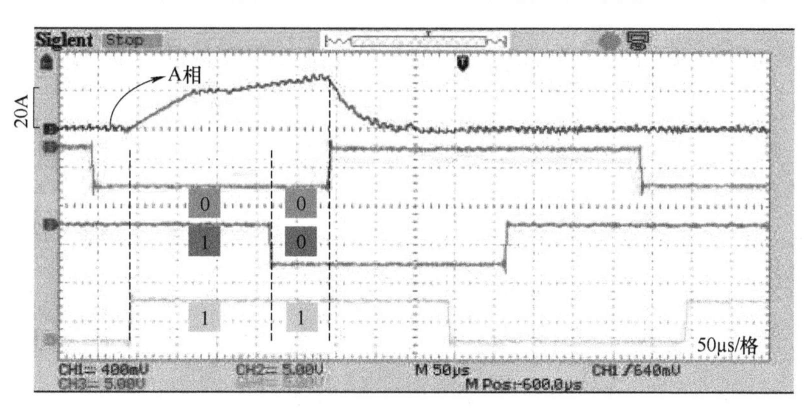

图 8. 56　HSM-CR 电流与换相信号波形

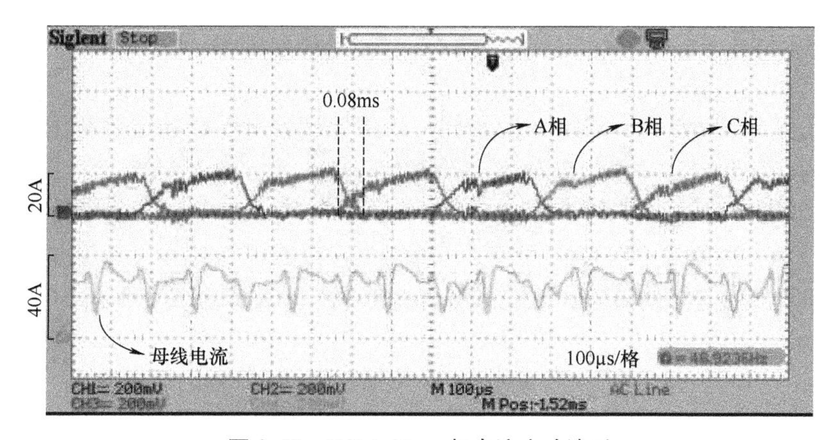

图 8. 57　HSM-CR 三相电流实验波形

图 8. 58 为样机的实验转速波形，0ms 为测量起始时间，样机能够稳定运行在转速 20000r/min 下。图 8. 59 为样机转矩波形，实测负载转矩平均值为 1. 55N · m，转矩峰谷值分

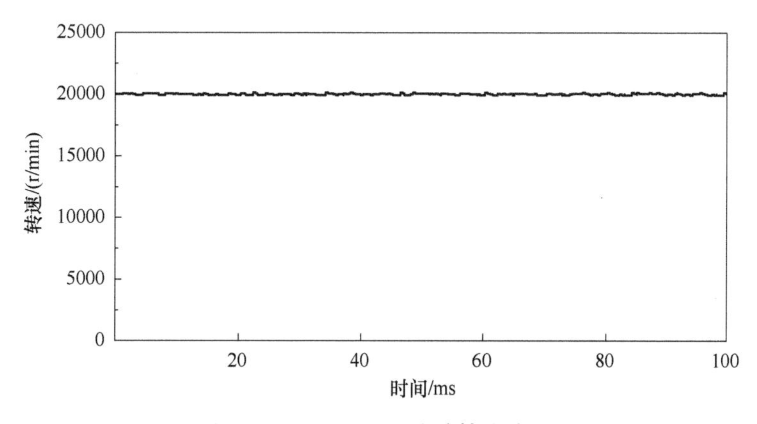

图 8. 58　HSM-CR 实验转速波形

别为 0.92N·m 和 2.07N·m，转矩脉动为 74%。电机输出功率为 3246.1W。因此样机效率为 74.9%。由于实际运行时存在风摩损耗、功率器件开关损耗以及制造工艺影响的铁耗等，样机实际效率低于设计效率，但整体数据与仿真基本吻合。

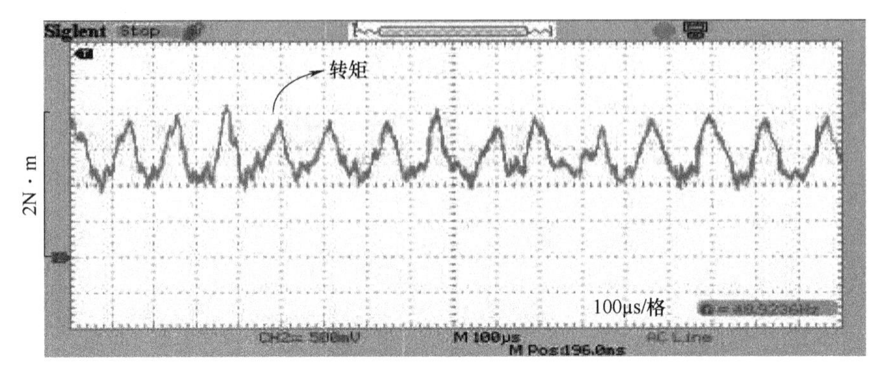

图 8.59　HSM-CR 实验转矩波形

8.8　本章小结

本章深入研究了新结构 HSM-CR 的结构与工作原理，对电机磁路进行了分析，并建立了新型电机的数学模型，对电机的静态和动态特性等进行了电磁性能分析。通过 HSM-CR 三维模型，对电机在高转速运行时的振动噪声、转子应力、损耗温升等问题进行了分析。研究了 HSM-CR 的无位置传感器控制方法，解决了高速运行时电机换相控制难的问题。研制了实验样机结构并进行了实验研究，为高速电机的推广应用提供了技术支撑。

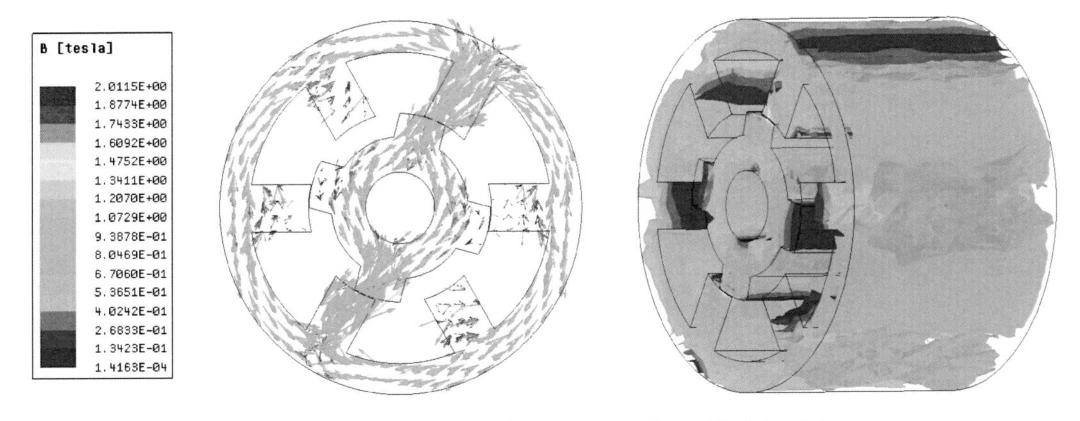

图 5.15　6/4 极 SRM 的径向磁通矢量和三维磁密云图

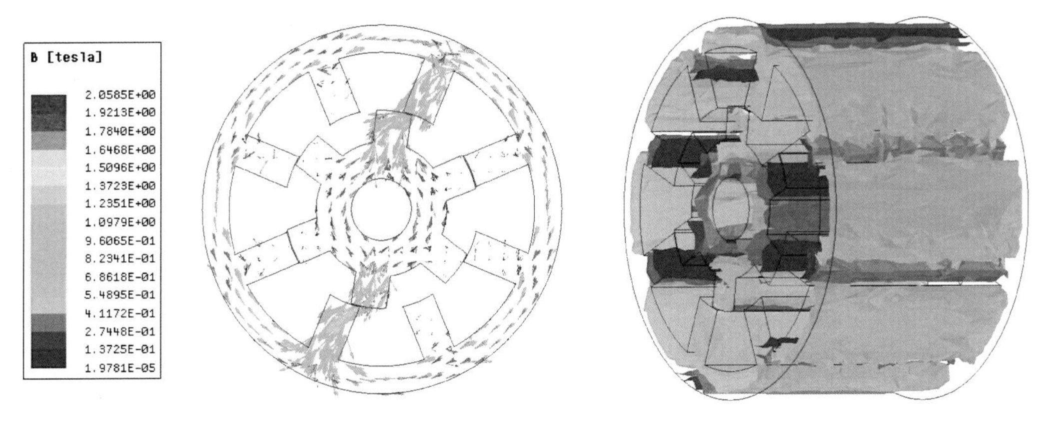

图 5.16　8/6 极 SRM 的径向磁通矢量和三维磁密云图

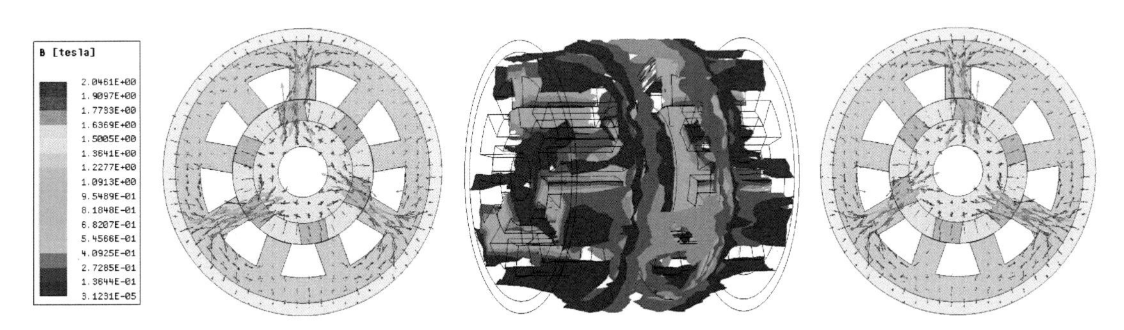

图 5.17　9/6 极 DSCEM 的径向磁通矢量和三维磁密云图

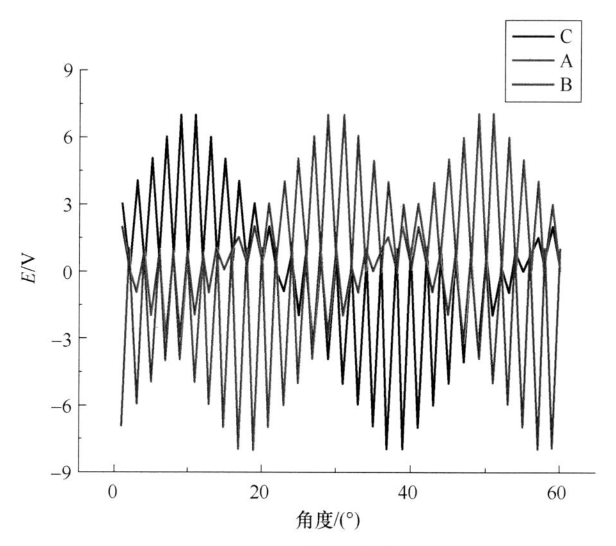

图 6.8　A、B、C 三相感应电动势波形图

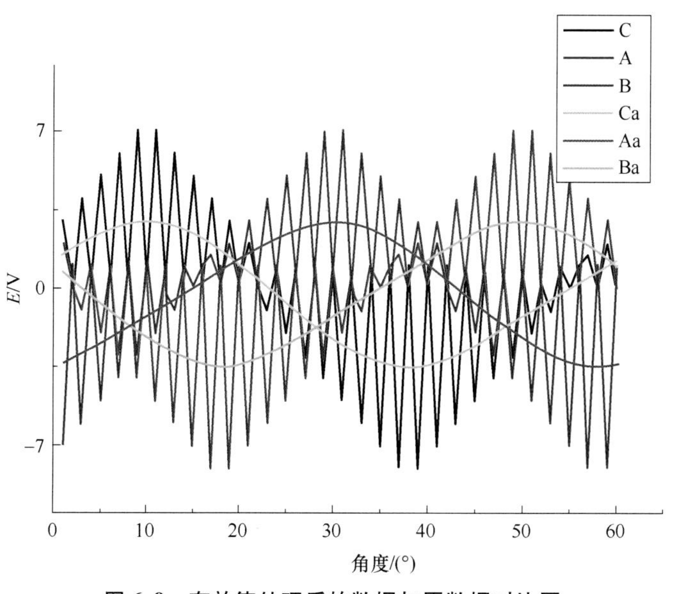

图 6.9　有效值处理后的数据与原数据对比图

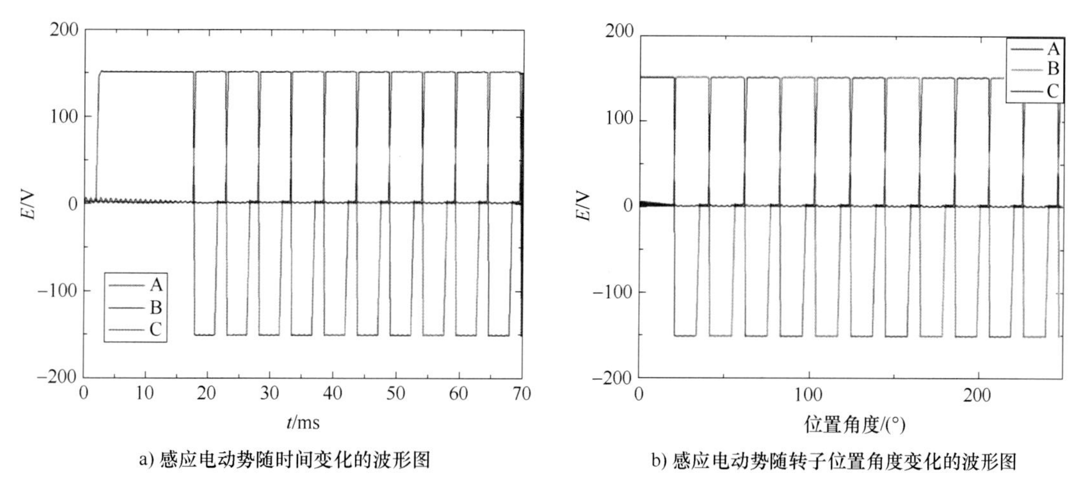

a) 感应电动势随时间变化的波形图　　b) 感应电动势随转子位置角度变化的波形图

图 6.14　感应电动势的波形图

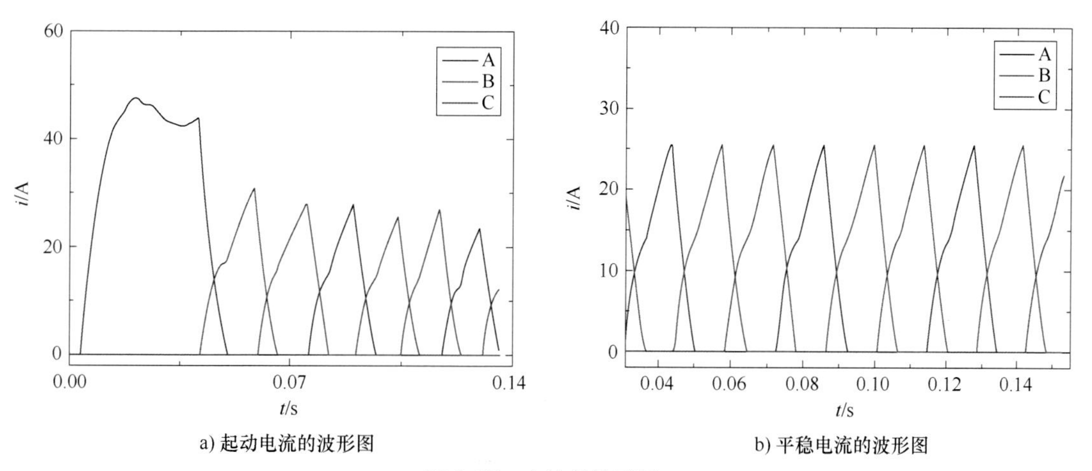

a) 起动电流的波形图　　b) 平稳电流的波形图

图 6.15　电流的波形图

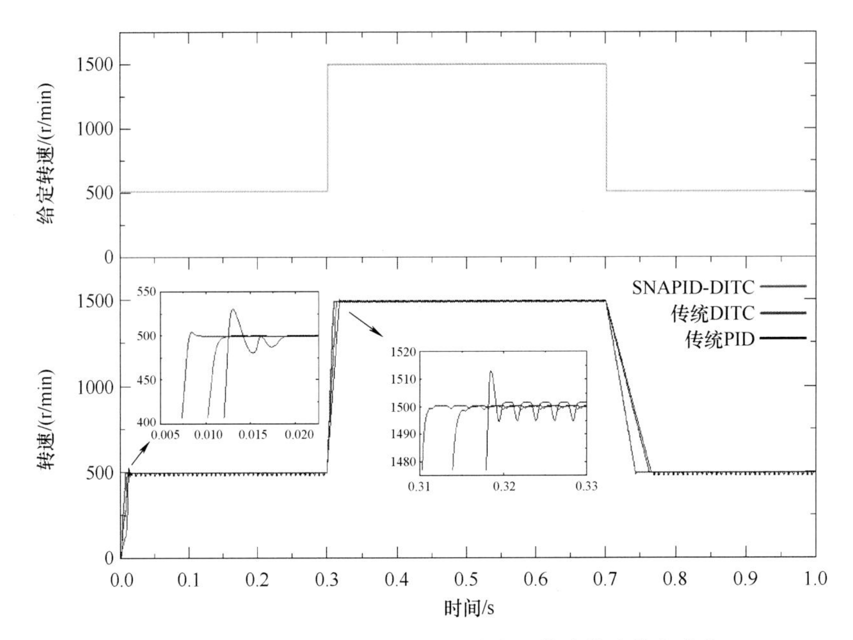

图 6.32　给定转速突变条件下三种控制策略转速仿真曲线

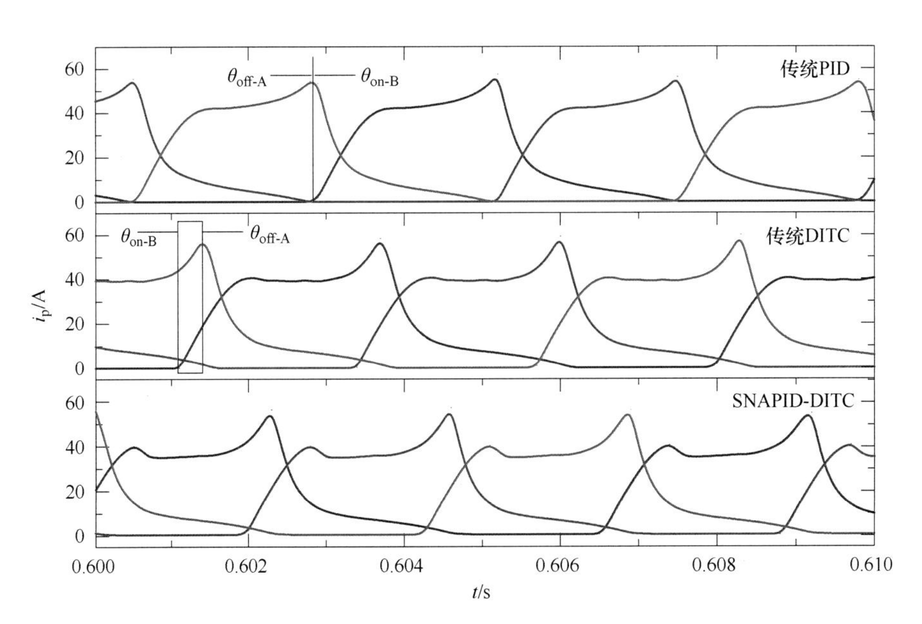

图 6.41　三种控制策略的电流仿真曲线